Add-Ons, Add-Ins und mehr, Civil 3D 2021/22

Erläuterung ergänzender Funktionen an einfachen, frei erstellten Beispielen, 2. überarbeiteteAuflage (20.12.2021)

Exposee

Grundlagen, Funktionalität, Hinweise, Basis-Wissen, AutoCAD, MAP, Civil 3D, Ergänzung zur vorhandenen Autodesk „Hilfe Funktion"

Dipl.-Ing. (TU) Gert Domsch
www.gert-domsch.de

Vorwort

Sehr geehrter Leser,

diese Unterlage ist die Verdichtung meiner beruflichen Tätigkeit, die Verdichtung von 15 Jahren Trainer CIVIL 3D.

Viele der Civil 3D Funktionen erschließen sich erst, wenn man die Funktionen anhand eines einfachen, selbst gestellten Beispiels erarbeitet. Die Funktionen der Add-Ons hier „C3D Add-Ins", „DACH-Extension", „ISYBAU-Translator" und „DBD-BIM" setzen das Wissen um bestimmte konstruktive Details im Civil 3D voraus. Die Beschreibung soll eine Erläuterung zu den genannten Add-Ons- und den dazu erforderlichen Civil 3D Voraussetzungen geben.

Auf die Vielzahl von Unterfunktionen, Darstellungs-Stil-Optionen, Beschriftungs-Stil-Varianten und Befehlsoptionen wird in dieser Beschreibung nicht eingegangen. In den Büchern Civil 3D-Deutschland, 1.Buch Grundlagen und Civil 3D-Deutschland, 2.Buch, Darstellungs-Stile, Beschriftungs-Stile ist der Versuch unternommen worden, zu Konstruktions-Varianten und Einstellungs-Optionen einen Überblick zu geben. Beide Bücher wurden auf der Basis der Versionen 2019 und 2020 geschrieben. Jedes der beiden Bücher hat ca. 450 Seiten. Eventuell ist hier ersichtlich welchen Umfang diese Einstellungen haben und damit Civil 3D hat. Eine zusätzliche Erläuterung dieser Einstellungs- und Konstruktions-Optionen, in dieser Unterlage würde das Thema sprengen.

Bei meinen Tests, Beschreibungen und Erklärungsversuchen stoße ich auch hier und da auf Unregelmäßigkeiten, Unklarheiten oder Zweideutigkeiten. Diese Probleme können eventuell nur in der vorgestellten Version auftauchen, diese Unregelmäßigkeiten können in den Vorgänger- oder Folgeversionen abgestellt sein. Jeder Anwender sollte die Möglichkeit nutzen auf www.autodesk.de Supportanfragen zu stellen. Diese Option setzt eine „Nutzer-Anmeldung" voraus.

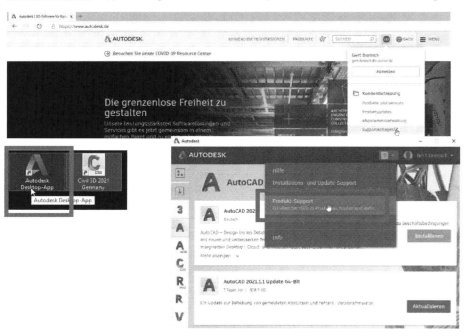

Die verfügbaren Produkte sollte man regelmäßig (Empfehlung: 1x pro Quartal) mit der Desktop-App auf die Aktualität überprüfen.

Wie man es auch immer betrachtet, Software ist ein menschliches Produkt, Software ist und bleibt von Menschen gemacht und Menschen sind nicht immer fehlerfrei.

Mit freundlichen Grüßen

Dipl.-Ing. (TU) Gert Domsch

1 „DGM"

P.S.

Dieses Buch setzt die Kenntnis der Grundlagen um AutoCAD, MAP 3D und Civil 3D in Deutschland voraus. Dieses Buch baut auf Grundkenntnisse der Autodesk-Software auf. Mit den Beispielen wird eventuell deutlich, der Anwender sollte das ganze Paket CIVIL 3D (einschließlich AutoCAD und MAP) verstehen, um die gesamte Funktionalität nutzen zu können.

Die vorliegende Beschreibung bezieht sich auf folgende Versionen bzw. ist auf folgende Versionen aktualisiert(Text über den Bildern).

Die C3D Add-Ins und DBD-BIM werden mit der Civil 3D Installation mitgeliefert und sind mit der Installation des Civil 3D vorhanden. Weitere Bilder sollen die Bezugsquellen von DACH-Extension und ISYBAU-Translator erläutern.

C3D Add-Ins (Version 2021, 2022)

DACH-Extension (Version 2021)

Die Installation ist strikt nach Version organisiert.

Jeweils passend zur Civil 3D Version sind die DACH-Extension aus der Liste der Add-Ons (Produkte, Civil 3D, Add-Ons) herunterzuladen und zu installieren.

ISYBAU-Translator (Version 2020)

Die Installation ist strikt nach Version organisiert.

Jeweils passend zur Civil 3D Version sind die DACH-Extension aus der Liste der Add-Ons (Produkte, Civil 3D, Add-Ons) herunterzuladen und zu installieren.

DBD-BIM

Die Funktion ist bereits mit der Installation vorhanden, verlangt jedoch eine separate Aktivierung mit dem Umweg „AutoCAD". Die Aktivierung ist Bestandteil der Beschreibung im Kapitel.

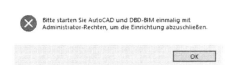

Inhalt:

Add-Ons, Add-Ins und mehr, Civil 3D 2021/22 0

    Vorwort   1

    Inhalt: 3

1   „DGM" 7

    1.1   Voraussetzung, Konstruktion 7

    1.2   C3D Add-Ins, DGM bearbeiten „Aufdicken" 15

    1.3   C3D Add-Ins, DGM bearbeiten „Erweitern","Beschriftung", „Löschen" 20

    1.4   C3D Add-Ins, OKSTRA-Export 28

2   Achse, Gradiente (konstruierter Längsschnitt) 31

    2.1   Voraussetzung, Civil 3D Konstruktion 31

    2.2   C3D Add-Ins, OKSTRA-Export, Richtlinienüberprüfung 38

3   Achse, Gradiente, Kanal (Rohre/Schächte im Höhenplan) 45

    3.1   Voraussetzung, Civil 3D Konstruktion 45

    3.2   C3D Add-Ins, „Richtlinienüberprüfung" 47

3.3		C3D Add-Ins, Richtlinien, „Löschen"	48
3.4		Voraussetzung, Civil 3D Kanal-Konstruktion	49
3.1		C3D Add-Ins, „Schachtskizzen" Erzeugen, Verschieben	52
	3.1.1	Erzeugen	52
	3.1.2	Verschieben	55
3.1		C3D Add-Ins, „Kanalnetz"	56
3.2		Projekt Explorer (Kanalnetz-Alternative-Bearbeitung)	61
3.3		C3D Add-Ins, „Trennzeichen"	65

4 3D-Profilkörper (Straße) 68

4.1		Voraussetzung, Civil 3D Konstruktion	70
4.2		C3D Add-Ins, „Fahrbahnverbreiterung"	71
	4.2.1	Hauptstraße, Fahrbahnverbreiterung	71
	4.2.2	Nebenstraße-1, „Fahrbahnverbreiterung"	76
	4.2.1	Hinweis zur Problemlösung	81
4.3		3D-Profilkörper	84
	4.3.1	Voraussetzung Querschnitt	84
	4.3.2	3D-Profilkörper „Hauptstraße"	86
	4.3.3	Voraussetzung, Fahrbahn-Querneigung, Variante 1	91
	4.3.4	C3D Add-Ins, „Richtlinien" (3D-Profilkörper)	99
	4.3.5	C3D Add-Ins, Anrampung, „Erzeugen"	102
	4.3.1	Fahrbahn, Querneigung, Variante 2	103
	4.3.2	3D-Profilkörper „Nebenstraße" und „Anschlüsse"	107
	4.3.3	C3D Add-Ins zum Thema „Querneigung aus Bestand"	135
	4.3.4	C3D Add-Ins zum Thema „Segmente"	139
	4.3.5	3D-Profilkörper „weiterführende Konstruktionsvarianten" (separat geführte Bestandteile)	144
	4.3.1	3D-Profilkörper „weiterführende Konstruktionsvarianten" (Zufahrt, abgesenkter Bordstein)	152

5 Kreuzungskonstruktion (Knotenpunkte, Kreuzung erstellen) 158

5.1		3D Add-Ins, OKSTRA-Export	173

6 Ergänzung Ausstattung (Sichtweiten) 175

6.1		Sichtweiten, Einstellungen	175
6.2		Voraussezung Sichtweitenbänder	175
	6.2.1	Sichtweitenbänder Variante 1 (DGM, Achse, Gradiente)	176
		Ausführung der Funktion „Sichtweitenbänder"	178
	6.2.2	Variante 2 (3D-Profilkörper, 3D-Profilkörper-DGM)	185
6.3		Voraussetzungen, Sichtdreiecke (Kreuzung)	190
6.4		Sichtweitendreiecke, Variante1	191
6.5		Sichtweitendreiecke, Variante2	194

	6.6	Ergänzung, Civil 3D, Sichtweitenprüfung	196
	6.7	Fahrersicht	199
7		Ergänzung Ausstattung (Verkehrszeichen)	201
	7.1	Verkehrszeichen	201
	7.2	Straßenmarkierungen	205
8		Grunderwerb	211
	8.1	Voraussetzung, ALKIS-Import	211
	8.1.1	Funktion des Infrastructure Admin	212
	8.1.2	Funktion des MAP	214
	8.1.3	Civil-Eigenschaften in die MAP Zeichnung importieren (1. Variante)	218
	8.1.4	MAP-SHP, SDF nach Civil 3D übergeben (2.Variante)	221
	8.1.1	MAP-Layer Ausgabe (3.Variante, Vorzugsvariante)	225
	8.2	Civil 3D Konstruktion (Straße, Kreuzung „manuell")	225
	8.2.1	Punktimport, DGM	225
	8.2.2	Achskonstruktion, Hilfslinien	228
	8.2.3	Gelände-Längsschnitt, Höhenplan und Gradienten	230
	8.2.4	Fahrbahnränder, Radius in der Kreuzung	233
	8.2.5	Ergänzende Civil 3D Konstruktionen	237
	8.2.6	Querschnitt	240
	8.2.7	Kreuzung als 3D-Profilkörper ohne Civil 3D-Kreuzungs-Konstruktion	241
	8.2.8	3D-Profilkörper Kreuzung	245
	8.2.9	Flächeninanspruchnahme	255
	8.2.10	Hinweis auf OKSTRA Ausgabe „Kreuzung"	258
	8.2.11	GIS-Funktion, Civil 3D, Arbeitsbereich „Planung & Analyse"	259
	8.3	C3D Add-Ins, Funktionen zum Thema	267
9		DACH-Extension, ISYBAU-Translator	269
	9.1	Bezugsquelle, Download	269
	9.2	DACH-Extension	271
	9.3	Funktionen der DACH-Extension	272
	9.3.1	Richtlinie wählen	272
	9.3.2	Standard überprüfen	272
	9.3.3	Fahrbahnränder und Verbreiterungen	273
	9.3.4	Busbucht	278
	9.3.5	Spuraufweitung (Fahrbahnaufweitung)	280
	9.3.6	Berichte	282
	9.3.7	Korbbogen	291
	9.3.8	Alternative Bearbeitung „Civil 3D"	297
	9.3.9	Fahrbahnteiler	301

1 „DGM"

- 9.3.10 Alternative Konstruktion „AutoCAD" 302
- 9.3.11 Export/Import Schnittstellen (Einordnung, Einschätzung) 313
- 9.3.12 REB VB 21.0xx (Voraussetzung, Mengen aus Querprofilen) 317
- REB VB 21.003 (Elling, Volumen unsymmetrischer Straßen) 318
- 9.3.13 REB VB 21.013 (Volumen aus Querprofilen, Begrenzugslinien) 324
- 9.3.14 REB VB 21.033 (Oberflächenberechnung, Flächen aus Querprofilen) 328
- 9.3.15 Nachtrag, Ergänzung 333
- 9.3.16 REB VB 22.013 (Voraussetzung, Mengen aus Oberflächen, - DGMs) 335
- REB VB 22.013 340
- 9.3.17 Nachtrag, Ergänzung 347
- 9.3.18 D86 zu CSV konvertieren 348
- 9.3.19 REB Import, REB Export 350
- 9.3.20 OKSTRA Import, OKSTRA Export 369
- 9.3.21 ISYBAU Import, ISYBAU Export 377
- 9.3.22 Böschungsschraffur 380
- 9.3.23 Legendenmanager 388
- 9.3.24 Dienstprogramme 392
- 9.4 ISYBAU-Translator 410
  - 9.4.1 Import *.k Daten 411
  - 9.4.2 ISYBAU-Export 418
  - 9.4.3 Import *.xml Daten 419
  - 9.4.4 ISYBAU XML Export 421
  - 9.4.5 Weitere Funktionen des ISYBAU-Translator (Datenbank) 423
- 10 DBD-BIM 427
  - 10.1 Civil 3D Alternative 433
    - 10.1.1 Voraussetzung 434
- Literaturverzeichnis 438
- Ende 438

1 „DGM"

C3D Add-Ins zum Thema:

1.1 Voraussetzung, Konstruktion

Unabhängig von der Funktion, die im Civil 3D zu nutzen - oder in diesem Fall zu testen ist, es wird immer ein DGM (digitales Geländemodell) benötigt. Für Testzwecke ist dieses DGM schnell und einfach aus „Zeichnungselementen" erstellt. Civil 3D kann jede Art von 3D-Information verarbeiten. Das DGM ist nicht, wie bisheriger Infrastruktur-Planungs-Software, in erster Linie an den „Vermessungspunkt" oder einen Vermessungspunkt-Import gekoppelt.

Ein einfaches Quadrat, Abmessungen 500m x 500m (oder ähnliche Dimension) ist ausreichend, um ein DGM für Test-Zwecke zu bekommen.

Hinweis:

Bei näherer Betrachtung der Linienelementen (hier Quadrat) wird man feststellen, diese haben gleichzeitig Koordinaten-, also Punkteigenschaften und Linien-, also „Bruchkanten-", eventuell auch „Grenzlinieneigenschaften".

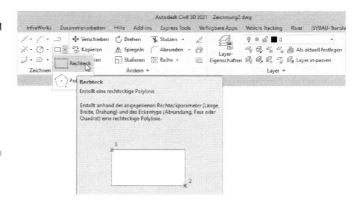

Wird die „Erhebung" mit „100" festgelegt, so ist gleichzeitig eine Höhe (z) vorgegeben.

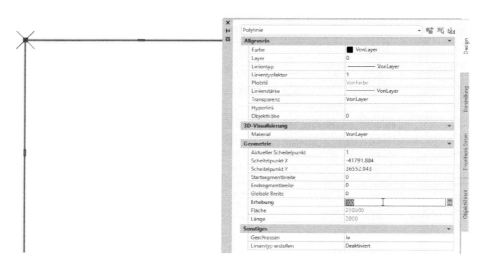

Mit einem solchen einfachen Zeichnungselement sind die Voraussetzungen für ein Basis-DGM (einfaches „Urgelände") bereits ausreichend gegeben.

Funktion: DGM erstellen

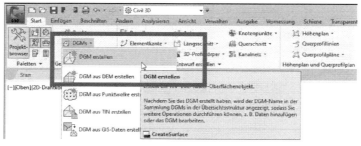

Gert Domsch, CAD-Dienstleistung

1 „DGM"

Hinweis:

Selbstverständlich ist auch ein Vermessungspunkt-Import möglich, ein Vermessungspunkt-Import mit - und ohne Vermessungs-Code mit Punktnummer oder alphanumerischer Punktbezeichnung. Um jedoch die Vielzahl der zur Verfügung stehenden Optionen und Besonderheiten zu erläutern, wird für dieses komplexe Beispiel ein einfacherer-, mit dem Quadrat (Polylinie) und schneller Weg gewählt.

Das DGM bekommt einen Namen und einen Darstellungs-Stil. Bewusst wähle ich „Urgelände" und den Darstellungs-Stil „Dreiecksvermaschung und Umring DUNKELGRÜN", um später auch visuell das „Urgelände" in jeder Phase zu erkennen und bewusst zu wählen.

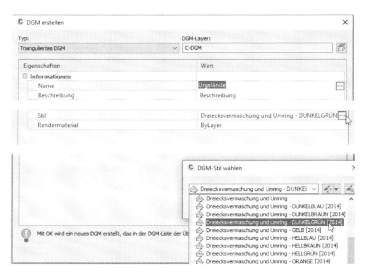

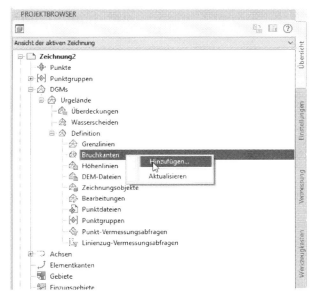

Die Datenzuweisung (Quadrat, Polylinie) empfehle ich über den Projektbrowser auszuführen, weil es an vielen Objekten (u.a. auch bei DGMs) Hinweise und Symbole im Projektbrowser am Objekt geben kann (hier DGM).

Diese Symbole zu erkennen ist wichtig und während der Konstruktion zu überwachen. Einen solchen Hinweis oder ein Symbol gibt es im Moment noch nicht am Objekt (DGM).

Mit der Erstellung des Längsschnittes und Höhenplans wird ein solches Symbol erzeugt sein. Das Symbol zeigt dann die dynamische Verknüpfung von DGM und Höhenplan an. Weitere Symbole sind Ausrufezeichen, schwarze Punkte, Sperr-Symbol oder Verknüpfungszeichen.

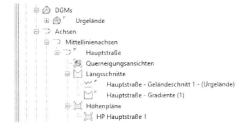

Hinweis:

Das linke Bild zeigt ein Symbol „gelbes Dreieck" am DGM nach der Erstellung des Höhenplans. Es zeigt die Verknüpfung von Achse und DGM mit dem Gelände-Längsschnitt an.

Gert Domsch, CAD-Dienstleistung

1 „DGM"

Das Rechteck, die Polylinie ist klassisch als „Bruchkante" zu zuweisen. Als Bestandteil der Zuweisung gibt es mehrere Optionen, auf die in dieser Beschreibung nicht eingegangen wird.

Mit der grünen „Dreiecksmasche" und dem etwas dunkleren „Umring" ist das DGM (Basis DGM, Urgelände) erstellt. Das DGM wird als Zeichnung „DGM-1.dwg" gespeichert und dient als Voraussetzung für die weiteren Konstruktionen, 3D-Profilkörper, Kanal, Knotenpunkt.

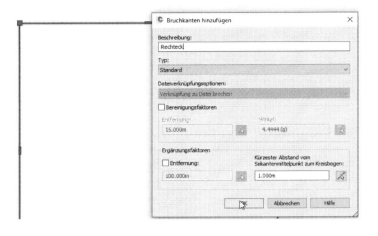

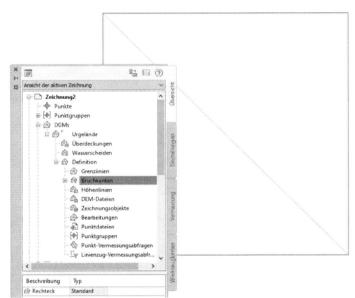

Um die Funktion „Aufdicken" und „Erweitern" der C3D Add-Ins zu erklären, werden in das DGM einfache Vertiefungen und Erhöhungen hineingesetzt. Diese Erhöhungen und Vertiefungen sind einfach realisierbar, indem wieder Rechtecke gezeichnet werden, diese Rechtecke werden mit AutoCAD „Versetzen" versetzt werden (10m) und bekommen eine „Erhebung".

Die Erhebung beträgt einmal 90 und 80m und zum anderen 110 und 120m.

Damit ist die gesamte Fläche nicht mehr absolut waagerecht, die Fläche hat einen Berg und ein Tal.

Zusätzlich wird ein Kreis hineingezeichnet einmal „Zentrum Z" 70 und einmal 130m. Alle Elemente werden als Bruchkanten dem DGM hinzugefügt.

Bei Bögen, hier Kreise ist zu beachten, die Krümmung findet Berücksitigung, wenn der Wert für den Sekantenabstand zurück gesetzt wird, hier 0.01.

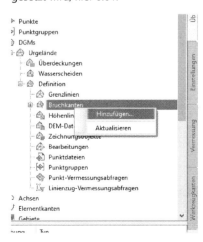

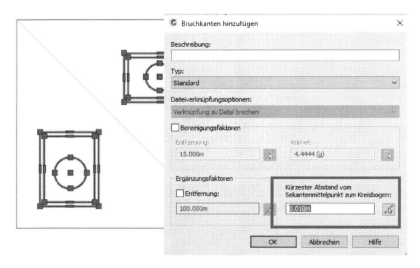

Gert Domsch, CAD-Dienstleistung

1 „DGM"

2D Darstellung

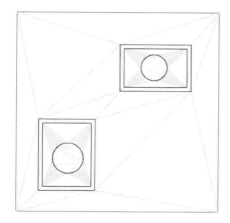

3D Darstellung

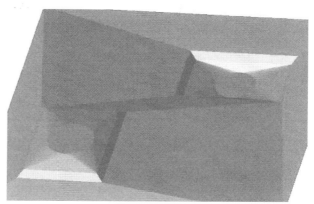

2D, Höhenlinien

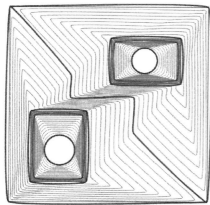

Optional kann das DGM mit einem beliebig oft wechselnden Darstellungs-Stil angezeigt sein. In der Beschreibung wird auf „Höhenlinien-Darstellung 10m – 1m" gewechselt. Technisch bleibt es jedoch exakt das gleiche DGM, auch wenn wie im vorliegenden Fall Ecken ausgerundet sind.

Um die Funktion „Aufdicken" zu zeigen und die Aufdickung nachzuweisen, wird zusätzlich ein Schnitt erstellt (Höhenplan). Der Hähenplan hat den Vorteil er kann die Höhen beschriften, optional mit der absoluten Höhe und mit der Höhendifferenz. So ist das „Aufdicken" besser nachweisbar.

Die Basis für den Höhenplan ist das Erstellen einer „Achse" (Werkzeuge zum Erstellen von Achsen). Anschließend ist die Funktion „Längsschnitt" auszuführen.

„Längsschnitt" ist die dynamische Verbindung von Achse und DGM. Die Funktion erstellt die Geländelinie (DGM-Längsschnitt) für den späteren Höhenplan.
Die Funktionen werden in den folgenden Kapiteln ausführlicher erläutert (Alternative: Civil 3D 1.Buch).

Hinweis:

Die Funktion „Höhenplan" muss nicht als Funktion in der Multifunktionsleiste aufgerufen werden. Die Funktion kann auch als Bestandteil der „Längsschnitt"-Erstellung ausgewählt sein.

1 „DGM"

Achse:

Es wird eine „Achse" erstellt.

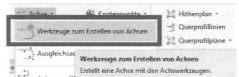

Die Darstellung im Darstellunge-Stil „Planausgaben Achsen [2014]" ist hier ausreichend. Für die Beschriftung wird „Beschriftung Hauptachsen [2014]" gewählt. Das bedeutet in diesen Fall Staionierung alle 20m. Der Darstellungs-Stil „_keine Darstellung" wäre auch möglich.

Das Zeichnen einer „Geraden" (zwei Punkte, Diagonale) ist ausreichend.

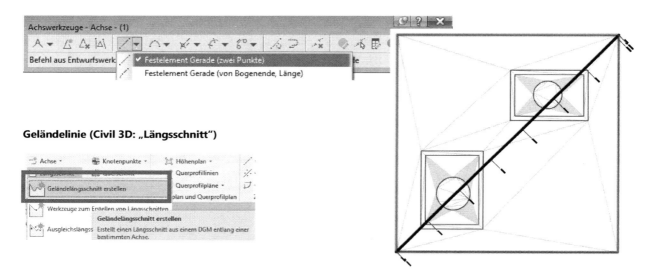

Geländelinie (Civil 3D: „Längsschnitt")

Der „Länsschnitt" (deutsch: Geländelinie) ist die dynamische Verknüpfung von Achse und DGM. Ändert sich die Lage der Achse, so ändert sich die Geländelinie.

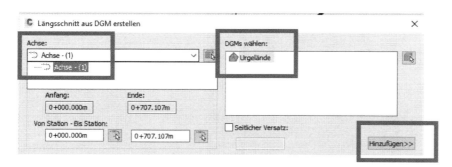

1 „DGM"

Mit der Funktion „Hinzufügen" ist der „Längsschnitt" erstellt. Hier kann eventuell die Farbe der Geländelinie gewechselt werden, die Farbe in der die Geländlinie im Höhenplan dargestellt wird.
Es ist Sinnvoll anschließend die Funktion „In Höhenplan zeichnen" zu wählen und damit direkt in die Funktion „Höhenplan" zu wechseln. Das „OK" stellt jedoch auch keinen Fehler dar. Die Funktion „Höhenplan", als Bestandteil der Multifunktinsleiste ist exakt der gleiche Befehl und kann beliebig oft nach dem erstelltem „Längsschnitt" aufgerufen sein.

Zu empfehlende Funktion   **Alternative**

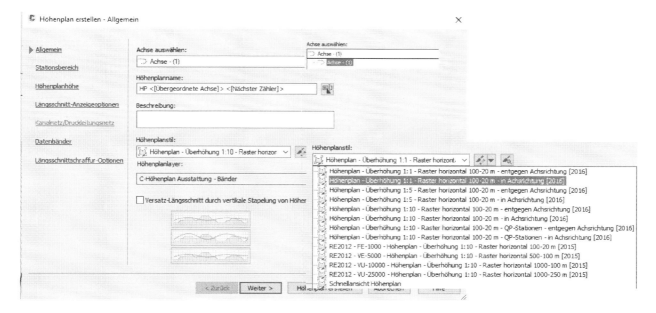

Beide Wege führen zu folgender Maske. Auf die Auswahl der Achse und des Höhenplan-Darstellungs-Stils ist zu achten.
Je nach Projektanforderung können unterschiedliche Überhöungen gefordert sein. Gleichzeitig beschriftet der Höhenplan-Stil die Höhen im Raster von 20m und 100m. Das 100m Raster ist schwer zu erkennen, weil die Beschriftung in Farbe und Größe dem 20m Raster entspricht

Hinweis:

Der Höhenplan „Darstellungs-Stile" (Überhöhung und Beschriftung im Raster) ist jederzeit änderbar und anpassbar. Die Bezeichnung Beschriftung im „Raster" (teilweise abweichende Bezeichnung: „Haupt- und Nebenpunkte") entspricht eher „amerikanischen Vorstellungen". Eine Beschriftung nach deutschen Vorstellungen ist möglich jedoch vielfach nicht voreingestellt. Diese deutschen Vorstellungen entsprechen dem Begriff „Neigungsbrechpunkte" (teilweise abweichende Bezeichnung: „Knickpunkte").

Gert Domsch, CAD-Dienstleistung

1 „DGM"

Für die spätere Darstellung oder Erläuterung der Funktion „Aufdicken" sind die Optionen „Stationsbereich", „Höhenplanhöhe" und „Längsschnitt-Anzeigeoptionen" uninteressant. Die Masken werden gezeigt, jedoch ohne Änderung übernommen.

Hinweis:

Alle diese Funktionen können als Bestandteil der späteren „Höhenplan-Eigenschaften" beliebig oft bearbeitet und geändert werden.

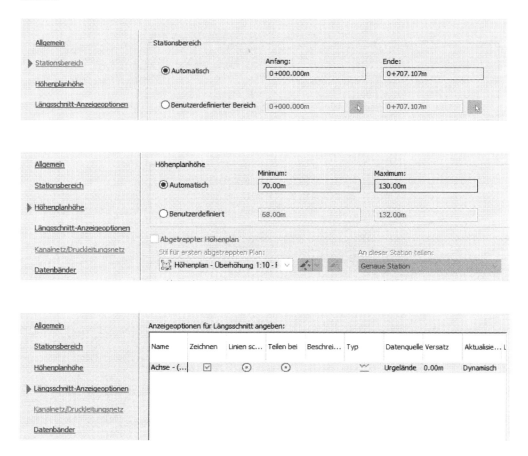

Die Option Kanalnetz/Druckleitungsnetz ist grau weil es kein Kanal, keine Druckleitung oder sonstige Rohre im Projekt gibt.

Hinweis:

Die Unterscheidung zwischen Kanal (Freispiegelleitung) und Druckleitung ist nicht so eindeutig, wie es der Befehl eventuell vermittelt. Gasleitungen, Schutzrohre, rechteckige Kabelkanäle sind auch mit der Funktion „Kanal", 3D im Raum, darstellbar.

Für dieses Beispiel ist die Karte „Datenbänder" wieder von Bedeutung. Die Karte Datenbänder zeigt vorbereitete Beschriftungs-Bänder für den Straßenbau, Kanal-, Druckleitungen (Rohre/Leitungen) und Geländesituationen.

Es wird der Bandsatz „Bandsatz – Geländeschnitt mit zwei Horizonten – 2 Nachkommastellen [2016]" gewählt (beinhaltet mehrere Beschriftungs-Bänder).

1 „DGM"

Diese Voreinstellungen sind beliebig erweiterbar und jederzeit neu kombinierbar.

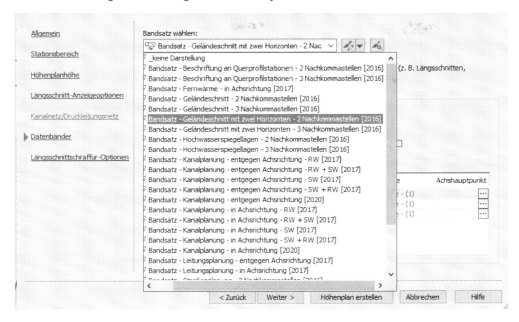

Dieser Bandsatz ermöglicht nicht nur die Beschriftung von zwei DGMs (Horizonten). Die Zeile „Höhendifferenz 2 Nachkommastellen". Er kann auch die Höhendifferenz auswerten.

Die letze Karte ist im Moment noch bedeutungslos, weil es nnur eine Geländelinie (Längsschnitt) gibt. Diese Funktion gehört auch zu den Höhenplan-Eigenschaften und kann nachdem der zweite Längsschnitt erstellt ist zu jedem Zeitpunkt nachbearbeitet werden.

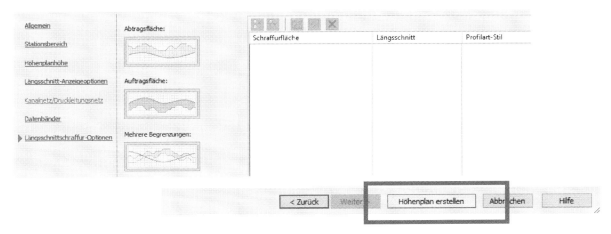

Gert Domsch, CAD-Dienstleistung

1 „DGM"

Der Höhenplan wird erstellt und zeigt die Geländesituation des ersten eingetragenen DGMs.

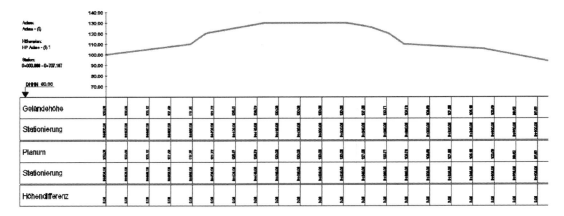

Hinweis:

Die Bänder sind mit Daten (Höhen, Stationen) gefüllt, zeigen jedoch alle den gleichen Wert, weil sich alle Beschriftungen auf das gleiche DGM beziehen. Nachdem das zweite DGM erstellt ist, ist hier der Datenaufruf anzupassen. Es ist die Zuordnung der DGMs zu den Band-Zeilen zu überarbeiten (Spalte: Längsschnitt 1 und -2).

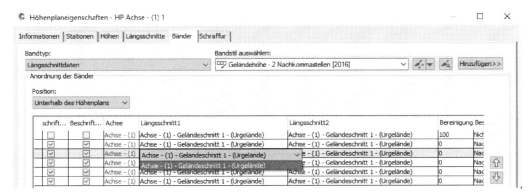

1.2 C3D Add-Ins, DGM bearbeiten „Aufdicken"

Die Funktion „Aufdicken" ist eine wichtige Funktion für den Bau von Depoinien. Hier sind mehrere Schichten zu erstellen, die den Deponiekörper abdecken. Unter anderem wird zum Schluss auf den Deponiekörper eine Schicht „Mutterboden" aufgetragen. Das könnte ein klassisches Beispiel für diese Funktion sein.

Hinweis1:

Im Civil 3D existiert eine zweite Kategorie von DGM (Mengenmodell) für diese Kategorie macht die Funktion „Aufdicken" keinen Sinn.

Hinweis2:

In Civil 3D gibt es eine Funktion „DGM anheben" oder „DGM absenken". Die Funktion hebt oder senkt das DGM absolut vertikal an oder senkt dieses ab. Diese Funktion ist geeignet den Mutterboden Abtrag für ein Baugelände oder eine Straße zu bestimmen (nahezu horizontale Flächen). Im Fall das Basis-DGM oder Urgelände ist wechseld stark geneigt ist die Funktion in einigen Fällen ungeeignet. Die Funktion „DGM anheben" oder „DGM absenken" kann die Schichtstärke nicht konstant halten. Im Fall Deponie ist eine absolut konstante Schichtstärke gefordert, hier wäre die Funktion „Aufdicken" die bessere Wahl.

Die Funktion „Audicken" wird ausgeführt.

Gert Domsch, CAD-Dienstleistung

1 „DGM"

Die Funktion fordert auf, Objekte auszuwählen. In diesem Fall sind DGMs damit gemeint.

Für das Beispiel wird der Wert für „Aufdickung" von 5 gewählt.

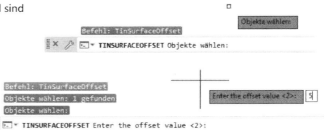

Hinweis:

Die Funktion kann einige Zeit in Anspruch nehmen. Im vorliegenden Beispiel besitzt das DGM 612 Dreiecke die Zeit berug ca. 45 min.

Das neue DGM ist in der Liste der DGMs eingetragen und trägt den Namen des Basis-DGMs mit dem Namenszusatz „-Offset-5" Der Wert für die Funktion „Aufdicken, „5" ist Bestandteil des Namens.

Leider ist das DGM leer". Es ist angelegt besitz aber keine Fläche?

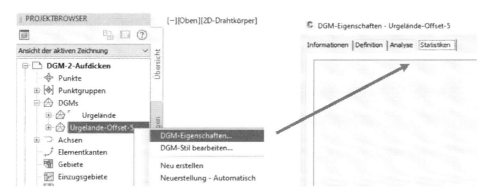

Die Funktion endet mit einer Reihe „Unbekannter Befehle" ?

Von Autodesk erhalte ich den Hinweis, der darauf hindeutet, die Anzahl der Dreiecke wäe zu groß. Die Autodek-Hilfe sagt dazu folgendes, (Auszug aus der Autodesk-Beschreibung, -Hilfe , Seite 5).

2.4 DGM aufdicken

2.4.1 Grundlagen

Das Aufdicken von Geländemodellen erfolgt mit den Autodesk® Funktionen für die Bearbeitung von Volumenkörpern.

Intern wird durch die Funktion aus dem DGM ein Volumenmodell erstellt. Auf dieses Modell wird die zusätzliche Schichtdicke lotrecht zu den einzelnen Flächen des DGM's aufgetragen.

Bedingt durch die Begrenzungen in der Modellierung von 3D-Körpern arbeitet die Funktion nur eingeschränkt und auf nicht sehr umfangreichen DGM's. Sollte die Modellierung nicht durchgeführt werden können, erscheint in der Befehlszeile die Meldung „Modellierungfehler".

Der Test wurde mit weiteren DGMs ausgeführt, nicht in jeder Situation tauchte der Hinweis „Modellierungsfehler" auf?

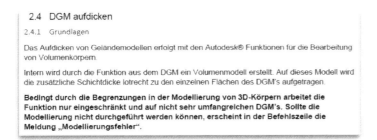

Gert Domsch, CAD-Dienstleistung

1 „DGM"

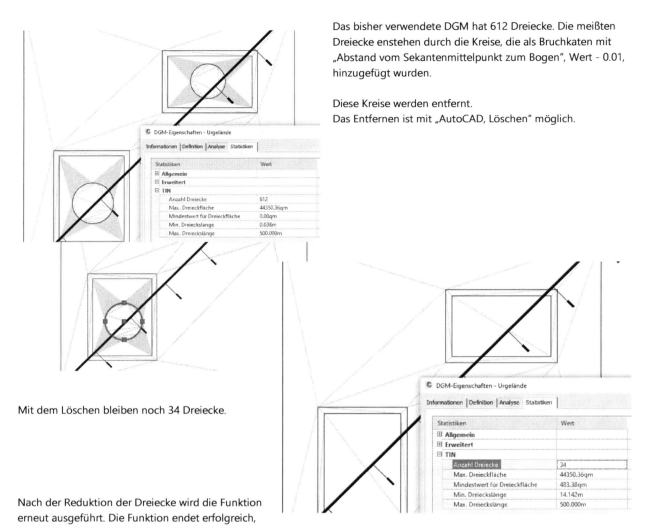

Das bisher verwendete DGM hat 612 Dreiecke. Die meißten Dreiecke enstehen durch die Kreise, die als Bruchkaten mit „Abstand vom Sekantenmittelpunkt zum Bogen", Wert - 0.01, hinzugefügt wurden.

Diese Kreise werden entfernt.
Das Entfernen ist mit „AutoCAD, Löschen" möglich.

Mit dem Löschen bleiben noch 34 Dreiecke.

Nach der Reduktion der Dreiecke wird die Funktion erneut ausgeführt. Die Funktion endet erfolgreich, ein zweites DGHM ist erstellt und in der Zeichnung sichtbar. Um das neue DGM deutlich im Bild zu zeigen, wird der Darstellungs-Stil (Eigenschaft, Farbe) auf „Dreiecksvermaschung und Umring – ROT [2014]" gesetzt.

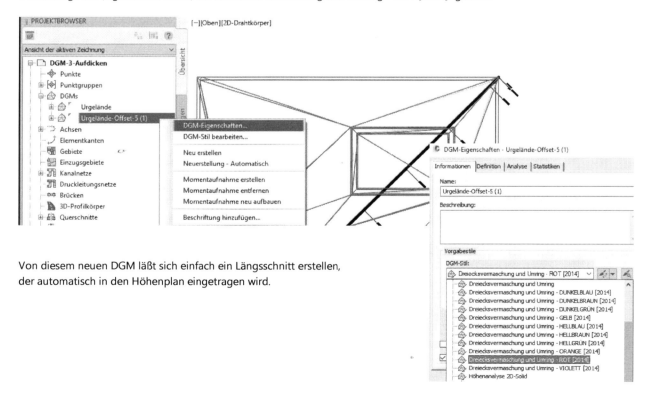

Von diesem neuen DGM läßt sich einfach ein Längsschnitt erstellen, der automatisch in den Höhenplan eingetragen wird.

1 „DGM"

Der Eintrag erfolgt mich der Funktion Geländelägsschnitt erstellen.

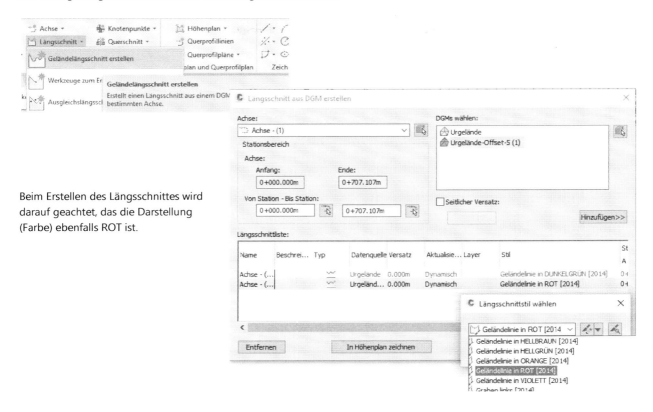

Beim Erstellen des Längsschnittes wird darauf geachtet, das die Darstellung (Farbe) ebenfalls ROT ist.

Das „OK" ist jetzt ausreichend und der Längsschnitt ist in den vorhandenen Höhenplan eingetragen.

Die Beschriftung des Höhenplans ist jetzt manuell nachzuarbeiten, um die Höhen jedes DGMs einzeln – und die Höhendifferenz zu zeigen. Der Zugang erfolgt über die „Höhenplan-Eigenschaften".

Die Funktion steht nach „Klick" auf den Höhenplanrahmen in der Multifunktionsleiste und im Kontext-Menü zur Verfügung.

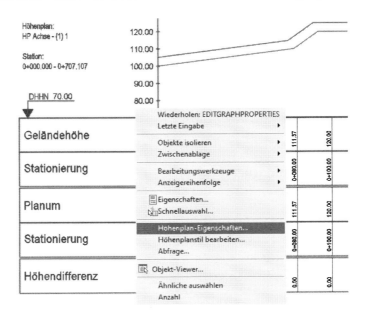

Gert Domsch, CAD-Dienstleistung

1 „DGM"

Zeilen 4 (Planum), 5 (Stationierung), und 6 (Höhendifferenz) auszuführen.

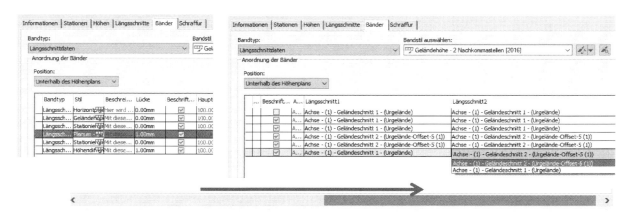

Optional kann auf der Karte „Schraffur" der Bereich, der durch die Funktion „Aufdicken" erstellt wurde, mit einer Schraffur hevor gehoben sein.
Die voreingestellten Schraffurfarben sind änderbar oder bearbeitbar. Jedes AutoCAD-Schraffur-Muster oder -Farbe ist möglich.

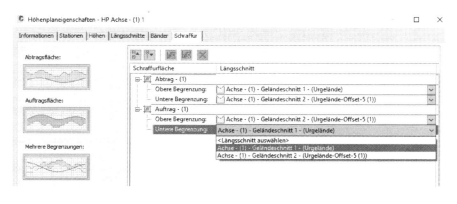 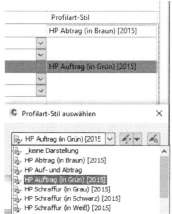

Im Bild werden nur Ausschnitte der Schichten und des Bandes Höhendifferenz gezeigt. Die Schichtstärke ist zusätzlich mit AutoCAD vertikal bemaßt.

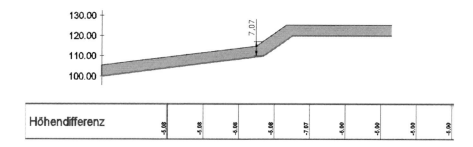

Weitere Versuche dem Abstand („Aufdicken") zu bemaßen irritiren etwas. Zu beachten ist, die Lage der Achse, schneidet die DGMs, die DGM-Dreiecke schräg. In diesem Fall wird auch hier eine Abweichung zur vorgegebenen Dicke ausgewiesen sein.

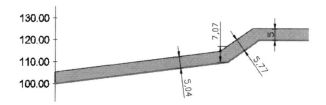

Gert Domsch, CAD-Dienstleistung

1 „DGM"

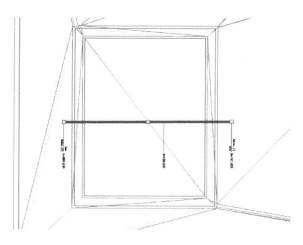

Die Lage der Achse wird korrigiert und schneidet einige Dreiecke möglichst „lotrecht". In diesem Fall ist der Nachweiß der gleichmäßigen Dicke („Aufdicken") gegeben.

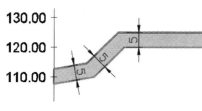

Hinweis:

Die Funktion „Aufdicken" kann nachgewiesen werden. Für die Praxis (Beispiel Deponie-Konstruktion) erscheint die Funktion fraglich, weil hier selten DGMs mit weniger als einhundert Dreiecken zur Beschreibung der Oberfläche ausreichen.

1.3 C3D Add-Ins, DGM bearbeiten „Erweitern","Beschriftung", „Löschen"

Für die Funktion „Erweitern" wird das DGM verwendet, dass bereits für die Funktion „Aufdicken erstellt wurde. Dieses DGM besitzt den Darstellungs-Stil „Höhenlinien 10m – 1m" und bekommt an allen 4 Rändern eine Beschriftung der Neigung (im Randbereich, eine Civil 3D-Funktion).
Die Beschriftung soll dazu dienen die Funktion „Eweitern" nachzuweisen. Die Funktion „Erweitern" erweitert das DGM, behält jedoch die Neigung der erweiteren Dreiecke im Rand bei.

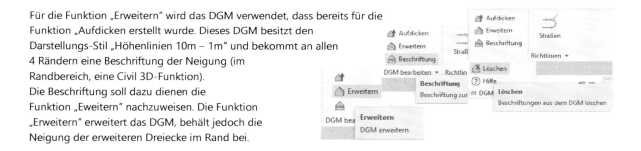

Hinweis:

Im Civil 3D existiert eine zweite Kategorie von DGM (Mengenmodelle) für diese Kategorie macht die Funktion „Erweitern" keinen Sinn.

Die Beschriftung eines DGMs kann alternativ mit Civil 3D Funktionen erfolgen. Hier ist die Kenntnis um die Beschriftungs-Palette von Vorteil.

Innehalb des Kapiltels wirb die Beschriftung der vrohandenen Dreiecke im späteren Erweiterungsbereich gezeigt, um das Beibehalten der Neigung im erweiterungsbereich nachzuweisen.

1 „DGM"

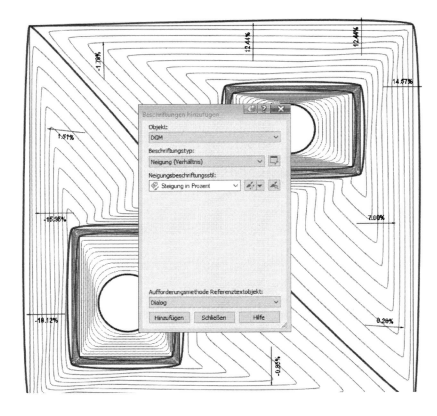

Die Funktion „Erweitern" wird ausgeführt.

Die Funktion „Erweitern" ist nur auf Oberflächen-DGMs anbwendbar, denen ein Darstellungs-Stil zugewiesen ist, der Dreiecke zeigt.

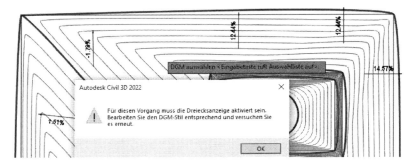

Der Darstellungs-Stil ist geändert das DGM ist auswählbar.

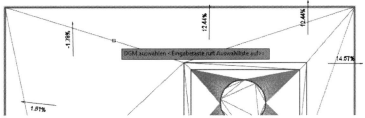

Nach der Auswahl fordert die Funktion auf, Randbereiche festzulegen, in denen die Erweiterung erfolgen soll.

Für die Praxis bedeutete das man kann auch Teilebereiche des DGMs „Erweitern".

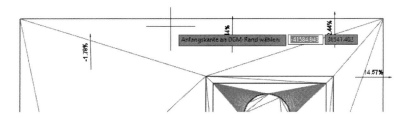

1 „DGM"

Die Funktion zeigt den Erweiterungbereich durch eine rote Markierung an.

Für das Beispiel werden alle vier Seiten gewählt.

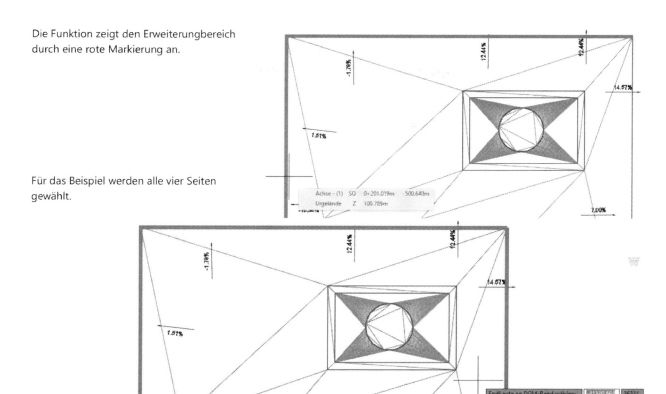

Es ist der Versatz
(die Erwiterung) anzugeben. Es werden 20m gewählt.

Die Erweiterung erfolgt nur in der Mitte der Dreiecke, nicht über die Ecken?

Der Wert 20m entspricht der schrägen Entfernung (3D Entfernung).

Das horizontale Mass zeigt 19.85m. Die Neigung bleibt mit 12.44% beibehalten (markierte Civil 3D-Beschriftung).

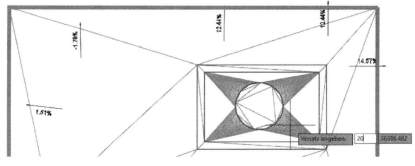

Die Ursache für das „Nichterweitern in den Ecken" ist in der Autodesk-
Hilfe beschrieben. Die Erweiterung erfolgt nur in der Mitte der Dreieckffläche.

Auszug aus der Autodesk-Beschreibung, -Hilfe (Seite 4).

2.3 DGM erweitern

2.3.1 Grundlagen

Die Erweiterung/Verlängerung erfolgt auf Basis eines einzugebenden Abstandes. Bezugspunkte für die Verlängerung sind die Mittelpunkte der äußeren Dreiecksseiten. Auf diese werden neue Dreiecksstützpunkte eingefügt. Von dort aus wird lotrecht zur Dreiecksseite nach außen ein zusätzlicher Punkt erzeugt. Die Neigung des jeweiligen Dreieckes wird für die Berechnung des Verlängerungspunktes genutzt.

1 „DGM"

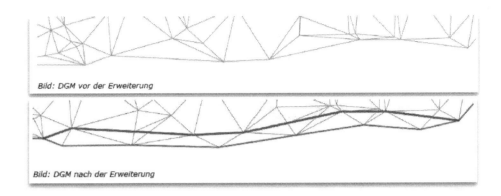

Bild: DGM vor der Erweiterung

Bild: DGM nach der Erweiterung

Es folgt aus der Rubrik „DGM bearbeiten" die Funktion, „Beschriftung".

Vor dem Ausführen der Funktion wird die Civil 3D Beschriftung (Neigung der Dreiecke, Funktion: Ähnliche auswählen, AutoCAD Löschen) gelöscht, um klar zu zeigen, wie die C3D Add-Ins DGM „Beschriftung" zu verstehen ist.

Hinweis:

In der aktuellen Version der C3D Add-ins gibt es die Funktion „Beschriften nicht mehr?

Folgende Ausgangssituation wird hergestellt.

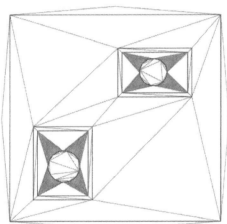

Das DGM ist auszuwählen.

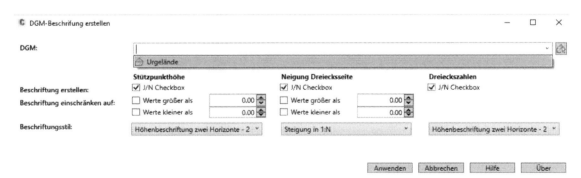

Mit der Auswahl des DGMs ermittelt die Funktion die Grenzwerte und bietet Einschränkungen an. Das kann innerhalb von Straßen und Straßen-Kreuzungen sinnvoll sein, weil der Bordstein (Außenkante, steile Fläche) Bestandteil des DGMs ist. Diese steilen Flächen zu beschriften macht keinen Sinn.

Gert Domsch, CAD-Dienstleistung

1 „DGM"

So kann dieser Bereich aus der Beschriftung ausgeklammert sein.

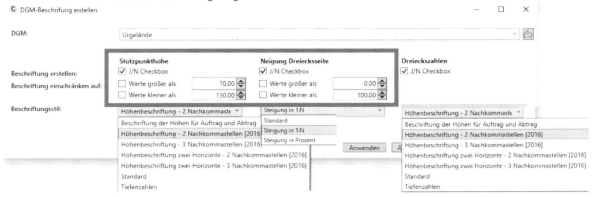

Die Beschriftung erfolgt mit der Basiseinstellung ohne Einschränkung.

Die Funktion beschriftet alle Dreiecke. Bei vielen kleinen Dreiecken kann das erste Bild etwas irritieren.
Die Basis der Beschriftung sind Civil 3D Beschriftungs-Stile. Es handelt sich nicht

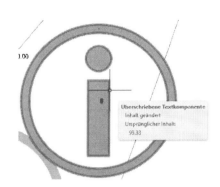

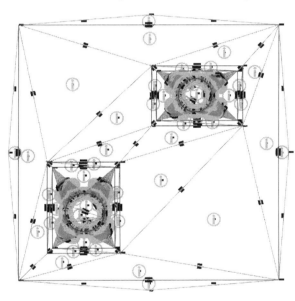

um AutoCAD-Texte oder –Mtexte.
Das heißt alle Beschriftungen sind maßstabsabhänig und können vielfältige Inhalte haben.

Das „i" am Text weist auf den varialblen Inhalt hin, der hier durch die Funktion („Beschriften") geändert wurde.

Um die „i" auszublenden oder den überschriebenen Wert zu ändern, gibt es zwei Funktionen.

- **„i" ausblenden (AutoCAD, Register Beschriften)**

Beschriftung, Überschreibungszeichen

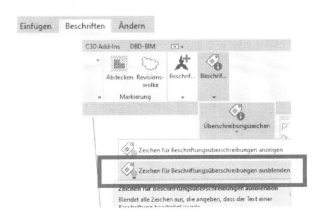

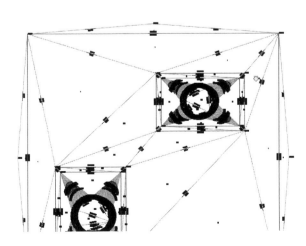

1 „DGM"

- **Überschreibung „Text" löschen (Civil 3D, Kontextmenü)**

Die Beschriftung der Nummer der Dreiecksmasche wechselt zur Höhe der Dreiecksmasche im Punkt.

Mit der Funktion DGM bearbeiten,„Löschen" sollten die C3D Add-Ins-DGM-Beschriftung gelöscht sein.

Die Funktion fordert auf ein DGM auszuwählen.

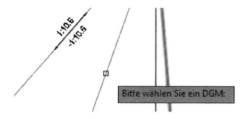

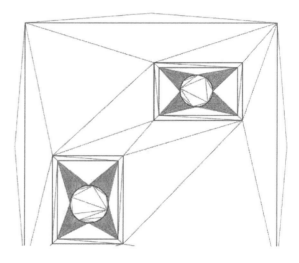

Mit der Auswahl des DGMs ist die C3D Add-Ins-DGM-Beschriftung gelöscht.

Die Funktion DGM bearbeiten „Beschriften" wird noch ein weiteres Mal ausgeführt, um weitere Optionen dieses Befehls zu zeigen. Dazu wird die Zeichnung geöffnet, die zwei DGMs enthält „Urgelände" und das DGM „Urgelände- Offset-5". Die Zeichnung, die mit der Funktion „Aufdicken" erstellt wurde.

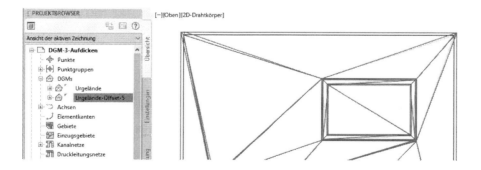

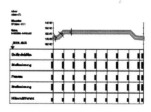

Gert Domsch, CAD-Dienstleistung

1 „DGM"

Die Funktion DGM bearbeiten „Beschriftung" wird erneut gestartet.
In der Auswahl der Beschriftungs-Stile ist die Auswahl „Höhenbeschriftung zwei Horizonte –2 Nachkommastellen [2016]" möglich.

Dieser Beschriftungs-Stil vermittelt die Option auch zwei DGMs und eventuell deren Höheendifferenz beschriften zu können?

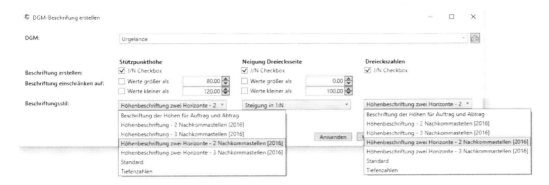

Die Beschriftung zeigt keine auffällige Änderung zur vorherigen Variante. In der Auswahl stand auch keine Option zu Verfügung, ein zweites DGM zu wählen?

Ein zweites DGM ist Bestandteil der Zeichnung, die C3D Add-Ins Beschriftungsfunktion nutzt diese Tatsache jedoch nicht?

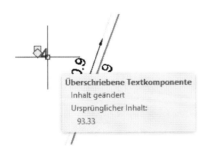
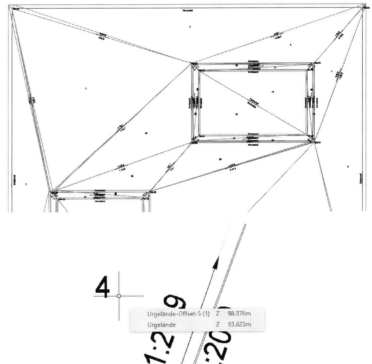

Wie kommt es zu dieser Besonderheit, warum gibt es diesen Beschriftungs-Stil?

Die C3D Add-Ins „Beschriftungs"-Funktion greift auf Civil 3D Funktionen zurück, die mit der „...Deutschland.dwt" geladen sind. Die angebotenen Beschriftungs-Stile sind nicht unbedingt in der C3D Add-Ins „Beschriftung"-Funktion sinnvoll anwendbar.

1 „DGM"

In folgendem Civil 3D Funktionumfeld tauchen diese Beschriftungs-Stile wiederholt auf.

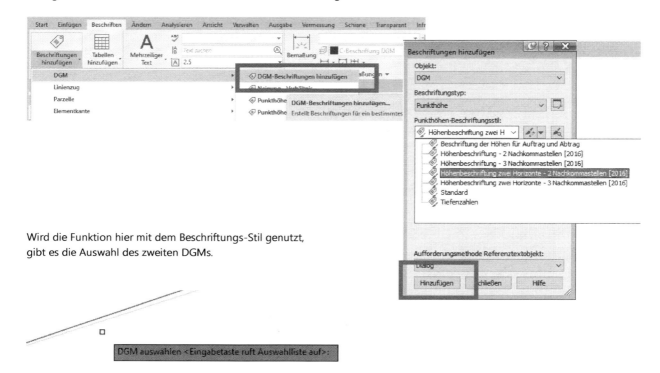

Wird die Funktion hier mit dem Beschriftungs-Stil genutzt, gibt es die Auswahl des zweiten DGMs.

Innerhalb der Funktion gibt es die Möglichkeit zur Auswahl des zweiten DGMs.

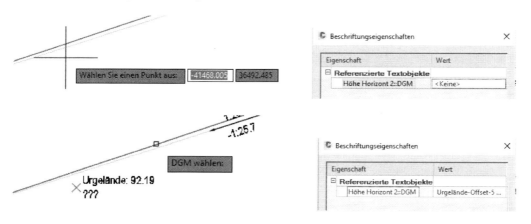

Es gibt einen Beschriftungspunkt mit Höhen von zwei DGMs.

Hinweis:

Nachteil der Civil 3D Funktion, es wird nur jeweils ein Punkt beschriftet. Die Auswhl des zweiten DGMs ist für jeden Punkt manuell zu wiederholen. Vorteil der Funktion, mann kann die Position des Punktes frei wählen. Es muss sich nicht um eine Ecke oder um den Mittelpunkt der Dreiecksflächen handeln.

1 „DGM"

1.4 C3D Add-Ins, OKSTRA-Export

OKSTRA-Export

Die Funktion des OKSTRA-Imports, -Exports ist mit der Version 2020 und 2021 auf ein technisches Niveau gekommen, dass funktional besser der Praxis in Deutschland und dem OKSTRA-Format gerecht wird. Der OKSTRA Datenaustausch besitzt in Deutschland eine nicht zu unterschätzende Größenordnung.

Hinweis:

Sollte es das Ziel sein, Aufträge von deutschen Straßenbauämtern zu bekommen, so sind teilweise CARD-1 kompatible Daten zu liefern. Civil 3D kann Konstruktionen im DXF, PDF oder DWG (AutoCAD-DWG) Format exportieren (ausgeben). Diese Daten sind nicht uneingeschränkt als CARD-1 kompatibel zu betrachten. Ein OKSTRA-Export könnte hier hilfreich sein und eventuell die Export-Import-Lücke technisch besser schließen.

Das aktuelle OKSTRA-Datenaustausch-Format hat die Formatbezeichnung „XML". Das heißt eine OKSTRA-xml-Datei kann leicht mit dem Autodesk „Land XML", „ALKIS-xml", „ISYBAU-xml" oder ähnlichem verwechselt werden.

Die Herkunft einer *.xml Datei lässt sich oftmals klären, indem man diese Datei öffnet (bevorzugt „Editor") und eventuell Hinweise im Kopf der Datei zur Herkunft oder Thematik findet.

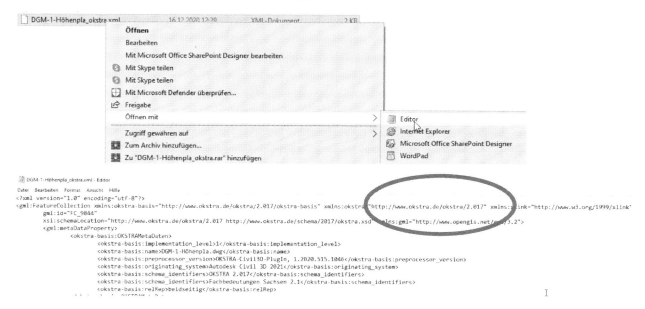

Für den Umgang mit dem OKSTRA-Format fehlt es mir leider an Erfahrung und den entsprechenden Projekten. In diesem Zusammenhang kann ich nur die Funktionen zeigen und hoffe, dass diese, der zurzeit gegebenen, Praxis entspricht.

Start-Maske für den OKSTRA-Export (Geländemodelle)

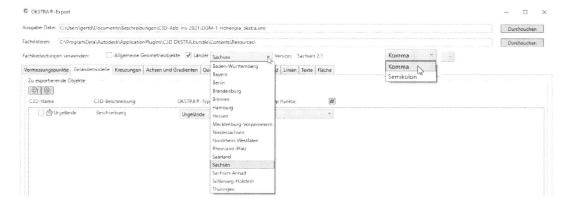

1 „DGM"

Objektspezifische Einstellungen innerhalb der Maske (Geländemodelle)

Landesspezifisch abgestimmte Punktsymbole von „Best.0701"
bis „Plan.9525" und Sonstiges (weit über 100 Punktsymbole)

Weitere OKSTRA-Export und -Import Optionen (Vermessungspunkte)

Hinweis:

Eine „Vermessungs-Punkt-OSTRA-Ausgabe" ist nur möglich, wenn es sich um Civil-3D-Punkte (COGO-Punkte) handelt die einen Vermessungs-Code haben (deutsch). Die Bezeichnung für den deutschen „Vermessungs-Code" lautet im Civil 3D „Kurz-Beschreibung" (Beschreibung).

Punkte ohne „Kurz-Beschreibung" werden in der Funktion „Vermessungspunkte" nicht angezeigt (OKSTRA-Export).

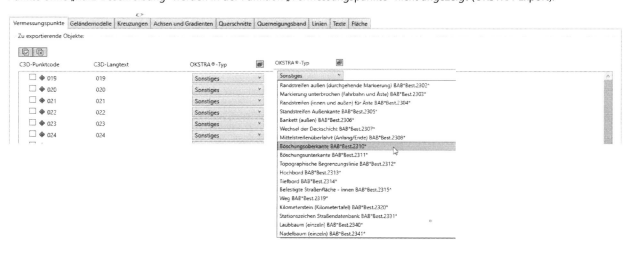

Gert Domsch, CAD-Dienstleistung

1 „DGM"

Das Bild zeigt Eigenschaften der Punkte im Civil 3D Projektbrowser. Die Punkte sind Bestandteil einer Punktgruppe. (originaler Import, originale Datei)

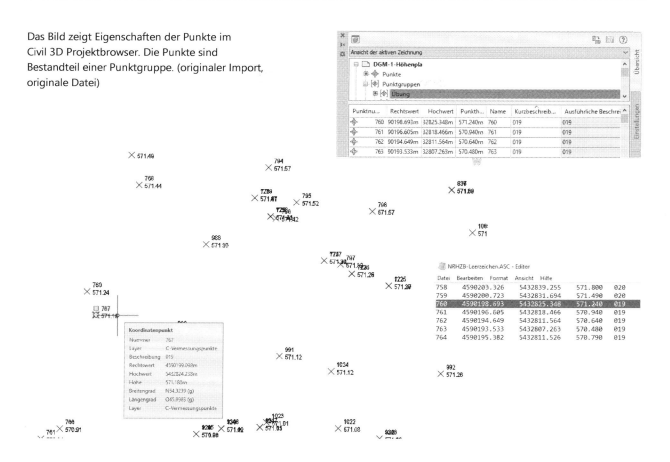

Im folgenden Bild wird die ausgegebene Datei gezeigt. Hier wird die Datei mit dem XML Editor geöffnet.

2 Achse, Gradiente (konstruierter Längsschnitt)

C3D Add-Ins zum Thema:

Die erste Funktion in der Liste der C3D Add-Ins Befehle (Version 2022) ist „Straßenmarkierungen". Die Beschreibung beginnt nicht mit dieser Funktion. Die Beschreibung beginnt mit der Reihenfolge einer Konstruktion für eine eventuelle Kreuzung (Knotenpunkt-Konstruktion) Nach dem DGM ist der nächste Schritt die Achse mit Höhenplan und Gradiente (deutscher Begriff). Im Civil 3D wird die „Gradiente" konstruierter Längsschnitt genannt. Danach folgt das Erstellen des Querschnittes und des 3D-Profilkörpers (hier die Straße).

Eine Straße und eventuell auch eine Kreuzung (Einmündung) macht die Funktion logischer. Jeweils passend dazu werden C3D Add-Ins vorgestellt.

2.1 Voraussetzung, Civil 3D Konstruktion

Unabhängig, wie die spätere Kreuzungs-Konstruktion oder Einmündungs-Konstruktion erfolgt, ob manuelle Konstruktion, das heißt manuelles Zusammensetzen der Bestandteile einer Kreuzung/Einmündung oder mit Nutzung der Funktion „Knotenpunkte", das heißt teilautomatisiertes Zusammensetzen einer Kreuzung. Als Voraussetzung sind Achsen zu erstellen und die Höhe der Gradienten oder Civil 3D „konstruierter Längsschnitt" ist im Schnittpunkt der Achsen abzustimmen.

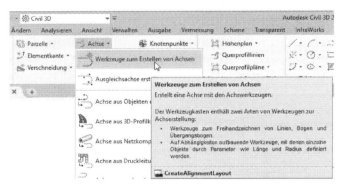

Mit der Basis-Funktion wird zuerst für eine „Hauptstraße" eine Achse erstellt.

Im nächsten Kapitel wird für eine „Nebenstraße-1"nochmals eine Achse gezeichnet. Die Beschreibung will unterschiedliche Varianten zeigen.

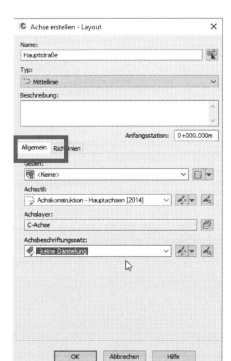

Registerkarte Allgemein

Der Name der Achse lautet „Hauptstraße".

Die Darstellung erfolgt „bunt" (Achskonstruktion – Hauptachsen [2014]). Auf eine Beschriftung wird verzichtet (_keine Darstellung).

2 Achse, Gradiente (konstruierter Längsschnitt)

Registerkarte Richtlinie

Die Auswahl der Richtlinie kann bereits zum Zeitpunkt der Achserstellung erfolgen. Das ist jedoch an dieser Stelle kein „MUSS". Die Auswahl ist als Bestandteil der Achseigenschaften auch später noch änderbar. Die Option wird im nächsten Kapitel „3D-Profilkörper" (Fahrbahnverbreiterung) nochmals gezeigt.

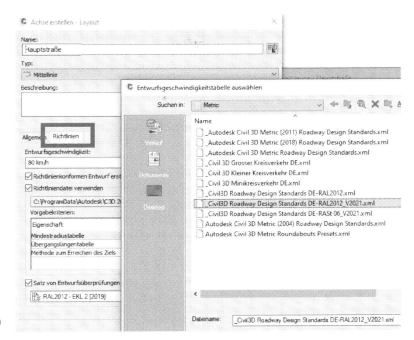

Achtung, der Aufruf der Richtlinie allein reicht nicht aus. Die Richtlinien haben untergeordnete Kategorien (Entwurfsklassen), die ebenfalls zu zuordnen oder zu beachten sind.

Anpassung der Geschwindigkeit

Entwurfsklasse

Civil 3D Entwurfsüberprüfungen

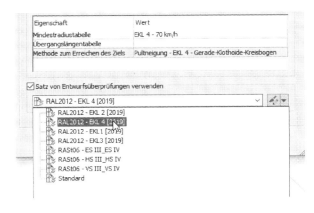

Hinweis:

Die Vielzahl der Einstellungen und die Reihenfolge des Aufrufes sind eventuell der amerikanischen Denkweise geschuldet.

Civil 3D wird durch das Country Kit Deutschland an deutsche Standards angepasst. Civil 3D ist nicht für deutsche Standards programmiert (der Autor).

2 Achse, Gradiente (konstruierter Längsschnitt)

Die Einstellungen für Bogen und Übergangsbogen werden gezeigt, weil diese später Bestandteil der Richtlinienüberprüfung ist.

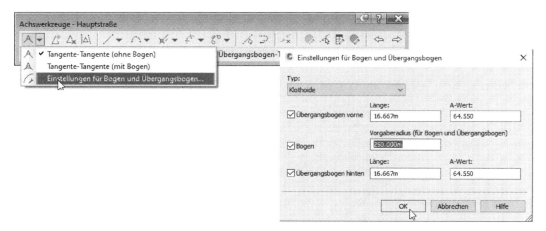

Für die Konstruktion wird bewusst die Funktion „Tangente-Tangente mit Bogen" gewählt.

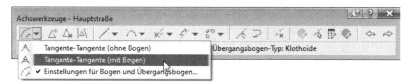

Die Achse wird bewusst am Anfang und am Ende außerhalb des DGMs gezeichnet. Technisch stellt das kein Problem dar. Später ist jedoch diese Besonderheit bei der Erstellung des Höhenplans, der Gradiente und des 3D-Profilkörpers zu beachten.

Hinweis:

Eventuell zeigt die Achse an den Klothoiden „Symbole, Ausrufezeichen". Diese Zeichen zeigen laut Civil 3D Deutschland" eine Verletzung der Entwurfsrichtline an. Leider ist das nicht immer richtig. Auf diese Besonderheit wird später näher eingegangen (C3D Add-Ins: Richtlinienüberprüfung, Civil 3D: Entwurfsüberprüfungen)

Die Meldungen im Bild wurden nachträglich gesetzt. Es ist als Bestandteil des Darstellungs-Stils möglich diese Meldungen an- oder abzuschalten, ohne das Problem zu beseitigen!

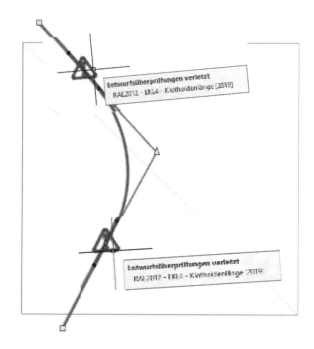

Um die spätere Gradiente zu erstellen (Civil 3D: „konstruierter Längsschnitt"), ist zuerst die Achse mit dem DGM zu verknüpfen (Funktion: Geländelängsschnitt erstellen).

2 Achse, Gradiente (konstruierter Längsschnitt)

Es ist empfehlenswert die Farbe der Geländelinie (Civil 3D: Längsschnitt) abgestimmt zur DGM-Farbe zu wählen (Geländelinie in Dunkelgrün).

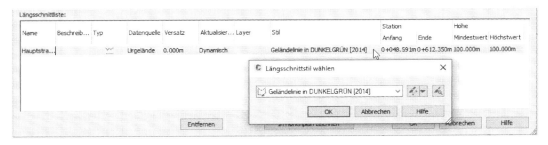

Die richtige Folgefunktion ist an dieser Stelle „In Höhenplan zeichnen".

Hinweis:

Wird aus Versehen „OK" betätigt, so ist das kein Fehler. Mit der Funktion „Höhenplan" gelingt ein erneuter Start der Funktion.

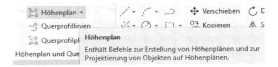

In der Folge werden alle Einstellungen mit der Vorgabe übernommen, einschließlich dem Höhenplanstil mit der Überhöhung 1:10, der Beschriftung im Raster und der Darstellung in Achsrichtung.

Allgemein:

Gert Domsch, CAD-Dienstleistung

2 Achse, Gradiente (konstruierter Längsschnitt)

Stationsbereich:

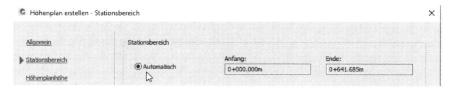

Höhenbereich:

Längsschnitt-Anzeigeoptionen:

Die wichtige Einstellung in der Spalte „Beschriftungen" bleibt unverändert.

Kanalnetz/Druckleitungsnetz:

Die Funktion wird automatisch übersprungen, weil es in der Zeichnung weder Kanalnetz- noch Druckleitungsnetz-Rohre gibt.

Datenbänder:

Um die Funktionen der „C3D Add-Ins" besser zu zeigen, bleibt es auch hier bei der Voreinstellung (Band Satz – Geländeschnitt – 3 Nachkommastellen [2016]).

Fachlich ist das eventuell nicht richtig, technisch stellt es jedoch kein Problem dar, weil zu jedem Zeitpunkt, jeder Stil (Darstellungs- oder Beschriftungs-Stil) auswechselbar ist.

Gert Domsch, CAD-Dienstleistung

2 Achse, Gradiente (konstruierter Längsschnitt)

Längsschnittschraffur-Option:

Diese Funktion wird ebenfalls übersprungen, weil noch keine Gradiente (2. Längsschnitt, konstruierter Längsschnitt) vorhanden ist.

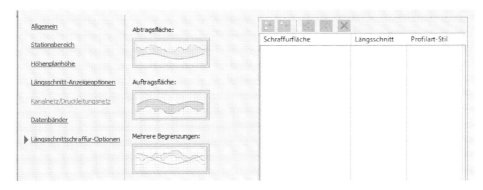

Die abschließende Funktion „Höhenplan erstellen" steht jederzeit zur Verfügung, kann jederzeit betätigt werden. Alle Voreinstellungen werden davon unabhängig übernommen.

Der erstellte Höhenplan ist die Voraussetzung für die Gradiente (Civil 3D: konstruierter Längsschnitt).

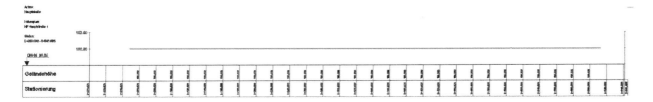

Hinweis:

Die grüne Linie (Geländelinie) beschreibt die Lage des DGMs. Der Höhenplan entspricht der Länge der Achse. Die Achse ragt über das DGM, am Anfang und am Ende, hinaus, deshalb ist nicht in allen Bereichen eine Geländelinie vorhanden. Für die folgenden Arbeitsschritte stellt das kein Problem dar. Werden die Voreinstellungen ohne Änderung übernommen, entspricht die Stationierung des Höhenplans der Länge der Achse.

Die Funktion zum Konstruieren einer „Gradiente" wird im Civil 3D als „Werkzeuge zum Erstellen von Längsschnitten" bezeichnet (konstruierter Längsschnitt).

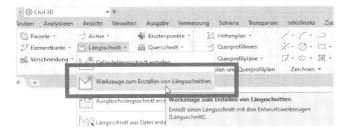

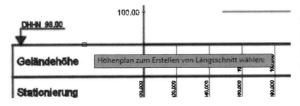

Der zweite Schritt der Konstruktion ist die Auswahl des Höhenplans. Damit erfolgt die Zuordnung der Gradiente (konstruierter Längsschnitt) zur Achse und die Funktion liest die Überhöhung im Höhenplan.

2 Achse, Gradiente (konstruierter Längsschnitt)

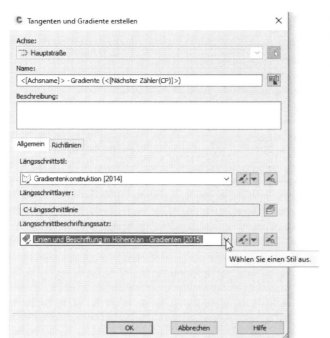

Der Darstellungs-Stil „Gradienten Konstruktion" bedeutet eine bunte Darstellung.

Der voreingestellte Beschriftungs-Stil bleibt ausgewählt.

Die „Ausrundungseinstellungen" werden überprüft aber in diesem Beispiel nicht geändert.

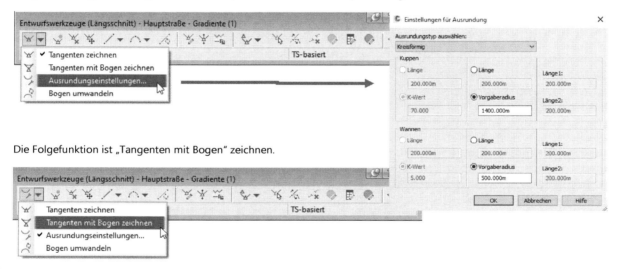

Die Folgefunktion ist „Tangenten mit Bogen" zeichnen.

Hinweis:

Die Gradiente sollte am Anfang des Höhenplans beginnen und bis zum Ende konstruiert sein. Damit ist die Gradiente so lang wie die Achse. Diese Vorgehensweise ist eher von Vorteil. Viele Probleme im 3D-Profilkörper resultieren aus einer zu kurzen Gradiente, einer Gradiente, die nicht der Länge der Achse entspricht.

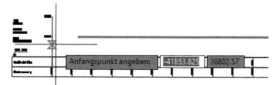

Die Objektfänge „Nächster Punkt" und „Endpunkt" sind von Vorteil.

Es ist ein freies Zeichnen aber auch ein parameterabhängiges Entwerfen sind möglich.

2 Achse, Gradiente (konstruierter Längsschnitt)

Das parametrische Entwerfen wird hier nicht gezeigt.

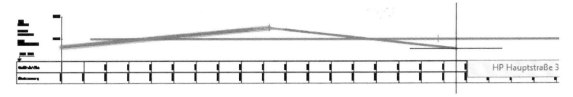

Die Gradiente ist im Höhenplan einmal an den Bestandteilen der Gradiente beschriftet. Die Beschriftung im Band wäre durch einen Wechsel des Bandsatzes nachzuholen.

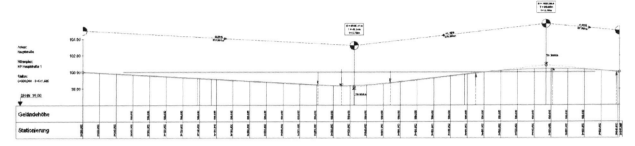

2.2 C3D Add-Ins, OKSTRA-Export, Richtlinienüberprüfung

OKSTRA – Export:

Der OKSTRA-Export von Achsen und Gradienten (Funktion: Werkzeuge zum Herstellen von Längsschnitten, konstruierter Längsschnitt) erfolgt mit einer umfangreichen Eigenschaften-Zuweisung.

Für die einzelnen konstruierten Bestandteile ist eine sehr vielfältige Auswahl von Kategorien möglich.

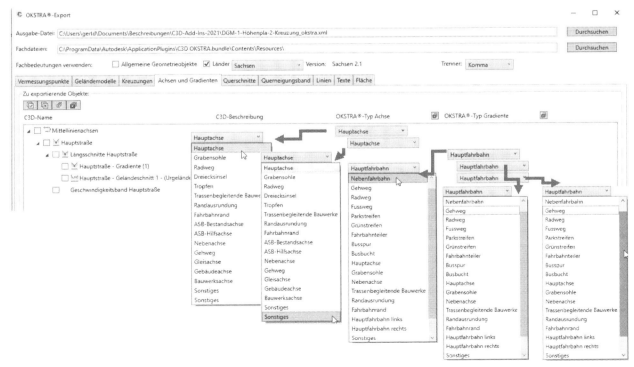

2 Achse, Gradiente (konstruierter Längsschnitt)

1. Richtlinienüberprüfung (C3D Add-Ins):

Die hier vorgestellten Richtlinien-Überprüfung ist mehrfach gestaffelt, die Überprüfung kann auf Achse und Gradiente beschränkt bleiben. Die Überprüfung kann jedoch auch auf den 3D-Profilkörper und den Querschnitt erweitert sein. Die Funktion wird im Zusammenhang mit dem 3D-Profilkörper in einem der nächsten Kapitel nochmals gezeigt.

In den folgenden Bildern beschränkt sich die Richtlinienüberprüfung auf die Achse „Hauptstraße" und die zugeordnete Gradiente (konstruierter Längsschnitt).

Liste der Auswahl-Optionen:

Im Beispiel wird für die Achse „Hauptstraße" die Richtlinie „RAL 2012" gewählt, mit der Straßenkategorie „EKL 4" und einer Entwurfsgeschwindigkeit von 70 km/h.

2 Achse, Gradiente (konstruierter Längsschnitt)

Auf der Karte Grenzwerte werden die minimalen Werte (Grenzwerte) nochmals aufgelistet.

2 Achse, Gradiente (konstruierter Längsschnitt)

Die Karte Ergebnisse zeigt auf einer Seite alle Ergebnisse.

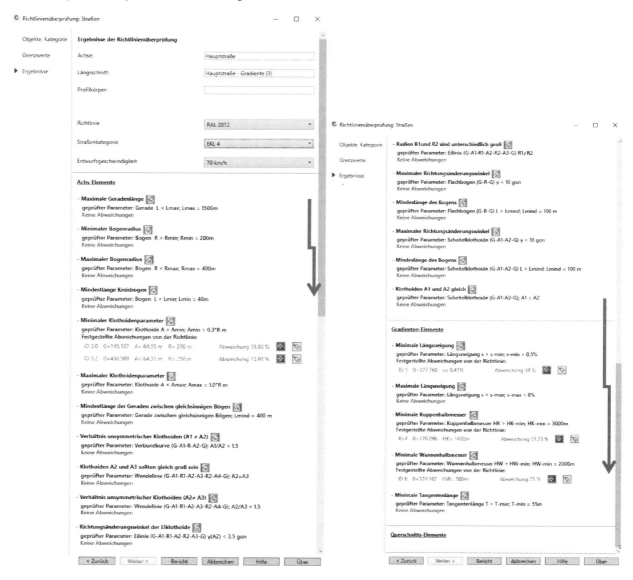

Optional ist die Ausgabe eines Berichtes möglich.

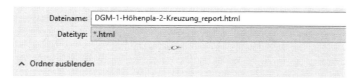

Mit ausgeführter Funktion bleiben die Daten in einem Fenster geöffnet und dynamisch verfügbar.

2 Achse, Gradiente (konstruierter Längsschnitt)

Das bedeutet, die Achse kann editiert werden, die Überprüfung bleibt verknüpft und zeigt sofort die Ergebnisse.

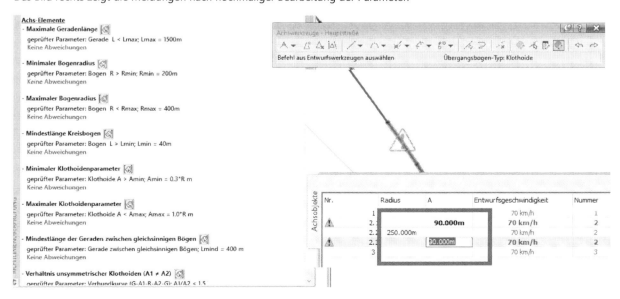

Obwohl die C3D Add-Ins Richtlinienüberprüfung keine Fehler hervorhebt, bleiben Warnsymbole auf der Achse in der Zeichnung (auf der Klothoide, Voraussetzung nicht geänderter „Darstellungs-Stil" Achskonstruktion-Hauptachsen [2014]).

Bei Auswahl dieser Vorgehensweise werden, noch Symbole am Objekt angezeigt, die auf eine Richtlinienverletzungen am Objekt hinweisen?

Etwas unverständlich ist hier, die Klothoide wird noch als fehlerhaft ausgewiesen, obwohl die C3D Add-Ins Richtlinienüberprüfung ein „OK" zurückgibt?

Das Bild rechts zeigt die Meldungen nach nochmaliger Bearbeitung der Parameter.

Gert Domsch, CAD-Dienstleistung

2 Achse, Gradiente (konstruierter Längsschnitt)

Bevor ich die Lösung zeige, muss ich ergänzend erwähnen, eine entsprechende Richtlinienüberprüfung ist auch auf einen zweiten Weg möglich und auch hier dynamisch verknüpft.

Die Richtlinienüberprüfung als Bestandteil der C3D Add-Ins zu benutzen, ist eher von Vorteil, weil alle Parameter an einer Stelle aufrufbar und übersichtlicher dargestellt sind.

2.　Richtlinienüberprüfung (alternativ, Civil 3D: Entwurfsüberprüfungen)

Der zweite Weg, für eine Überprüfung der Richtlinien, bedarf das Verständnis von Funktionen an mehreren Stellen der Achse (Civil 3D).

Die Straßenkategorie ist als Achseigenschaft zugeordnet. An dieser Stelle gibt es nochmals „Entwurfsüberprüfungen", diese sollten der C3D Add-Ins „Richtlinienüberprüfung" entsprechen.

Leider stelle ich in der Version 2021 Differenzen fest, „Richtlinienüberprüfung" und „Entwurfsüberprüfungen" werden eventuell von unterschiedlichen Firmen erstellt und sind eventuell nicht untereinander abgestimmt?

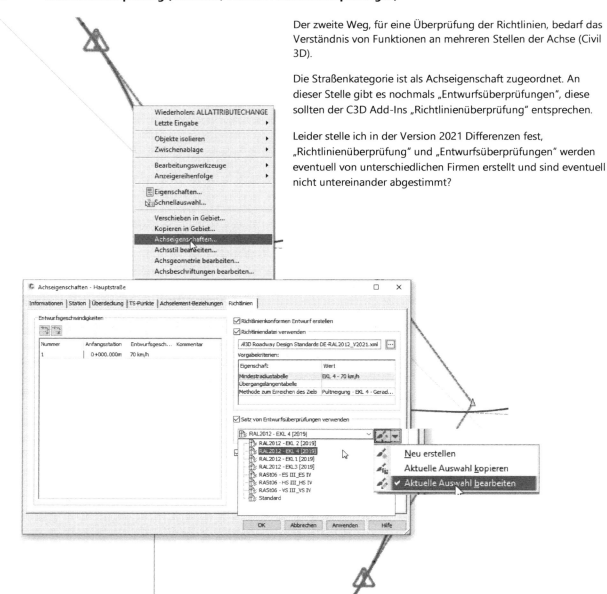

Die Länge des Übergangsbogens ist kein Parameter der Richtlinie RAL 2012? Der Eintrag wird gelöscht.

2 Achse, Gradiente (konstruierter Längsschnitt)

Bei den Einträgen für die Klothoiden Parameter-Überprüfung ist „AND" durch „OR" zu ersetzen.

Das Hinweis-Zeichen an der Klothoide ist entfernt. Hiermit erbringe ich den Nachweis, dass das Hinweis-Zeichen aus einer fehlerhaften Entwurfsüberprüfung resultiert (der Autor). Die Probleme bei den Entwurfsüberprüfungen wurden am 05.01.2021 an Autodesk gemeldet. Ein Test in der Version 2022 zeigt die Probleme sind auch hier enthalten (20.05.2021).

Hinweis:

Diese Funktion der „Entwurfsüberprüfungen" sehe ich als eine positive Besonderheit an. Mit den Entwurfsüberprüfungen ist jeder in der Lage eigene Richtlinien zu entwickeln, um Sonderkonstruktionen zu prüfen, auch ohne Programmierkenntnisse.

Es gibt in Deutschland auch Richtlinien für landwirtschaftliche Wege oder für Transportfahrzeuge bei der Montage von Windkraftanlagen. Mit dieser Funktion kann man eventuell eigene Richtlinien entwickeln oder anpassen, die auf jede technische Besonderheit reagieren können.

3 Achse, Gradiente, Kanal (Rohre/Schächte im Höhenplan)

Das eigentliche Ziel ist es, mehrere 3D-Profilkörper und eine Kreuzung zu entwerfen. Um dieses Ziel zu erreichen, braucht es eine zweite Achse. Diese zweite Achse wird ähnlich zur ersten Achse erstellt. Die Arbeitsschritte wiederholen sich in einigen Teilen.

Ergänzend dazu wird gezeigt, dass der Höhenplan jede Art von Daten anzeigen kann. Im Civil 3D gibt es keinen speziellen Straßen-, Kanal- (Rohleitung-) oder Gelände-Längsschnitt (Civil 3D: Höhenplan) Jeder Höhenplan kann alle Daten anzeigen, beschriften und ist dynamisch mit dem jeweiligen Objekt verknüpft.

C3D Add-Ins zum Thema:

Hinweis:

Die Funktion „Trennzeichen" ist in der aktuellen Version der C3D Add-Ins nicht mehr enthalten?

3.1 Voraussetzung, Civil 3D Konstruktion

Die zweite Achse wird auf dem gleichen Weg mit den gleichen Darstellungs- und Beschriftungs-Einstellungen erstellt, wie die Achse „Hauptstraße". Als Richtlinie (Entwurfsparameter) wird die RASt 06 mit ES IV / ES V gewählt. Der Name der Achse lautet „Nebenstraße-1".

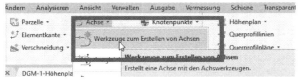

Allgemein (Darstellung- u. Beschriftungs-Stil)   **Richtlinien-Auswahl, -Festlegung**

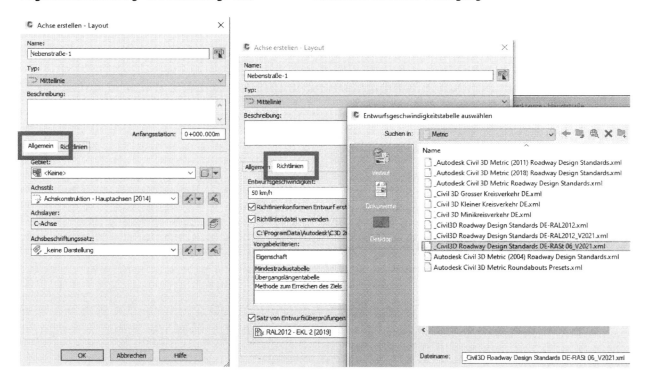

3 Achse, Gradiente, Kanal (Rohre/Schächte im Höhenplan)

Die Auswahl der Richtlinie kann bereits zum Zeitpunkt der Achserstellung erfolgen. Das ist jedoch an dieser Stelle kein „MUSS". Die Auswahl ist als Bestandteil der Achseigenschaften auch später noch änderbar. Die Option wird im nächsten Kapitel „3D-Profilkörper" (Fahrbahnverbreiterung) nochmals gezeigt.

Zu beachten ist, der Aufruf der Richtlinie reicht nicht aus. Die Richtlinien haben untergeordnete Kategorien, die ebenfalls zu zuordnen sind.

Unteroption

Civil 3D Entwurfsüberprüfungen
(Die Auswahl enthält keine Option ES IV / ES V?)

Für die Nebenstraße-1 wird eine Konstruktion ohne Klothoiden gewählt. Um das zu erreichen, ist in den Einstellungen „Übergangsbogen vorne" und „-hinten" die Klothoiden-Option zu deaktivieren. Der Radius wird mit 250m festgelegt.

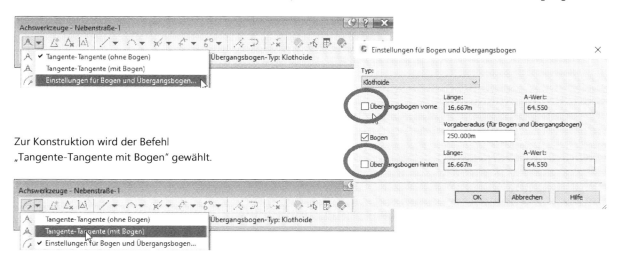

Zur Konstruktion wird der Befehl „Tangente-Tangente mit Bogen" gewählt.

Die Konstruktion beginnt oder endet unmittelbar auf der „Hauptachse" (Achse der übergeordneten Straße, O-Fang „Nächster Punkt").

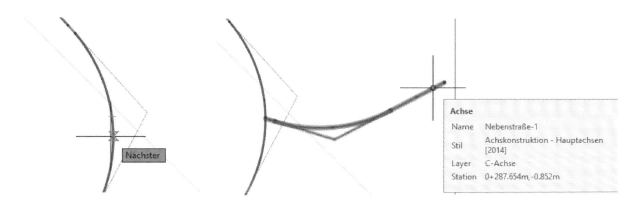

3 Achse, Gradiente, Kanal (Rohre/Schächte im Höhenplan)

3.2 C3D Add-Ins, „Richtilinienüberprüfung"

C3D Add-Ins, Richtlinienüberprüfung

Das vorliegende Bild zeigt einen Ausschnitt aus dem Protokoll der Richtlinienüberprüfung aus den C3D Add-Ins für die „Nebenstraße-1". Alle Konstruktionsparameter entsprechen der Richtlinie.

Überprüfung Richtlinie, C3D Add-ins   **Überprüfung Richtlinie, Civil 3D Entwurfsüberprüfung**

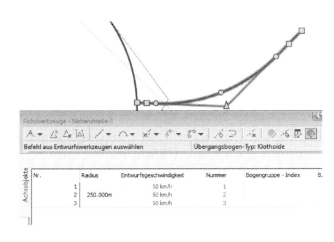

Weder an der Achse selbst noch im „Achseditor" gibt es Symbole also Hinweise zu Richtlinien-Abweichungen.

Das bedeutet die Achse entspricht der Richtlinie.

Richtlinienüberprüfung (alternativ, Civil 3D: Entwurfsüberprüfungen)

Die Richtlinie (Entwurfsüberprüfungen) kann auch hier über die Achseigenschaft erfolgen. Eigenartigerweise kann es am Radius ein Symbol geben, das eine angebliche Parameterverletzung anzeigt. Hierbei muss es sich um ein Software-Problem handeln, denn diese Meldung ist nicht regelmäßig zu sehen.

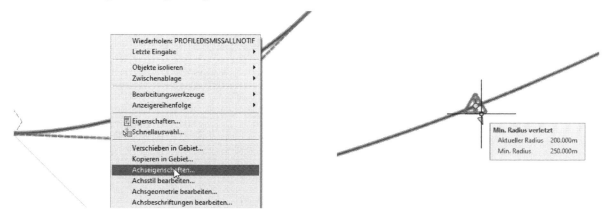

Gert Domsch, CAD-Dienstleistung

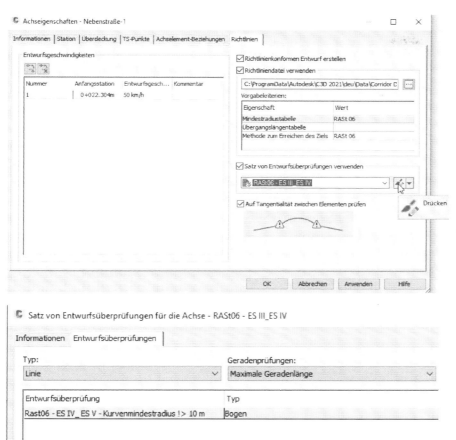

Hinweis:

Die zweideutige Bezeichnung der „Entwurfsüberprüfung" und das unregelmäßig auftauchende Warnsymbol sind irritierend. Die Entwurfsüberprüfungen zeigen keine Unregelmäßigkeit an.

Dazu wurde ein Hinweis am 05.01 an Autodesk weitergegeben.

Hinweis: Die Überprüfung der Version 2022 zeigt keine Unregelmäßigkeiten (22.05.2021).

3.3 C3D Add-Ins, Richtlinien, „Löschen"

C3D Add-Ins, Löschen

Die Richtlinienüberprüfung endet mit einer dynamisch verknüpften Maske.
Um diese Maske zu schließen. gibt es die Funktion Löschen. Die Funktion scheint ab geschaltet zu sein. Die Maske schließt nicht. In der Befehlszeile erscheint die Meldung „Abbruch"?

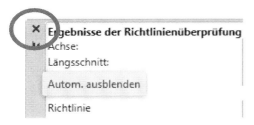

Eine Alternative diese Maske zu schließen ist das „Kreuz" am grauen Rand (im Bild links). Die Funktionen am grauen Rand entsprechen den Funktionen einer Palette im AutoCAD.

3.4 Voraussetzung, Civil 3D Kanal-Konstruktion

Im Bereich der zweiten Achse wird angenommen es gibt ein Regenwasser-„Kanal" (Regenwasser-Rohr). Diese Rohrleitung kann aus Bestandsdaten, aus Vermessungsdaten (Schachtsohlen) erstellt werden oder als ISYBAU-Datei importiert sein. Im vorliegenden Beispiel wird eine Neukonstruktion gewählt.
Der Regenwasserkanal kreuzt die Achse „Nebenstraße-1"und der letzte Schacht liegt auf der Achse Hauptstraße. Das Objekt „Regenwasser-Kanal" wird erstellt.

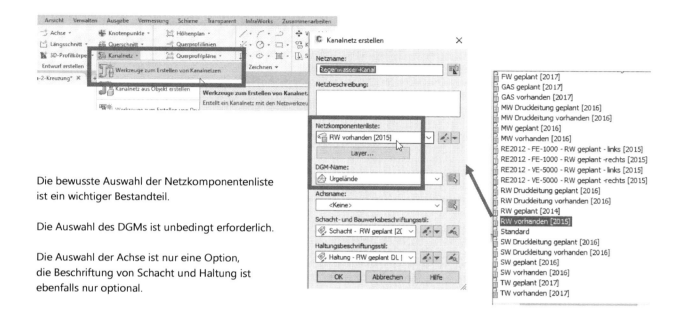

Die bewusste Auswahl der Netzkomponentenliste ist ein wichtiger Bestandteil.

Die Auswahl des DGMs ist unbedingt erforderlich.

Die Auswahl der Achse ist nur eine Option, die Beschriftung von Schacht und Haltung ist ebenfalls nur optional.

Die Konstruktion erfolgt mit den voreingestellten Komponenten (Bestandteile der Netzkomponenten-Liste).

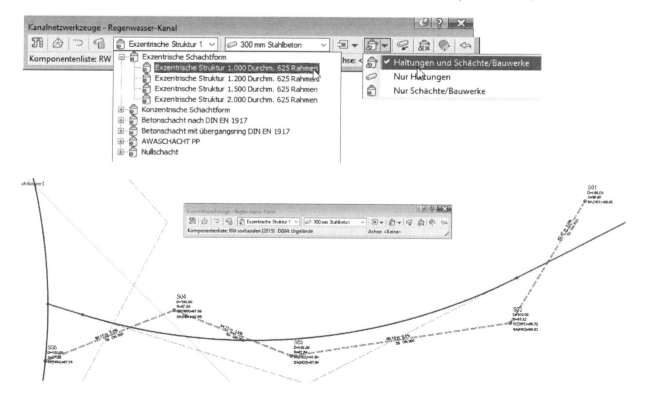

3 Achse, Gradiente, Kanal (Rohre/Schächte im Höhenplan)

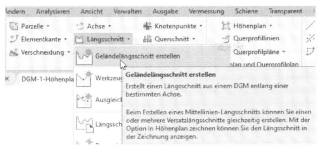

Zur Achse wird ein Gelände-Längsschnitt einschließlich Höhenplan erstellt.

Insgesamt werden für diesen Höhenplan die gleichen Einstellungen gewählt wie im vorherigen Kapitel (1.DGM).

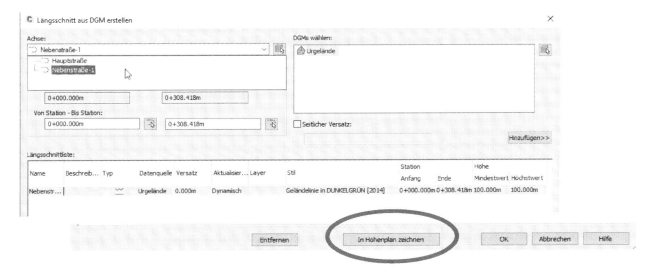

Der einzige Unterschied zum vorherigen Kapitel ist die Option, den Kanal (Rohre und Schächte) als Bestandteil des Höhenplans aufzurufen.
Da die Zeichnung ein Kanalnetz enthält, wird die Option für diesen Höhenplan den Kanal aufzurufen, im Ablauf der Funktion angeboten und ist nicht ausgegraut.

Hinweis:

Liegen Rohre und Schächte so weit entfernt oder technisch ungünstig, so dass keine Darstellung (Projektion durch die Software) möglich ist, so bleibt die Option trotzdem aktiv und steht zur Verfügung. Schächte oder Haltungen können so ungünstig im Raum liege, so dass diese im Höhenplan nicht zu sehen sind. Der Mitarbeiter muss selbst entscheiden, ob ein Aufruf sinnvoll ist oder sinnlos sein kann.

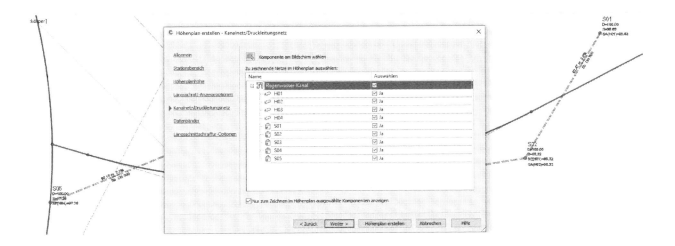

3 Achse, Gradiente, Kanal (Rohre/Schächte im Höhenplan)

Optional stehen Datenbänder für die Beschriftung des Kanals zur Verfügung. Diese Option wird hier nicht genutzt.

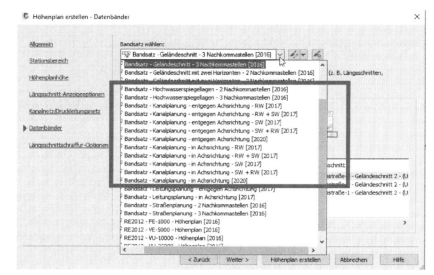

Es bleibt bei den Voreinstellungen im Bandaufruf.

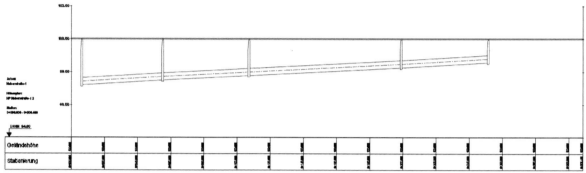

Hinweis:

Nachträglich konstruierte Rohre/Leitungen oder Schächte können in beliebiger Anzahl, in bereits erstellte Höhenpläne oder Querprofilpläne eingeblendet werden. Es ist auch das Ein- und Ausblenden (Ein- und Ausschalten) im Höhenplan beliebig oft möglich.

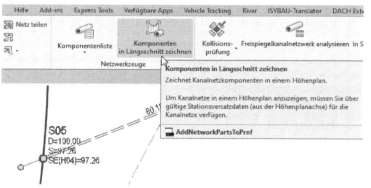

Das nächste Bild zeigt den Höhenplan der Hauptstraße und das Einschalten (Anzeigen) von Rohren und Schächten im Höhenplan der Hauptstraße.

Das Bild zeigt einen nachträglich eingeblendeten Schacht im Höhenplan der Hauptstraße.

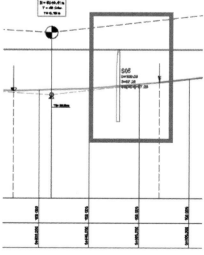

Gert Domsch, CAD-Dienstleistung

3 Achse, Gradiente, Kanal (Rohre/Schächte im Höhenplan)

3.1 C3D Add-Ins, „Schachtskizzen" Erzeugen, Verschieben

3.1.1 Erzeugen

Schachtskizzen:

Die Funktion wird aufgerufen und zeigt die Möglichkeit, ein Haupt- und ein Anschlussnetz aufrufen zu können. Ein Anschlussnetz oder zweiter Strang ist nicht konstruiert (nächstes Bild).

Hinweis:

Der Civil 3D Begriff „Netz" entspricht eventuell den deutschen Begriff „Strang".

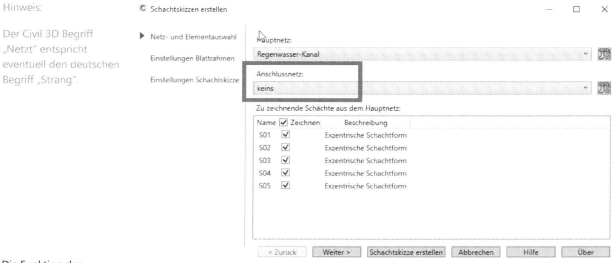

Die Funktion der Schachtskizze wird an dieser Stelle unterbrochen.

Als Bestandteil der „Schachtskizze" ist ein „Anschlussnetz" aufrufbar. Es wird zusätzlich ein Anschlussnetz, bestehend aus drei Schächten und zwei Haltungen, mit der Netzkomponentenliste „RW geplant [2014]" erstellt. Das bedeutet die farbliche Darstellung ist „rot".

Hinweis:

Im Civil 3D sind 2 „Rohrleitungs-Netze" auch wirklich als zwei getrennt zu betrachtende „Netze" zu verstehen.

Auch wenn Schächte zweier Netze exakt übereinander liegen, sind diese nicht miteinander verbunden. Zu erkennen ist die nicht vorhandene Verbindung an der Beschriftung der Schächte. Die Beschriftung der Ein- und Ausläufe zeigt nur einen Zu- und Auslauf an (S05, S07).

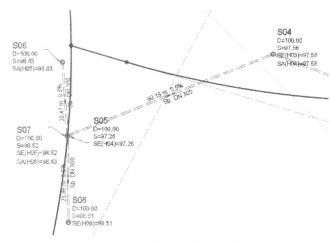

In den nächsten Bildern wird die Situation geändert, das heißt beide „Netze" werden zusammengeführt. Die Bilder werden folgendes zeigen, mit der erfolgreichen Zusammenführung ändert sich die Beschriftung des Sammel-Schachtes.

Sollen die Netze als ein Netz zusammengeführt sein und soll damit am Zusammenfluss nur ein Schacht existieren, so müssen alle Komponenten in einem „Netz" erstellt sein. Optional wie im beschriebenen Beispiel können die Netze auch nachträglich zusammengeführt werden.

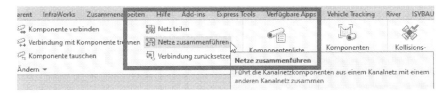

3 Achse, Gradiente, Kanal (Rohre/Schächte im Höhenplan)

Das in der ersten Maske ausgewählte Netz wird dann in das Netz eingefügt, das in der zweiten Maske (Ziel) auszuwählen ist.

Auswahl: **Ziel:**

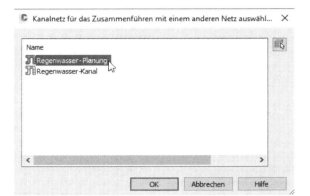 

Die Zusammenführung ist weder an einer Änderung der farblichen Darstellung noch an der Beschriftung zu erkennen. Das Ergebnis der Zusammenführung ist nur am Verschwinden des zuerst ausgewählten Netzes im Projektbrowser und dem Anwachsen der Anzahl von Haltungen und Schächten im zweiten Netz zu erkennen.

Eine Abstimmung oder Änderung der farblichen Darstellung (rot -blau) ist optional möglich.

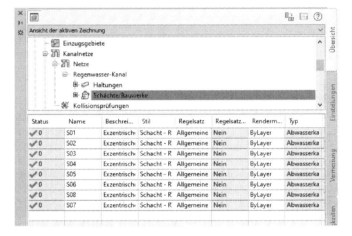

Um im Netz an der Position nur einen Schacht zu führen, ist der überzählige Schacht zu löschen (im Beispiel S07) und alle Haltungen sind neu am verbliebenen Schacht anzuschließen (Im Beispiel S05).

Sind die Funktionen richtig ausgeführt, so wird der neue Verbindungsschacht (Sammelschacht) automatisch entsprechend beschriftet.

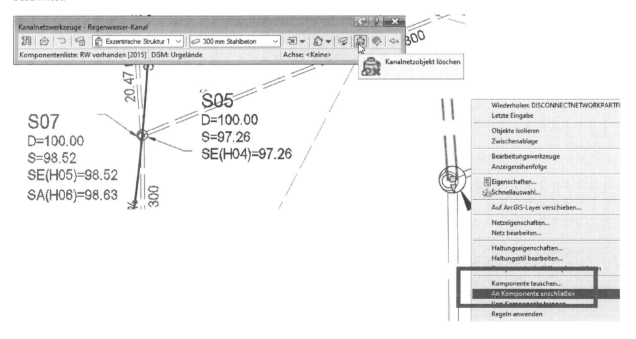

3 Achse, Gradiente, Kanal (Rohre/Schächte im Höhenplan)

bisherige Beschriftung

S05
D=100.00
S=97.26
SE(H04)=97.26

neue Beschriftung

S05
D=100.00
S=97.26
SE(H04)=97.26
SE(H05)=98.52
SA(H06)=98.63

Die Funktion der Schachtskizze wird an dieser Stelle weitergeführt. Für die Funktion „Schachtskizze" wird der Schacht S05 gewählt.

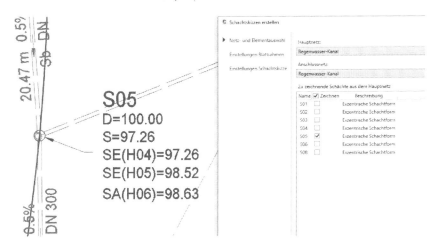

Hinweis:

In der zweiten Maske bleibt das Feld „Schriftfeldname" leer, das heißt es wird kein „Firmen-Logo", keine „Firmen-Bezeichnung" aufgerufen. Dieser fehlende Aufruf führt anschließend zu einer Meldung, die oft als Fehler interpretiert wird.

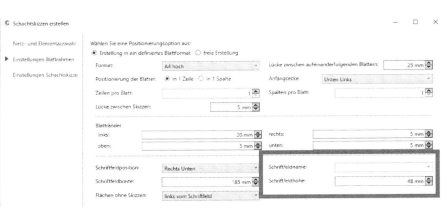

Die dritte Maske bietet eine Vielzahl von Einstellung, die optional vorzunehmen sind oder eventuell Beachtung erfordern. Hervorzuheben sind besonders die Einheit von Winkelangaben und Gefälleangaben.

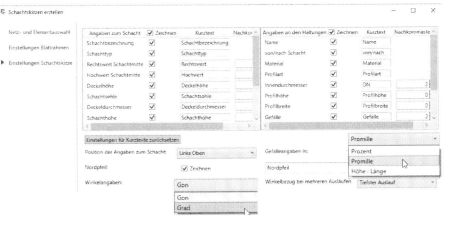

Anschließend verdienen Text- und Bemaßungsstil besondere Beachtung (RAS-Verm-S = Arial).

3 Achse, Gradiente, Kanal (Rohre/Schächte im Höhenplan)

Die eingeblendete Fehlermeldung bezieht sich ausschließlich auf das nicht zugewiesene Firmen-Logo.

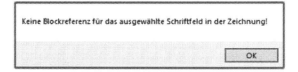

Die Schachtskizze ist im Modellbereich erstellt und entsprechend den Vorgaben bemaßt und beschriftet.

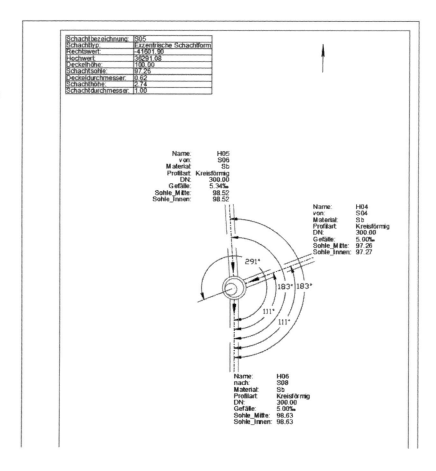

3.1.2 Verschieben

Die Funktion „Verschieben" ist ausschließlich für Haltungsangaben der Schachtskizze gedacht.
Warum ist hier eine spezielle Funktion erforderlich?

Die Schachtskizze einschließlich aller Beschriftungen ist ein Block mit einer Vielzahl von Attributen. Die Funktion „Verschieben" erkennt die Attribute einer Haltung und ermöglicht das zusammengefasste Verschieben dieser Beschriftung.

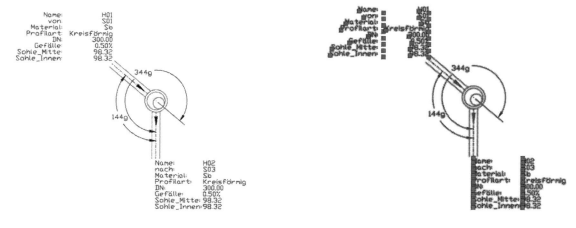

Gert Domsch, CAD-Dienstleistung

Die Funktion „Verschieben" wird ausgeführt.

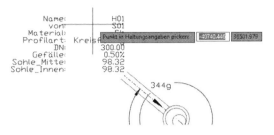

Es ist ein Punkt innerhalb einer Haltungsangabe zu picken.

Alle Haltungsangaben werden auf den neu anzugebenden Endpunkt verschoben.

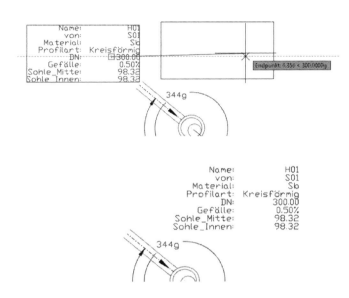

3.1 C3D Add-Ins, „Kanalnetz"

Kanalnetz:
Die Funktion C3D Add-Ins „Kanalnetz" hat vier Befehle, „Gefälle", „Material", „Höhen" und „Deckel". Diese Befehle bieten eine Bearbeitung der genannten Eigenschaften über mehrere Schächte und Haltungen

Hinweis:

Innerhalb der Civil 3D-Standard-Installation sind Haltungen und Schächte nur einzeln bearbeitbar.

Für eine ähnliche globale Bearbeitung der Netz-Eigenschaften hinsichtlich Gefälle, Material, Höhen, Deckel (über mehrere Haltungen oder Schächte hinweg) ist im Civil 3D der „Projekt-Explorer" als Bestandteil der Produkte herunterzuladen und zu installieren. Das nächste Kapitel geht auf diese Option ein.

Die Beschreibung wurde über einen längeren Zeitraum erarbeitet. Es gab mehrere Updates und Patches auch für die Version 2021. In der aktuellen Version der C3D Add-Ins gibt es die Funktion „Deckel" nicht mehr.

ältere Version   aktuelle Version

Die Funktion der C3D Add-Ins bietet eine Bearbeitung über mehrere Schächte und Haltungen hinweg bis zur Bearbeitung eines ganzen Stranges (Schacht und Haltungen in einer Folge, Verzweigungen werden nicht berücksichtigt, Autodesk-Hilfe)

Der Aufruf der Funktion „Gefälle" und die Zuordnung des Start- und Endschachtes zeigt das Gefälle der einzelnen Haltungen innerhalb der Auswahl.

Das Gefälle kann zentral an einer Stelle geändert werden. Es ändern sich alle Haltungen und die Sohlhöhen werden neu berechnet.

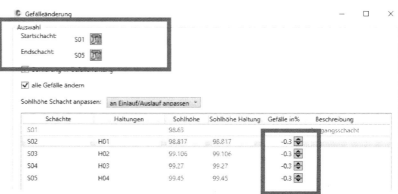

Mit Deaktivierung der Option „Sortierung in Gefällerichtung" bietet die Funktion die Sortierung nach Steigung an.

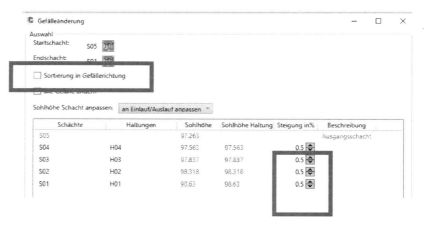

Mit Deaktivierung der Option „alle Gefälle ändern" können auch einzelne Haltungen bearbeitet werden.

Gert Domsch, CAD-Dienstleistung

3 Achse, Gradiente, Kanal (Rohre/Schächte im Höhenplan)

Die neuen Gefälle sind sofort Bestandteil der Zeichnung im Lageplan und im Höhenplan. Die Daten sind dynamisch verknüpft.

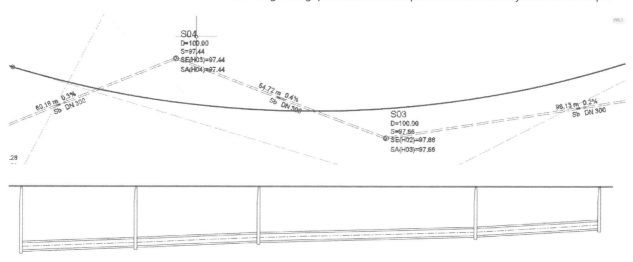

Um die Sohlhöhen projektspezifisch zu führen, ist innerhalb der Option „Sohlhöhe über Schacht anpassen" die Einstellung „nur wenn Sohlhöhe der Haltung tiefer als Schacht" zu aktivieren.

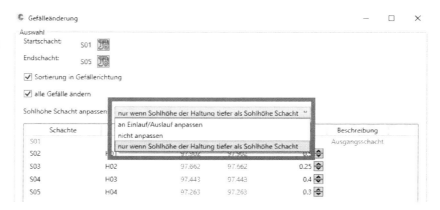

Mit den C3D Add-Ins ist die Änderung der Materialeigenschaft, über nur eine Maske, möglich. Start der Funktion ist wieder die Auswahl eines Start- und Endschachtes. Damit werden alle Schächte und Haltungen ausgewählt, die innerhalb der Auswahl liegen.

Hinweis:

Eine Auswahl oder Änderung der Netzkomponentenliste innerhalb der Funktion ist nicht möglich. Die Nennung der Netz-Komponentenliste ist nur zur Information. Die Auswahl der Material- und Dimensions-Optionen entsprechen den Einstellungen oder der Auswahl in der Netzkomponentenliste. Werden zu dieser Netzkomponentenliste weitere Materialvarianten und Durchmesser geladen, dann stehen diese hier auch zur Auswahl zur Verfügung.

Der Aufruf der Funktion „Material" und die Zuordnung des Start- und Endschachtes zeigt die Netzkomponentenliste, das Material und die Dimension der einzelnen Haltungen und Schächte innerhalb der Auswahl.

3 Achse, Gradiente, Kanal (Rohre/Schächte im Höhenplan)

Es besteht die Möglichkeit alle ausgewählten Komponenten oder nur einzelne Bestandteile zu ändern.

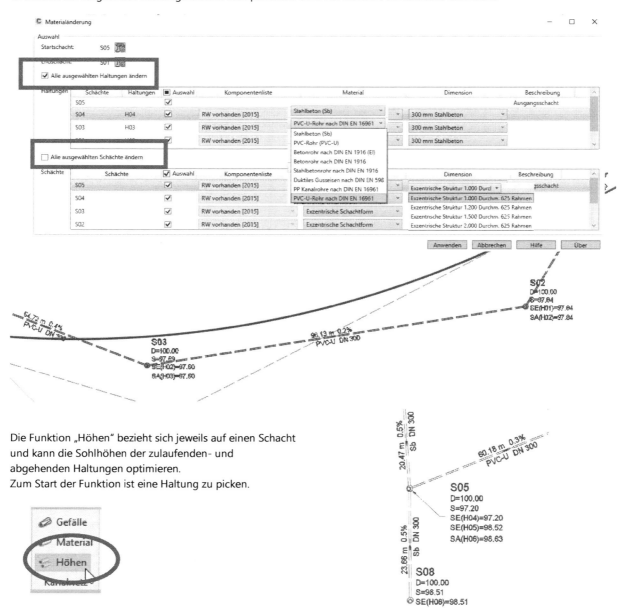

Die Funktion „Höhen" bezieht sich jeweils auf einen Schacht und kann die Sohlhöhen der zulaufenden- und abgehenden Haltungen optimieren.
Zum Start der Funktion ist eine Haltung zu picken.

Hinweis:

Zum Start der Funktion ist die abfließende Haltung zu picken, diese wird in der Funktion als „von Schacht kommend" bezeichnet. Die zufließenden Haltungen werden mit „ausgehend" beschrieben.

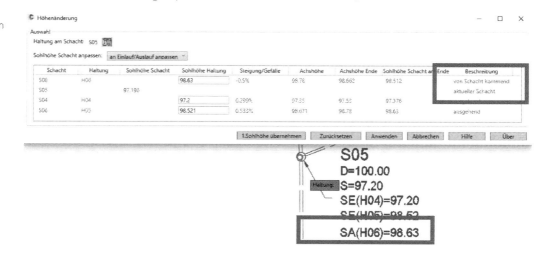

3 Achse, Gradiente, Kanal (Rohre/Schächte im Höhenplan)

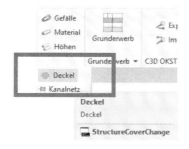

Die Funktion „Deckel" optimiert den Drehwinkel des Konus. Um die Funktion zu beschreiben, wird der originale Text der Autodesk-Hilfe zitiert.

Autodesk-Hilfe zur Funktion (Seite 11 und 12)

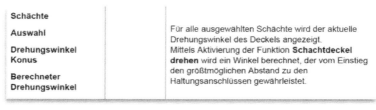

Das Bild zeigt Winkel-Angaben vor dem Ausführen der Funktion:

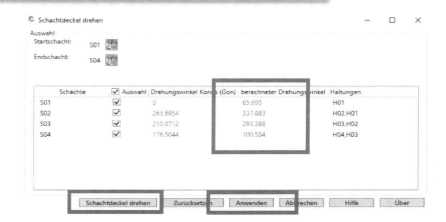

Die Funktion wurde ausgeführt, das Bild zeigt die neuen Winkel-Angaben.

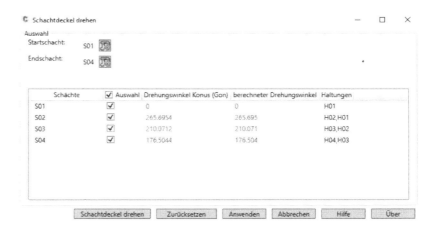

Schacht S01 vor der Funktion „Anwenden"

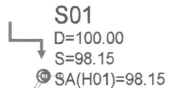

Schacht S01 nach der Funktion „Anwenden"

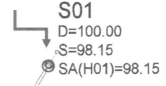

Gert Domsch, CAD-Dienstleistung

3.2 Projekt Explorer (Kanalnetz-Alternative-Bearbeitung)

Hinweis:

Der Projekt Explorer gehört nicht zur Standard-Installation. Der Projekt Explorer ist zusätzlich zu installieren. Je nach erworbenem Produktpaket steht diese als Bestandteil der Produkte im Download zur Verfügung.

Basis der Beschreibung der alternativen Bearbeitung ist die Zeichnung, in der zwei Kanal-Netze zusammengeführt sind. Der Schacht 05 hat zwei zuführende Haltungen (SE) und eine abgehende Haltung (SA).

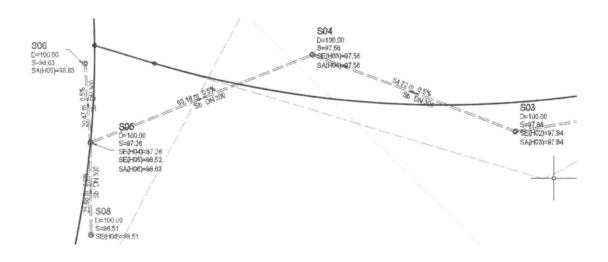

Der Projektbrowser wird geöffnet und zeigt alle zum Projekt gehörenden Objekte. In diesem Fall es nur das Kanalnetz in dieser einen Zeichnung.

Es wird die Registerkarte „Kanalnetze" gewählt.

Die Art der Darstellung ist rechts oben mit der Funktion „Bereichslayout" steuerbar.

3 Achse, Gradiente, Kanal (Rohre/Schächte im Höhenplan)

Die Daten des Netzes werden untern im 3. Fenster aufgelistet. Die eigentliche Bearbeitungsfunktion ist am oberen Rand des 1. Fensters zu sehen.

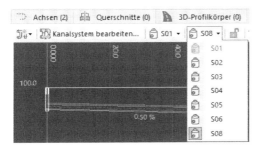

Das Netz hat zwei Zuläufe und einen Auslauf. Vor dem Start der Funktion „Kanalsystem bearbeiten" ist die Schachtreihenfolge festzulegen, in der die Bearbeitung erfolgen soll.

In dem Beispiel wird „S1" bis „S8" gewählt und anschließend die Funktion „Kanalsystem bearbeiten".

Eine Vielzahl von Einstellungen ist möglich. Es werden „Anfangshöhe .... beibehalten" und „Sohle" gewählt (nächstes Bild).

Hinweis:

Der Begriff „Dachprofil" scheint falsch übersetzt zu sein und sollte eventuell „Scheitel" bedeuten?

Weiterhin wird die Einstellung „Kanalsystem-Neigung (%)" auf den Wert 0,6% gestellt mit der Eigenschaft „Anfangshöhe .... beibehalten".

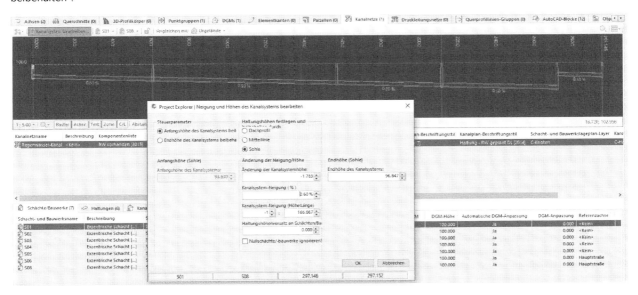

Mit der Bestätigung (Ok) wird die Auswahl auf 0.6% Neigung umgerechnet.

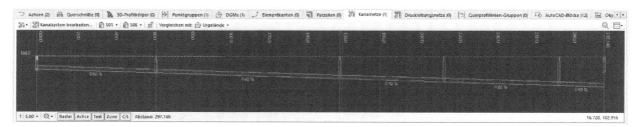

Anschließend wird im Bereich der Verzweigung die Sohle der zweiten zulaufenden Haltung angepasst.

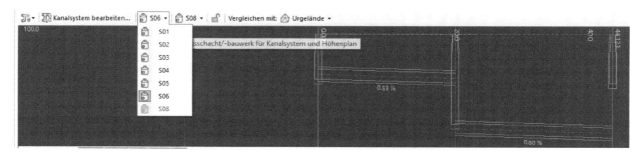

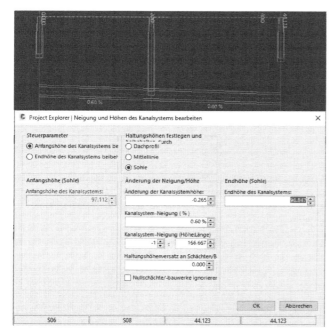

In diesem Fall bleibt die „Endhöhe des Kanalnetzes beibehalten".

Die abweichende Schachtsohle ist im Projekt Explorer bearbeitbar. Doch hier eher nur einzeln und nicht über mehrere Schächte hinweg.

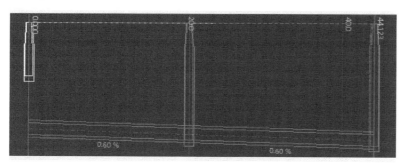

3 Achse, Gradiente, Kanal (Rohre/Schächte im Höhenplan)

Die Anpassung der Schachtsohlen an die geänderte Haltungssohle wird erreich durch den Wechsel der Eigenschaften „Tiefe" in Höhe", Spalte „Schacht- und Bauwerkssohle steuern über.

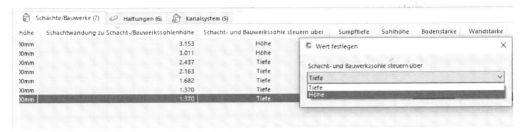

Der Austausch eines Haltungsquerschnittes einschließlich Material ist wiederum über mehrere Haltungen möglich.

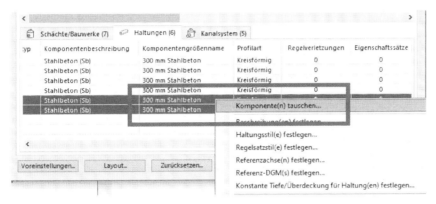

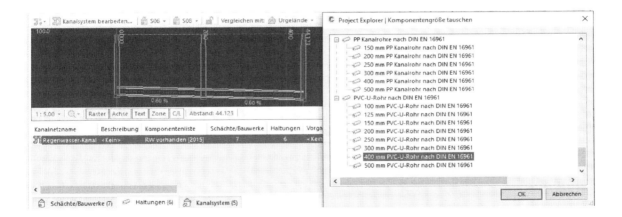

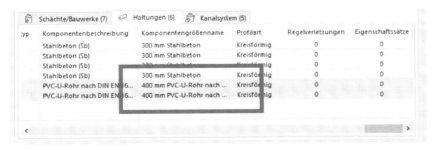

Hinweis:

Eine globale Bearbeitung von Kanalnetzen im Projekt Explorer ist möglich. Der Projekt Explorer erscheint ein wenig überladen. Die Bearbeitung im Projekt Explorer ist etwas gewöhnungsbedürftig.

3.3 C3D Add-Ins, „Trennzeichen"

C3D Add-Ins:

Hinweis:

In der neuen Version der C3D Add-Ins (auch Version 2021) ist die Funktion nicht mehr enthalten.

Als Test-Zeichnung wird die bisherige Zeichnung mit DGM, Achse, Höhenplan, Gradiente, Kanal und Schachtskizzen verwendet, um nachzuweisen, dass die gesamte Zeichnung überarbeitet wird.
Bestandteil der Funktion sollte es sein alle Dezimaltrennzeichen von Punkt auf Komma zu setzten.

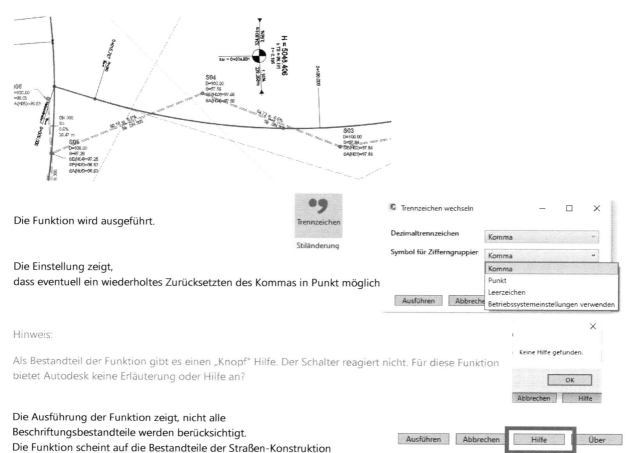

Die Funktion wird ausgeführt.

Die Einstellung zeigt,
dass eventuell ein wiederholtes Zurücksetzen des Kommas in Punkt möglich

Hinweis:

Als Bestandteil der Funktion gibt es einen „Knopf" Hilfe. Der Schalter reagiert nicht. Für diese Funktion bietet Autodesk keine Erläuterung oder Hilfe an?

Die Ausführung der Funktion zeigt, nicht alle
Beschriftungsbestandteile werden berücksichtigt.
Die Funktion scheint auf die Bestandteile der Straßen-Konstruktion
beschränkt zu sein.

In den folgenden Bildern wird eine Auswahl von Beschriftungen gezeigt, die bei denen die Umwandlung des Trennzeichens von „Punkt" in „Komma" nachgewiesen werden, kann.

COGO-Punkte, DGM-Höhenlinien und Neigungsbeschriftung

In diesen Beschriftungen wird Punkt durch Komma ersetzt.

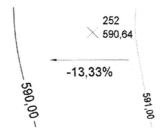

3 Achse, Gradiente, Kanal (Rohre/Schächte im Höhenplan)

Achsbeschriftung, Höhenplan, Gradiente (konstruierter Längsschnitt)

Bei der Achsbeschriftung werden Stationswerte berücksichtigt, die Beschriftung von Radien nicht. Hoch und Tiefpunkte der Gradiente und Stationsbeschriftungen werden berücksichtigt.

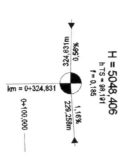

Die Beschriftung im Höhenplan am Objekt Gradiente und in den Bändern wird berücksichtigt.

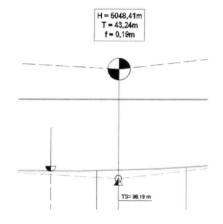

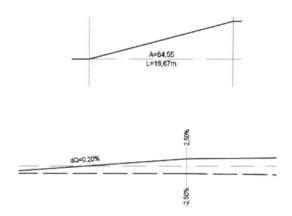

Rohre/Leitungen, Schächte und Haltungen

Die Beschriftung an Schächten, Schachtskizze und Haltungen berücksichtigt die Funktion nicht.

Die Vorstellung der Funktion hatte gezeigt, dass Dezimal-Trennzeichen „Komma" kann auch wieder auf „Punkt" zurückgesetzt werden.

Beim Zurücksetzten, Funktion Stiländerung-Trennzeichen werden eigenartigerweise nicht alle Elemente zurückgesetzt?

Im Querneigungsband des Höhenplans sind noch Dezimaltrennzeichen „Komma" zu finden?

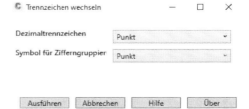

Gert Domsch, CAD-Dienstleistung

Text, M-Text, Bemaßung

Zusätzlich wird getestet, hat die Funktion Auswirkungen auf „Text", „M-Text" und „Bemaßungen"? Alle drei AutoCAD Zeichnungs-Elemente werden durch die Funktion nicht geändert.

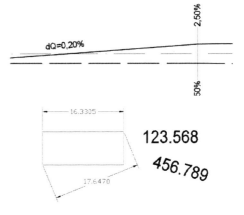

Es entsteht der Eindruck, dass die AutoCAD-Befehle innerhalb der Funktion nicht berücksichtigt werden.

Civil 3D Alternative

Die Civil 3D Beschriftungs-Stile haben als Formatoption den Wechsel zwischen Dezimaltrennzeichen Punkt/Komma eingebaut. Diese Option wird an einer Schachtbeschriftung gezeigt.

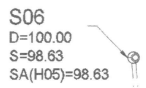

Hinweis:

Dezimaltrennzeichen Punkt ist in allen Autodesk-Produkten (32bit) voreingestellt (amerikanisch). Mit 64bit ergeben sich neue Möglichkeiten, die auch das flexible Umstellen des Dezimal-Trennzeichens ermöglichen.

Technisch wäre es möglich alle Beschriftungs-Stile manuell umzustellen. Hierzu ist der aufgerufene Beschriftungs-Stil zu bearbeiten.

Bei allen Beschriftungen wäre der Wechsel von Punkt auf Komma möglich.

Hinweis:

Der Aufwand für eine solche Bearbeitung innerhalb der Beschriftungs-Stile ist nicht zu unterschätzen. Es sind in der Größenordnung ca. 1000 Einträge manuell zu ändern.

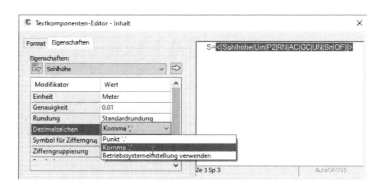

Gert Domsch, CAD-Dienstleistung

4 3D-Profilkörper (Straße)

C3D Add-Ins zum Thema:

Die Funktionen „Fahrbahnbreitensteuerung", „Anrampungsneigung", „Querneigungsdaten aus Bestand", „Querneigungskeile" und „Straße" (Segmente) muss man getrennt betrachten, um deren Bedeutung oder Verwendung schrittweise erläutern zu können.

Prinzipiell kann man im Straßenbau (Konstruktionsvarianten des 3D-Profilkörper) zwischen drei unterschiedlichen Ansätzen unterscheiden.

Straßen außerorts

- Fahrbahnneigung (Querneigung) und Fahrbahnbreite (insbesondere Kurveninnenrand-Verziehung, oder Verbreiterung) richten sich nach der Entwurfsgeschwindigkeit. In den meisten Fällen ist diese dann höher als 50km/h oder 70km/h. Solche Konstruktionen brauchen aufgrund der Entwurfsgeschwindigkeit meist zusätzlich Klothoiden.

Straßen innerorts

- In den meisten Fällen ist hier die Entwurfsgeschwindigkeit 50km/h oder kleiner. Eine Klothoide ist selten erforderlich.
- Die Fahrbahnneigung und Fahrbahnbreite (insbesondere Kurveninnenrand-Verziehung) kann sich nach dem Kurvenradius und dem Begegnungsfall (LKW-BUS, Bus-BUS, BUS-PKW) richten.
- Fahrbahnneigung und Fahrbahnbreite kann auch unabhängig vom Kurvenradius gesteuert sein. Die Querneigung berechnet sich teilweise aus der Abhängigkeit von Haus und Hofzufahrten. Die Querneigung kann sich aus der erforderlichen Fließrichtung des Regenwassers ergeben (Einlaufbauwerke). Die Fahrbahnbreite kann hier ebenfalls von der Standardbreite abweichen. Teilweise sind Geh- und Radwege oder bestimmte Flächen einfach nur zu befestigen oder zu erschließen und es sind Grundstücksgrenzen einzuhalten.

Sonderfälle

- Kreuzungen: Die Querneigung errechnet sich aus der Summe von Längs- und Querneigung mehrerer Straßen. Die Fahrbahnbreite wird durch die Anzahl der Fahrspuren-, durch geradeaus verlaufenden -und abbiegenden Verkehr bestimmt.
- Hochgebirge: Die Querneigung wird eher durch die Fließrichtung des Wassers bestimmt. In Kurven kann es das Erfordernis zur Innen- und Außenrand-Verziehung (Fahrbahn-Verbreiterung) geben.

Alle Erfordernisse sind mit Civil 3D umsetzbar, erfordern jedoch ein großes Verständnis des 3D-Profilkörpers und seiner Eigenschaften oder Bestandteile insbesondere „Querschnitt" und „Anschlüsse".

Um diese Besonderheiten zu zeigen, wird angenommen, dass die Achse „Hauptstraße" eine Landstraße, zutreffende Richtlinie RAL 2012, EKL 4, Entwurfsgeschwindigkeit 70 km/h, ist. Die Achse „Nebenstraße-1" wird entworfen als Innerortsstraße mit einer Entwurfsgeschwindigkeit von 50km/h und Richtlinie, RASt 06 - ESIV / ESV.

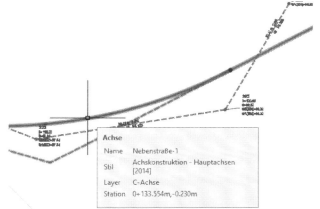 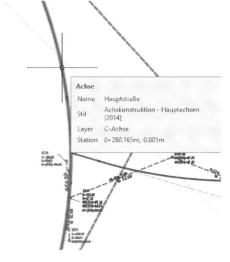

4 3D-Profilkörper (Straße)

Als Bestandteil der Achseigenschaft sind die bereits zugewiesenen Richtlinien überprüfbar oder auch änderbar.

Die folgenden Bilder zeigen Optionen des Aufrufs der Achseigenschaften:

„Rechtsklick" auf das Objekt   **Multifunktionsleiste**   **Projektbrowser**

Achseigenschaften: Hauptstraße

Alle Einstellungen bzw. Eigenschaften sind hier jederzeit bearbeitbar.

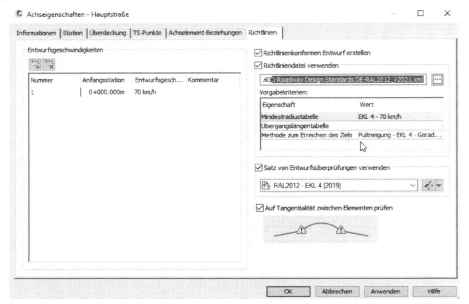

Achseigenschaften Nebenstrße-1

Alle Einstellungen bzw. Eigenschaften sind hier jederzeit bearbeitbar.

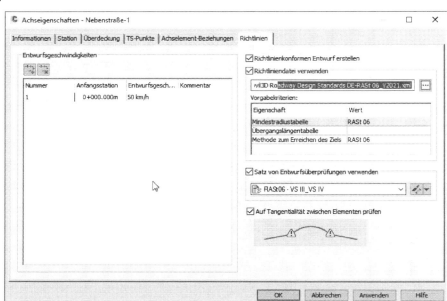

4 3D-Profilkörper (Straße)

4.1 Voraussetzung, Civil 3D Konstruktion

Als Voraussetzung für den nächsten Schritt wurde der Regenwasser-Kanal gelöscht (Netz löschen), um eine bessere Übersichtlichkeit in den Bildern zu erreichen.

Hinweis:

Für die Civil 3D Objekte ist unbedingt die objektspezifische „Lösch-Funktion" zu nutzen. Diese Funktion garantiert auch das Entfernen der Objekte aus Zuordnungen oder projizierten Darstellungen (hier Höhenplan).

AutoCAD „Löschen" ist im Zusammenhang mit Civil 3D eher nicht zu empfehlen. Leider ist das Civil 3D-objektspezifische Löschen nicht konsequent programmiert. In einigen Fällen bleibt nur AutoCAD Löschen (z.B. Elementkante).

Für jede Achse gibt es einen Höhenplan und eine Gradiente.

Achse: Hauptstraße

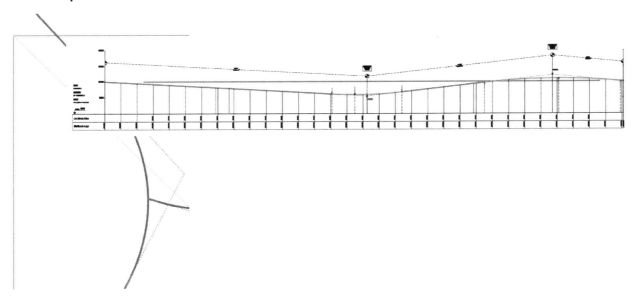

Achse: Nebenstraße-1

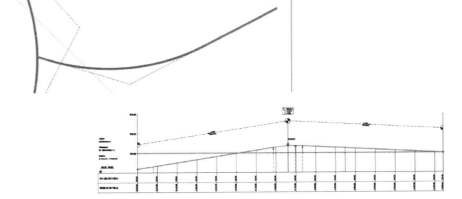

4.2 C3D Add-Ins, „Fahrbahnverbreiterung"

4.2.1 Hauptstraße, Fahrbahnverbreitung

C3D Add-Ins zum Thema:

Information vor der Funktion:

Eine Fahrbahnrandverbreiterung im Fall RAL 2012 erfolgt nur, wenn der Radius des Bogens kleiner als 200 m beträgt. Das heißt bei dem gegenwärtigen Bogen (nach Richtlinie) wird es keine Innenrandverbreiterung geben.

Die Fahrbahnränder sind dynamisch mit der Hauptachse verknüpft. Das heißt bei einer nachträglichen Änderung der Achsparameter sollte eine Innenranderweiterung nachweißbar sein.

Die Funktion wird gestartet.

Es folgt eine Frage nach einer dynamischen Verknüpfung, diese wird mit „Dynamisch" beantwortet.

Hinweis:

Ob die Frage im Bildschirm auftaucht oder ob diese als Teil der Befehlszeile zu beantworten ist, richtet sich nach den Einstellungen in der Statuszeile. Ist die „Dynamische Eingabe" aktiviert, so kann die Antwort im Bildschirm oder in der Befehlszeile erfolgen.

Es folgt die Eingabe der Parameter als Bestandteil der Objektdefinition.

Karte: „Allgemein"

Karte: „Aufweitungskriterien"

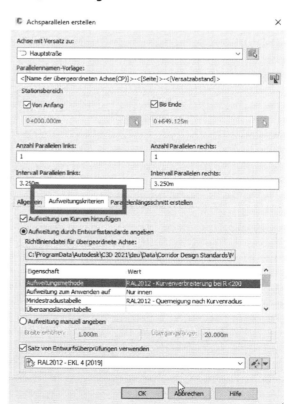

Die Auswahl der Richtlinie wird entsprechend überprüft und die Verbreiterungsoption bleibt auf „Nur innen", wie vorgegeben. Alle weitern Einstellungen sind im Detail zu kontrollieren. Obwohl die Begrifflichkeit teilweise auf eine Berechnung der Querneigung zielt, sind diese auch wichtig für die Innenrandverbreiterung.

Der Zusammenhang zwischen beiden (Querneigung und Innenrand-Verbreiterung, -Verziehung) entsteht durch die Übergangslänge, den Weg oder die Länge, auf der die Innenrand-Verbreiterung erreicht wird. Diese Länge dient gleichzeitig dazu die Querneigung der Straße (Pult- oder Dach-Gefälle, links oder rechts geneigt) auf die jeweils erforderliche Neigung in der Kurve auszurichten und hinter der Kurve wieder zurückzuführen.

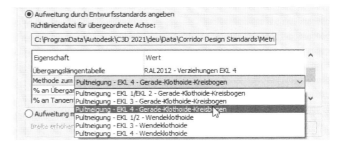

Die Neigungsrichtung richtet sich dann nach der Bogenrichtung, die Neigung ist im Bogen immer Pult-Neigung und die Größenordnung der Neigung richtet sich nach Bogenradius und Entwurfsgeschwindigkeit.

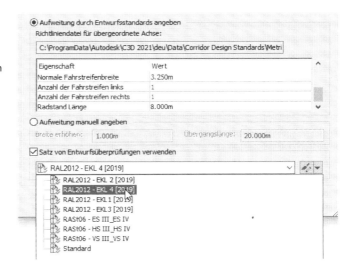

Die Funktion „Parallelenlängsschnitt erstellen" wird deaktiviert (nächstes Bild). Das bedeutet, für die erstellten parallelen Achsen wird im Hintergrund kein Längsschnitt erstellt. Dieser Längsschnitt kann zusätzlich zur Fahrbahnbreite die Höhe des Fahrbahnrandes steuern. Für Kreuzungen ist das eine zu beachtende Option.

4 3D-Profilkörper (Straße)

Karte: „Parallelenlängsschnitt erstellen"

Hinweis:

Die Funktion „Parallelenlängsschnitt erstellen" ist an dieser Stelle optional aktivierbar. Der Grund dafür ist der für die Bezugsachse erstellte „Konstruierte Längsschnitt" (Gradiente). Besitzt die Bezugsachse noch keine Gradiente, so ist die Funktion nicht aktivierbar.

Für die Achse „Hauptstraße" sind die parallelen Achsen erstellt und im Projektbrowser nachweißbar. Beide haben jedoch keinen Längsschnitt.

Die Berechnungsergebnisse zeigen Unterschiede in den Civil 3D Versionen 2021 und 2022.

C3D Add-Ins, Civil 3D Version 2021

Eine Innenrandverbreiterung (-Verziehung) wird berechnet, obwohl der Radius der „Hauptachse" 250m beträgt und damit größer ist als 200m?

Die Fahrbahnverbreiterung beträgt 0.8m.

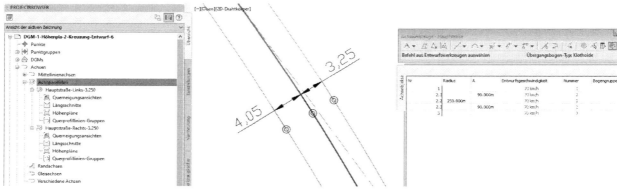

Das entspricht der Formel i=100/R (i- Verbreiterungsmaß, R-Radius der zu verbreiternden Kurve) und der Richtlinie RAL 2012 für zwei Fahrbahnen, wenn der Radius kleiner als 200m wäre (Richtlinie für die Anlage von Landstraßen RAL, Ausgabe 2012, Inhaltsverzeichnis: 5.6.3. Fahrbahnverbreiterung in engen Kurven, S.50)

Formel: I = 100/250 = 0.4, 2 Fahrbahnen 2xi = 2x0.4m = 0.8m

Die Besonderheit wurde am 05.01.21 an Autodesk gemeldet.

Im aufgerufenen Sandard (Datei: _Civil3D Roadway Design Standards DE-RAL2012_V2021.xml) ist der Berechnungsaufruf nachweißbar. Eventuell erfolgt keine erforderliche Fallunterscheidung R<200m?

Gert Domsch, CAD-Dienstleistung

4 3D-Profilkörper (Straße)

Unabhängig von der Fragestellung zu Richtigkeit der Berechnung wird noch die Einstellung „Dynamisch" überprüft.

Mit dem Aufruf der Funktion „Fahrbahnverbreiterung" wurde die Einstellung zur Innenrand-Verbreiterung auf „Dynamisch" eingestellt. Bei einer Änderung des Radius der Achse „Hauptstraße" von R = 250m auf R = 200m sollte eine Änderung der Fahrbahnbreite zu verzeichnen sein.

I = 100/200 = 0.5m pro Fahrbahn, Die Verbreiterung sollte 1m erreichen (2x0.5).

Die Fahrbahnerweiterung um „1m" wird dynamisch erreicht.

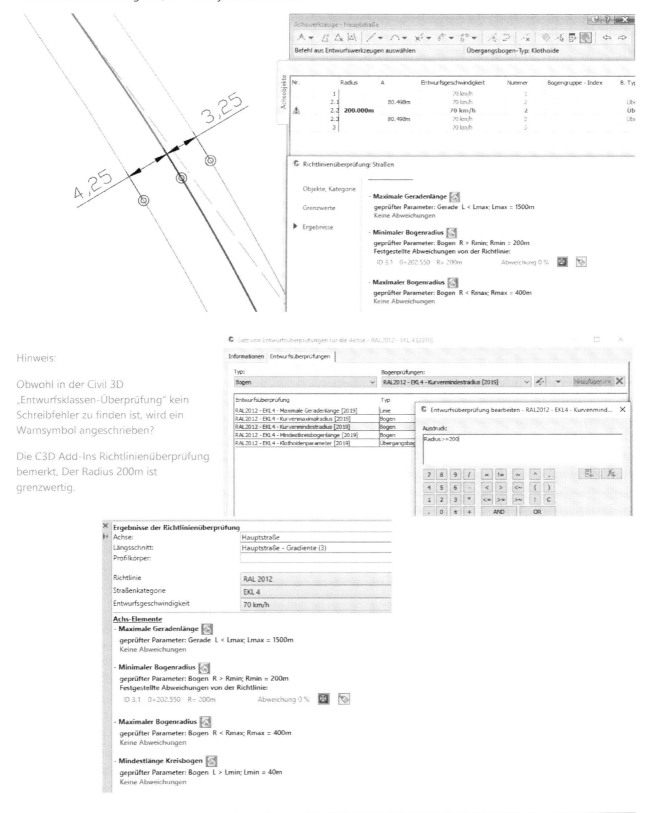

Hinweis:

Obwohl in der Civil 3D „Entwurfsklassen-Überprüfung" kein Schreibfehler zu finden ist, wird ein Warnsymbol angeschrieben?

Die C3D Add-Ins Richtlinienüberprüfung bemerkt, Der Radius 200m ist grenzwertig.

C3D Add-Ins, Civil 3D Version 2022

In der Version 2022 wird bis zum Radius von 201m keine Innenrand-Verbreiterung berechnet, bei gleicher Richtlinien Vorgabe in den Achseigenschaften.

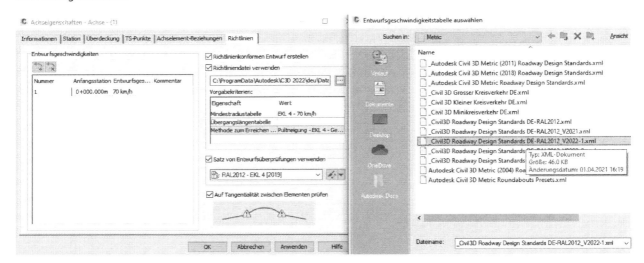

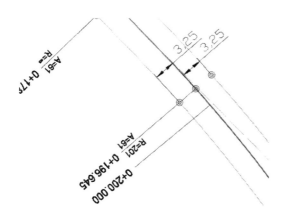

Mit einem Radius kleiner 200m hätte es eine Innenrand-Verbreiterung (-Verziehung) geben müssen? Es ist keine Verbreiterung nachweisbar?

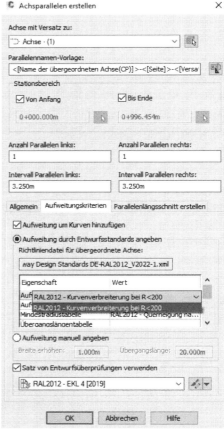

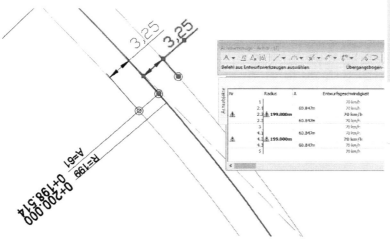

Eventuell ist die Fahrbahnerweiterung nicht programmiert, weil es sich bei dem Radius kleiner 200m ohnehin um eine Richtlinienverletzung handelt?

Hinweis:

Für die Version 2022 gibt es zwei Richtlinien-Dateien, beide wurden getestet. Beide Dateien liefern das gleiche Ergebnis, bei Radien kleiner 200m keine Innenrandverbreiterung. Der Grund, warum es zwei Dateien gibt, ist unklar. Eine Anfrage an Autodesk wurde erstellt (30.05.2021).

Der Radius der Achse Hauptstraße wird wieder zurück auf 250m gesetzt. In einem der nächsten Kapitel folgen Hinweise zur Problemlösung.

4.2.2 Nebenstraße-1, „Fahrbahnverbreiterung"

C3D Add-Ins zum Thema:

Informationen vor der Funktion:

Die Fahrbahnverbreiterung soll für die Fahrbahnränder nach Richtlinie RASt 06 und Begegnungsfall „Bus-PKW" bestimmt werden. Für diese Berechnung gibt es eine ganze Reihe von Fallunterscheidungen und Vorgaben (Richtlinie für die Anlage von Stadtstraßen RASt 06, Ausgabe 2006, Inhaltsverzeichnis: 6.1.4.4. Fahrbahnverbreiterung in Kurven, S.77)

- Zuerst ist die Frage zu beantworten, ist die Fahrbahn Breite kleiner gleich 6m oder größer 6m, Im Beispiel wird größer 6m gewählt. Das heißt die Innenrandverbreiterungen kleiner als 0.5m brauchen nicht berücksichtigt zu werden.
- Der Abstand der Achsen des Bemessungsfahrzeuges (Deichselmaß) ist maßgeblich. Für das Beispiel wird BUS-PKW gewählt, Bus-Deichselmaß 8,72m, PKW-Deichselmaß 3,64m
- Die Größe der Richtungswinkeländerung in der Achse „Nebenstraße-1" bestimmt, ob das gesamte Maß der Fahrbahnerweiterung wirksam wird oder ob eine Abminderung erfolgt. Die Richtungswinkeländerung sollte in einem Bogen bekannt sein, um die errechnete Fahrbahnverbreiterung einschätzen zu können.

Richtungswinkel-Beschriftung

Die Beschriftung des Richtungswinkels kann mit der „Beschriftungsfunktion" von Civil 3D erfolgen.

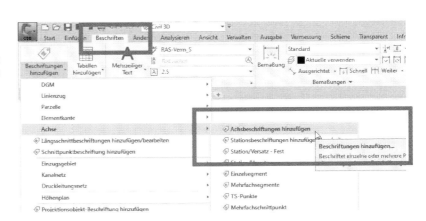

Die im Bild gezeigte Funktion öffnet eine Beschriftungspalette, die den Richtungswinkel beschriften kann.

4 3D-Profilkörper (Straße)

Hinweis:

Als Bestandteil der Standard-Installation „Country Kit Deutschland" (Profil „Germany" und „..... Deutschland.dwt") kann die hier gezeigte Beschriftungs-Option „Richtungswinkel" fehlen.

Für das Beispiel wurde die Beschriftungsoption „Richtungswinkel" erstellt, indem der Datenbankeintrag „Delta Winkel" abgefragt wird.

Die Details dazu sind in meinem 2. Buch Civil 3D Deutschland, Kapitel Beschriftungs-Stile beschrieben.

Die Beschriftung mit dieser Funktion zeigt die Richtungswinkeländerung an der Achse.

Um den Wert besser erläutern zu können ist der Winkel zusätzlich mit der AutoCAD Funktion bemaßt worden.

Hinweis:

Die Berechnung und Bemaßung erfolgt in „gon" (Neugrad, rechter Winkel 100gon). Um das zu zeigen (darzustellen) wird ein AutoCAD-Bemaßungs-Stil erstellt, der auch einen Winkel in gon bemaßen kann.

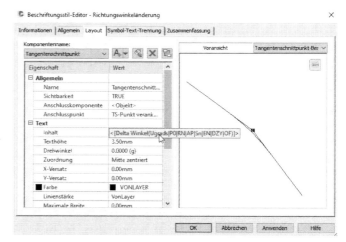

Die Richtungswinkeländerung beträgt 30gon und der Radius 250m.

Die Funktion „Fahrbahnerweiterung der C3D Add-Ins wird gestartet. Es wird wieder „Dynamisch" gewählt. Die Achse ist „Nebenstraße-1". Als Fahrbahnbreite wird 3.25 gewählt. Die Einstellungen sind konzentriert abzuarbeiten.

Gert Domsch, CAD-Dienstleistung

4 3D-Profilkörper (Straße)

Karte: „Allgemein"

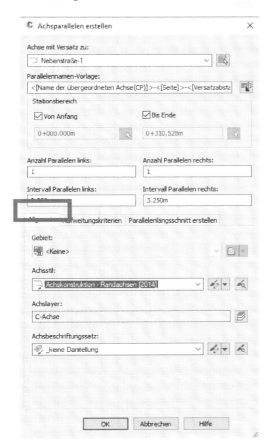

Karte: „Aufweitungskriterien"

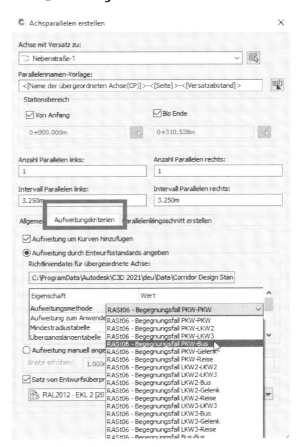

Einige Eingaben wiederholen sich, weil diese einmal für die Fahrbahn-Breite mit der Übergangslänge gelten und zum Zweiten für die spätere Querneigung-Berechnung.

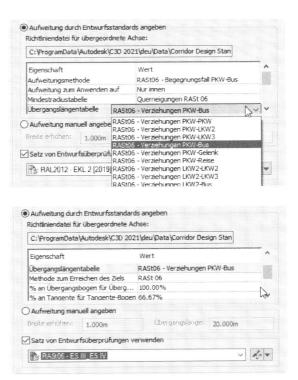

4 3D-Profilkörper (Straße)

Karte: „Parallelenlängsschnitt erstellen"

Auf die Funktion „Parallelenlängsschnitt erstellen" wird auch an dieser Stelle verzichtet.

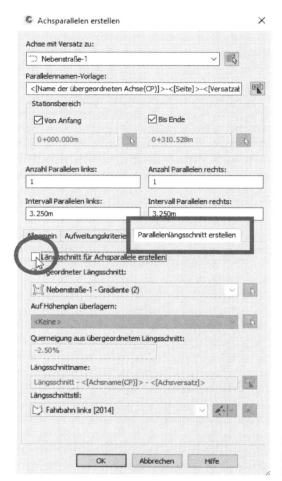

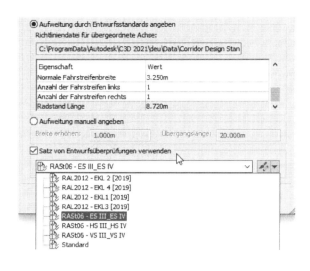

Die Fahrbahnränder werden mit einer Verbreiterung auf der Innenseite mit 0.17m berechnet. Bei einer Straßenbreite von 6,25m (größer als 6m) hätte diese Verbreiterung entfallen können?

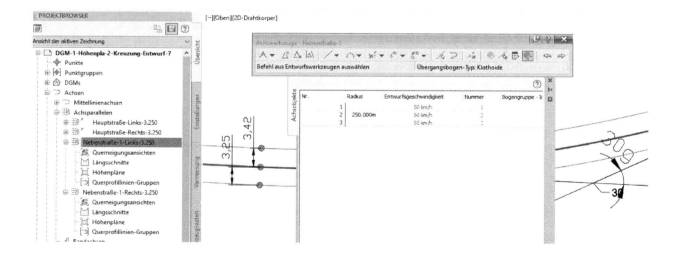

In einer Excel-Tabelle wurde die Verbreiterung nachgerechnet, um zu verstehen, wie sich die Verbreiterung bei den C3D Add-Ins zusammensetzt. Zuerst ist der Richtungswinkeländerung zu überprüfen.

Gert Domsch, CAD-Dienstleistung

4 3D-Profilkörper (Straße)

Gamma – Richtungswinkeländerung

Gamma = D/Ra * 200/Pi = (Bus) 4gon kleiner als 30 gon, (PKW), 2gon kleiner als 30 gon, damit gilt die gesamte, berechnete Fahrbahn-Verbeiterung, „i" wird nicht abgemindert.

Anschließend wird die Innenrandverbreiterung für Bus und PKW berechnet.

D- Deichselmaß

Ra – Radius

I - Fahrbahnverbreiterung

I = Ra * $\sqrt{(Ra^2 - D^2)}$ = (Bus) 0,152m, (PKW) 0.027m, Summe, gerundet 0.18m,

Eine Berechnung ergibt ca. 0.18m. Die C3D Add-Ins Funktion berechnet 0.17m aus der Summe von PKW- und Bus-Parametern. Der Unterschied von ca. 0.01m ist mit unterschiedlichen Rundungsfunktionen zu erklären.

Die Fallunterscheidung, Straßenbreite kleiner gleich 6m oder Straßenbreite größer 6m scheint nicht berücksichtigt zu sein. Das folgende Bild zeigt einen Ausschnitt aus der Richtlinie. Die Berechnung ist offengelegt und damit eventuell editierbar.

C3D Add-Ins, Civil 3D Version 2022

In der Version 2022 wird mit den gleichen Voraussetzungen Radius 250m, Richtungswinkeländerung 30gon, die Funktion Fahrbahnverbreiterung getestet (Fahrbahnbreite 3,25m).

Achseigenschaften:

Für die Richtlinie „RASt06" gibt es in der Version 2022 keine neue Datei. Es wird die Datei der Version 2021 aufgerufen.

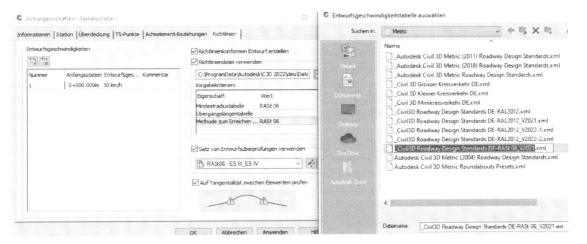

4 3D-Profilkörper (Straße)

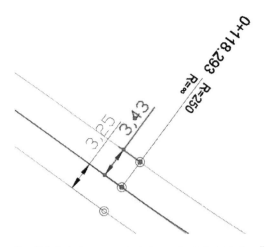

Der Fahrbahninnenrand wird erweitert. Es ist keine Änderung
Zur Version 2021 zu erkennen?
Zum Thema wurde bei Autodesk eine Anfrage erstellt (30.05.2021)

4.2.1 Hinweis zur Problemlösung

Einige Fallunterscheidungen scheinen in den Richtlinien nicht berücksichtigt zu sein. Solche Fallunterscheidungen spielen in der Praxis eine große Rolle. Zusätzlich gibt es im Civil 3D die Option Fahrbahnverbreiterung nach Innen oder nach Außen anzutragen. Eine solche Vorgehensweise entspricht nicht der deutschen Straßenbau-Norm, kann jedoch in der Praxis erforderlich sein. Diese Konstruktionselemente sind nicht nur für Straßen anwendbar, diese Konstruktionselemente sind auch im Hochwasserschutz, für Dämme oder für offene Regenwasserkanäle verwendbar.

In Österreich und Italien gibt es Straßen (Serpentinen-Straßen) mit Innen- und Außenrand Verbreiterung. Hier gehört die Innen- und Außenrand Verbreiterung zum Straßenbau-Standard.

Alternative Variante - 1:

Die erstellten Fahrbahnränder sind nachträglich mit den Civil 3D Funktionen editierbar. Die Funktion „Versatzparameter" zeigt die Parameter der Fahrbahnränder an.

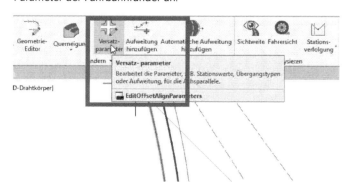

Weil die Achse „Hauptstraße" nur einen Radius hat, wird in der Palette nur eine Aufweitung angeboten. Diese Aufweitung ist automatisch erstellt worden, deshalb hat diese Aufweitung die Eigenschaft „Automatische Aufweitung".

Im Rahmen der Parameterzuordnung wäre sogar eine Änderung der Entwurfskategorie möglich.

Diese Möglichkeit ist nicht unbedingt der interessante Fall. Wichtiger ist es zu wissen, die „Automatische Aufweitung kann durch eine „Benutzer definierte" Aufweitung ersetz werden.

Anschließend kann frei gewählt werden, wie weit die Aufweitung erfolgen soll, die Größenordnung der Verziehungslänge und die Art der Herstellung des Übergangs.

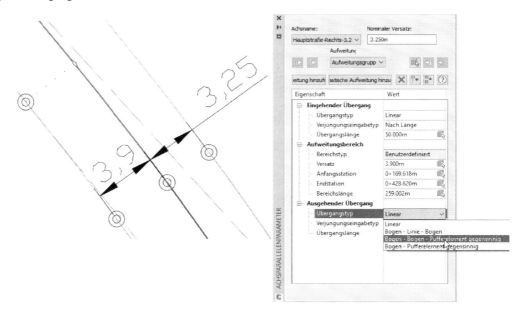

4 3D-Profilkörper (Straße)

Alternative Variante - 2:

Es kann von Anfang an auf die automatische Innenrandverbreiterung verzichtet werden. In der RASt 06 auf Seite 77 wird eine Formel angeboten, die eine ausreichende Genauigkeit bei Radien größer 30m errechnet „$i = D^2/2R$".

Mit dieser Formel und der eigenständigen Fallunterscheidung, Straßenbreite keiner gleich 6m oder größer 6m, kann der Mitarbeiter selbst die Innenrand, Außenrand oder eine beidseitige Fahrbahn-Verbreiterung angeben. Diese Vorgehensweise ist im Hochalpenraum (Serpentinen-Straßen) für Windkraftanlagen oder ländliche Wege interessanter als das exakte Berechnen der Fahrbahnränder nach einer Norm des Straßenbaus.
Diese absolute Flexibilität ist eher von Vorteil.

Die erforderliche Breite des Fahrbahnrandes und die Verziehungslänge kann separat berechnet und manuell eingegeben sein.

Es wird die Einstellung „Beidseitig" (beidseitige Fahrbahnranderweiterung) gewählt, Verbreiterung 1m und Verziehungslänge 20m.

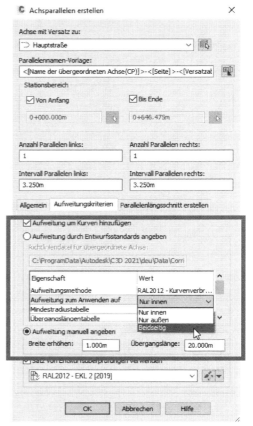

Die Aufweitung ist erstellt und jederzeit bearbeitbar. Diese Flexibilität zu haben, ist eher von Vorteil als einen Fahrbahnrand, der zwar nach Norm berechnet- aber eventuell schwer editierbar ist.

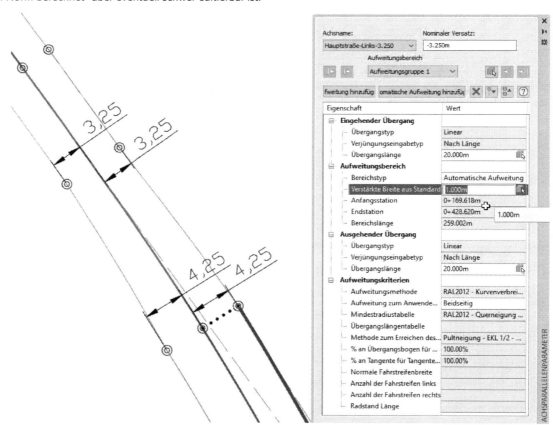

Gert Domsch, CAD-Dienstleistung

4.3 3D-Profilkörper

4.3.1 Voraussetzung Querschnitt

Auf dem Weg zum 3D-Profilkörper ist ein Querschnitt anzugeben. Dieser Querschnitt kann vorbereitet sein und kann als Bestandteil der Werkzeugpalette „per Drag & Drop" in die Zeichnung importiert werden. Autodesk bietet vorbereitete Querschnitte an. Diese Querschnitte entsprechen eher nicht den deutschen Normen und sind eventuell nur bei Vorführungen oder Übungen verwendbar.

Das Bild zeigt die Querschnittspalette „Querschnitte metrisch" und einen der Autodesk Querschnitte importiert in die Zeichnung.

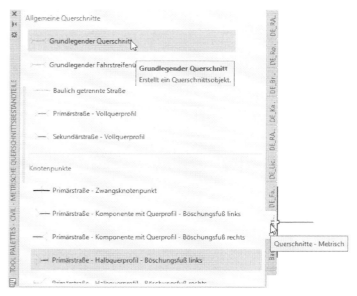

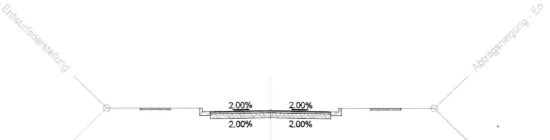

Mit dem installierten „Country Kit Deutschland 20xx" werden in der Werkzeugpalette deutsche Querschnittsbestandteile bereitgestellt (Querschnittsbestandteile die deutschen Normen entsprechen). Ein Querschnitt ist vorzubereiten oder zu erstellen.

Ein Querschnitt besitzt im Civil 3D mehrere Querschnittselemente. Der Fahrbahnaufbau, Bordsteine, Gehwegaufbau, Drainage-Rohre oder Straßengraben mit Böschung sind einzelne Querschnittselemente, die beliebig zusammengestellt sein können.

Die Erstellung eines neuen Querschnittes ist Bestandteil des Menüs.

Für Straßen mit mehreren Fahrbahnen gibt es eine ganze
Reihe von Optionen. Das Gleiche gilt für die Code-Stil-Sätze. Im Rahmen diese Unterlage bleibt es bei der Voreinstellung.

4 3D-Profilkörper (Straße)

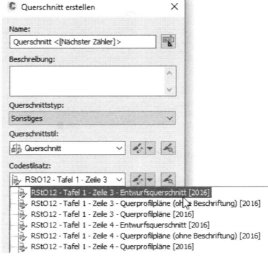

Der Querschnitt wird in die Zeichnung gesetzt.

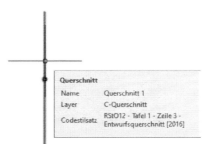

Für die Kombination der Querschnittselemente am Querschnitt gibt es im Werkzeugkasten Register „DE_..." eine große Auswahl.

Im folgenden Bild werden einige ausgewählte Register gezeigt („DE_...").

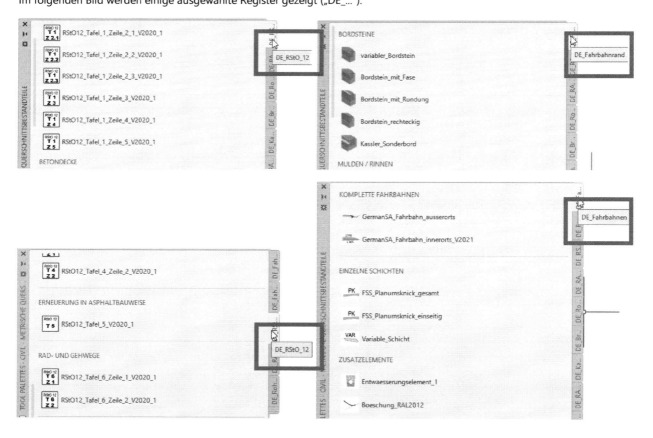

Einige der Querschnittselemente werden dem Querschnitt hinzugefügt. Das Hinzufügen setzt das Verständnis um die variablen Parameter der Querschnittsbestandteile voraus. Im folgenden Bild wird der erstellte Querschnitt, mit einem Gehweg auf der linken Seite, gezeigt.

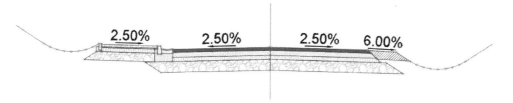

4.3.2 3D-Profilkörper „Hauptstraße"

Es werden drei 3D-Profilkörper erstellt, zwei für die Achse „Hauptstraße" und einen für die „Nebenstaße-1". Um die spätere Kreuzung vorzubereiten, werden die „Hauptstraßen-3D-Profilkörper so erstellt, dass der Platz für die spätere Kreuzung frei bleibt. Das heißt auf der Achse „Hauptstraße" gibt es einen 3D-Profilkörper vor der Kreuzung und einen nach der Kreuzung.

Der 3D-Profilkörper der Nebenstraße ist auch nicht auf der gesamten Länge der Achse Nebenstraße angelegt. Den offenbleibenden Raum wird später die Kreuzung füllen.

Die Funktion für den 3D-Profilkörper ist Bestandteil des Menüs (Karte Start).

Der 3D-Profilkörper wird aus bis zu vier Unterelementen zusammengesetzt.

Als Bestandteil des Namens wird empfohlen einen Hinweis zum Stationsbereich einzutragen.

Die „Entwurfsparameter" bleiben auf der Voreinstellung „_keine Darstellung". Der optionale Darstellungs-Stil „Entwurfsparameter farbig" wird in dieser Unterlage nicht erläutert.

Der 3D-Profilkörper wird aus Achse und Gradiente (konstruierter Längsschnitt) erstellt. Im Zusammenhang mit Straßen (Linienführung für Fahrzeuge) sind 3D-Profilkörper aus Elementkanten nicht zu empfehlen.

Hier erfolgt die Auswahl der Achse.

Die Längsschnittauswahl ist unbedingt zu öffnen und die Gradiente bewusst auszuwählen. Die Voreinstellung kann auf einen falschen Längsschnitt verweisen.

Alle in der Zeichnung angelegten oder importierten Querschnitte stehen zur Auswahl zur Verfügung.

Weil der Querschnitt Böschungselemente hat und diese Elemente als Ziel ein DGM brauchen. Öffnet sich nach der Querschnittszuweisung die Auswahl eines DGMs.

Die Einstellung „Basislinie" und „Bereichsparameter festlegen" bleibt aktiviert, um wichtige Besonderheiten am 3D-Profilkörper zu zeigen. Diese Besonderheiten sind vor allen im Zusammenhang mit Kreuzungen zu beachten.

4 3D-Profilkörper (Straße)

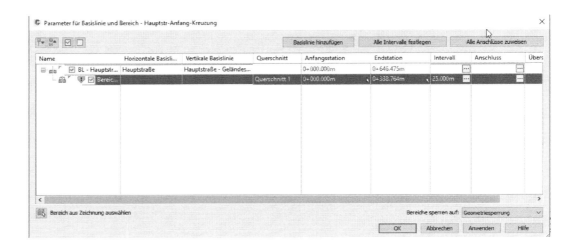

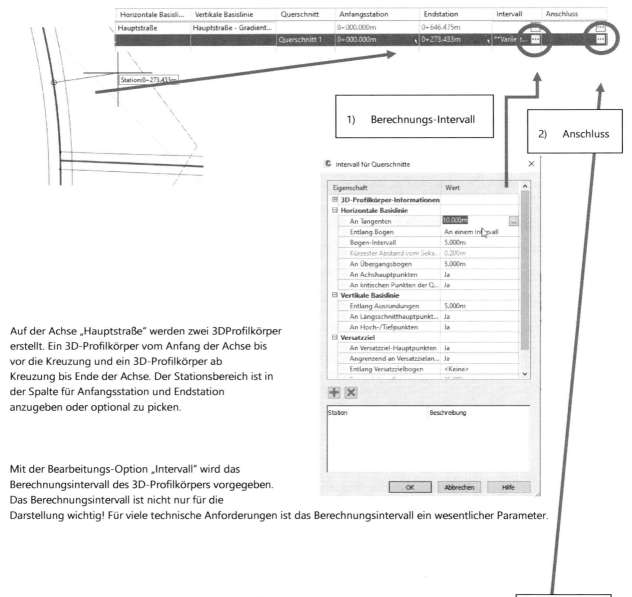

Auf der Achse „Hauptstraße" werden zwei 3DProfilkörper erstellt. Ein 3D-Profilkörper vom Anfang der Achse bis vor die Kreuzung und ein 3D-Profilkörper ab Kreuzung bis Ende der Achse. Der Stationsbereich ist in der Spalte für Anfangsstation und Endstation anzugeben oder optional zu picken.

Mit der Bearbeitungs-Option „Intervall" wird das Berechnungsintervall des 3D-Profilkörpers vorgegeben. Das Berechnungsintervall ist nicht nur für die Darstellung wichtig! Für viele technische Anforderungen ist das Berechnungsintervall ein wesentlicher Parameter.

Bei einer näheren Betrachtung des 3D-Profilkörpers fällt auf, Fahrbahnränder und Fahrbahnbreite stimmen nicht überein. Die erstellten Fahrbahnränder, die eine definierte Fahrbahnrand-Verbreiterung in der Kurve beschreiben, sind nicht automatisch mit der Fahrbahn verknüpft. Die Verknüpfung ist manuell einzurichten. Diese Verbindung ist Bestandteil der Spalte „Anschluss".

4 3D-Profilkörper (Straße)

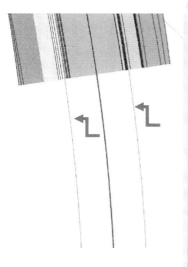
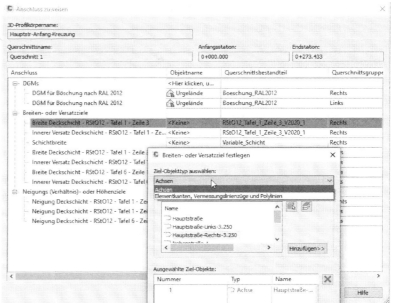

Hinweis:

Im Bereich „Anschluss" können nicht nur Achsen zur Steuerung der Fahrbahnbreite aufgerufen werden. Es können DGMs (Steuerung von Böschungselementen) Achsen, Elementkanten, 3D- und 2D-Polylinien (Steuerung von Querschnittselementen in der Breite) Längsschnitte, Elementkanten und 3D-Polylinien (Steuerung von Querschnittselementen in der Höhe) zugewiesen

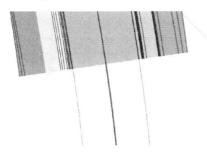

sein. Auch die Zuweisung von Vermessungslinienzügen ist möglich. Mit allen diesen Funktionen kann der 3D-Profilkörper nach allen denkbaren Parametern gesteuert werden. Für die Praxis heißt das, eine Kreuzung oder ein Kreisverkehr ist auch nur ein 3D-Profilkörper.

Mit Zuweisung der Achsen entsprechen die Fahrbahnränder den für diesen Zweck erstellten Achsen.

Der erste 3D-Profilkörper entlang der Achse „Hauptstraße" füllt den Teil der Straße oberhalb der Kreuzung.

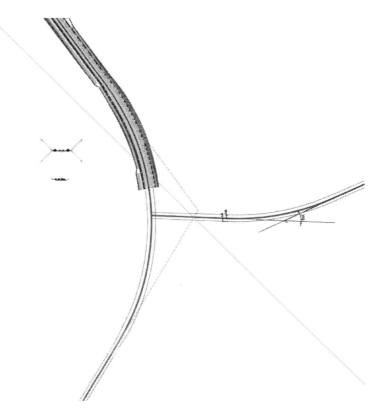

Es wird der zweite Teil erstellt, der den Bereich unterhalb der Kreuzung füllt.

Der zweite Teil wird mit den gleichen Einstellungen erstellt. Der Namen beschreibt den Bereich, für den der 3D-Profilkörper gilt.

4 3D-Profilkörper (Straße)

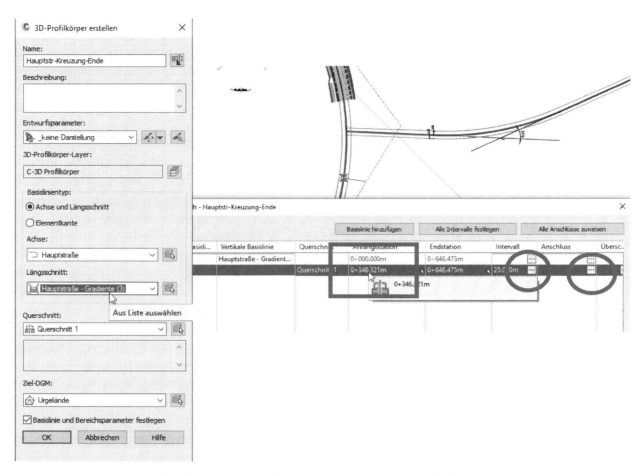

Für diesen 3D-Profilkörper wird die Anfangsstation hinter der späteren Kreuzung gewählt, das vorgegebene Berechnungsintervall wird zurückgesetzt, auf die gleichen Werte wie beim 1. 3D-Profilkörper und im Bereich Anschlüsse werden die parallelen Achsen aufgerufen.

Spalte „Intervall" (Berechnungs-Intervall)   **Spalte „Anschluss"**

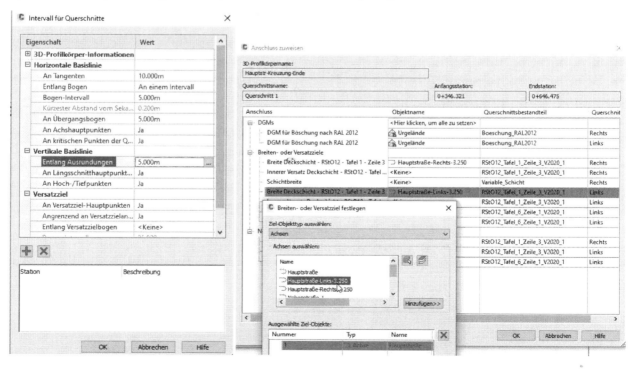

4 3D-Profilkörper (Straße)

Bei beiden 3D-Profilkörpern irritieren eventuell eine ganze Reihe von Fehlermeldungen.

Dem Mitarbeiter muss an der Stelle klar sein, die 3D-Profilkörper werden über die gesamte Länge der Achse erstellt. Die Achse selbst ragt jedoch am Anfang und am Ende über das DGM hinaus. Gibt es im 3D-Profilkörper (im Querschnitt) Querschnittsbestandteile, die das DGM suchen (hier die Böschungselemente), so muss es im vorliegenden Beispiel zu den Fehlermeldungen kommen. Die Böschungselemente finden unmittelbar am Anfang und am Ender der Achse kein Ziel, kein DGM.

Zur Problemlösung gibt es verschieden Ansätze. Im Beispiel werden beide 3D-Profilkörper angepickt und der „Gripp" (Griff) wird in das DGM geschoben. Der Griff referenziert den jeweiligen Stationsanfang oder das Stationsende aus den 3D-Profikörper Eigenschaften.

Stationsanfang Achse „Hauptstraße"

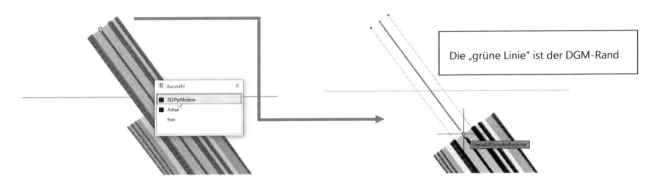

Stationsende Achse „Hauptstraße"

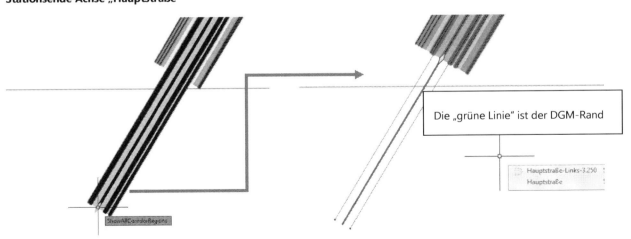

Zur Überprüfung, ob das die Lösung ist, ob die Fehlermeldungen durch das Kürzen des 3D-Profilkörpers beseitigt sind, wird empfohlen in der Ereignisanzeige alle Meldungen zu löschen.

4 3D-Profilkörper (Straße)

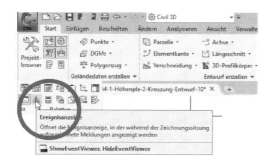

Anschließend werden die Objekte (3D-Profilkörper) zielgerichtet neu erstellt, deren Eigenschaften man bearbeitet hat, mit der Funktion „Neu erstellen". Im vorliegenden Fall sind es die beiden 3D-Profilkörper. Die Funktion ist im Projektbrowser als Objekt-Eigenschaft zu finden. Die Ereignisanzeige bleibt anschließend in beiden Fällen leer. Das Problem ist beseitigt.

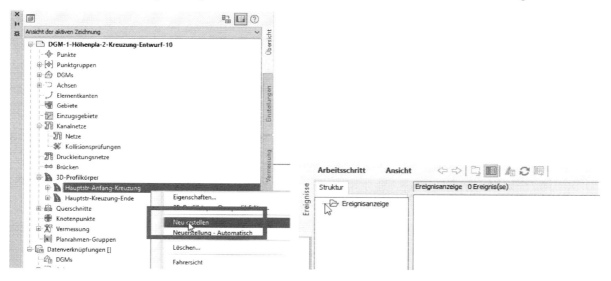

4.3.3 Voraussetzung, Fahrbahn-Querneigung, Variante 1

Bevor die Querneigungsberechnung beginnt, möchte ich eine Kontrollmöglichkeit aufzeigen. In der Praxis ist es wichtig Ergebnisse zu kontrollieren oder mit allen am Projekt beteiligten einen Arbeitsstand zu besprechen.

Der 3D-Profilkörper hat bereits eine Querneigung, eine Querneigung, die aus der Voreinstellung der Querschnittsbestandteile resultiert. Mit der Querneigungsberechnung und der anschließenden Zuweisung wird die Vorgabe, resultierend aus dem Querschnitt, überschrieben. Man kann und man ist in der Lage, dieses erfolgreiche Überschreiben zu kontrollieren, das Berechnungsresultat visuell zu beweisen.

Zur Konstruktion gehören klassisch Querprofile oder Querprofilpläne. Civil 3D kann diese Funktion, das Erstellen von Querprofilplänen, umgehen. Civil 3D muss die klassischen Querprofile- oder Querprofilplan-Ansichten nicht darstellen, um den 3D-Profilkörper im Querschnitt zu zeigen. Die Funktion heißt „3D-Profilkörper-Querprofil-Editor" und ist verfügbar, wenn der 3D-Profilkörper erstellt ist. Gestartet werden kann die Funktion als Bestandteil des Projektbrowsers oder wenn der 3D-Profilkörper ausgewählt wird. Die Funktion ist nach der Auswahl verfügbar im dazu angezeigten Kontext-Menü.

In den folgenden Bildern werden beide Optionen der Auswahl gezeigt.

4 3D-Profilkörper (Straße)

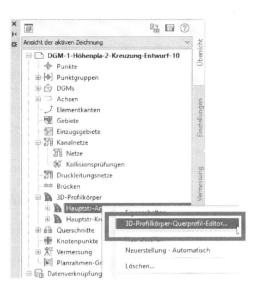
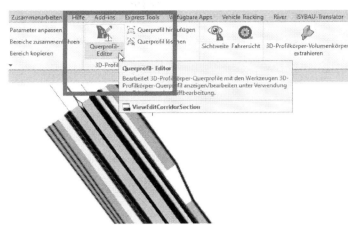

Hinweis:

Der 3D-Profilkörper-Querprofil-Editor hat sehr viele Bearbeitungsoptionen und unterschiedliche Darstellungseigenschaften. Eine ganze Reihe von diesen Darstellungseigenschaften wurden für die anschließend gezeigten Bilder bearbeitet. Die Bilder zeigen nur einige dieser Bearbeitungs- oder Darstellungsfunktionen.

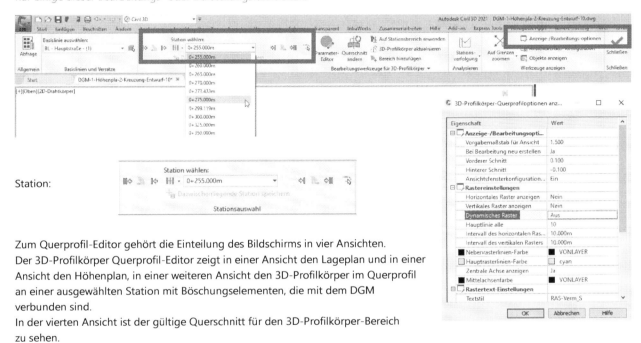

Station:

Zum Querprofil-Editor gehört die Einteilung des Bildschirms in vier Ansichten.
Der 3D-Profilkörper Querprofil-Editor zeigt in einer Ansicht den Lageplan und in einer Ansicht den Höhenplan, in einer weiteren Ansicht den 3D-Profilkörper im Querprofil an einer ausgewählten Station mit Böschungselementen, die mit dem DGM verbunden sind.
In der vierten Ansicht ist der gültige Querschnitt für den 3D-Profilkörper-Bereich zu sehen.

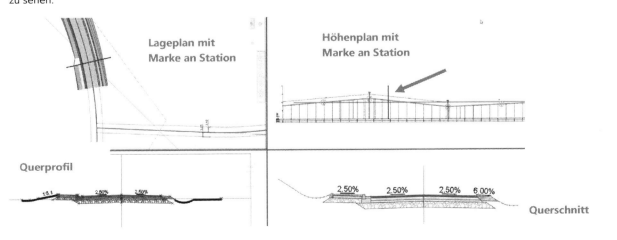

4 3D-Profilkörper (Straße)

Das Bild zeigt den 1. 3D-Profilkörper an der Station 0+255.00, Achse „Hauptstraße" innerhalb der Kurve. Hier hat die Straße „Dachgefälle". Für die Kurve ist das eventuell ungünstig.

Die gültige Querneigung, die sich aus der zugeordneten Richtlinie einschließlich Entwurfsgeschwindigkeit ergibt, lässt sich berechnen. Die Funktion ist der Achse zugeordnet und ist manuell zu starten.

Querneigungsberechnung

Die Querneigung wird als „Pult" im gesamten Bereich berechnet. Die linke Seite wird als „Hochrand" vorgegeben. Mit dieser Einstellung sollte es im Beispiel keinen Neigungswechsel geben. Es gibt nur einen nach-rechts-gerichteten Radius.

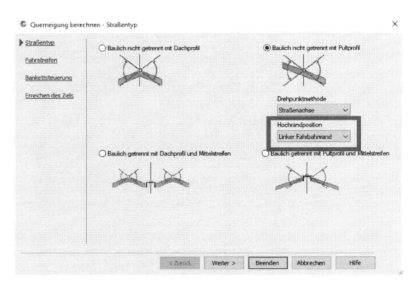

Die Fahrbahnbreite bleibt auf 3.25m eingestellt Rechte Fahrbahn und linke Fahrbahn haben die gleiche Breite, das heißt es wird eine „Symmetrische Straße" berechnet.

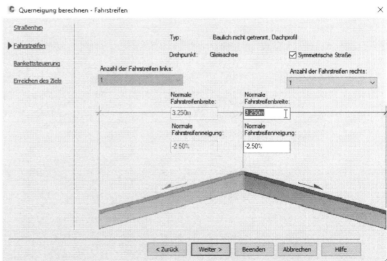

Für ein Bankett wird die Neigung mit 6% und einer Breite von 1m vorgegeben.

Hinweis:

Eine Einstellung, die das Bankett innerhalb einer Kurve nach deutschen Vorstellungen berechnet ist an dieser Stelle bisher noch nicht gelungen (Hochrand 6%, Tiefrand 12%). Diese Einstellung ist entweder durch Editieren oder die Entwicklung eigener Querschnittsbestandteile im „Subassembly Composer" zu erreichen (der Autor).

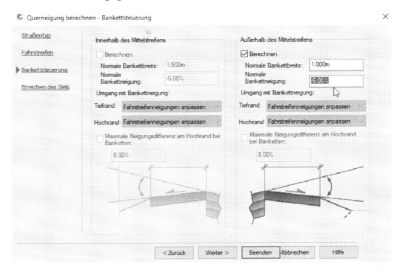

Der gültige Berechnungsmodus wird aufgerufen.

Mit der Einstellung „% an Übergang für Tangente-Bogen" kann die Länge für die schrittweisen Anstieg der Querneigung vorgegeben sein, im Fall es gibt keine Klothoiden (Tangente-Bogen).

In der Regel wird der Wert in Deutschland mit 1/3 bis 2/3 des Bogenparameters vorgegeben. Hier wird jedoch eine Angabe in „%" verlangt. Ich empfehle 50% zu verwenden. Das liegt in der Mitte von 1/3 bis 2/3 (der Autor).

Im vorliegenden Beispiel werden die Klothoiden-Längen als Bestandteil der Achskonstruktion verwendet. Für diesen Fall gilt die Einstellung „100%" für das Feld „% an Übergangsbogen für Übergangsbogen-

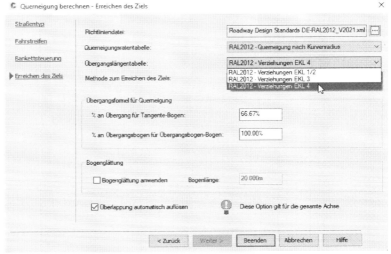

Bogen". Mit dem vorgegebenen Wert „100%" sollte die gesamte Klothoiden-Länge für den eventuellen Neigungswechsel, Neigungsanstieg oder als Länge zum Erreichen des Neigungsziels genutzt sein.

Der Schalter Bogenglättung wird nicht genutzt. Diese Funktion wird deaktiviert (ab geschalten) Diese Funktion wird in Deutschland nicht genutzt. Es handelt sich um eine Ausrundung des Fahrbahnknickes am Neigungs-Wechsel.

Überlappung automatisch auflösen wird aktiviert. Infolge von zu kurzen Geraden zwischen den Bögen kann es zu Überschneidungen zwischen einzelnen Querneigungswechseln kommen. Der Schalter wird versuchen diese Überlappungen aufzulösen.

Mit der Funktion „Beenden" wird die Berechnung abgeschlossen

Es ist nicht ganz zu verstehen, warum bei einer Vorgabe von 6% Bankettneigung das Ergebnis 4% zeigt? Die Tabelle zeigt Entwurfsverletzungen an? Wo sind diese eingetragen Werte zu finden?

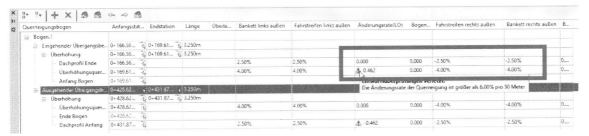

4 3D-Profilkörper (Straße)

Das Bild zeigt die Suche nach dem Eintrag der entsprechenden Entwurfsüberprüfungen. Der Richtlinien-Editor (Achseigenschaft) zeigt alle Eigenschaften, die parallel zur Konstruktion überprüft werden.

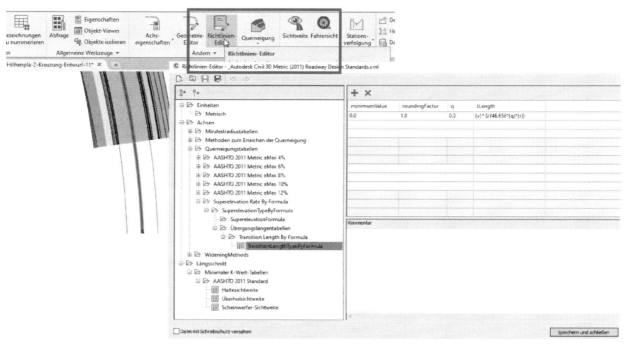

Es ist etwas unverständlich, dass einerseits die RAL-2012 als Richtliniendatei zugewiesen ist, auf der anderen Seite jedoch Eigenschaften bzw. Entwurfsüberprüfungen der AASHTO 2011 (amerikanischer, älterer Standard) zu finden sind. Aus meiner, ganz persönlichen Sichtweise, muss es hier zu Differenzen und Missverständnissen kommen.

Ein großes Problem scheint zu sein, dass es im Civil 3D wahrscheinlich nicht nur einen Standard oder eine Richtlinie geben kann? Ein Wechsel der Richtlinien-Datei bei den Achseigenschaften führt nicht zu einem Austausch aller Parameter, in allen optionalen Einstellungen?

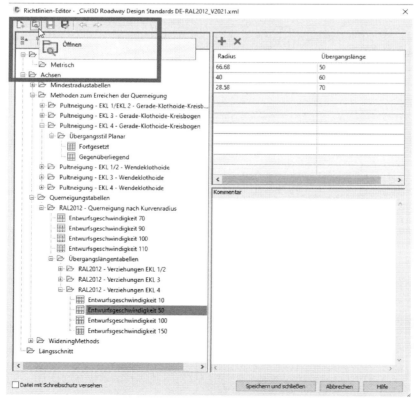

Es stellt sich die Frage was hat Priorität, ist es der Aufruf des Standards als *.xml Datei beim Erstellen der Achse oder die Kontrolle der Richtlinie im Richtlinieneditor Achseigenschaft)?

Aus meiner Sicht gibt es hier Differenzen. Der Aufruf des Standards als *.xml Datei bei den Achseigenschaften führt nicht immer zum kompletten Wechsel der Werte im Richtlinieneditor. Meiner Meinung nach sind die Werte im Richtlinieneditor parallel zu überprüfen.

Für viele Projekte ist diese Überprüfung, Kontrolle und Überarbeitung sehr umfangreich, eventuell zu komplex.

Gert Domsch, CAD-Dienstleistung

4 3D-Profilkörper (Straße)

Außerdem folgen viele Innerorts-Straßen anderen Regeln als einer Querneigungsberechnung nach Richtlinie. Vielfach ist ein manuelles Editieren unausweichlich.

Um die Querneigung zielgerichtet zu kontrollieren, eventuell zu editieren, bietet Civil ein Werkzeug, das besser geeignet ist als das Editieren in der Tabelle. Das ist die „Querneigungsansicht". Es wird empfohlen konsequent eine Querneigungsansicht zu erstellen und zum Editieren zu nutzen. Ein Editieren in der Querneigungs-Tabelle ist im Civil 3D auch möglich, jedoch eher nicht zu empfehlen.

In der Querneigungsansicht kann jede Querneigung (rechte oder linke Fahrspur, rechtes oder linkes Bankett) separat an- oder ausgeschalten sein (sichtbar oder unsichtbar) Zusätzlich kann jedem Rand (Querneigung) eine Farbe zugeordnet sein, um den Bereich oder die Position besser zu erkennen.

Mit der Auswahl der Achse ist die Funktion in der Multifunktionsleiste wählbar.

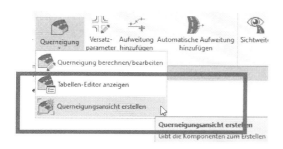
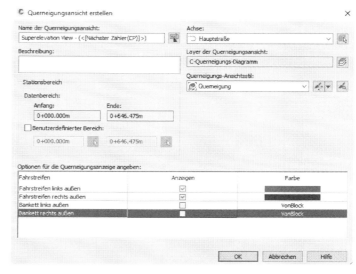

Das folgende Bild zeigt das Editieren der der Querneigung.

Die im ersten Bild gezeigte Meldung ist nach dem Editieren (zweites Bild) verschwunden.

Bild mit Meldung:

Der Stationswert wird auf die Länge der Klothoide erweitert, die Meldung ist verschwunden.

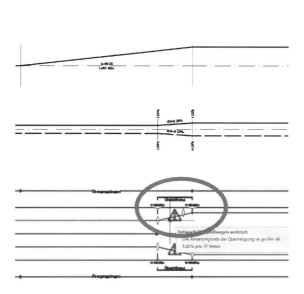
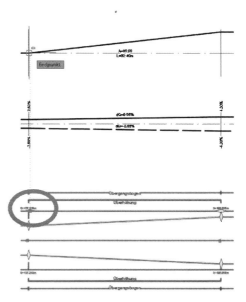

4 3D-Profilkörper (Straße)

Es wird der 3D-Profilkörper Editor geöffnet. Er zeigt an, die berechnete und editierte Querneigung ist im 3D-Profilkörper noch nicht angekommen? Der Querschnitt der Straße zeigt Dachprofil?

Station:

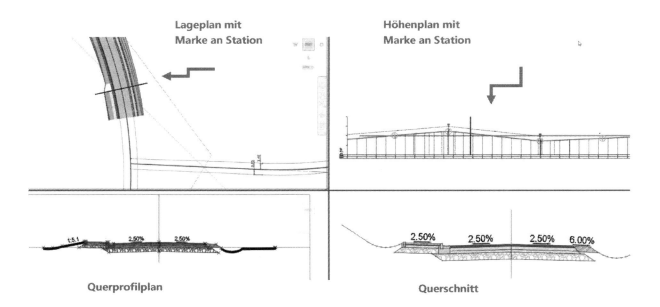

Die Querneigung wird erst Bestandteil des 3D-Profilkörpers, wenn die Querschnittselemente die Eigenschaft „Überhöhungsquerneigung" (Fahrbahnabhängig) zugewiesen bekommen, das heißt lesen.

Das nächste Bild zeigt die Zuweisung der berechneten Querneigung zum Querschnittsbestandteil (Bestandteil des Querschnittes).

Hinweis:

Alle potenziellen „Straßen-Fahrbahn-Querschnittsbestandteile" haben als Basiseinstellung die Eigenschaft „Überhöhungsquerneigung verwenden" auf „None" gesetzt (nicht verwenden).

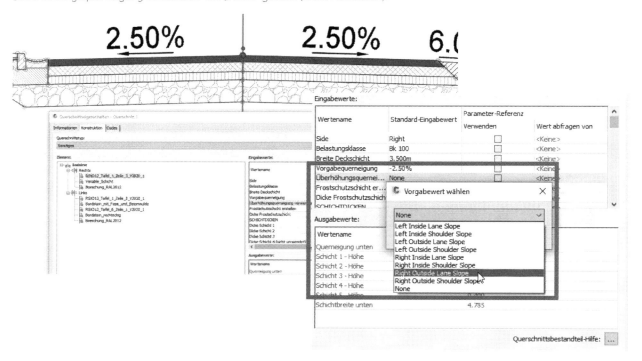

4 3D-Profilkörper (Straße)

Warum ist das so, warum muss das Lesen der Querneigung gesondert aufgerufen werden?

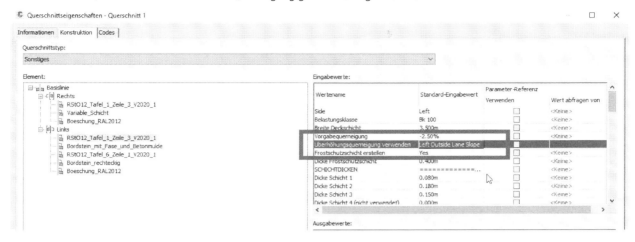

Alle ausgewählten Querschnittselemente können Bestandteil einer 4-spurigen Autobahn oder 4-spurigen Straße sein. Jedes Querschnittsbestandteil kann Innenseite oder Außenseite einer mehrspurigen Fahrbahn sein (Inside Lane, Outside Lane).

Mit der entsprechenden Parameter-Zuweisung und Neuberechnung des 3D-Profilkörpers wird die Querneigung Bestandteil der Straße.

Der 3D-Profilkörper-Querprofil-Editor zeigt die Übernahme der Querneigung an. Er reagiert auf die berechnete Querneigung als Bestandteil der Achse.

Station:

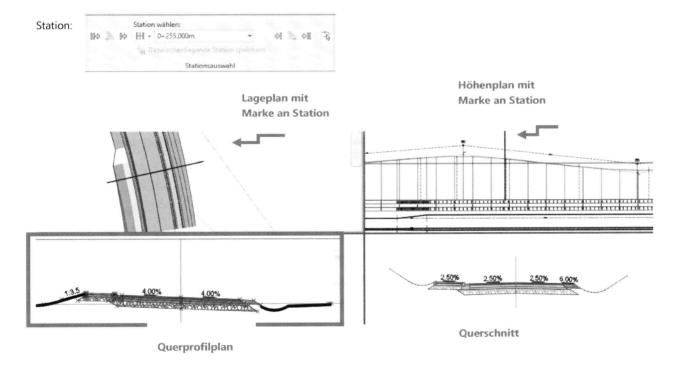

Es folgt die Überprüfung der Querneigung anhand der C3D Add-Ins Richtlinienüberprüfung für 3D-Profilkörper und Querneigungen. Die C3D Add-ins Richtlinienüberprüfung kann den 3D-Profilkörper und den Querschnitt in die Überprüfung einschließen.

4.3.4 C3D Add-Ins, „Richtlinien" (3D-Profilkörper)

Die Funktion wird ausgeführt.

Was sagt die C3D Add-Ins Richtlinienüberprüfung zur Querneigung?

Es gibt in diesem Beispiel keinen Querneigungswechsel, sondern nur einen Querneigungsanstieg (Erhöhung).

Die nachfolgend gezeigte Meldung ist damit etwas unverständlich?

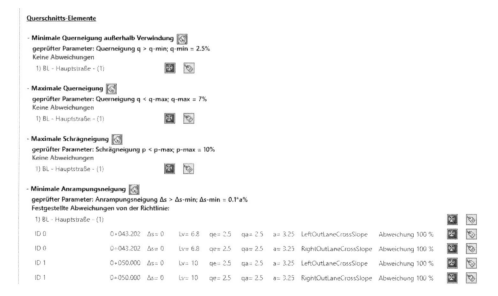

Zum Thema Entwurfsüberprüfung und zur C3D Richtlinienüberprüfung wurde eine entsprechende Anfrage bei Autodesk erstellt (10.01.21)

C3D Add-Ins, Civil 3D Version 2022

In der Version 2022 wird bei den gleichen Voraussetzungen die Funktion „Richtlinien" getestet.

4 3D-Profilkörper (Straße)

Achseigenschaften:

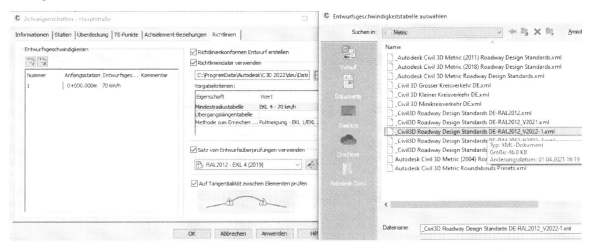

Ergebnisse der 3D-Profilkörper Richtlinienüberprüfung.

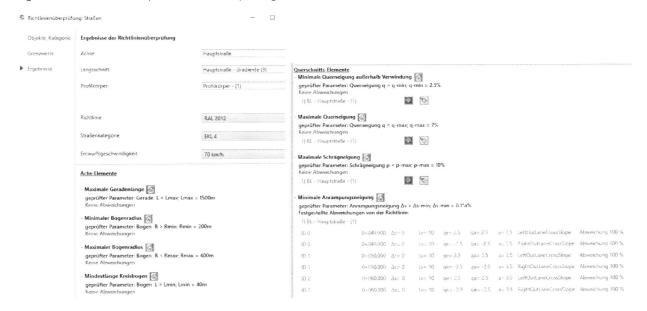

Es bleibt bei der unverständlichen Aussage zu den Querneigungen wie in der Version 2021 (Stand 20.05.21)?

Hinweis:

Hinweis zu Civil 3D Einstellungen für die Querneigungsberechnung.

Obwohl die Querneigung für das Bankett mit -6% angegeben wurde, gibt die Software die Bankettneigung analog zur Fahrbahn vor (-2.5% bis -4%)?

Berechnungsvorgabe:

(Hochrand, Tiefrand sind nicht bearbeitbar)

Die Einstellung „Fahrstreifenneigung anpassen" ist nicht änderbar?

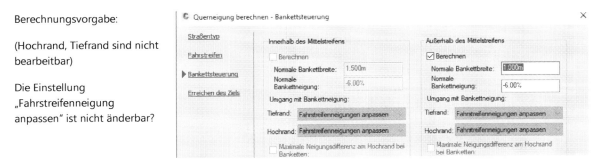

4 3D-Profilkörper (Straße)

Berechnungsergebnis:

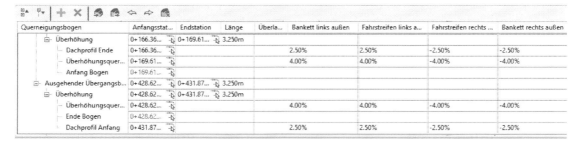

Hinweis:

Die Bankettquerneigung wird größtenteils mit -6% Querneigung berechnet, wenn für die Berechnung folgende Einstellung gewählt wird.

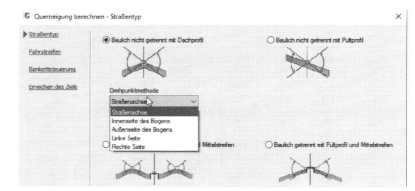

Mit dieser Ausgangssituation kann folgende Einstellung für das Bankett vorgegeben sein.

Hochrand und Tiefrand werden auf „vorgegebene Neigungen" gesetzt.

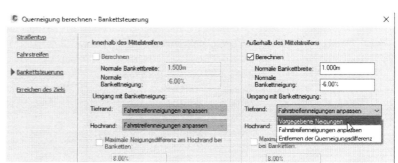

Damit hat das Bankett vielfach -6% und ist jedoch noch im Fall Tiefrand zu editieren.

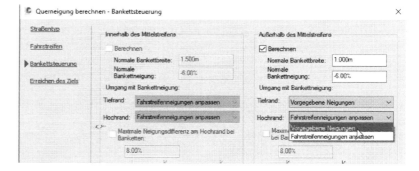

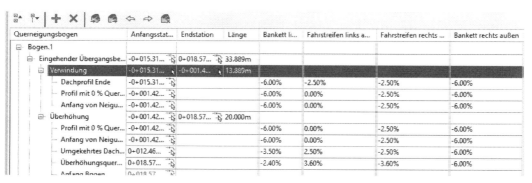

Gert Domsch, CAD-Dienstleistung

4.3.5 C3D Add-Ins, Anrampung, „Erzeugen"

C3D Add-Ins Funktion Anrampung, „Erzeugen"

Die folgende Maske bleibt leer, solange noch keine Querneigungsberechnung ausgeführt ist.

Das Bild zeigt den entsprechenden Ausschnitt aus der Autodesk-Hilfe (Seite 4) zur Funktion.

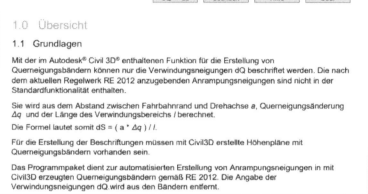

Ist eine Querneigungsberechnung für die entsprechende Achse ausgeführt, so wird der Querneigungsanstieg ohne diese Funktion angeschrieben, das heißt die Beschriftung ist bereits in der Standard-Funktionalität des Civil 3D enthalten.

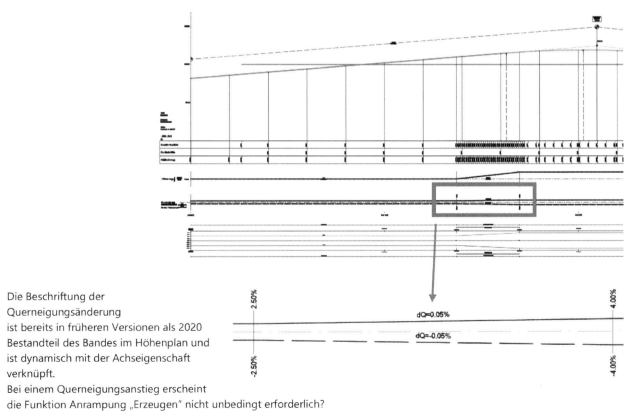

Die Beschriftung der Querneigungsänderung ist bereits in früheren Versionen als 2020 Bestandteil des Bandes im Höhenplan und ist dynamisch mit der Achseigenschaft verknüpft.
Bei einem Querneigungsanstieg erscheint die Funktion Anrampung „Erzeugen" nicht unbedingt erforderlich?

4 3D-Profilkörper (Straße)

Hinweis:

Eventuell ist die Funktion für frühere Versionen erstellt worden? Die Beschriftung fehlte in früheren Versionen, eventuell vor 2012.

Entsprechend dem oben gezeigten Bearbeitungsstand wird die Funktion „Erzeugen" erneut ausgeführt.

Im Zusammenhang mit der Funktion ist unbedingt zu verstehen, was „Codierung" (Code-Stil-Satz am Querschnitt und 3D-Profilkörper) zu bedeuten hat. Die Auswahl „Belag" führt dazu, dass die Querneigung der Fahrbahn, die den Namen „Belag" trägt (Code: Belag) bearbeitet oder durch die Funktion im Band eingetragen wird. Durch die Funktion wird die Querneigung der Fahrbahn, des Belages gelesen und eingetragen.

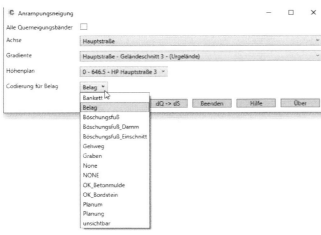

Die Funktion gibt einen „Abbruch" zurück. In der Situation ist das als richtig zu bewerten. Eine Änderung in der Situation ist nicht erforderlich.

Hinweis:

Für die Funktion gibt es in der Autodesk Hilfe (Seite 7) eine Reihe von Einschränkungen und Anmerkungen, die zu beachten sind.

6.0 Einschränkungen und Anmerkungen

Die erstellten Querneigungsbeschriftungen reagieren nicht auf Veränderungen an den Profilkörpern. Nach der Änderung von Profilkörpern (Achse geändert, Regelquerschnitt geändert, Querneigung geändert) sind die Querneigungsbeschriftungen zu aktualisieren.

Werden Höhenpläne gelöscht, bleiben die Beschriftungen in der Zeichnung erhalten und müssen manuell gelöscht werden.

Änderungen an den Inhalten der Querneigungsbeschriftungen haben keine Auswirkungen auf die Profilkörper.

Teilweise bleiben die nicht mehr benötigten Blöcke von Querneigungsbeschriftungen in der Zeichnung erhalten. Diese sind mit dem Befehl **BEREINIG** zu löschen.

4.3.1 Fahrbahn, Querneigung, Variante 2

Im vorherigen Kapitel wurde eine Querneigungsberechnung auf der Basis einer Straßenbau-Norm durchgeführt und dem 3D-Profilkörper bzw. dem Querschnitt zugeordnet. Diese Variante oder diese Vorgehensweise ist nicht immer gültig.

Bei Innerorts Straßen, wo die Entwurfsgeschwindigkeit 50 km/h und kleiner ist, spielt die Fahrdynamik nicht unbedingt eine vordergründige Rolle. Hier ist die Anbindung an den Bestand, Anbindung an vorhandenen Straßen, Bauwerke und Freiflächen von größerer Bedeutung (Steuerung der Fahrbahn-Höhen, Fahrbahn-Querneigung und Fahrbahn-Breite)

In Summe gibt es im Civil 3D drei Varianten der Querneigungs-Steuerung:

- Vorgabe durch den Querschnitt (statische Querneigung über den gesamten Bereich in dem der Querschnitt aufgerufen oder definiert ist)
- Querneigungsberechnung als Bestandteil der Achseigenschaft, Voraussetzung für diese Variante ist der Aufruf der berechneten Querneigung, als Bestandteil der Querschnitts-Bestandteil-Eigenschaft. Die statische Querneigung im Querschnitt wird dann überschrieben.
- Die berechnete Querneigung, als Bestandteil der Achseigenschaft, kann wiederum durch „Anschlüsse" im 3D-Profilkörper überschrieben werden. In der Funktion Anschlüsse kann mit Hilfe verschiedener Zeichnungsbestandteile die vorherigen Querneigungsdefinition aufgehoben sein, um zielgerichtet Anschlüsse an den Bestand herzustellen.

Im Bereich der „Nebenstraße" wird angenommen, infolge eines Baumes, der nicht zu fällen ist und gleichzeitig zur Verkehrsberuhigung dienen soll, ist eine Fahrbahneinengung einzuarbeiten.

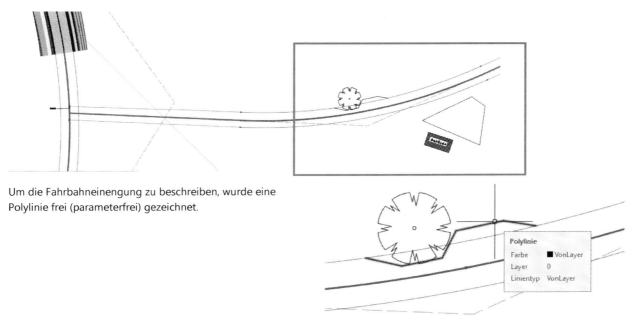

Um die Fahrbahneinengung zu beschreiben, wurde eine Polylinie frei (parameterfrei) gezeichnet.

Auf der gegenüberliegenden Seite gibt es ein Gebäude mit einer „Freifläche". Diese Freifläche hat eine Höhe (mü.NN) von 99.5, ist horizontal und soll gleichzeitig als Haltepunkt für ein öffentliches Verkehrsmittel dienen.

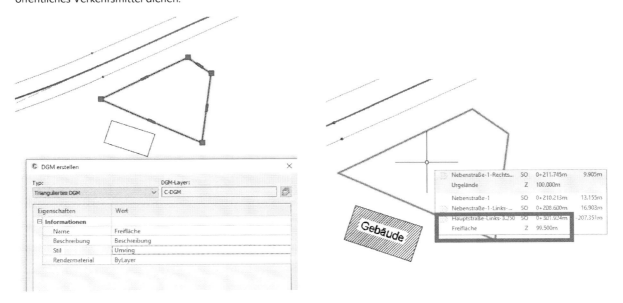

Dieser Haltepunkt oder Ausweichstelle soll mit vorgegeben Parametern erstellt sein. Die Civil 3D Funktion für diesen Anwendungsfall lautet „Aufweitung erstellen".

4 3D-Profilkörper (Straße)

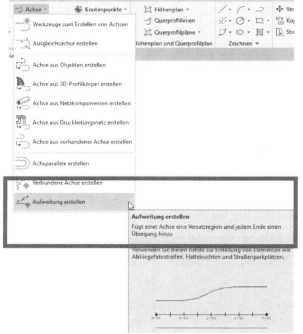

Hinweis:

Zum Funktionsumfang der DACH-Extension gehört ein Befehl „Bus-Bucht erstellen". Laut Aussage von Autodesk könnte die DACH-Extension in einer der nächsten Versionen nicht mehr zum Angebot gehören. Die Funktion „Bus-Bucht erstellen" wird im Kapitel „DACH-Extension" beschrieben.

Die entsprechende Civil 3D-Funktion „Aufweitung erstellen" gehört zum Bereich „Achse".

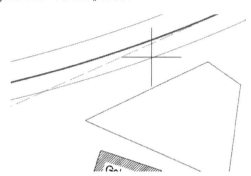

Mit dem Picken der Ausgangssituation, picken des Fahrbahnrand der Nebenstraße-1 fragt Civil 3D, ob das neue Bestandteil als neue Achse erstellt werden soll oder ob die Konstruktion in den gepickten Rand eingearbeitet sein muss.

Es wird „ja" gewählt.

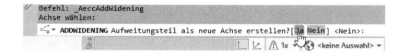

Danach kann Anfang und Ende der Fahrbahnverbreiterung gewählt werden. Es wird der Anfang und das Ende der Freifläche gewählt.

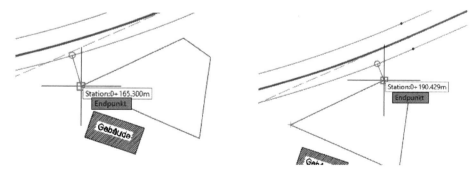

Anschließend ist die Breite der Verbreiterung festzulegen. Es bleibt bei der Voreinstellung von 3.5m.

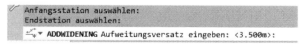

Es ist festzulegen, ob die Verbreiterung rechts oder links erfolgen soll (Verbreiterung oder Einengung).

Die Aufweitung ist mit
Standard-Parametern erstellt
(lineare Aufweitung).

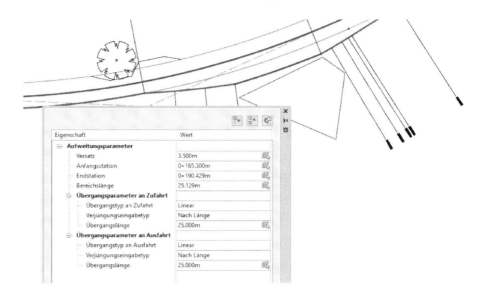

Jeder der Parameter ist bearbeitbar. Beispielhaft wird die
lineare Aufweitung in eine Aufweitung mit Bögen
umgestellt.

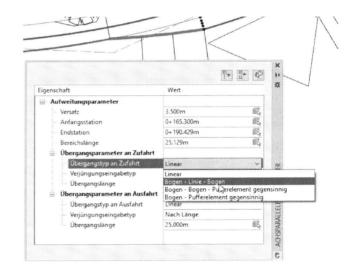

Als Resultat der Parameter-Änderung kann das
Neufestlegen von Anfangs- und Endstation erforderlich
sein.

Die Bearbeitung der Zufahrt und Ausfahrt wird mit folgender
Änderung abgeschlossen. Die Achse (Verbreiterung) erreicht
noch nicht die vorgegebene Fläche.

Nachträglich ist auch die vorgegebene Breite von 3.5m
änderbar.

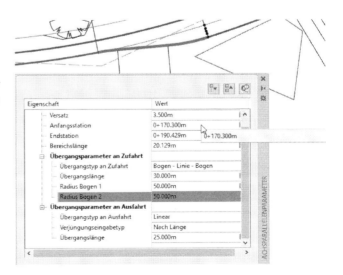

4 3D-Profilkörper (Straße)

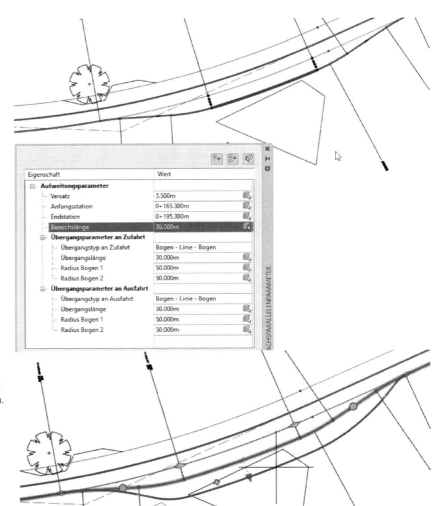

Die Änderung kann einerseits in der Maske erfolgen. Die Änderung ist auch an den Griffen der Aufweitung möglich.

4.3.2 3D-Profilkörper „Nebenstraße" und „Anschlüsse"

Der zweite 3D-Profilkörper (Nebenstraße) wird erstellet. Im Wesentlichen sind die Einstellungen die Gleichen wir im vorherigen Kapitel.

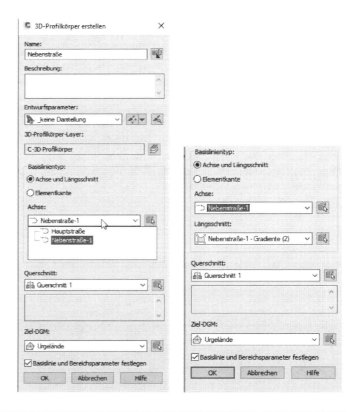

Hierbei ist wichtig, die Anfangsstation entspricht nicht der Anfangsstation der Achse und die Endstation wurde vor dem Baum gewählt, vor der Einengung.

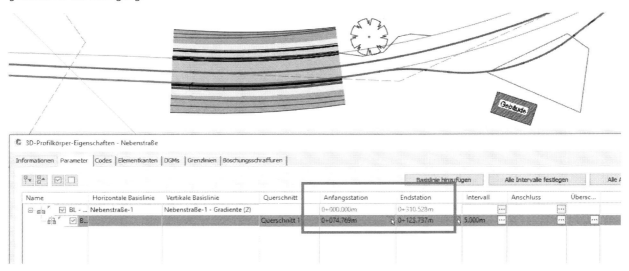

Es wird angenommen, dass der Gehweg (rechts am 3D-Profilkörper) um den Baum herum extra geführt wird, separat oberhalb um den Baum herum. Die Fahrbahnerweiterung wird mit Straßengraben bis nahe an das Gebäude herangeführt und dann endet der Straßengraben.

Um diese Problemstellung umzusetzen, werden neue Querschnitte benötigt. Ein neuer Querschnitt kann durch Kopieren des vorhandenen Querschnittes („AutoCAD Kopieren" oder alternativ kopieren in die „Zwischenablage", beide Funktionen sind möglich) und anschließendes Bearbeiten erstellt werden.

Für das Beispiel wird „AutoCAD Kopieren" benutzt.

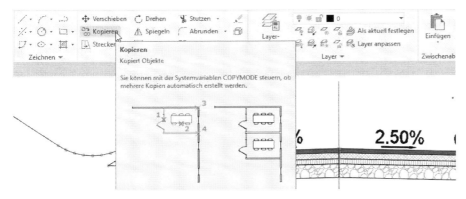

Durch das „AutoCAD kopieren" bekommt der neue Querschnitt einen automatischen Namen, der durch eine in Klammern stehende Zahl, gekennzeichnet ist.

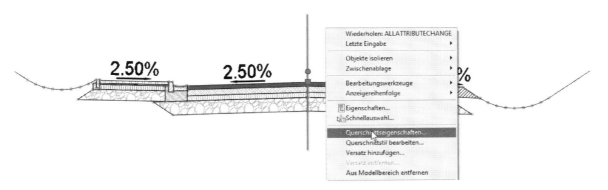

4 3D-Profilkörper (Straße)

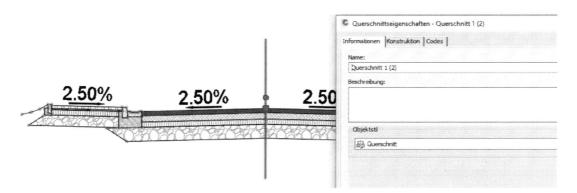

Hinweis:

Diese Zahl sollte nicht gelöscht werden. Querschnitte und Querschnittsbestandteile brauchen eine „mathematische Eindeutigkeit". Sind Bezeichnungen oder Namen von Querschnitten doppelt in der Zeichnung vorhanden, werden diese durch den 3D-Profilkörper nicht mehr erkannt! Eine Namensergänzung ist eventuell zu empfehlen, jedoch immer so, dass Querschnitt und Querschnittsbestandteil eindeutig bleiben.

Im Beispiel wird eine Namens-Ergänzung eingefügt „Verbreiterung Baum".

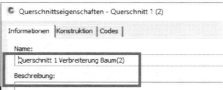

Jetzt werden Querschnittsbestandteile, die den Gehweg beschreiben gelöscht und wenn erforderlich Querschnittsbestandteile der Fahrbahn geändert.

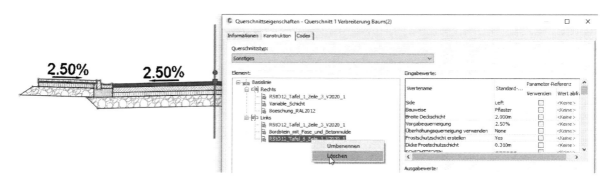

Um zum Gelände am Baum einen Abschluss zu schaffen, wird ein einfaches Böschungselement eingefügt.

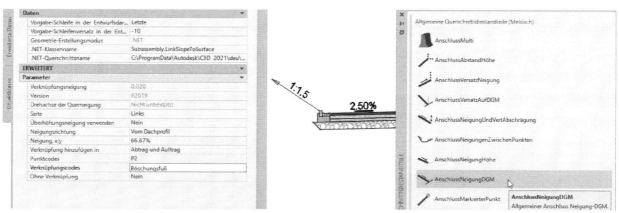

4 3D-Profilkörper (Straße)

Der neue Querschnitt kann jetzt den Bereich der Fahrbahneinengung im Bereich des Baumes beschreiben.

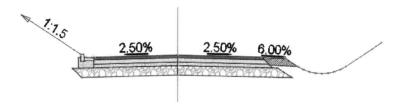

Der Zugang zur Bearbeitung erfolgt über die „3D-Profilkörper-Eigenschaften".

Um den neuen Querschnitt am 3D-Profilkörper hinzuzufügen, ist in Abhängigkeit der Stationierung ein neuer Bereich aufzurufen, in dem der Querschnitt gültig ist.

Technisch ist es jederzeit möglich neue Querschnitte am 3D-Profilkörper aufzurufen. Das kann vor dem bisherigen Querschnitt (Bereich), innerhalb des bisherigen Bereichs (Stationsbereich) oder danach erfolgen.

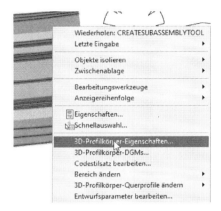

Im Beispiel wird der neue Querschnitt nach dem bisherigen Querschnitt eingefügt.

Nach dem Einfügen wird der gültige Stationsbereich festgelegt.

Für die Einengung ist das sinnvollerweise das Ende des bisher erstellten 3D-Profilkörpers und das Ende der Polylinie.

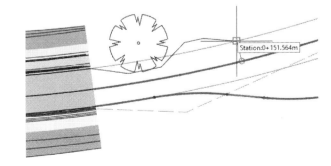

4 3D-Profilkörper (Straße)

Eventuell ist zusätzlich das Intervall (Berechnungsintervall) anzupassen.

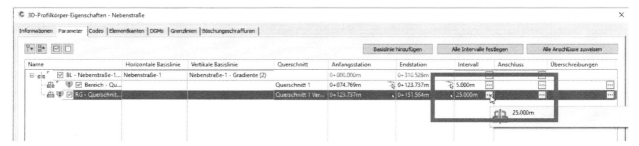

Es werden auch hier 5m gewählt. Für die Praxis gibt es hier noch eine ganze Reihe von wichtigen Einstellungen, die von Anwendungsfall zu Anwendungsfall unterschiedlich zu wählen sind.

Diese optionalen Einstellungen werden hier nicht erläutert.

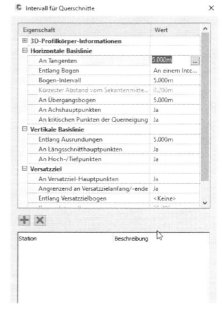

Die Steuerung des Querschnittes in Abhängigkeit von der Fahrbahneinengung oder Fahrbahnerweiterung erfolgt in der Spalte „Anschluss".

In der Spalte Anschluss beginnt die Arbeit mit der Zuweisung des DGMs für beide Querschnittselemente. Die Querschnittselemente brauchen als Ziel ein DGM.

Alle in der Zeichnung vorhandenen DGMs können als Anschluss dienen.

4 3D-Profilkörper (Straße)

Es bleibt zuerst beim Aufruf des DGMs „Urgelände".
Ein erneuter Zugang zu dieser Funktion ist möglich. Die Zuweisung aller Objekte kann beliebig oft gewechselt werden.

Die Steuerung der Fahrbahn erfolgt getrennt nach Breite und Höhe. Die Zuordnung in der Kategorie „Breiten- und Versatzziele" steuert nur die Fahrbahnbreite. Diese Steuerung kann hier nicht nur durch Achsen erfolgen. Die Zuweisung von Elementkanten, Vermessungslinienzügen oder Polylinien ist möglich.

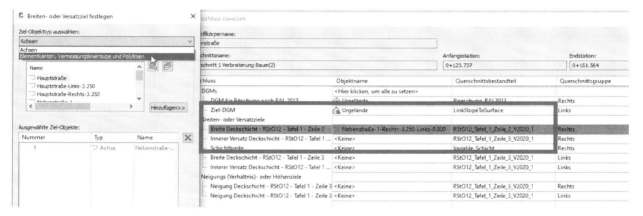

Auf der rechten Seite wurde die Verbreiterungsachse für die Haltebucht gewählt. Auf der linken Seite ist es die Polylinie (2D-Polylinie) für die Verbreiterung oder Einengung am Baum.

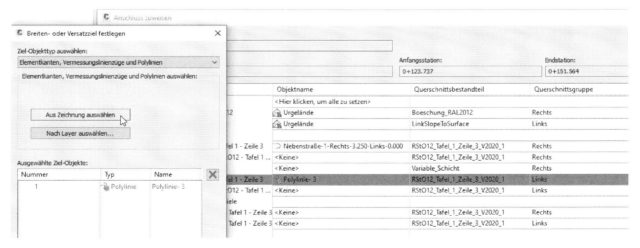

4 3D-Profilkörper (Straße)

Die Fahrbahn-Verbreiterung bzw. die -Einengung erfolgt im Stations-Bereich des Datenaufrufes.

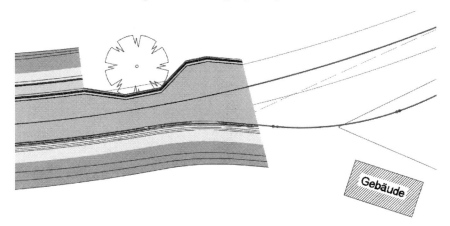

Hierbei ist zu beachten, die Berechnung erfolgt immer senkrecht zur „Horizontalen Basislinie" des 3D-Profilkörpers. Das ist in diesem Fall die Achse „Nebenstraße-1, Bestandteil der 3D-Profilkörper-Eigenschaften, Karte „Parameter".

Die Besonderheiten kann man am 3D-Profilkörper sichtbar machen mit dem Objekt-Stil „Entwurfsparameter farbig".

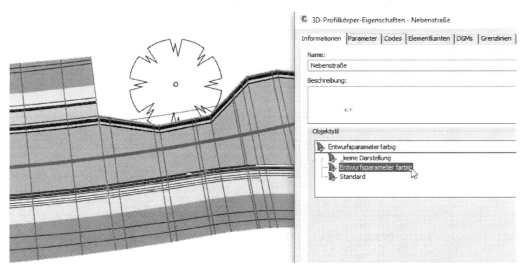

Im Beispiel bedeutet das, die Rinne am Baum hat nur die vorgegebene Breite, solange die Rinne parallel zur Achse „Horizontale Basislinie" verläuft. Wird die Rinne im Winkel zur Achse hin- oder weggeführt, so ist die wahre Breite abweichend.

4 3D-Profilkörper (Straße)

Ist der Winkel bedeutend, wie im Bild (45°) so ist die Abweichung bedeutend und sollte im Projekt Beachtung finden.

Für dieses Problem gibt es eine Lösung. Das abweichende Objekt, in diesem Fall die Rinne, ist dann an einer eigenen, separaten „Horizontalen Basislinie" mit einem „Querschnittsversatz" zu führen.

In dieser Beschreibung wird der Fall nicht näher erläutert.

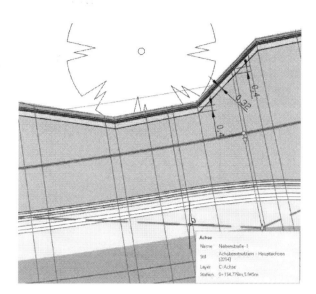

In den nächsten Bildern wird der 3D-Profilkörper der Achse „Nebenstraße" bei Station ca. 0+134.00 bis 0+135.00 im 3D-Profilkörper-Querprofil-Editor gezeigt.

Station:

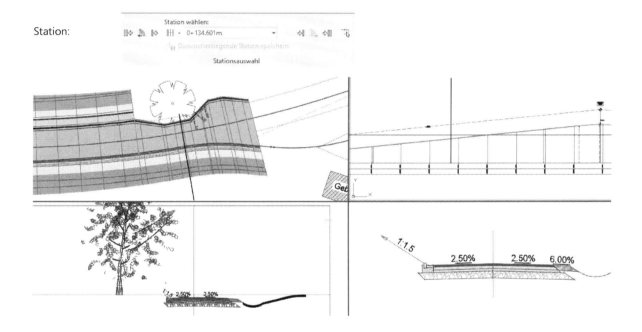

Im Beispiel wurde bis jetzt auf die Zuordnung von Höhen (3D Informationen) bei der Option „Anschluss" verzichtet.

Die Zuordnung von 3D-Informationen kann wiederum auf verschiedenen Wegen erfolgen. (Sicher sind bei meinen Beispielen noch nicht alle Varianten und Möglichkeiten angesprochen).

Beispiel 1: Ausgangssituation 2D-Polylinien, diese Ausgangssituation wird in eine Elementkante umgewandelt.

Hinweis:

2D-Polylinien haben nur eine „Erhebung" keine variable 3D-Information. Aus diesem Grund sind 2D-Polylinie hier eher ungeeignet.

4 3D-Profilkörper (Straße)

Funktion „Elementkante aus Objekt erstellen".

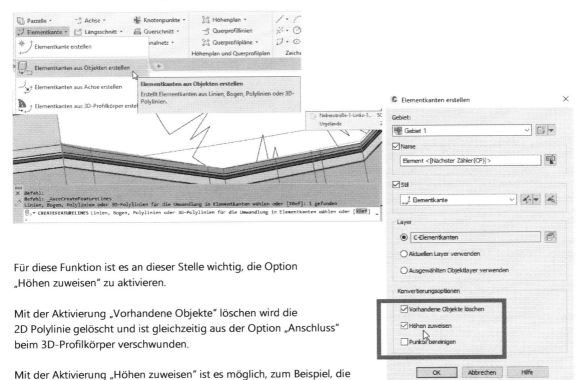

Für diese Funktion ist es an dieser Stelle wichtig, die Option „Höhen zuweisen" zu aktivieren.

Mit der Aktivierung „Vorhandene Objekte" löschen wird die 2D Polylinie gelöscht und ist gleichzeitig aus der Option „Anschluss" beim 3D-Profilkörper verschwunden.

Mit der Aktivierung „Höhen zuweisen" ist es möglich, zum Beispiel, die Höhe vom DGM (Urgelände) zu lesen.

Alle Optionen, die darüber hinaus noch zur Verfügung stehen, können hier nicht erläutert werden, da diese Optionen nicht zu diesem Übungsbeispiel passen.

Der 3D-Profilkörper reagiert und verliert die 2D Polylinie.
An der gleichen Stelle liegt jetzt eine Elementkante.

Die Elementkante ist dem 3D-Profilkörper als Breiten Steuerung erneut zu zuweisen.

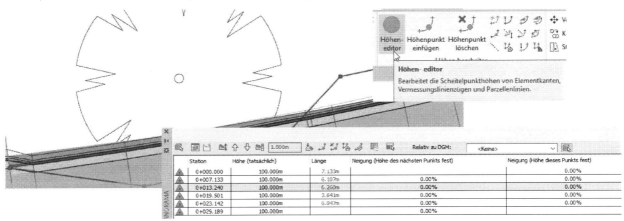

Gert Domsch, CAD-Dienstleistung

4 3D-Profilkörper (Straße)

Die Zuweisung ist wiederum Bestandteil der 3D-Profilkörper-Eigenschaften, in der Karte „Parameter", Spalte „Anschluss".

Die Elementkante hat 3D-Informationen. Die Elementkante wird nicht nur in der Kategorie „Breiten- und Versatzziele" zugewiesen. Die Elementkante wird auch in der Kategorie „Neigungs- (Verhältnis)- oder Höhenziele" aufgerufen. Damit wird nicht nur die Fahrbahn in der Breite, sondern auch in der Höhe angepasst.

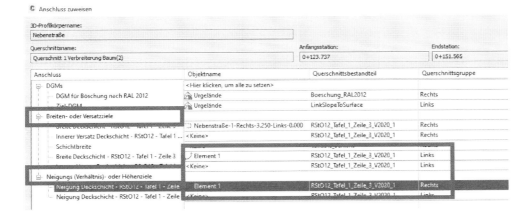

4 3D-Profilkörper (Straße)

Das Bild zeigt die Ansicht im Lageplan. Es wird der 3D-Profilkörper-Querprofil-Editor gestartet (*-Querprofil-Editor).

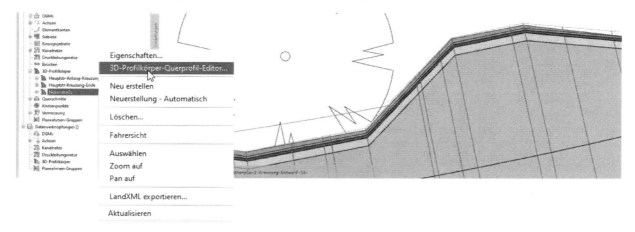

Die als 3D Information aus der Elementkante übernommene Höhe (DGM Urgelände), führt eventuell zu einer kuriosen Darstellung.
In dieser Form und noch nicht überarbeitet, ist diese Situation sicher eher als Fehler zu bewerten. Es ist möglich diese Situation innerhalb der *-Querprofil-Editor Ansicht zu bearbeiten.

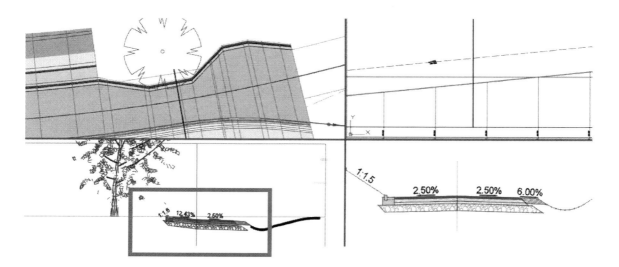

Es wird die Elementkante in der Lageplan-Ansicht des *-Querprofil-Editors ausgewählt.

4 3D-Profilkörper (Straße)

Die Auswahl bietet die Möglichkeit den Höheneditor zu öffnen, das heißt die Elementkante zu bearbeiten.

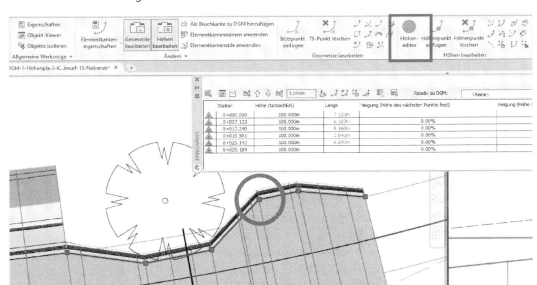

Die Elementkante wird für dieses Beispiel mehrfach um 0.1m abgesenkt. Der 3D-Profilkörper kann die Änderung direkt anzeigen.

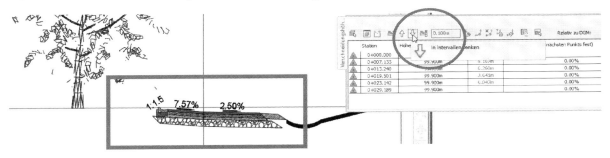

Mit einer Höhe von 99.80 hat die Querneigung auf der linksseitigen Fahrbahn 2.7%. Der Wert wird an der Stelle akzeptiert.

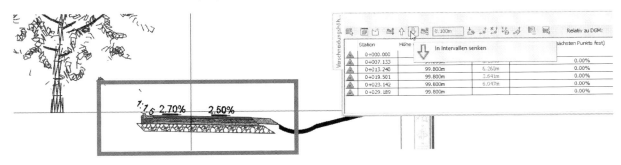

Hinweis:

An dieser Stelle wäre auch eine Bearbeitung der Gradiente (konstruierter Längsschnitt der Achse „Nebenstraße-1") möglich. Ein Anheben der Gradiente in dieser Position könnte auch zu einer sinnvollen Querneigung bei beiden Fahrbahnen führen.

Das zweite Beispiel erklärt die Funktion Anschluss auf der gegenüber liegender Seite mit anderen Konstruktionselementen. Das Ergebnis kann das Gleiche sein. Der Anschluss kann mit unterschiedlichen Konstruktionselementen ausgeführt sein, weil die technischen Anforderungen in der Praxis sehr unterschiedlich sein können. Das bewusste Steuern von Längs- und Querneigung sind in der Praxis wichtige Parameter.

4 3D-Profilkörper (Straße)

Beispiel 2: Achsparallele erstellen (verschiedene Elemente für Breiten und Höhensteuerung, Links)

Als Bestandteil der Funktion „Achsparallele erstellen" wäre es möglich, den parallelen Fahrbahnrändern Längsschnitte (deutsch: Gradienten) zu zuweisen.

Das Erzeugen solcher Längsschnitte setzt eine Gradiente (konstruierter Längsschnitt) für die Hauptachse voraus. Optional ist zur Kontrolle ein „Überlagern" (Einblenden in den Höhenplan der übergeordneten Achse) möglich.
Es könnte auch alternativ ein eigner Höhenplan, mit Achsparallele und automatisch erzeugtem Längsschnitt, gezeichnet werden.

Die Höhe des Längsschnittes wird über die Vorgabe einer Querneigung berechnet. Der Wert bleibt hier bei 2.5%.

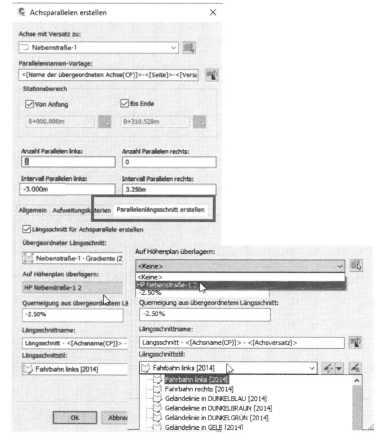

Die Darstellung und der Name des neuen Längsschnittes sind ebenfalls in der Box steuerbar.

Durch die Funktion „Auf Höhenplan überlagern" wird der erstellte, neue Längsschnitt in den Höhenplan der „Nebenstraße-1" eingetragen.

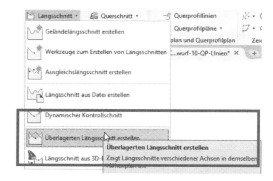

4 3D-Profilkörper (Straße)

Der neue Fahrbahnrand ist einschließlich Längsschnitte, Bestandteil der Zeichnung.

Im 3D-Profilkörper, Karte Parameter, Spalte Anschuss kann die Steuerung der Fahrbahnbreite und -Höhe für beide Seiten variabel eingetragen sein. Auf der linken Seite wird das durch eine Elementkante in Lage und Höhe realisiert. Die Art der Steuerungs-Elemente kann auch variieren. Die Steuerung kann durch unterschiedliche Konstruktionselemente erfolgen.

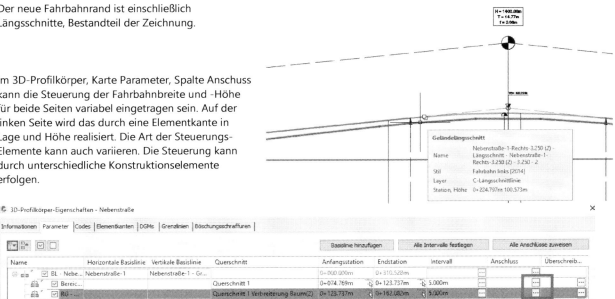

Es ist der Bereich „Neigung (Verhältnis)-oder Höhenziele" zu wählen. Die hier eingetragene Elementkante „Element1" wird ersetzt durch den neu erstellten Längsschnitt.

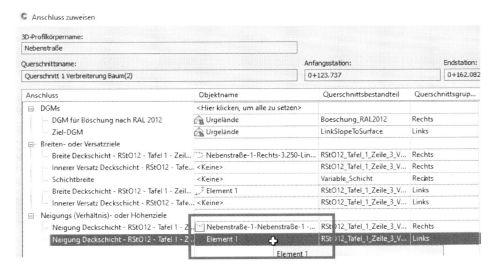

Die Steuerung der Fahrbahnhöhe kann durch den Längsschnitt erfolgen (ausgetauscht werden). Für die Fahrbahnbreite kann die Elementkante maßgeblich bleiben.

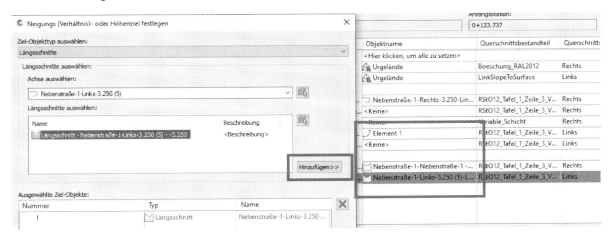

Der 3D-Profilkörper-Querprofil-Editor zeigt die Querneigung links, im Bereich des Baumes mit -2.5% an. Das entspricht der Vorgabe aus dem Längsschnitt.

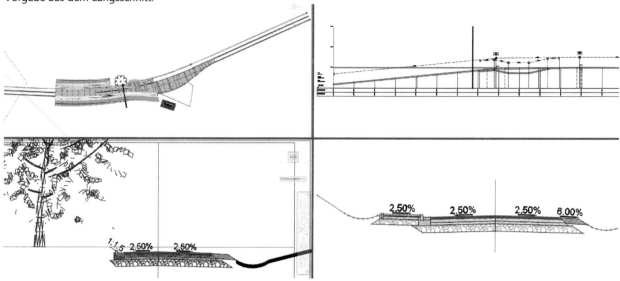

Beispiel 3: weitere Gradienten (konstruierte Längsschnitte), Anschluss rechts „Freifläche"

Im folgenden Beispiel wird gezeigt, wie die Höhensteuerung über Gradienten funktionieren kann. Dazu braucht es die Höheninformation des DGMs „Freifläche" im Höhenplan.
Das DGM „Freifläche" kann im Höhenplan der Achse „Nebenstraße-1" nicht sichtbar sein. Eine Auswahl oder die Ausführung der Funktion „Geländelängsschnitt erstellen" ist möglich, führt jedoch zu keinem Erfolg, wie die nächsten Bilder zeigen.

Die Funktion „Geländelängsschnitt erstellen" kann nur DGMs zeigen, die durch die Achse (hier Nebenstraße-1) selbst geschnitten oder berührt werden.

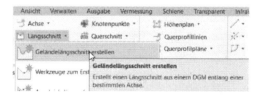

Der fehlende Stationswert und die Höhenangabe „0.00" in der Maske „Längsschnitt aus DGM erstellen" zeigen an, dass keine Daten erzeugt werden. Alle Einstellungsversuche sind hier sinnfrei. Achse und DGM schneiden oder berühren sich nicht.

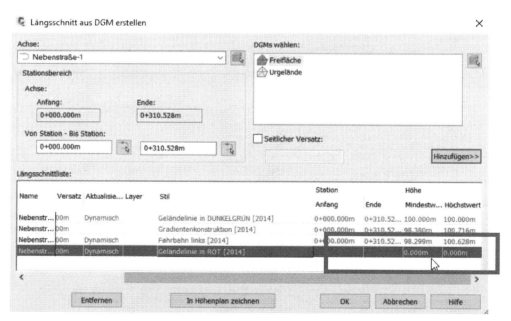

4 3D-Profilkörper (Straße)

Es gibt eine Funktion oder ein Weg, der die Höhe anzeigen kann.
Wird aus der „Bruchkante", die Hauptbestandteil des DGMs „Freifläche" ist, eine Elementkante erstellt, so ist diese als 3D-Objekt in den Höhenplan profizierbar.

Auf diesem Weg ist eine indirekte Darstellung des DGMs „Freifläche" im Höhenplan der Achse „Nebenstraße-1" möglich.

Es wird wiederum eine Elementkante erstellt.

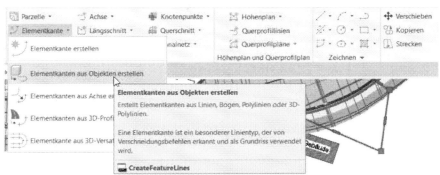

Bei der Elementanten-Erstellung ist zu beachten, die ausgewählte Polylinie ist nicht zu löschen und die Höhenzuweisung ist zu kontrollieren bzw. auszuschalten.
Damit bekommt die Elementkante die Höhe der Polylinie und diese sollte 99.5mü.NN betragen.
Die Höhe entspricht dann dem DGM „Freifläche".

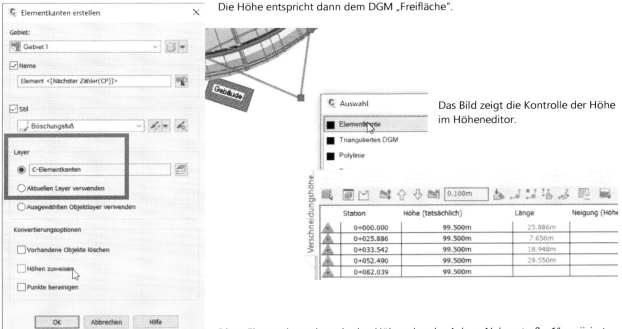

Das Bild zeigt die Kontrolle der Höhe im Höheneditor.

Diese Elementkante kann in den Höhenplan der Achse „Nebenstraße-1" projiziert sein, damit kann die Höhe des DGMs „Freifläche" abgebildet werden, und die Höhe kann als Basis-Information für einen weiteren, neuen Längsschnitt (deutsch: „Gradiente") dienen.

Die neue Elementkante wird in den Höhenplan projiziert.

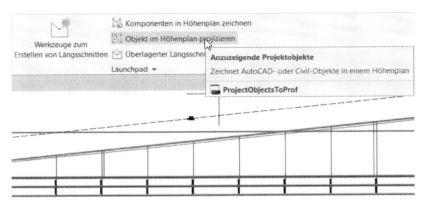

Die bewusste Auswahl des Darstellungs-Stils für die projizierte Elementkante ist zu beachten.

Gert Domsch, CAD-Dienstleistung

4 3D-Profilkörper (Straße)

Die Auswahl des Darstellungs-Stils „Böschungsfuß" bedeutet „im Längsschnitt_ Farbe Cyan".

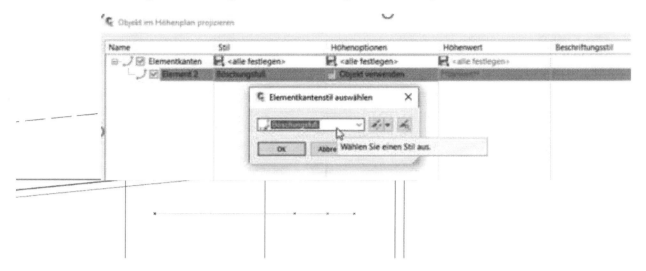

Hinweis:

Die Darstellung der Elementkante im Höhenplan ist lediglich eine „Projektion".

Bezogen auf diese Fläche (Linie) kann eine weitere Gradiente (konstruierter Längsschnitt) geführt sein, um das zielsichere Erreichen der Höhe für die erweiterte Fahrbahn vorzugeben. Diese weitere Gradiente sollte später als „Anschluss" im 3D-Profilkörper aufrufbar sein.

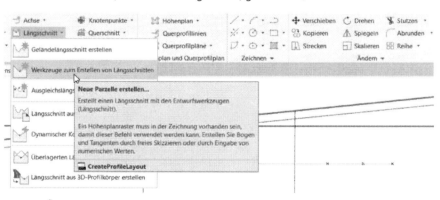

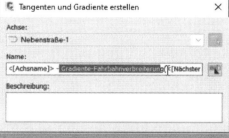

Die Namensgebung entspricht diesen speziellen Längsschnitt. Es wird ein Darstellungs-Stil und Beschriftungs-Stil ausgewählt.

Auf Bögen (Kuppen und Wannen) wird in diesem Beispiel verzichtet.

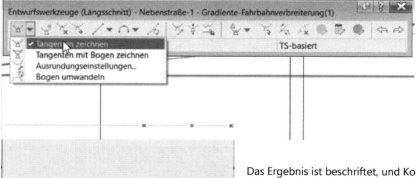

Es wird lediglich darauf geachtet, die Neigung „6% - 8%" nicht wesentlich zu überschreiten. Die klassischen Vorgaben sind zu beachten.

Das Ergebnis ist beschriftet, und Korrekturen sind jederzeit möglich, auch wenn der neue Längsschnitt Bestandteil des 3D-Profilkörpers ist (Anschluss).

4 3D-Profilkörper (Straße)

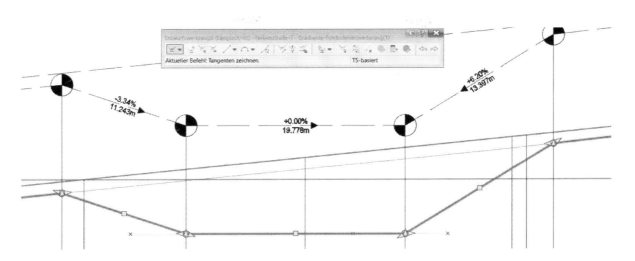

Obwohl die Konstruktion des neuen Längsschnittes als Bestandteil der Achse „Nebenstraße-1" erfolgte, kann die Zuweisung als Anschluss beliebig sein. Das heißt einer Achse „xyz" kann der Längsschnitt „uvw" als Anschluss zugewiesen werden, unabhängig davon ob es sich um einen Geländelängsschnitt oder eine konstruierten Längsschnitt (deutsch Gradiente) handelt.
In den 3D-Profilkörper-Eigenschaften wird auf der Karte „Parameter" der Anschluss gewählt, Bereich „Neigung (Verhältnis) oder Höhenziele".

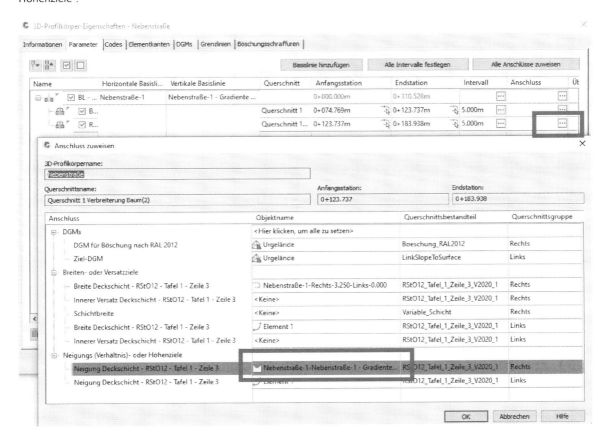

Hinweis 1:

Eine Zuweisung mehrerer Längsschnitte, Elementkante usw. ist möglich aber nicht immer sinnvoll. Sollen Elemente nur ausgetauscht werden, so sind die veralteten löschen.

Hinweis 2:

Eine Mehrfachzuweisung von Elementkanten oder Längsschnitten ist eher ein Thema für Kreuzungen.

Parallel zur Zuweisung des Anschlusses wird die Anfangs- und Endstation bearbeitet.

4 3D-Profilkörper (Straße)

Die Anfangs- und Endstation für den Querschnitt (3D Profilkörper Eigenschaft) kann innerhalb der Karte Parameter geändert werden oder mit Griffen (Gripps) im Lageplan (in der Zeichnung) erfolgen.

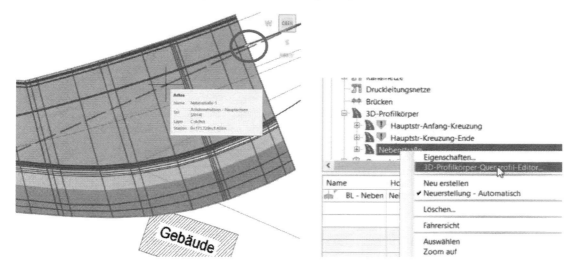

Die Fahrbahnkante erreicht die „Freifläche". Der Querschnitt ist an dieser Stelle sicher ungeeignet und noch in weiteren Details zu ändern. Die wesentlich wichtigere Entscheidung an dieser Stelle sollte jedoch sein, über die Höhe der Mittellinien-Achse nachzudenken (vertikale Basislinie, konstruierter Längsschnitt, Gradiente) und diese Höhe zu ändern.

Das nächste Bild zeigte den *-Querprofil-Editor an der Station 0+175,00.

Station:

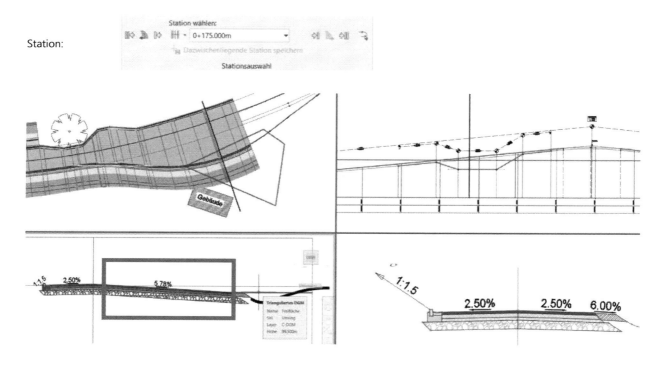

Es folgt eine Änderung, des konstruierten Längsschnittes, der als „Vertikalen Basislinie" (Nebenstraße-1 – Gradiente (2)) dem 3D-Profilkörper zugewiesen ist (3D-Profilkörper-Eigenschaften, Karte Parameter).

4 3D-Profilkörper (Straße)

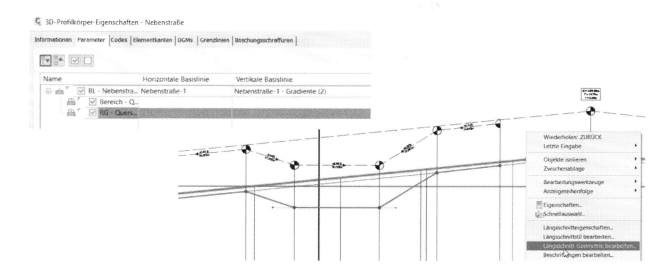

Der 3D-Profilkörper- Querprofil-Editor (*-Querprofil-Editor) zeigt die Änderung der Querneigung, die aus der Änderung der „Vertikalen Basislinie" (Nebenstraße-1 – Gradiente (2)) resultiert.

Station:

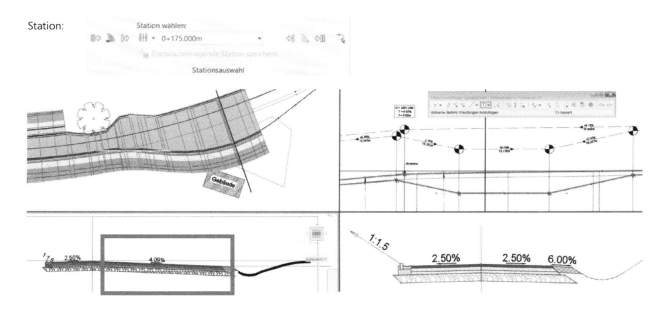

Die Änderung der „Nebenstraße-1" Gradiente" (Vertikale Basislinie) könnte in diesem Fall ein Lösungsansatz sein. Wichtig ist zu verstehen, alle Elemente des 3D-Profilkörper bleiben jederzeit bearbeitbar. Die Liste der Optionen ist hier noch nicht zu ende.

Beispiel 4: Lösungssuche, Trennung in bearbeitbare und kontrollierbare Segmente

Wie bisher mehrfach gehandhabt, es wird der 3D-Profilkörper verlängert bzw. verkürzt. Der Stationswert, der das Ende des bisher konstruierten 3D-Profilkörper beschreibt, hat in der Zeichnung einen Griff und läßt sich anfassen und beliebig erweitern oder verkürzen.

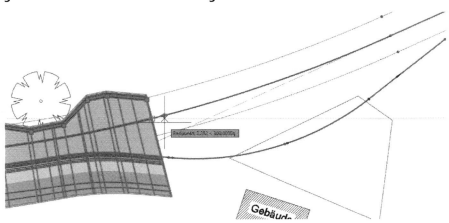

4 3D-Profilkörper (Straße)

Die Situation, die im Moment noch mit Straßengraben und Böschung auch in der Busbucht beschrieben wird, kann im 3D - Profilkörper-Editor kontrolliert werden, um die nächste Entscheidung zu treffen (Station 0+170,00 – 0+190,00).

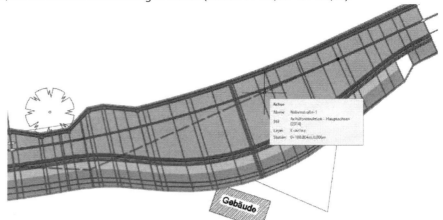

Das Bild zeigt den *-Querprofil-Eeditor an der Station 0+175,00.

Station:

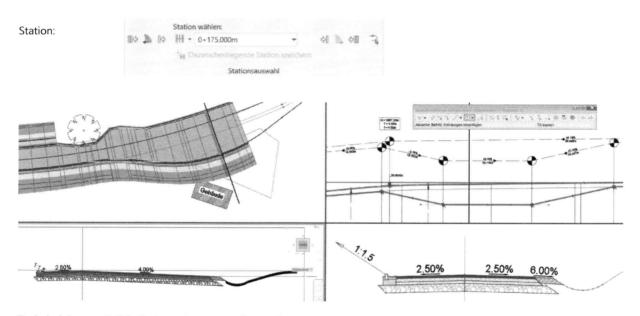

Technisch ist es möglich die Bertachtung zu splitten oder zu trennen, um mit übersichtlichen Elementen arbeiten zu können. Für diese Arbeitsweise gibt es sicher Vor- und Nachteile, die zu besprechen wären. Um dieses „Splitten oder Trennen" zu zeigen wird wiederholt ein neuer Querschnitt erstellt.

Mittels AutoCAD-Kopieren können beliebig viele Kopien des ursprünglichen Querschnittes erstellt und anschließend bearbeitet sein.

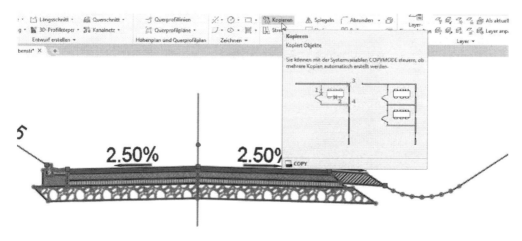

4 3D-Profilkörper (Straße)

Für das nächste Beispiel werden unsymmetrische Querschnitte benötigt, dazu werden einzelne Querschnittsbestandteile gelöscht. Hier ist ein AutoCAD „Löschen" möglich.

Es wird für die linke Seite und die rechte Seite ein unsymmetrischer Querschnitt erstellt.

Querschnitt „linke Seite"   **Querschnitt „rechts Seite"**

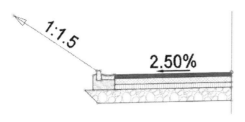
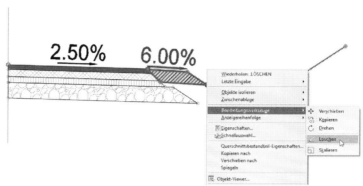

Es folgt die Beschreibung der Konstruktion auf der rechten Seite.

Für die rechte Seite (Anschluss DGM „Freifläche") wird ein einseitiger Querschnitt erstellt, der den Anschluss bzw. den Übergang zur „Freifläche" herstellen soll. Die Abschrägung am äußeren Rand ist zurückgesetzt, weil angenommen wird, die Freifläche ist befestigt und der Anschluss wird geschnitten.

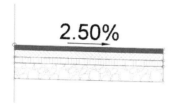
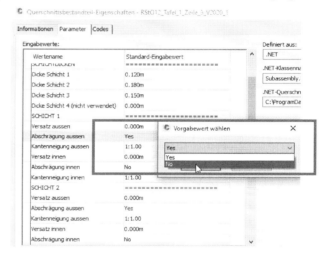

Der neue einseitige Querschnitt kann dem 3D-Profilkörper zugeordnet werden.

Die Zuordnung kann wie im Bild gezeigt, als neuer Bereich stationsabhängig aufgerufen werden. Die gegenüberliegende Seite kann optional in der gleichen Art und Weise ergänzt werden (linke Seite) oder wie in der nächsten Variante gezeigt als neue „horizontale Basislinie" aufgerufen sein.

4 3D-Profilkörper (Straße)

Die Auswahl ist in der Liste der Querschnitte möglich.

Im Bild wird der grüne Knopf benutzt, um den Querschnitt in der Zeichnung zu wählen.

Anschließend sind der Stationswert (Endstation), das Berechnungsintervall (Intervall) und die Anschlüsse abzustimmen oder aufzurufen.

Während der Zugang zur Bearbeitung der Endstation und des Berechnungsintervalls im Bild nicht gezeigt werden, ist nachfolgend die Zuweisung der Anschlüsse für Breitensteuerung (Breiten- und Versatzziele) und die Höhensteuerung (Neigung (Verhältnis)- oder Höhenziele im Bild dargestellt.

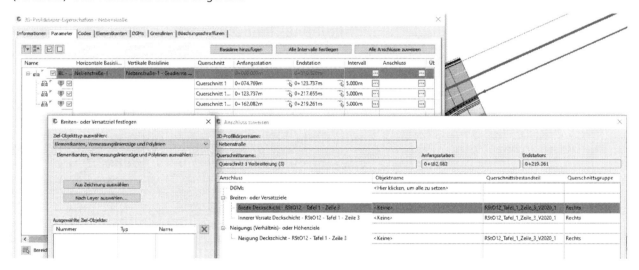

Achse und Längsschnitt sind als Anschlüsse zugeordnet (Breiten- und Höhensteuerung).

4 3D-Profilkörper (Straße)

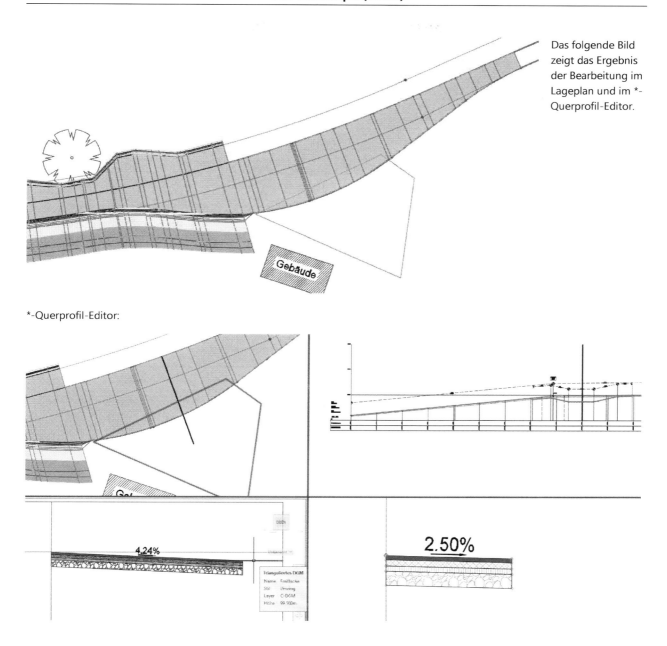

Das folgende Bild zeigt das Ergebnis der Bearbeitung im Lageplan und im *-Querprofil-Editor.

*-Querprofil-Editor:

In der Übung soll erlernt werden, ein 3D-Profilkörper ist KEINE Konstruktion, die nur aus einer Achse, nur einer Gradiente (konstruierter Längsschnitt) und nur einem Querschnitt besteht. Ein 3D-Profilkörper ist das Resultat aus unendlich vielen Achsen, Gradienten und Querschnitten. Wobei in der Kategorie „Anschlüsse" nicht nur Achsen und konstruierte Längsschnitte auswählbar sind. Es können auch Elementkanten, Polylinien oder Vermessungslinienzüge Bestandteil der 3D-Profilkörpers sein.

Beispiel 5: neue, zusätzliche „horizontale Basislinie", Ergänzung auf der gegenüberliegenden Seite (linke Seite)

Als Bestandteil der Beschreibung wird auf der gegenüberliegenden Seite die vorhandene Elementkante bearbeitet, verlängert und wiederholt als „Anschluss" am 3D-Profilkörper für den neuen Querschnittsbestandteil verwendet.

4 3D-Profilkörper (Straße)

Um die gegenüberliegende Seite zu ergänzen, wird dem 3D-Profilkörper eine neue „horizontale Basislinie" hinzugefügt. Die neue „horizontale Basislinie" ist im vorliegenden Fall die Achse „Nebenstraße-1" und deren bereits konstruierter Längsschnitt (Nebenstraße 1 Gradiente (2)).

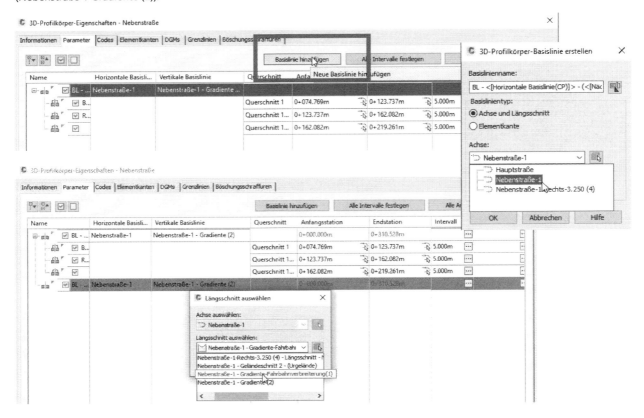

Dem Achsverlauf und der Höhendefinition ist jetzt ein Querschnitt zu zuweisen. Diese Querschnittszuweisung wird „Bereich hinzufügen..." bezeichnet (rechte Maustaste).

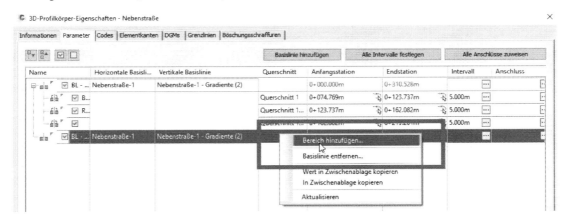

Als neuer Bereich wurde bereits ein Querschnitt vorbereitet, der die linke Seite der Fahrbahn schließen soll.

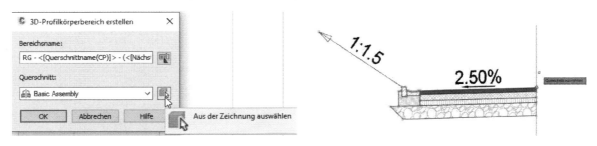

4 3D-Profilkörper (Straße)

Anfangs- und Endstation der „Basislinien", innerhalb derer der Querschnitt gilt, sind wählbar und sollten hier auch gewählt werden, weil der gültige Bereich begrenzt ist. Auf keinen Fall sollte der Querschnitt hier von Anfang bis Ende eingetragen sein.

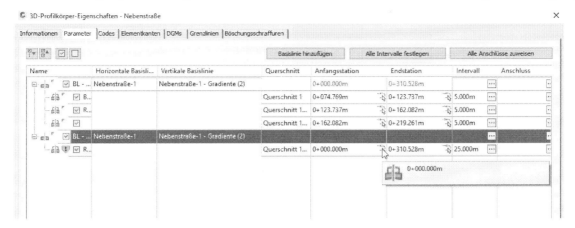

Im Beispiel wird für Anfang und Ende der gleiche Bereich gewählt, der auch auf der rechten Seite mit dem einseitigen Querschnitt abgedeckt ist. Optional könnte der Stationswert auch mit Hilfe der Griffe in der Zeichnung gepickt sein. Das ist in diesem Fall eher nicht zu empfehlen, weil sich die Querschnitte des 3D-Profilkörper überlagern oder überdecken können. Es ist sogar vorübergehend eine Lücke zu empfehlen, die später mit Hilfe der Griffe geschlossen wird. Bei dieser Arbeitsweise sind die 3D-Profilkörper-Abschnitte sichtbar und konstruktive Besonderheiten erkennbar.

Das Schließen der 3D-Profilkörperbereiche wird erst mit Beendigung der Konstruktion eventuell vor dem Plotten empfohlen oder nachgeholt.

Anfangsstation (offener Bereich)   **Endstation**

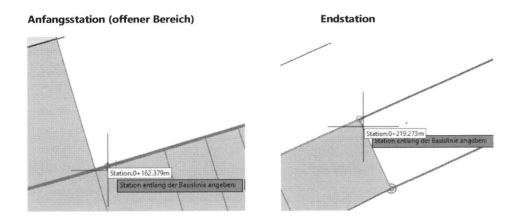

Das Bild zeigt die festegelegte Anfangsstation, Endstation und das bearbeitete Berechnungsintervall.

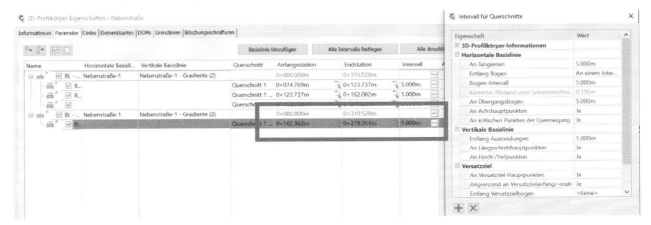

4 3D-Profilkörper (Straße)

Zur Steuerung der Bereite und der Höhe des linksseitigen Querschnitt-Elements wird die Elementkante als „Anschluss" aufgerufen.

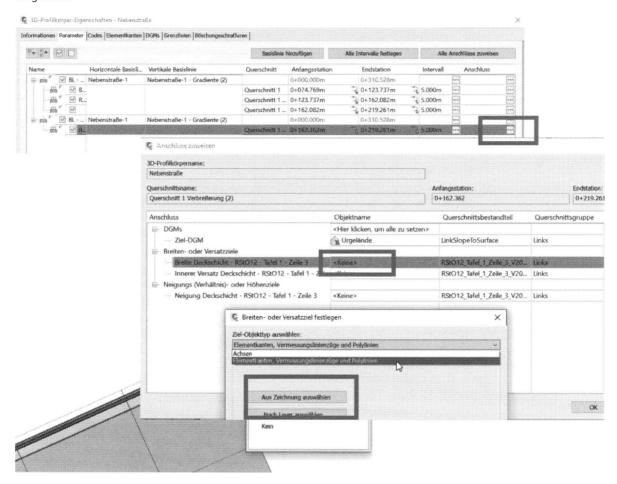

Die Zuweisung erfolgt als „Breiten oder Versatzziel" und als „Neigungs (Verhältnis) – oder Höhenziel".

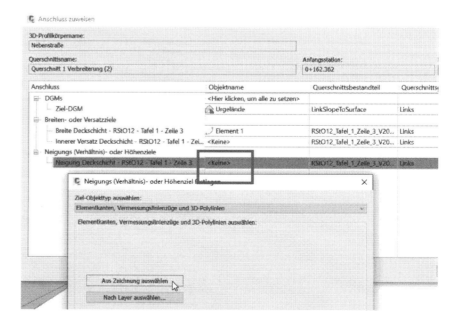

Gert Domsch, CAD-Dienstleistung

4 3D-Profilkörper (Straße)

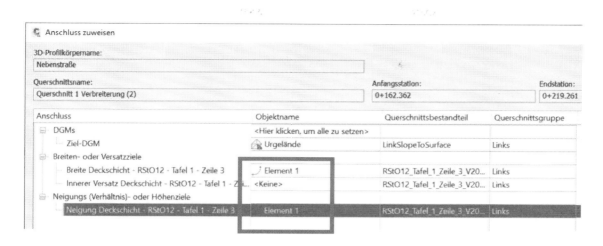

Das Bild zeigt die bisherige Bearbeitung im Lageplan.

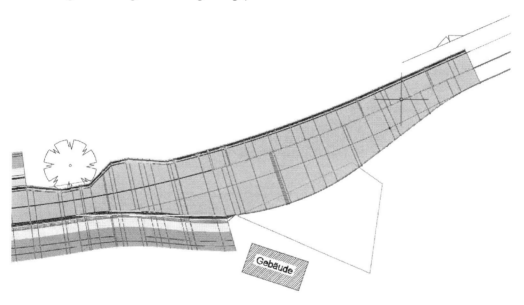

In den bisherigen Darlegungen wurden Elementkanten und Achsen mit konstruiertem Längsschnitt nahezu gleichberechtigt am 3D-Profilkörper als Anschlüsse oder Steuerungselemente benutzt. Die Elementkante kann fast wie eine Achse oder ein konstruierter Längsschnitt als Basiselement (Horizontale- oder Vertikale Basislinie) oder als Anschluss den 3D-Profilkörper steuern. Eine Elementkante kann diese Aufgaben übernehmen, weil die Elementkante 2D- und 3D-Eigenschaften hat. Es gibt jedoch bestimmte Unterschiede zwischen Elementkante und Achse mit konstruiertem Längsschnitt, die in der Praxis zu beachten sind.

Besonderheiten Elementkante (2D- und 3D-Eigenschaften)

Elementkante-Vorteil:

- Elementkaten können Geraden- und Bögen-Bestandteilen haben (Lageplan, 2D).
- Es gibt Stützpunkte und Höhenpunkte (Modell, 3D).
    - Was sind „Stützpunkte"? Höhe und Linien-Bogen-Richtung können sich ändern
    - Was sind „Höhenpunkte"? Die Linien-Bogen-Richtung bleibt bestehen. Es kann einen Höhesprung geben.
- Innerhalb eines Linien- oder Bogensegments kann es in der Höhe Höhendifferenzen und Knicke geben.
- Die Bearbeitung der 3D-Höhen ist in einem speziellen Werkzeug möglich (Höheneditor)
    - Eine Bearbeitung der gesamten Elementkante oder in Teilbereichen ist möglich nach „Höhe absolut", „Höhendifferenz", Höhen-Differenz bezogen zu einem DGM und „Neigung in Prozent".

Elementkante-Nachteil:

- Im Lageplan (2D): Es nur ein Radius möglich, Klothoiden sind nicht vorgesehen
- Im Modell (3D): Es gibt nur Höhenversätze oder Höhendifferenzen, Kuppen oder Wannen sind nicht vorgesehen.

4 3D-Profilkörper (Straße)

- Elementkanten können nicht im Band des Höhenplans oder im Band des Querprofilplans beschriftet sein. Elementkanten können nur in vorhandene Höhenpläne oder Querprofilpläne dargestellt, projiziert werden.
- Elementkanten können die Basis eines dynamischen Kontrollschnittes sein, jedoch nicht die Basis eines beschrifteten Höhenplans oder Querprofilplans
- Die Beschriftungsoptionen für Elementkante (Beschriftung am Element) sind eher einfach, diese haben auf keinen Fall den Umfang wie Achse oder Gradiente.
- Einschränkungen bei den C3D Add-Ins („Querneigung aus Bestand")

Achse, konstruierter Längsschnitt (Gradiente)

Achse-Vorteil:

- Eine Achse kann aus Geraden, Bögen oder auch Klothoiden bestehen. Das Editieren ist beliebig oft und einfach möglich,
    - Geraden „einfügen/löschen"
    - Bögen „einfügen/löschen"
    - Klothoiden „einfügen/löschen"
- Eine Achse ist Basis eines Höhenplans oder Querprofilplans. Das kann eine einfache Schnittlinie sein oder eine mit Unterstützung von Richtlinien und Entwurfsüberprüfungen komplette Straßen- oder Gleisachse, für komplexe Bauwerke.
- Es sind freie Beschriftungen oder auch Beschriftungen nach Bauwerks-Norm und technischen Anforderungen möglich, mit freier Stationierung oder Stationssprüngen.

Achse-Nachteil:

- Eine Achse hat nur 2D Eigenschaften und absolut keine 3D-Höhe. Eine 3D-Eigenschaft ist nicht vorgesehen. Wenn eine Höhe erforderlich ist, so wird die Höhe durch den konstruierten Längsschnitt (deutsch: Gradiente) der Achse stationsbezogen zugewiesen.

konstruierter Längsschnitt-Vorteil (Gradiente):

- Der konstruierte Längsschnitt (Gradiente) ist stationsbezogen an die Achse gekoppelt. Er besteht aus Geraden-, Kuppen- und Wannen-Elementen. Kuppen und Wannen können kreisrund oder parabolisch sein. Das Editieren ist beliebig oft und einfach möglich,
    - Geraden „einfügen/löschen"
    - Kuppen und Wannen „einfügen/löschen"
- Der konstruierte Längsschnitt kann nur Höhen beschreiben, oder mit Unterstützung von Richtlinien und Entwurfsüberprüfungen eine Straßen- oder Gleissituation für komplexe Bauwerke beschreiben.
- Die Beschriftung des konstruierten Längsschnittes ist vorrangig mit Beschriftungsbändern vorgesehen (Bestandteil von Höhenplan und Querprofilplan, deutscher Standard). Es ist auch eine Beschriftung am Objekt möglich (amerikanischer Standard)
- Eine Achse kann mehrere konstruierte Längsschnitte (Gradienten) haben.

konstruierter Längsschnitt-Nachteil (Gradiente):

- Zusammengehörigkeit oder Abhängigkeit von Achse und konstruierter Längsschnitt sind zu kontrollieren. Passen Stationswerte von Achse und konstruierter Längsschnitt nicht zusammen, so wird der Achse an der Stelle die Höhe „Null" zugewiesen.

4.3.3 C3D Add-Ins zum Thema „Querneigung aus Bestand"

Die Querneigung im letzten Kapitel, im vorliegenden Beispiel wurde in erster Linie durch „Anschlüsse" gesteuert. Als „Anschlüsse" wurden „Elementkanten" und Achsen mit „Längsschnitt" verwendet. Die Fahrbahn-Breite, die Fahrbahn-Höhe und damit die Querneigung wird über diese „Anschlüsse" gesteuert.

Unabhängig von der Art der Konstruktion wird in den Projekten eine Beschriftung der Querneigung im Lageplan verlangt. Eine Beschriftung der Querneigung über eine fahrdynamische Berechnung wäre in diesem Fall nicht richtig. Mit der Funktion „Querneigung aus Bestand" besteht die Möglichkeit, die aus den Anschlüssen resultierende Querneigung nachträglich oder rückwärts anzuschreiben.

4 3D-Profilkörper (Straße)

Diese Funktion ist zu nutzen in den Bereichen des 3D-Profilkörpers, wo die Querneigung der Straßen nicht über die Achseigenschaft, sondern über „Anschlüsse" bestimmt wird.

Voraussetzung

Für die Funktion wird die bisherige Konstruktion der „Nebenstraße" verwendet. Der Darstellungs-Stil „Entwurfsparameter farbig", der das Berechnungsintervall in roten Linien (rechtwinklig zu Achse) zeigt ist auf „keine Darstellung" zurückgesetzt.

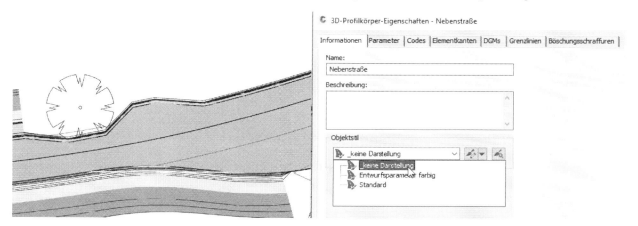

Die Funktion „Querneigung aus Bestand" wird als Option den Aufruf einer Querprofillinien-Gruppe verlangen. Es ist in Vorbereitung der Funktionen zusätzlich eine Querprofillinien-Gruppe anzulegen.

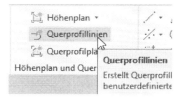

Das Aufrufen von Darstellungs- und Beschriftungs-Stil wird hier nicht gezeigt. Die Beschreibung wird mit dem manuellen Picken der Querprofilstationen weitergeführt.

An dieser Stelle wird das manuelle Picken der Querprofil-Stationen gezeigt, um zu verdeutlichen, dass die Querprofilstationen auch bewusst an den Stellen gesetzt sein können, die baulich besonders zu beachten sind.

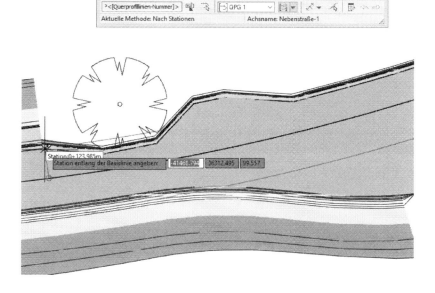

4 3D-Profilkörper (Straße)

Die Querprofillinien (Stationen) sind gesetzt. Gleichzeitig wurde für die Achse „Nebenstraße-1" eine Querneigungsberechnung ausgeführt, um zu zeigen, dass die vorhandenen Querneigung (Achseigenschaft) mit der Zuweisung von „Anschlüssen" und der Ausführung der Funktion „Querneigung aus Bestand" überschrieben wird.

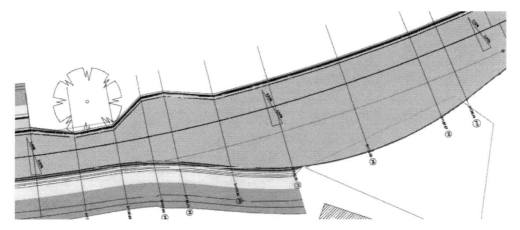

Hinweis:

In der Autodesk Hilfe gibt es nur eine Erläuterung „Achsen" zu verwenden. Einen Hinweis auch optional „Elementkanten" aufzurufen zu können, gibt es nicht. Wenn, wie im vorliegenden Beispiel Elementkanten als Bestandteil der Funktion „Anschlüsse" verwendet worden, ist kein Aufruf in der Funktion möglich.

Autodesk Hilfe:

Die Funktion braucht rechtsseitig und linksseitig eine Achse. Ohne gleichzeitigen Aufruf der rechtsseitigen- und linksseitigen Achse bricht die Funktion ohne Berechnung der Querneigungen ab.

Um das Problem der nicht verwendbaren „Elementkante" (Anschluss rechts) zu umgehen, wurde zusätzlich auf der rechten Seite eine Achse erstellt, die zwar nicht als „Anschluss" verwendet wird aber mit der eine Erläuterung der Funktion „Querneigung aus Bestand" möglich ist.

1.0 Grundlagen

Das Programmpaket dient zur automatisierten Ermittlung von Querneigungsdaten für Fahrbahnachsen aus Bestandsinformationen.

Dazu müssen in der Zeichnung folgende Voraussetzungen gegeben sein:
- Fahrbahnachse mit Geländelängsschnitt und/oder Gradiente
- Achse und Geländelängsschnitt für den linken Rand
- Achse und Geländelängsschnitt für den rechten Rand

Die Berechnung der Querneigung erfolgt auf Basis des Abstandes der Randachsen von der Fahrbahnachse und den jeweils an den Randachsen vorhandenen Höhen. Die Berechnung erfolgt immer lotrecht bezogen auf die Fahrbahnachse.

Die berechneten Stationen sind abhängig von den gegebenenfalls bereits an der Achse vorhandenen Querneigungsstationen.

Die Funktion „Querneigung aus Bestand" wird ausgeführt. Achsen und gültige Gradienten werden aufgerufen.

Querneigung aus Bestand

Querneigung

Achse:	Nebenstraße-1
Längsschnitt:	Nebenstraße-1 - Gradiente (2)
☑ Querprofilliniengruppe	QPG 1
Achse Links:	Nebenstraße-1-Links-3.250
Längsschnitt Links:	Nebenstraße-1-Links-3.250 - Gradiente (4)
Achse Rechts:	Nebenstraße-1-Rechts-3.250 (4)
Längsschnitt Rechts:	Nebenstraße-1 - Gradiente-Fahrbahnverbreiterung(1)

Erzeugen Abbrechen Hilfe Über

4 3D-Profilkörper (Straße)

Das Ergebnis zeigt eine Änderung der Querneigungsbeschriftung in der Nebenstraße.

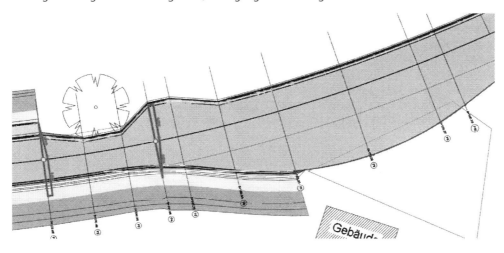

Auf den ersten Blick scheinen die als Bestandteil der Funktion aufgerufene Querprofillinien-Gruppe und die Position der angeschriebenen Querneigungen keinen Zusammenhang zu haben. Wird die Querneigungstabelle geöffnet so sind weitere Querneigungen an den Stationen der Querprofillinien zu finden.

Das Öffnen der Querneigungstabelle ist Bestandteil des Achs-Kontext-Menüs.

Ursache der nicht erzeugten Darstellung schein zu sein, dass alle Einträge „Manuelle Station" den gleichen Namen „Manuel station" tragen.

Wird der Name um eine fortlaufende Ziffer ergänzt, so sind alle Querneigungen an den Querprofillinien eingetragen.

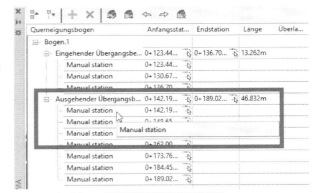

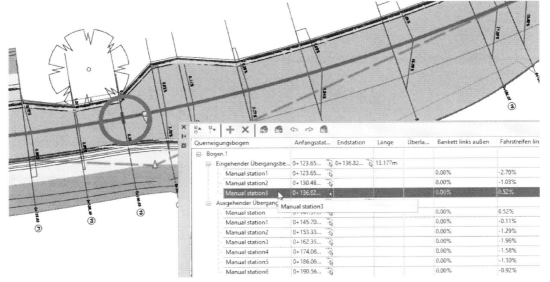

Gert Domsch, CAD-Dienstleistung

4 3D-Profilkörper (Straße)

Hinweis:

Ein nochmaliger Aufruf der Civil 3D Querneigungsberechnung und damit ein Überschreiben der Funktion „Querneigung aus Bestand" ist möglich.

Die Funktion „Querneigung aus Bestand ist in der Lage, die Querneigung, die sich aus den „Anschlüssen" ergeben, an die Beschriftungs-Option der Achse weiterzugeben. Der Aufruf von Querprofillinien führt zu zusätzlichen Stationswerten an denen Querneigungskeile angeschrieben sind. Hierzu ist die Bezeichnung der Neigungen in der Querneigungstabelle nachzubearbeiten.

4.3.4 C3D Add-Ins zum Thema „Segmente"

Die Funktion Segmente erstellt Volumenkörper aus der 3D-Profilkörper-Konstruktion und den daraus abgeleiteten DGMs.

Wo ist der Sinn der Volumenkörper-Erstellung, wenn es im Civil 3D durchaus mehrere Varianten der Mengenberechnung gibt?

Die Funktion „Segmente" ist eventuell mit dem Datenaustausch, mit dem BIM -Gedanken zu erklären. Es besteht in größeren Projektteams der Wunsch Mengenberechnungen nachvollziehbar zu gestalten. Nicht jede Software kann Civil 3D Daten lesen (Civil 3D-DGMs, LandXML-Datenaustausch, REB-Datenarten, IBM-Kartenarten) Mit der Ausgabe von Volumenkörpern (Segmente) wird ein weiteres Fenster oder eine weitere Variante für eine weitere Datenaustausch-Option geöffnet. Der 3D-Profilkörper wird damit universeller anwendbar.

Auszug aus der Autodesk Hilfe, S.3

> **1.1 Grundlagen**
>
> Das Programm dient zum Zerteilen der Volumenelemente des Profilkörpers und der Volumenelemente des Auf- und Abtrages in einzelne Segmente. Die Segmente werden dabei mit weiteren Eigenschaften befüllt und dienen somit zur modellorientierten Datenübergabe an die Ausschreibungs- und Abrechnungssoftware. Für die Datenübergabe ist der CPIXML-Exporter für Autodesk® Civil 3D zu nutzen.
>
> Die Segmentierung erfolgt aus Basis der mit Autodesk® Civil 3D® erzeugten Querprofilstationen / Querprofilliniengruppen.

Vorbereitung

Um die Funktion in allen Details zu erläutern, wurde ein 3D-Profilkörper erstellt, der mehrfach die Situation Auf- und Abtrag beschreibt.

Die Konstruktion besitzt bereits ein 3D-Profilkörper DGM und Querprofillinien. Das 3D-Profilkörper DGM ist an der Frostschutz-Unterkante erstellt. Das folgende Bild zeigt den 3D-Profilkörper in der 3D-Profilkörper-Querprofil-Editor Ansicht. Es gibt einfache und deutliche Auf- und Abtrags Bereiche.

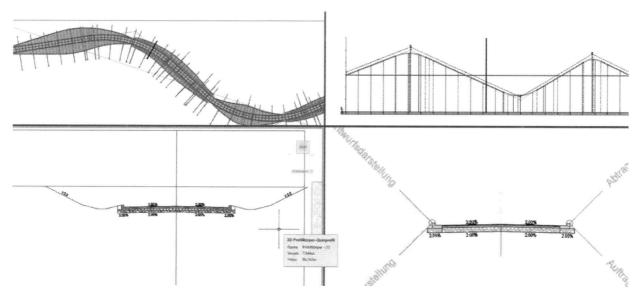

4 3D-Profilkörper (Straße)

Die Funktion „Segmente" schneidet nur bereits vorhandene Volumenkörper in Segmente, welche durch Querprofillinien vorgegeben sind. Für den Anwender bedeutet das, es sind mit Civil 3D Befehlen Volumenkörper zu erstellen, bevor die eigentliche Funktion „Segmente" gestartet werden kann.

Als Bestandteil des 3D-Profilkörper-Kontext-Menüs gibt es den Befehl „3D-Profilkörper-Volumenkörper extrahieren". In Vorbereitung der Funktion „Segmente" ist dieser Befehl auszuführen.

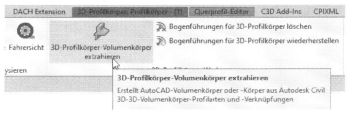

Es ist möglich die Ausgabe von 3D-Profilköroper - Volumenkörpern nach Stationsbereichen, nach Querschnittselementen (Codierung) und nach Eigenschaften zu steuern.

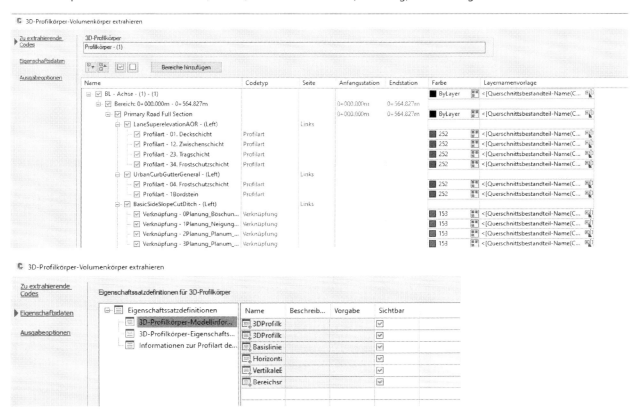

Die Ausgabe kann in die vorhandene Zeichnung oder in eine neue Zeichnung erfolgen. Zur Demonstration wird der Befehl zweimal ausgeführt einmal in die geöffnete Zeichnung und zum Zweiten in eine neue leere Zeichnung. Optional kann eine dynamische Verknüpfung mit dem konstruierten 3D-Profilkörper bestehen bleiben.

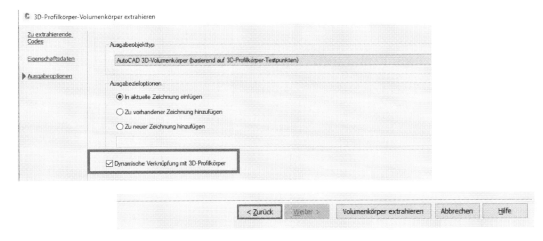

4 3D-Profilkörper (Straße)

Wird dieser Befehl ausgeführt, so werden alle Querschnittsbestandteile, die eine Fläche besitzen als Volumenkörper in die Zeichnung eingefügt, das heißt als Volumenkörper umgesetzt.

Das Böschungselement ist eine Linie. Aus dem Böschungselement wird mit dem Befehl eine Fläche erstellt, die zwar als Eigenschaft „Volumenkörper" bezeichnet wird, jedoch nur eine Fläche ist.

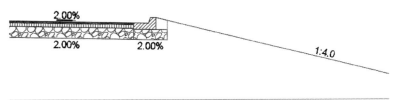

Das Bild zeigt die Ausgabe in eine separate Zeichnung und hier den 3D-Profilkörper umgesetzt in Volumenkörper, Der Bereich Auf- und Abtrag fehlt.

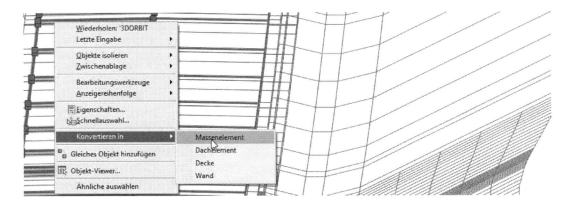

Während die Fahrbahnbestandteile ein „Massenelement" darstellen können, ist das Gleiche mit den Böschungsbestandteilen nicht möglich. Eventuell ist mit den AutoCAD-3D Funktionen zu experimentieren (zB. 3D-Modellierung, Extrusion).

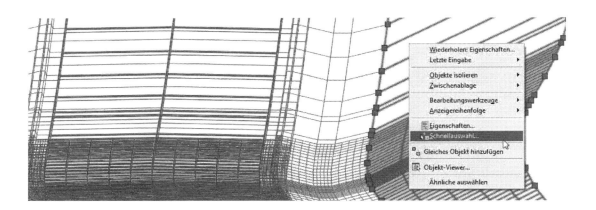

Um Auf- und Abtrag in die Ausgabe einzubeziehen ist eine zweite Funktion auszuführen.

Diese zweite Funktion gehört zum DGM-Kontext-Menü.

Hier gibt es die Funktion „Volumenkörper aus DGM extrahieren".

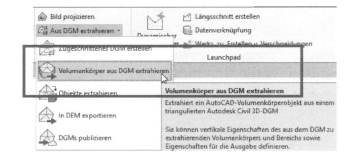

Gert Domsch, CAD-Dienstleistung 141

4 3D-Profilkörper (Straße)

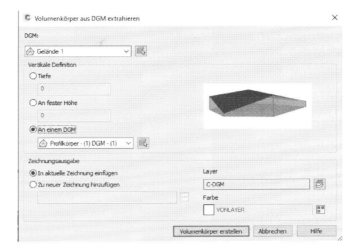

Vor diesem Schritt ist die Autodesk Hilfe zu beachten.

Auszug aus der Autodesk Hilfe (Segmente), S.4

Das bedeutet für die Ausgabe, wenn es eine Auf- und Abtrags Situation gibt, ist der erstellt Volumenkörper auf einem einzigen Layer (hier: C-DGM) abgelegt. Die zwar räumlich getrennten Auf- und Abtrags Bereiche werden als ein Volumenkörper angesehen und sind noch nachträglich zu trennen (3D-Modellierung, Trennen) und separaten Layern zu zuordnen. In der Beschreibung kommt jede Situation 2x- beziehungsweise 3x vor.

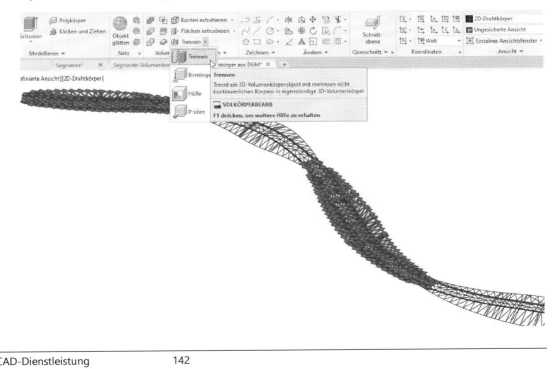

4 3D-Profilkörper (Straße)

Es werden die
Layer 1-5 erstellt und den
Volumenkörper-Bereichen
zugewiesen.

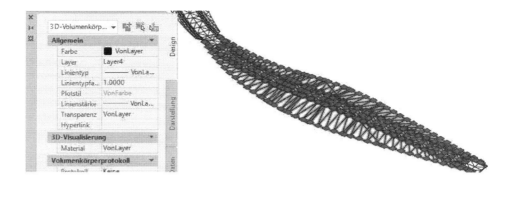

Bei ausreichender Erfahrung ist es möglich alles in einer Zeichnung auszuführen. Hier wurde die Trennung in unterschiedliche Zeichnung nur ausgeführt, um die Funktionen besser bildhaft darzustellen.

Die 3D-Profilkörper Volumenkörper Bestandteile (Auf- und Abtrag) werden mit „Kopieren" und „Einfügen mit Original-Koordinaten" in die Zeichnung des 3D-Profilkörpers eingefügt. Das Ausführen der Funktion Segmente benötigt eine Achse und Querprofillinien.

Die Funktion „Segmente" wird ausgeführt.

Weil nur ein Volumenkörper pro Layer Auf- und Abtrag zugeordnet sein kann, kann die Funktion im Beispiel nicht über die gesamte Länge ausgeführt werden (Autodesk Hilfe, S4)

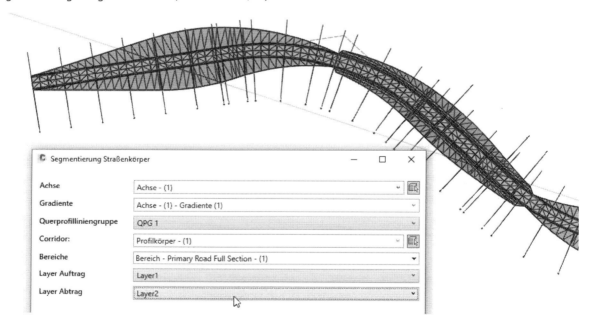

Die Funktion schneidet die einzelnen Volumenkörper auf einen Querprofillinienbereich zu, um hier eventuell später „Masseneigenschaften" abzufragen.

Lageplan (2D)   **Objekt Viewer (3D)**

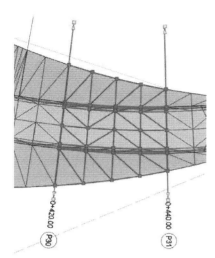

4.3.5 3D-Profilkörper „weiterführende Konstruktionsvarianten" (separat geführte Bestandteile)

Eventuell ist der linksseitige Gehweg, um den Baum herumzuführen. Dabei soll die Höhe der bisherigen Konstruktion beibehalten sein. Um dem Gehweg vorübergehen separat zu führen ist eine Achse und Gradiente (konstruierter Längsschnitt) notwendig, die die bisherige Konstruktion (3D-Profilkörper) in der Höhe berücksichtigt. Der Gehweg muss am Anfang und am Ende in der Höhe der Nebenstraße (am 3D-Profilkörper) anschließen. Für eine solche Konstruktion ist es hilfreich ein 3D Profilkörper-DGM zu erstellen.

Das folgende Bild zeigt den 3D-Profilkörper der Nebenstraße im Querprofil-Editor. Der Gehweg liegt unterhalb des Urgeländes.

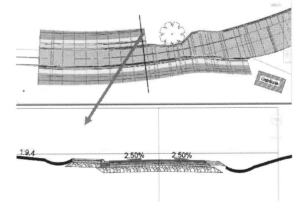

Das Erstellen von 3D-Profilkörper-DGMs ist Bestandteil der 3D-Profilkörper-Eigenschaften, Registerkarte DGMs. Das DGM wird als Objekt angelegt.

Der Name des Objektes (3D-Profilkörper DGM) kann frei vorgegeben sein. Ich empfehle lediglich eine Namensergänzung (hier „OK" für Oberkannte).

4 3D-Profilkörper (Straße)

Für die Darstellung des 3D-Profilkörper DGMs ist jeder beliebige DGM-Stil möglich. Zu empfehlen ist jedoch bei der Auswahl auf „Dreiecksvermaschung Profilkörper" zu bleiben. Die Dreiecke von diesem Stil haben die Farbe „21" und sind damit von allen anderen DGM-Stilen deutlich zu unterscheiden.

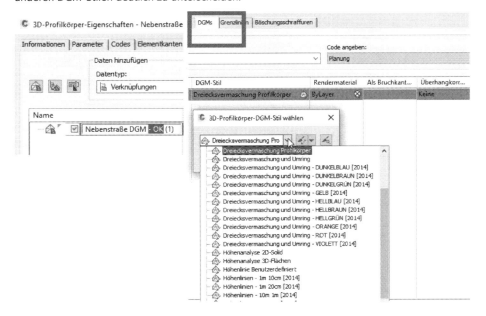

Die Datenzuweisung (Datentyp) kann über Elementkanten oder Verknüpfungen des 3D-Profilkörpers erfolgen. Das entspricht in etwa der Bruchkantenzuweisung in Oberflächen-DGMs. Elementkanten entstehen im 3D-Profilkörper aus Punkt-Codes des Querschnittes. Verknüpfungen sind Linienbestandteile des Querschnittes. Die jeweiligen Codes sind die Namen der Linien oder Punkte des Querschnittes.

Im Beispiel wird Verknüpfungen (Linien) und der fest-vergebene Code „Planung" gewählt („Planung" beschreibt die absolute Oberkante der hier gewählten Querschnitte oder Querschnittsbestandteile).

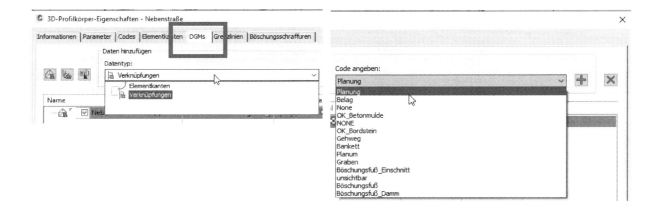

Sind innerhalb des 3D-Profilkörpers senkrechte Kanten zu erwarten (Fundamente, Bordsteine, Drainagen), so kann die Option „Überhangkorrektur", „Verknüpfung oben" oder „Verknüpfung unten", Problemen an senkrechten Kanten vorbeugen.

Im vorliegenden Fall wird „Verknüpfungen oben" gewählt. Das DGM soll an der Oberkante entstehen.

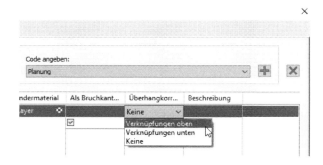

4 3D-Profilkörper (Straße)

Das 3D-Profilkörper-DGM ist erstellt. Erzeugt jedoch Dreiecke auch an Positionen, die durch de 3D-Profilkörper nicht beschrieben sind.

Hinweis:

Die Dreiecksvermaschung und die Lage der Dreiecke ist bei jedem DGM ein rein zufälliges Ereignis. Die Lage der Dreiecke und die Eingrenzung ist immer auf Richtigkeit zu kontrollieren.

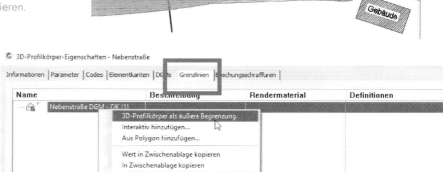

Nach der Erstellung des 3D-Profilkörper-DGMs ist immer die Karte Grenzlinien zu beachten und eine technisch sinnvolle Eingrenzung zu wählen. Im vorliegenden Fall ist es sinnvoll und technisch möglich den „3D-Profilkörper" selbst als äußere Begrenzung" zu wählen".

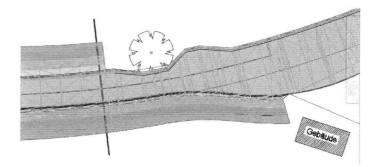

Die Eingrenzung des 3D-Profilkörper-DGMs auf den Rand des 3D-Profilkörpers ist umgesetzt.

Es ist empfehlenswert den Gehweg als eigene Achse mit eigenem konstruiertem Längsschnitt anzulegen.
Damit ist eine komplette freie Gestaltung möglich. Die Konstruktion kann später als Bestandteil des 3D-Profilkörpers-Nebenstraße aufgerufen werden.

Es wird eine Achse mit dem Namen „Gehweg" angelegt, Darstellungs-Stil ist „Achskonstruktion-Hauptachsen [2014]". Als Beschriftungs-Stil wird „_keine Darstellung" gewählt. Für dieses Beispiel ist das ausreichend.

Die Konstruktion erfolgt ohne Klothoiden und mit einem Radius von max. 50m.

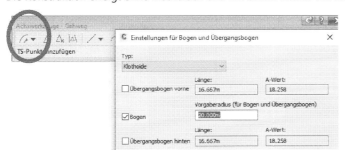

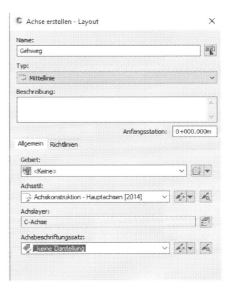

Gert Domsch, CAD-Dienstleistung

4 3D-Profilkörper (Straße)

Die Achse wird in großen Teilen frei gezeichnet.

Gedanklich ist der spätere Querschnitt, der den Gehweg darstellen soll zu beachten. Um in der richtigen Höhe (am Bordstein) mit diesem neuen Querschnitt anzuschließen, sollte die Achse über den vorhandenen Querschnitt (Bordsteil) parallel geführt sein. Im Höhenplan kann ein Längsschnitt den vorhandenen 3D-Profilkörper zeigen, über die Dreiecksflächen des 3D-Profilkörper-DGMs.

Die Achse ist gezeichnet am Anfang und Ende parallel auf dem Bordstein.

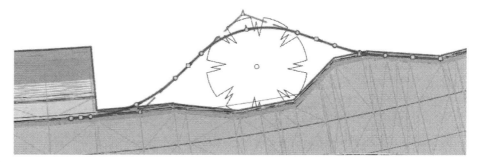

Ist die Achse erstellt kann ein DGM-Längsschnitt mit Höhenplan gezeichnet werden.

Alle erstellten DGMs stehen unabhängig zur Auswahl für einen Höhenplan zur Verfügung.

Im Civil 3D ist DGM gleich DGM unabhängig von der Herkunft.

Es werden die DGMs „Urgelände" und „Nebenstraße DGM-OK (1)" aufgerufen.

Das DGM „Nebenstraße DGM-OK (1)" bekommt einen abweichenden Darstellungs-Stil, „Geländelinie in ORANGE [2014]" um diese Linie deutlich im" Höhenplan zu erkennen.

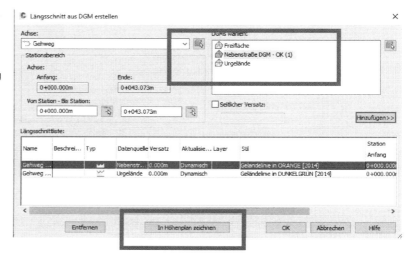

Es folgt die Funktion „in Höhenplan zeichnen". Anschließend wird der Höhenplan erstellt.

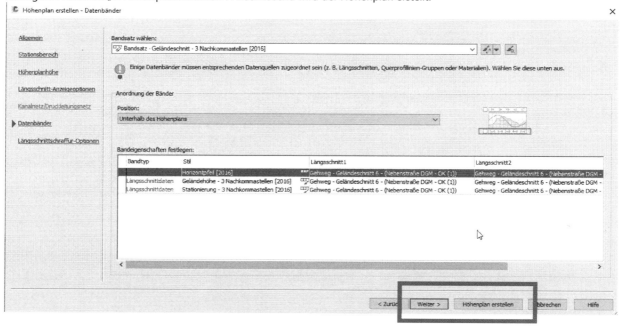

Gert Domsch, CAD-Dienstleistung

4 3D-Profilkörper (Straße)

Erläuterungen dazu sind hier eher uninteressant, weil es nur um die Konstruktion des „konstruierten Längsschnittes" (Gradiente) geht, Beschriftungsfunktionen sind hier ebenfalls ohne Bedeutung.

Der erstellte Höhenplan ist die Voraussetzung für den konstruierten Längsschnitt (Gradiente).

Die Höhe des Straßenrandes ist deutlich an der Gelände-Linie „Orange" zu erkennen.

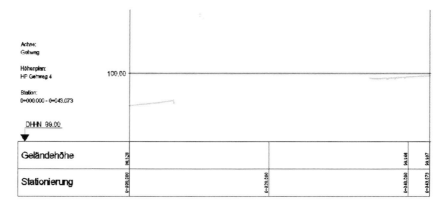

Der konstruierte Längsschnitt wird hinsichtlich des Namens, Darstellungs-Stil und Beschriftungs-Stil festgelegt.

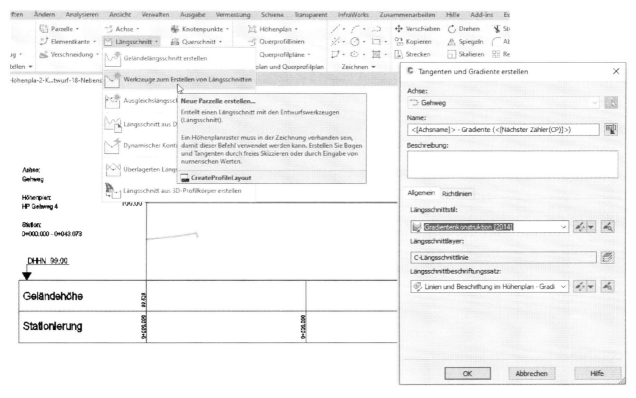

Die Konstruktion des Längsschnittes (Gradiente) wird mit Kuppen und Wannen erstellt. Die Voreinstellung wird übernommen.

Die Konstruktion erfolgt möglichst genau entlang des Längsschnittes vom 3D-Profilkörper-DGM „Geländelinie in ORANGE [2014]".

Außerhalb der Geländelinie kann frei gepickt sein.

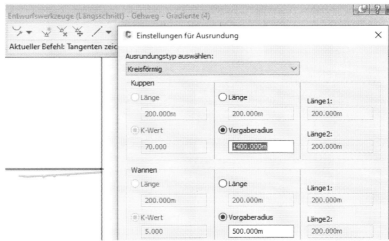

4 3D-Profilkörper (Straße)

Der konstruierte Längsschnitt ist erstellt.

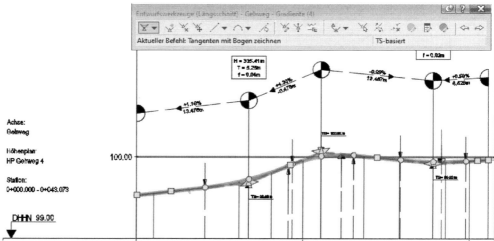

Zu diesem Konstruktionsbestandteil gehört ein passender Querschnitt. Als Ausgangssituation können Bestandteile bestehender Querschnitte benutzt werden.

Ausgangssituation:

Ein neuer Querschnitt wird angelegt. Der Name lautet „Gehweg".

Neuer Querschnitt:

Der Querschnittsbestandteil der Ausgangssituation „Gehweg" wird mit der speziellen „Kopieren" Funktion für Querschnittsbestandteile kopiert und am neuen Querschnitt eingefügt.

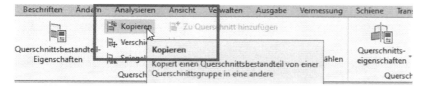

Am rechten Rand des neuen Querschnittes wird der kopierte Querschnittsbestandteil ergänzend ein Bordstein eingefügt. Der neue Querschnitt wird um einen rechtsseitigen Bord ergänzt.

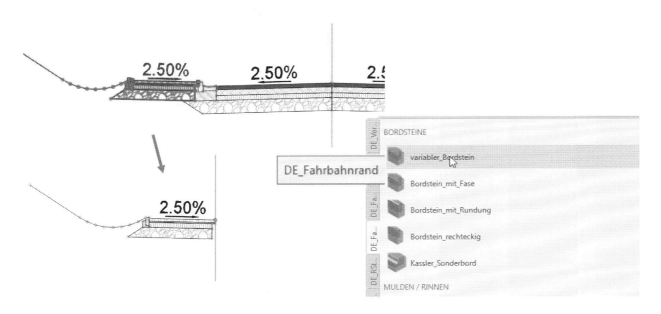

Eventuell werden zusätzlich einzelne Teile des Querschnittes nachgearbeitet.

Im Bild werden der innere Versatz und die Dicke der Frostschutzschicht geändert.

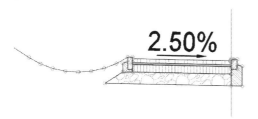
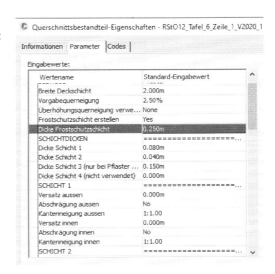

Die neue Achse, der neue konstruierte Längsschnitt und der neue Querschnitt können als Bestandteile des vorhandenen 3D-Profilkörper aufgerufen werden.

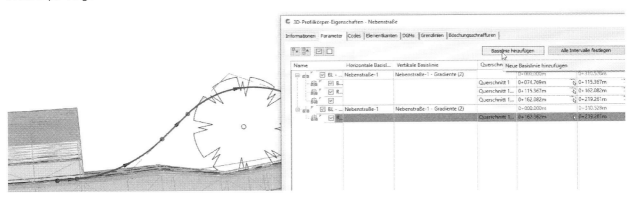

Die Achse Gehweg wird als eine weitere Basislinie (Achse) aufgerufen, Funktion „Basislinie hinzufügen".

4 3D-Profilkörper (Straße)

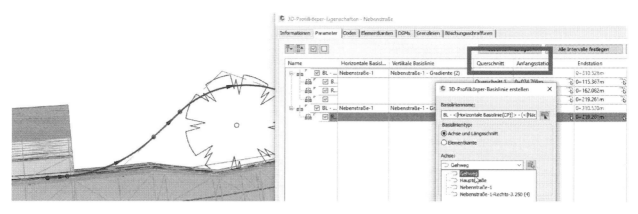

Der Basislinie (Achse) wird ein Längsschnitt (Gradiente) zugewiesen „Hier klicken".

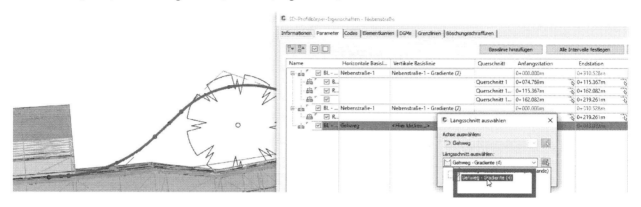

Es folgt der Aufruf des Querschnittes (Rechts-Klick) „Bereich hinzufügen".

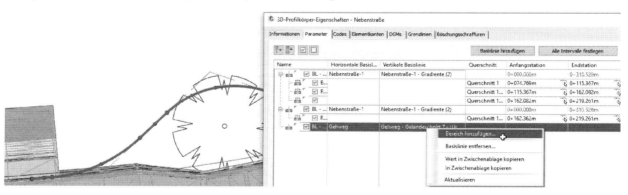

Das Intervall (Berechnungs-Intervall) wird auf 5m zurückgesetzt.

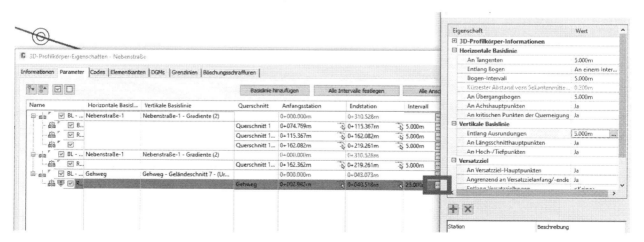

4 3D-Profilkörper (Straße)

In der Spalte „Anschluss" ist das DGM dem Böschungselement zu zuweisen.

Das Bild zeigt das Berechnungsergebnis ohne 3D-Profilkörper DGM.

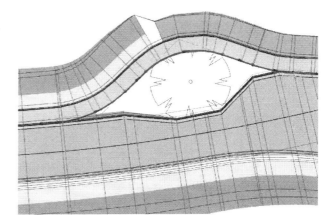

Das Bild zeigt das Berechnungsergebnis mit DGM(Bestand, Urgelände>) im *-Querprofil-Editor an einer Station mit Baum.

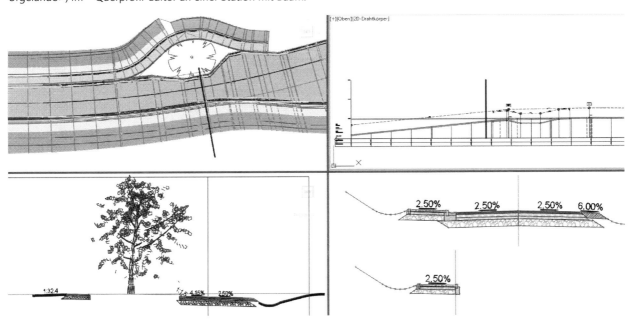

4.3.1 3D-Profilkörper „weiterführende Konstruktionsvarianten" (Zufahrt, abgesenkter Bordstein)

Es ist möglich einen Querschnitt Stationsweise zu bearbeiten, um zum Beispiel einen abgesenkten Bordstein darzustellen, bzw. im Bereich einer Einfahrt abgesenkte Bordsteine zu führen.

Für die Praxis bedeutet das, nicht jedes konstruktive Detail braucht einen neuen Querschnitt.

4 3D-Profilkörper (Straße)

Die Bearbeitung erfolgt innerhalb des 3D-Profilkörper-Querprofil-Editor (*-Querprofil-Editor).

Innerhalb des *-Querprofil-Editors können mit der Funktion Parameter-Editor stationsweise Querschnittselemente bearbeiten werden, soweit es die Querschnittsbestandteile zulassen. Der Parameter-Editor muss an der gewünschten Stelle eine Bearbeitungsoption öffnen, das heißt das Element ist hier variabel programmiert.

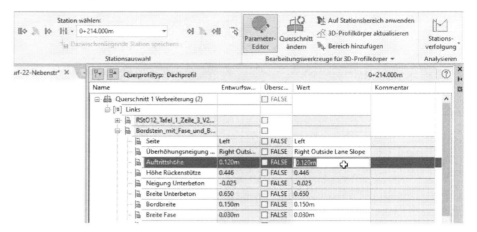

Hinweis:

Nicht jedes Querschnittselement lässt eine Bearbeitung in jeder Beziehung zu. Das zu erkennen und zielgerichtet Querschnittselemente vor der Verwendung auszuwählen, verlangt das Lesen der Hilfe zum Querschnittselement und viel Erfahrung.

Der Bordstein, Querschnittsbestandteil „Bordstein mit Fase und Betonmulde" lässt eine Bearbeitung der „Auftrittshöhe" zu. Es wird der Stationsbereich einer angenommenen Grundstückszufahrt gewählt, um hier den Bord anzusenken.

Der Stationsbereich, der abgesenkt werden soll, wird durch „Picken" in der Zeichnung gewählt.

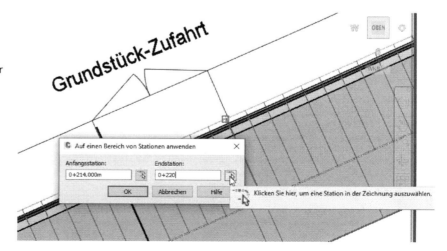

Gert Domsch, CAD-Dienstleistung

Die folgenden Bilder zeigen, der Bord ist am Stationswert 0+213.00 in der Ausgangshöhe.

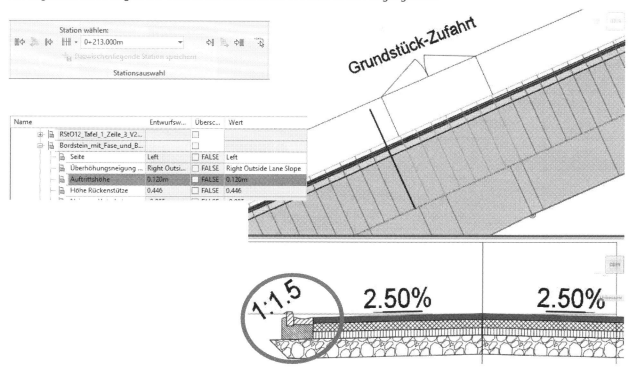

Ab der Station 0+214.00 beträgt die Auftrittshöhe 0.03m.

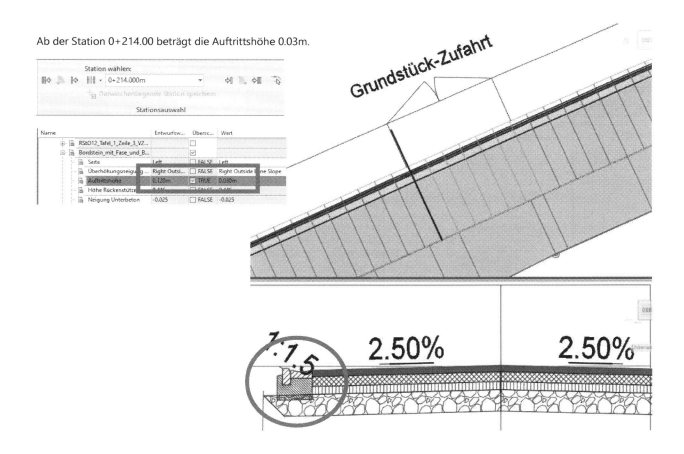

Der abgesenkte Bereich gilt bis zur festgelegten Station 0+220.00.

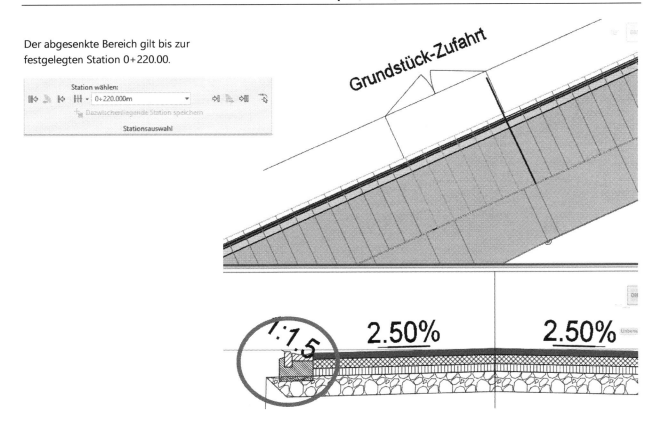

Anschließen gilt wieder der Ausgangswert von 0.12 m für die Auftrittshöhe.

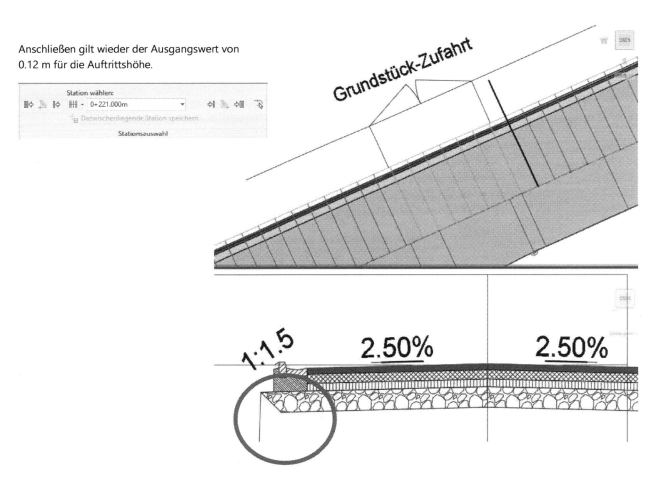

4 3D-Profilkörper (Straße)

Gleichzeitig kann in dem Bereich für den Lageplan die farbliche Darstellung angepasst sein. Die Änderung der farblichen Darstellung muss durch eine Änderung des „Verknüpfungs-Codes" erfolgen.
Der Vorgegebene Wert wird auf „OK-Einfahrt" geändert.

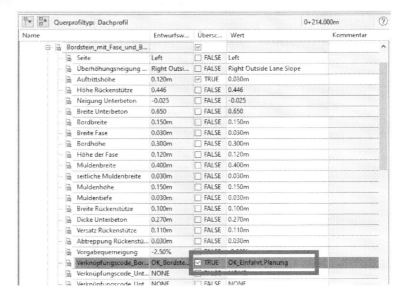

Als Eigenschaft des 3D-Profilkörper, Karte „Codes" besteht die Bearbeitungsmöglichkeit, diesem neuen „Code" (Namen) eine Farbe (Schraffur) zu geben. In dem abgesenkten Bereich soll der Bord grau dargestellt werden.

Die folgenden Bilder erläutern die Vorgehensweise nicht in jedem Detail. Die Bilder zeigen nur die Eigenschaftenzuweisung und das Resultat.

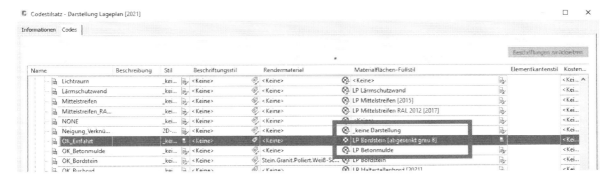

Das Bild zeigt die vollständige Bearbeitung, es werden zwei neue Verknüpfungs-Codes eingefügt, die die Absenkung grau abgestuft zeigen (Grau 8 und 9).

2D-Darstellung des Bereiches der Grundstücks-Zufahrt.

Gert Domsch, CAD-Dienstleistung

4 3D-Profilkörper (Straße)

3D Darstellung des Bereiches der Grundstücks-Zufahrt.

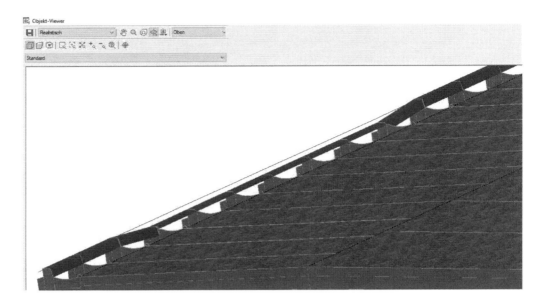

Hinweis:

Im zurückliegenden Kapitel wurden verschiedene Varianten des Zuweisens von Anschlüssen bei einem 3D Profilkörper gezeigt. Das Verstehen der Funktion „Anschlüsse" ist besonders wichtig, um die Civil 3D Kreuzungs-Konstruktion oder Knotenpunkt-Konstruktion umsetzen oder in der Praxis anwenden zu können.

5 Kreuzungskonstruktion (Knotenpunkte, Kreuzung erstellen)

C3D Add-Ins zum Thema:

Im folgenden Kapitel wird die 3D-Profilkörper-Lücke von „Hauptstraße" und „Nebenstraße" durch eine Kreuzung geschlossen. Das Schließen erfolgt mit Hilfe der Funktion „Knotenpunkte" und „Kreuzung erstellen".

Mit der Erläuterung in diesem Kapitel sollte klar werden, es ist von Vorteil den 3D-Profilkörper und das Zusammensetzen von 3D-Profilkörpern aus mehreren horizontalen-Basis-Linien, Vertikalen-Basis-Linien und Bereichen zu verstehen. Die Funktion „Kreuzung erstellen" komprimiert die Einzelfunktionen lediglich zu einer teilautomatisierten Funktions-Folge.

Hinweis:

Die 3D-Profilkörper der Achse „Hauptstraße" haben die Eigenschaft „Objektstil " auf Darstellungs-Stil „keine Darstellung" gesetzt, während der 3D-Profilkörper „Nebenstraße" als Objektstil „Entwurfsparameter farbig" zugeordnet hat.

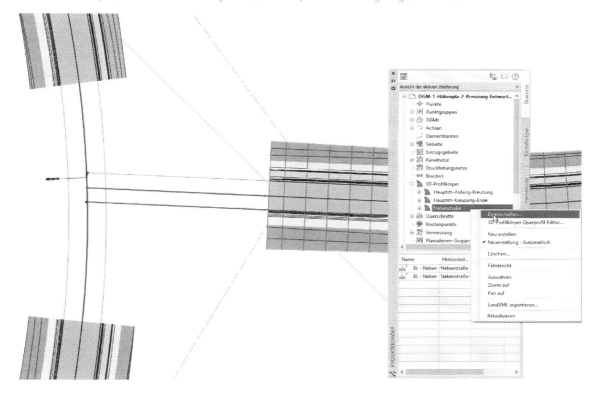

Der Darstellungs-Stil „Entwurfsparameter farbig" zeigt rote Linien rechtwinklig zur Achse. Dass ist eine Darstellung des „Intervalls", Eigenschaften, Karte Parameter (Berechnungsintervall, eine 3D-Profilkörpereigenschaft) Alle 3D-Profilkörper werden auf diesen Darstellungs-Stil „Entwurfsparameter farbig" gesetzt.

5 Kreuzungskonstruktion (Knotenpunkte, Kreuzung erstellen)

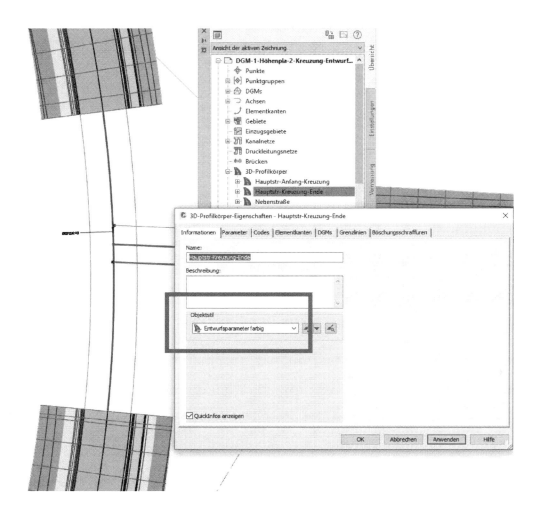

Die Funktion „Kreuzung erstellen" wird an dieser Stelle NOCH NICHT gestartet.

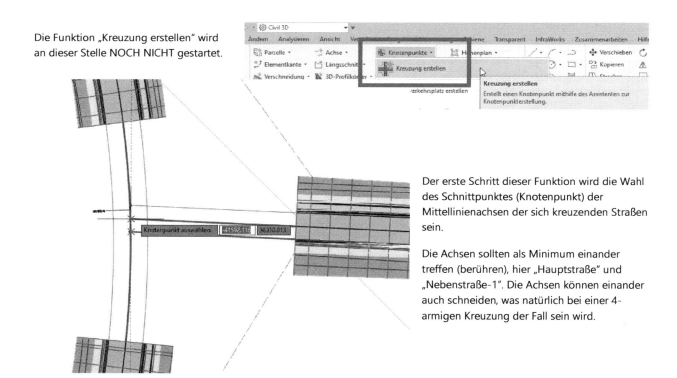

Der erste Schritt dieser Funktion wird die Wahl des Schnittpunktes (Knotenpunkt) der Mittellinienachsen der sich kreuzenden Straßen sein.

Die Achsen sollten als Minimum einander treffen (berühren), hier „Hauptstraße" und „Nebenstraße-1". Die Achsen können einander auch schneiden, was natürlich bei einer 4-armigen Kreuzung der Fall sein wird.

5 Kreuzungskonstruktion (Knotenpunkte, Kreuzung erstellen)

Als Bestandteil der Funktion „Kreuzung erstellen" wird vorausgesetzt, dass gleichzeitig beide konstruierten Längsschnitte (Gradienten) sich in einer Höhe treffen. Zur Unterstützung bzw. zur Kontrolle ist eine Beschriftungsfunktion zu nutzen, die den Nachweis der abgestimmten Höhe dokumentieren kann.

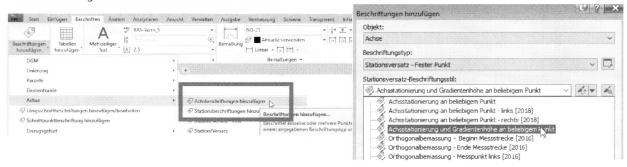

Jede Achse kann optional am Schnittpunkt beschriftet sein und die Höhe des konstruierten Längsschnittes (Gradiente) zeigen. Die Beschriftung ist dynamisch und wird sich bei einer Änderung anpassen.

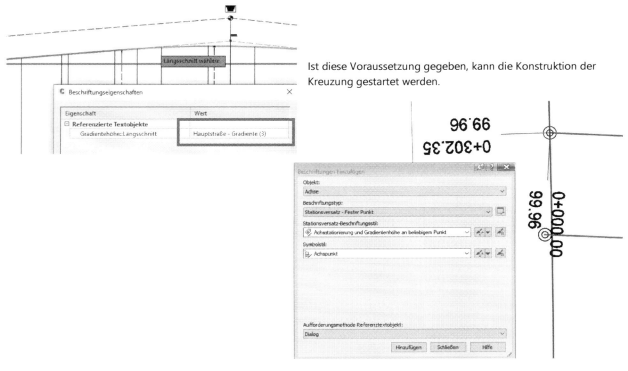

Ist diese Voraussetzung gegeben, kann die Konstruktion der Kreuzung gestartet werden.

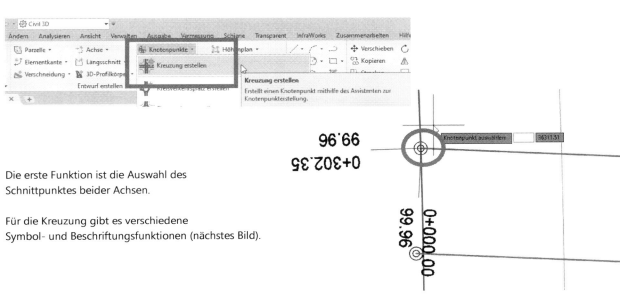

Die erste Funktion ist die Auswahl des Schnittpunktes beider Achsen.

Für die Kreuzung gibt es verschiedene Symbol- und Beschriftungsfunktionen (nächstes Bild).

5 Kreuzungskonstruktion (Knotenpunkte, Kreuzung erstellen)

Der ausgewählte Stil „Knotenpunkt mit Achsstation [2015]" wird die Stationswerte der Achse im Schnittpunkt zeigen.

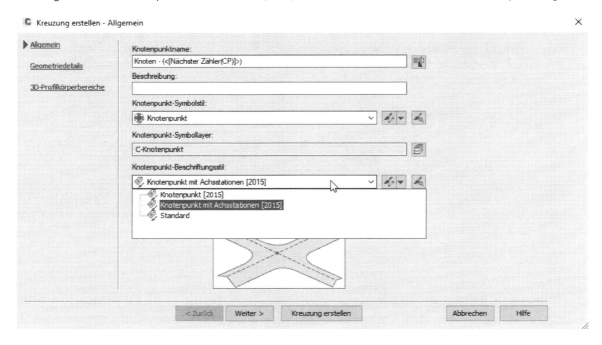

Wichtig ist die Einordnung der Straßen, ob diese gleichrangig sind oder ob es eine Straße gibt, die übergeordnet ist. Das heißt eventuell treffen sich die Straßen in einem Punkt oder am Rand der übergeordneten Straße.

Es wird die Einstellung „Alle Dachprofile wurden beibehalten" gewählt (gleichrangige Straße).

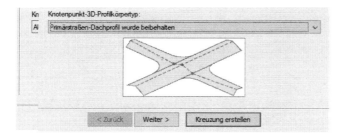

Im nächsten Schritt sind Parameter für die Fahrbahnbereiche festzulegen, die den Kreuzungsbereich füllen.

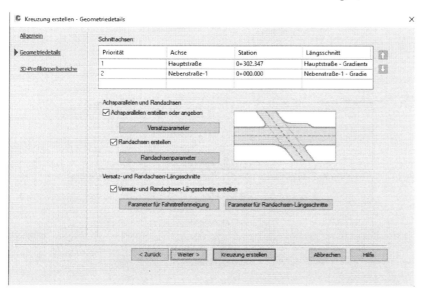

Gert Domsch, CAD-Dienstleistung

5 Kreuzungskonstruktion (Knotenpunkte, Kreuzung erstellen)

Versatzparameter

Versatzparameter sind Breitenangaben für die Fahrbahnbereiche, die den Übergang im Kreuzungsbereich darstellen. Es ist möglich Breiten (Werte) einzugeben. Es ist auch möglich erstellte Achsparallelen oder frei erstellte Achsen der Zeichnung auszuwählen.

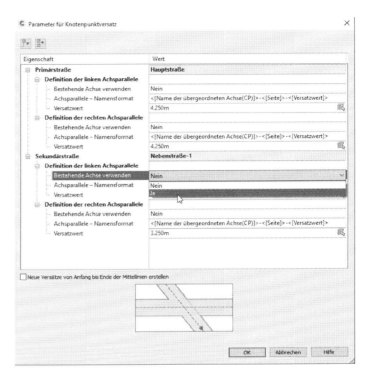

Hinweis:

Durch Editieren der Achsparallelen können die Bezeichnung und der Abstand im Bereich der Kreuzungskonstruktion variieren, nicht einheitlich sein.

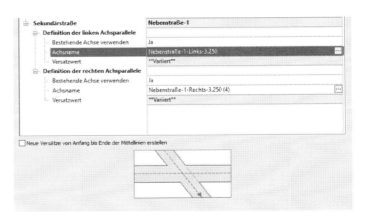

Randachsenparameter

Randachsenparameter bestimmen die Art der Ausrundung und die Option, ob es Verzögerungs- oder Beschleunigungsstreifen gibt.

5 Kreuzungskonstruktion (Knotenpunkte, Kreuzung erstellen)

Nur im unteren Bild der Maske sind die Funktionen aktiviert.

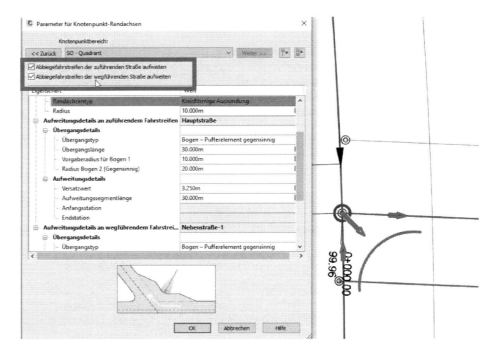

Die Funktionen bleiben im Beispiel deaktiviert und es wird die Option „kreisförmige Ausrundung gewählt.

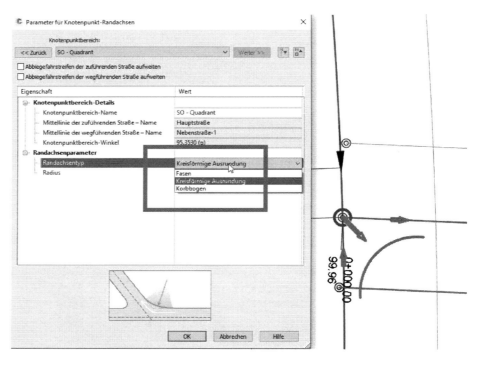

Für beide Quadranten wird der Radius mit 10m eingestellt.

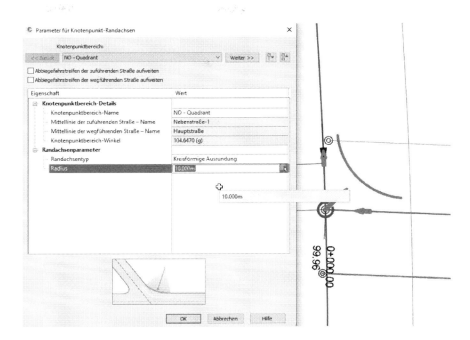

Parameter für Fahrstreifeneinengung

Optional ist es möglich die Querneigung durch einen Wert zu steuern, oder durch die Angabe eines Längsschnittes, die Querneigung dynamisch zu führen.

Im Bild ist die Auswahl eines Längsschnittes zu sehen.

Die Auswahl wird wieder rückgängig gemacht, es bleibt bei der Einstellung Querneigung 2.5% für alle Bereiche (Achsen, Bild der nächsten Seite).

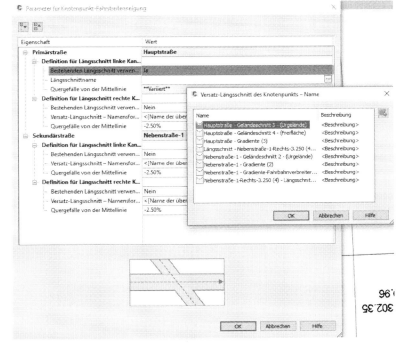

5 Kreuzungskonstruktion (Knotenpunkte, Kreuzung erstellen)

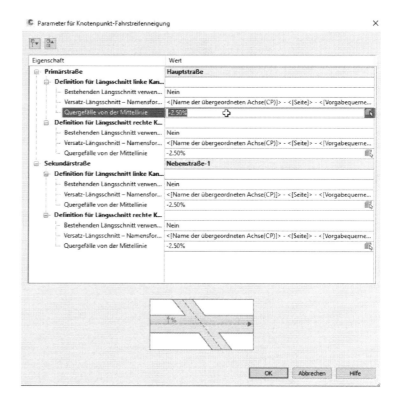

Parameter für Randachsen-Längsschnitte

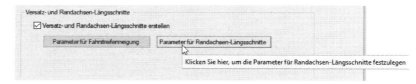

Randachsen-Längsschnitte sind
sogenannte konstruierte Längsschnitte (Gradienten), die die Höhenanpassung im unmittelbaren Radiusbereich darstellen.

Das Bild zeigt die Ausrundung des „NO-Quadranten".

Hinweis:

Es gibt keine Kuppen- oder Wannenoption. Der Übergang wird als Folge von mehreren Geraden erstellt.

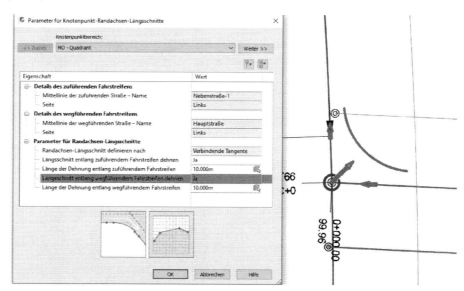

5 Kreuzungskonstruktion (Knotenpunkte, Kreuzung erstellen)

Das Bild zeigt die Ausrundung des „SO-Quadranten".

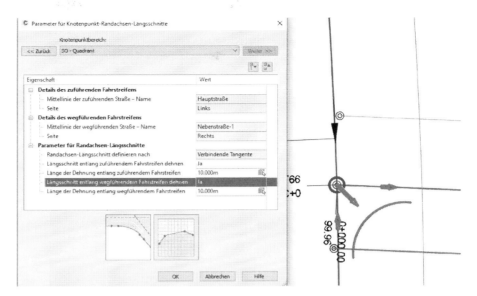

Alle Einstellungen sind vorgenommen es erfolgt der nächste Schritt.

Im Beispiel wird der 3D-Profilkörper als neuer 3D-Profilkörper im Kreuzungsbereich eingefügt. Das ist hilfreich, um diesen nochmals eventuell zu erkennen und zu bearbeiten.

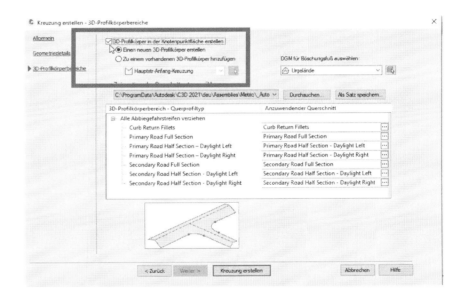

Für das Füllen der Kreuzungsbereiche mit Querschnitten stellt Autodesk eine Datei „… Assembly Sets.xml" zur Verfügung. Diese Datei ist eine Sammlung von mehreren Civil 3D „Querschnitten", die die Kreuzung in der Fläche füllen werden.

Diese Querschnitt-Sammlung ist leider für den Einsteiger schwer zu verstehen.

Die Datei „… Assembly Sets.xml" (Sammlung mehrerer kompletter Querschnitte mit Querschnittsbestandteilen) umfasst alle Einzel-Querschnitte, die den Kreuzungsbereich schließen.

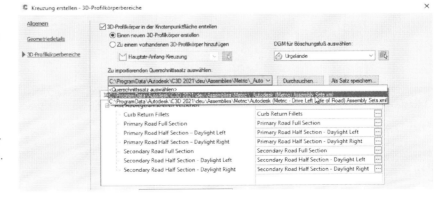

5 Kreuzungskonstruktion (Knotenpunkte, Kreuzung erstellen)

Die einzelnen Querschnitte werden in den folgenden Bildern angeklickt und zeigen den entsprechenden Kreuzungsbereich, den diese ausfüllen.

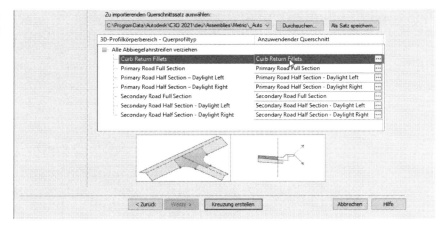

Hier muss dem Bearbeiter klar
werden, wichtige Bereiche innerhalb einer Kreuzung werden nicht durch symmetrische Querschnitte geschlossen.

Die wichtigen Bereiche haben unsymmetrische Querschnitte, unsymmetrisch angeordnete Querschnittsbestandteile.

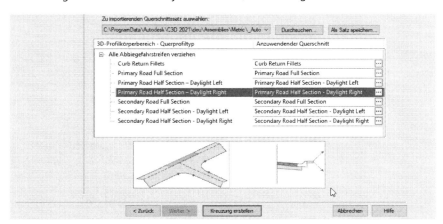

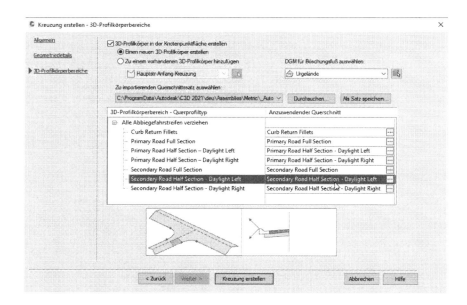

Gert Domsch, CAD-Dienstleistung

5 Kreuzungskonstruktion (Knotenpunkte, Kreuzung erstellen)

Symmetrische Querschnitte werden in den Bereichen eingefügt, die den Anschluss oder Übergang zu den vorgelagerten 3D-Profilkörpern darstellen.

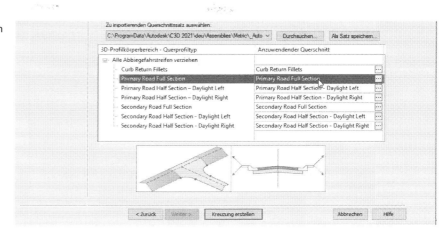

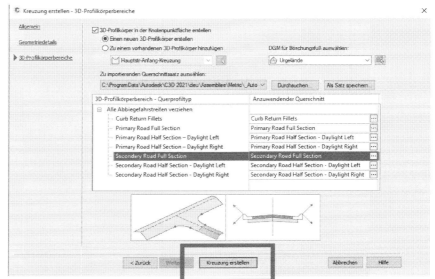

Die Funktion „Kreuzung erstellen, erstellt abschließend den 3D-Profilkörper, der die Kreuzung beschreibt.

Die Kreuzung ist als neuer eigenständiger 3D-Profilkörper erstellt.

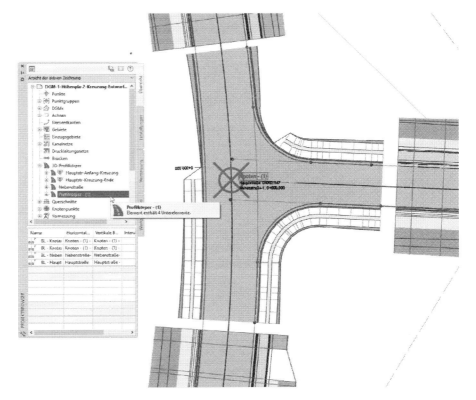

5 Kreuzungskonstruktion (Knotenpunkte, Kreuzung erstellen)

Die für die Kreuzung verwendeten Querschnitte sind in der Zeichnung eingefügt und können nachträglich bearbeitet werden, um Details der Kreuzung zu optimieren.

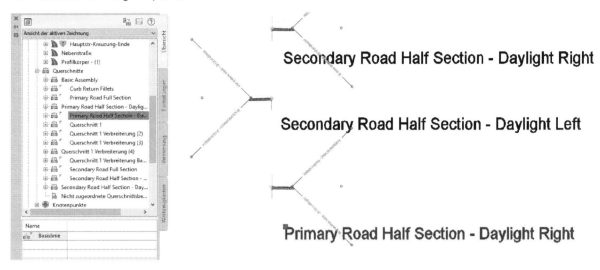

Die Randachsen und konstruierten Längsschnitte sind ebenfalls Bestandteil der Zeichnung. Diese sind jedoch nur Bestandteil der Datenbank. Die Funktion zeichnet nicht automatisch Höhenpläne.

Eine zeichnerische Darstellung der Höhenpläne wäre möglich, auch der Austausch der vorgegebenen Längsschnitte durch eigene konstruierte Gradienten.

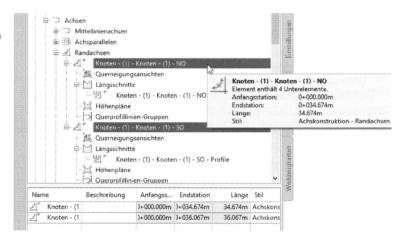

Die Bereiche der Kreuzung passen im Beispiel nicht aneinander (fehlender Gehweg), weil zur Kreuzungserstellung ein „...Assembly set.xml" von Autodesk genutzt wurde. In der Praxis ist das nicht zu empfehlen. In der Praxis sollte jeder Querschnitt bewusst gewählt sein, um die Kreuzung an die Anforderungen des Projektes anzupassen.

Im Beispiel wird der Quadrant „NO" nachbearbeitet, angepasst. Es wird der Gehweg ergänzt.

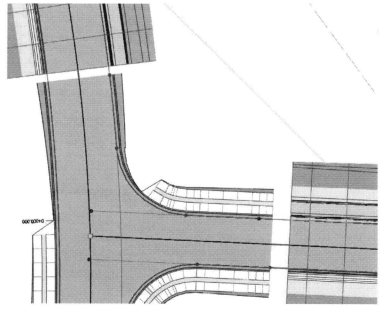

5 Kreuzungskonstruktion (Knotenpunkte, Kreuzung erstellen)

Zuerst wird festgestellt welcher Bereich oder Querschnitt den Quadranten „NO" beschreibt. Dazu können einzelne 3D-Profilkörperbereiche ab geschaltet werden.

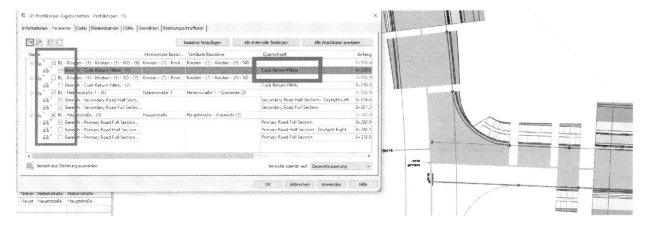

Folgender Querschnitt wird zuerst bearbeitet.

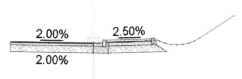

„Curb Return Fillets" wird gegen eine Kopie mit Ergänzung des Gehwegs ausgetauscht „Curb Return Fillets (2) N-O" wird kopiert, weil der gleiche Querschnitt nochmals auf der gegenüberliegenden Seite benutzt wird. Nur eine Ergänzung oder Änderung des Querschnittes ist hier deshalb ausgeschlossen.

Quadrant „NO" besitzt am Rand einen Gehweg.

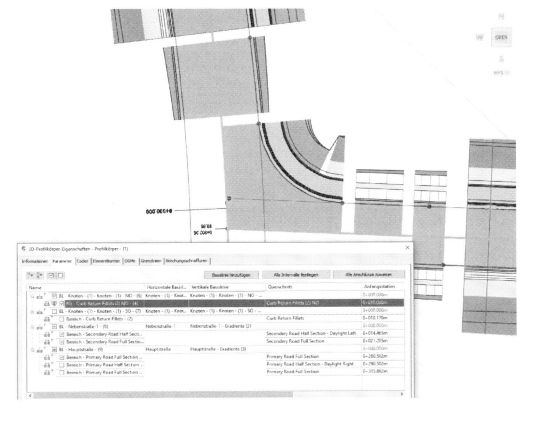

5 Kreuzungskonstruktion (Knotenpunkte, Kreuzung erstellen)

Folgende Querschnitte sind ebenfalls Bestandteil des Kreuzungs-Bereiches und sind zu bearbeiten.

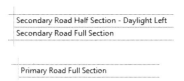

Die Querschnitte „Secondary Road Half Section – Daylight Left" und „Secondary Road Full Section" können ohne Neuerstellung oder Kopie bearbeitet werden, weil diese nur einmal im 3D-Profilkörper aufgerufen sind.

Bei beiden Querschnitten wird der vorgegeben Bordstein gelöscht und Rinne mit Bord, Gehweg, Kantenstein und Graben-Element ergänzt. Es ist möglich die Funktion „Querschnitts-Bestandteil-kopieren" zu wählen und so fertig bearbeitete Querschnitts-Bestandteile anderer Querschnitte zu benutzen.

Der Übergang zur Nebenstraße ist angepasst.

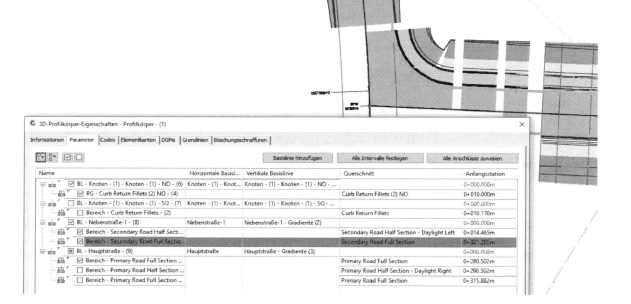

Der Übergang zur Hauptstraße ist noch zu überarbeiten.
Der entsprechende Querschnitt wird überarbeitet.
Er ist nur einmalig vorhanden.

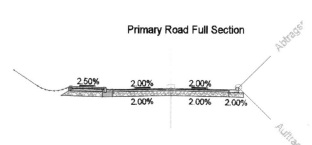

5 Kreuzungskonstruktion (Knotenpunkte, Kreuzung erstellen)

Der Quadrant „N-O" ist überarbeitet und an die konkrete Situation angepasst.

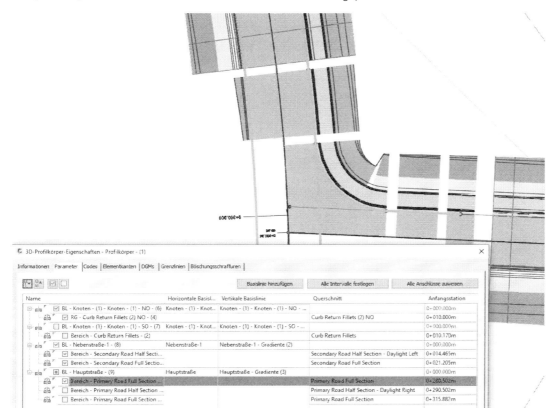

Hinweis 1:

Selbstverständlich werden zum Schluss die Lücken zwischen den 3D-Profilkörper Bestandteilen wieder geschlossen. Die Lücken können während der Bearbeitung helfen die einzelnen Bestandteile besser zu verstehen und zielgerichteter die einzelnen Bestandteile zu erkennen und zu bearbeiten.

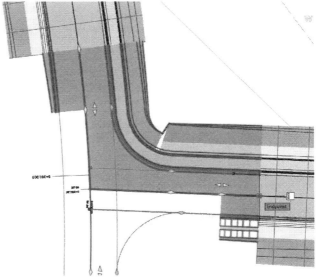

Hinweis 2:

Mit der Änderung eines jeden Querschnittsbestandteils wird gleichzeitig auch ein Böschungselement neu aufgerufen. Für diese Böschungselemente ist immer wieder das DGM (hier Urgelände) als Ziel neu zu vereinbaren.

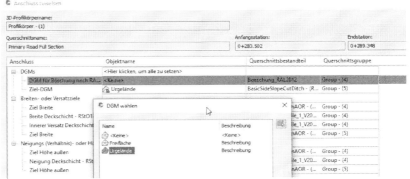

Gert Domsch, CAD-Dienstleistung

5 Kreuzungskonstruktion (Knotenpunkte, Kreuzung erstellen)

Hinweis 3: Argumente für die 3D Konstruktion

Warum diese Anstrengungen warum die Konstruktion der Kreuzung in 3D?

- Erst der Straßengraben und die aus der Höhe des Grabens resultierende Böschungslänge zeigen den erforderlichen Grunderwerb an.

- Die 3D Konstruktion ermöglich eine Auswertung der Fahrbahnoberfläche hinsichtlich der Neigung in der Fläche der Fahrbahn, die Neigung aus Summe von Längs- und Querneigung.

- Es ist eine Auswertung möglich, wohin das Wasser der Kreuzung fließt und ob die Neigung in allen Bereichen größer als 0.5% ist.

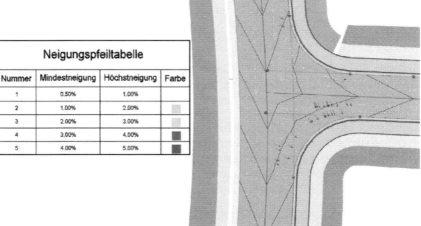

Neigungspfeiltabelle			
Nummer	Mindestneigung	Höchstneigung	Farbe
1	0.50%	1.00%	
2	1.00%	2.00%	
3	2.00%	3.00%	
4	3.00%	4.00%	
5	4.00%	5.00%	

5.1 3D Add-Ins, OKSTRA-Export

C3D Add-Ins zum Thema, OKSTRA Export:

Nur mit erfolgreich ausgeführter Funktion „Kreuzung erstellen" und erstelltem Objekt „Kreuzung" erfolgt die „OKSTRA" Ausgabe.

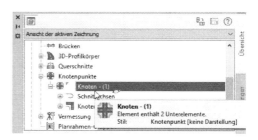

Mit Ausführung der Funktion erscheint folgende Meldung (Im Beispiel 7x):

Die Ursache und der Hintergrund für diese Meldung sind noch nicht ganz klar. Die Meldung sollte nicht irritieren.

5 Kreuzungskonstruktion (Knotenpunkte, Kreuzung erstellen)

Der Name der kostruierten Kreuzung steht zur Auswahl. Verschiedene Arten und Typen stehen zur Auswahl.

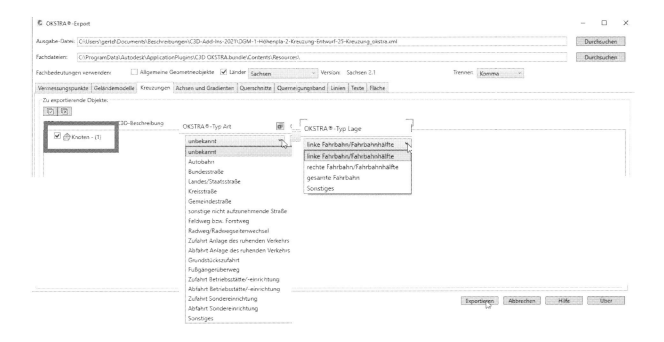

Die Ausgabe erfolgt als *.xml Datei.   DGM-1-Höhenpla-2-Kreuzung-Entwurf-25-Kreuzung_okstra.xml

6 Ergänzung Ausstattung (Sichtweiten)

C3D Add-Ins zum Thema:

6.1 Sichtweiten, Einstellungen

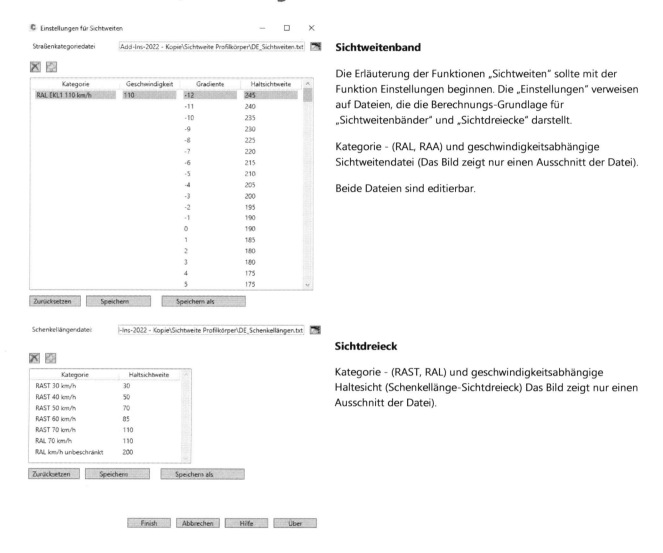

Sichtweitenband

Die Erläuterung der Funktionen „Sichtweiten" sollte mit der Funktion Einstellungen beginnen. Die „Einstellungen" verweisen auf Dateien, die die Berechnungs-Grundlage für „Sichtweitenbänder" und „Sichtdreiecke" darstellt.

Kategorie - (RAL, RAA) und geschwindigkeitsabhängige Sichtweitendatei (Das Bild zeigt nur einen Ausschnitt der Datei).

Beide Dateien sind editierbar.

Sichtdreieck

Kategorie - (RAST, RAL) und geschwindigkeitsabhängige Haltesicht (Schenkellänge-Sichtdreieck) Das Bild zeigt nur einen Ausschnitt der Datei).

6.2 Voraussezung Sichtweitenbänder

Die Funktion Sichtweitenbänder ist in zwei Bereiche geteilt. Innerhalb des Civil 3D ist der erste Teil der Funktion auszuführen. Im Civil 3D wird die Basis für die C3D Add-Ins Berechnung gesetzt (Umsetzung in deutsche Vorstellung der Sichtweitendarstellung). Die Civil 3D Funktion erstellt eine Ausgabe Datei, die innerhalb der C3D Add-ins Funktion anschließend zu laden ist.

Um die Funktionen innerhalb des Buches zu erläutern, wird eine Beispielanordnung erstellt (Zeichnung), als Voraussetzung für die Erläuterungen, die Funktion im Civil 3D und ergänzende Funktionen der C3D Add-Ins.

6 Ergänzung Ausstattung (Sichtweiten)

6.2.1 Sichtweitenbänder Variante 1 (DGM, Achse, Gradiente)

Es wird wiederholt ein DGM erstellt, auf der Basis eines Rechtecks (Polylinie, Erhebung 100m). Innerhalb des Rechtecks verläuft eine Achse.

Jeweils im Bogen behindern die Sicht zwei Hügel mit der Höhe von 108m. Als Darstellungs-Stil für das DGM wird „Höhenlinien 10m – 1m" gewählt, um die späteren Linien der Funktion Schichtweiten (Sichtweitendarstellung) besser zu erkennen.

Der Achse wird gleichzeitig eine Richtlinie zugeordnet. Die Richtlinienzuordnung wird an die Gradiente (konsctruierter Längsschnitt) weitergegeben. Achse und Gradiente haben die gleiche Ritlinien-Eigenschaft. Für die Gradiente ist die Richtlinie-Zuordnung wichtig.

Das Bild zeigt Achseeigenschaften und die zugewiesene Richtlinie.

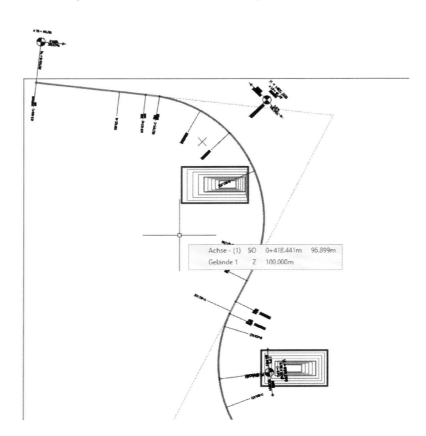

Achseigenschaften:

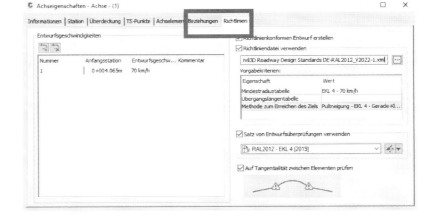

Die Zeichnung besitzt einen Höhenplan mit Gradiente. Das Bild zeigt die Eigenschaften des konstruierten Längsschnittes (Gradiente) und die zugewiesene Richtline (hier Bestandteil des Höhenplans)

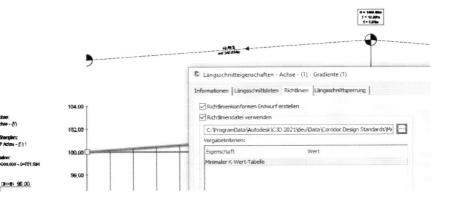

Gert Domsch, CAD-Dienstleistung

6 Ergänzung Ausstattung (Sichtweiten)

Dem Höhenplan wird ein Sichtweitenband vorbereitend hinzugefügt (Bestandteil der Höhenplaneigenschaften). Das Sichtweitenband gehört zur Kategorie „Längsschnittdaten" (Bandstil auswählen) und kann zum Höhenplan nachträglich hinzugefügt sein. Es wird im Beispiel unterhalb des in der „… Deutschland.dwt" vorbereiteten Straßenplanung-Bandsatzes eingefügt.

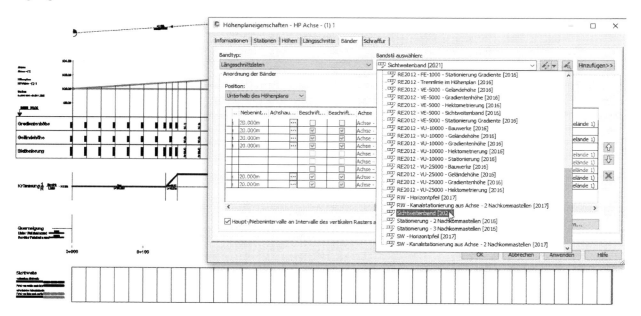

Hinweis:

Das Sichtweitenband ist nicht Bestandteil des in der „…Deutschland.dwt" vorbereiteten Bandsätze „Straßenbau". Es kann vorbereitend in die Zerchnung eingefügt werden. Es kann auch erst mit der Funktion „Sichtweitenbänder" (C3D Add-Ins) zugeordnet werden. Beide Varianten sind uneingeschänkt möglich.

Die später anzuwendende Funktion „Sichtweite prüfen" bietet eine Layer-Zuordnung an. Für diese spätere Layerzuordnung ist es empfehlenswert zu wissen, dass bereits in der „… Deutschland.dwt" Layer angelegt sind, die eine farbliche Abstufung der angebotenen Kategorien ermölichen. Die Verwendung der bereits angelegten Layer ist zu empfehlen, jedoch nicht unbedingt erforderlich. Es ist auch möglich eigene Layer anzulegen.

Mit der Zuordnung von farblich untersetzen Layern ist die Funktion besser zu verstehen.

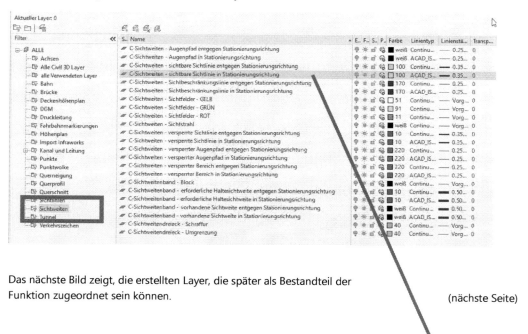

Das nächste Bild zeigt, die erstellten Layer, die später als Bestandteil der Funktion zugeordnet sein können.

(nächste Seite)

Gert Domsch, CAD-Dienstleistung   177

6 Ergänzung Ausstattung (Sichtweiten)

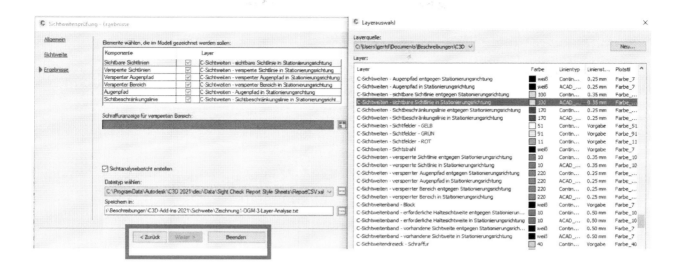

Als Bestandteil der Funktion werden die Sichtweiten in das Band des Höhenplans eingetragen.

Der folgende Text ist eine Kopie aus der Autodesk-Hilfe (C3D Add-Ins, 2.1 Grundlagen Sichtweitenbänder, Seite 4)

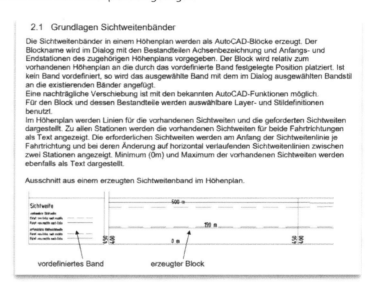

Ausführung der Funktion „Sichtweitenbänder"

Die Funktion beginnt innerhalb des Civil 3D mit der Erstellung der Übergabe-Datei an den Befehl „Sichtweitenbänder" der C3D Add-Ins. Der folgende Text ist ein Auszug aus der Autodesk-Hilfe (C3D Add-Ins, 2.1 Grundlagen Sichtweitenbänder, Seite 5)

> Sichtweitenbänder können für Straßenabschnitte erzeugt werden, denen ein Höhenplan und Sichtweiten für beide Fahrtrichtungen, in entsprechenden Sichtweitendateien, zugeordnet wurden. Die Sichtweitendateien werden in einem Dialog, der mittels Menü **Analysieren -> Sichtweitenprüfung** in Civil 3D aufrufbar ist, erzeugt. In diesem Dialog können Sie auf den Seiten **Allgemein** und **Sichtweite** die grundlegenden Einstellungen vornehmen, z.B. Fahrtrichtung.

Die nächsten Bilder zeigen die Multifunktionsleiste „Analysieren" und die Funktion „Sichtweite prüfen", die als Voraussetzung der C3D Funktion „Sichtweitenbänder" auszuführen ist. Die in diesem Bereich angebotenen Funktionen „Sichtweitenstrahl" und „Bereich der Sichtfelder" werden ergänzend am Ende dieses Kapitels erläutert.

6 Ergänzung Ausstattung (Sichtweiten)

Die Funktion der Sichtweitenprüfung kann auf Basis einer Achse und Gradiente (konstruierter Längsschnitt) erfolgen. Im Fall eines bereits erstellten 3D-Profilkörpers ist auch die Auswahl einer Elementkante oder 3D-Polylinie möglich.

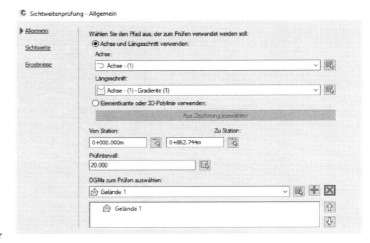

Das Bild zeigt die Auswahloption „Elementkante oder 3D-Polylinie". Dieser Teil der Beschreibung bleibt auf der Auswahl von „Achse und Gradiente" beschränkt.

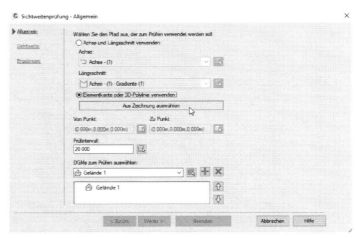

Zusätzlich ist der Stationsbereich, für den die Berechnung erfolgen soll, wählbar, das Prüfintervall ist variierbar (Intervall, in dem die Sichtweite ermittelt wird) und es können mehrere DGMs aufgerufen sein, die die Geländesituation beschreiben.

Auf der folgenden Maske werden die Sichtweite, Augenhöhe und Zielpunkt-Höhe angegeben. Achseigenschaft und Gradienten-Richtlinie beziehen sich in diesem Beispiel auf die Angaben der RAL, Entwurfsklasse 4. Aus diesem Grund werden bei den Einstellungen auch Werte der RAL und Entwurfsklasse 4 angenommen.

Sichtweite und Überholen: 300-600m, es wird 450m gewählt

Augenhöhe und Ziel Höhe (Objekthöhe): 1m

EKL 4: Zielpunkt ist die Mitte der Fahrbahn (Entfernung): 0m

Die Berechnung wird in diesem Beispiel über den gesamten Bereich der Achse mit der Objektentfernung (Zielpunkt) „0.00" ausgeführt.

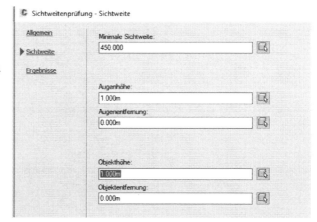

Gert Domsch, CAD-Dienstleistung

6 Ergänzung Ausstattung (Sichtweiten)

Im nächsten Schritt erfolgt die Layer-Auswahl anhand der in der „... Deutschland.dwt" vorgegebenen Layer.

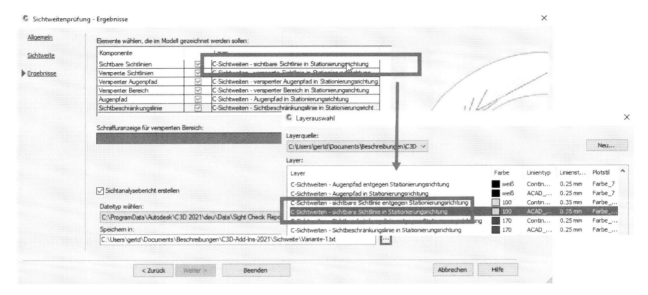

Unterhalb dieser Maske ist die Aktivierung des „Sichtanalyseberichtes" zu beachten. Die hier geschriebene Datei wird später innerhalb der Funktion „Sichtweitenband" aufgerufen (C3D Add-Ins).

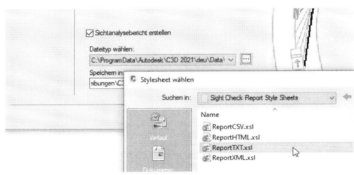

Als Dateiname wird im Beispiel „Variante-1" und Format „.txt" gewählt. Das angebotene Format „*.html" ist nach Aussage von Autodesk für die Funktion „Sichtweitenband" nicht zulässig.

Der folgende Text ist ein Auszug aus der Autodesk-Hilfe (C3D Add-Ins, 2.1 Grundlagen Sichtweitenbänder, Seite 5)

* Aktivieren Sie auf dieser Seite **Sichtweitenbericht erstellen**. Als **Dateityp** wählen sie **ReportCSV.xls, ReportTXT.xls oder ReportXML.xls**. Reportdateien vom Typ HTM sind für die Sichtweitenbanderstellung nicht zugelassen.

Mittels **Speichern in** definieren sie die Ausgabedatei. Sie sollte sich vorzugsweise im aktuellen Projektverzeichnis befinden.

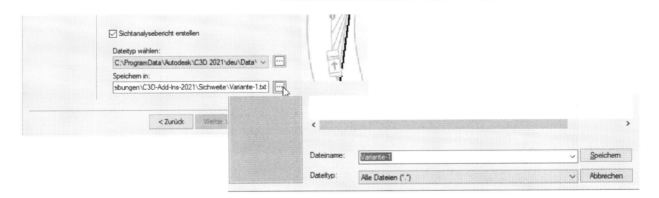

Mit dem Schalter „Beenden" wird die Berechnung ausgeführt.

6 Ergänzung Ausstattung (Sichtweiten)

Das Berechnungsergebnis ist Bestandteil der Zeichnung.

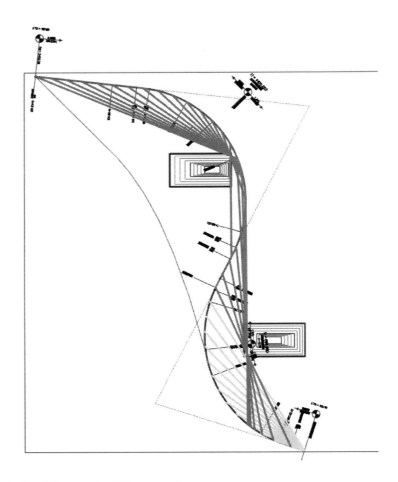

In den folgenden Bildern wurde ein Layer-Eigenschaften-Filter („Sichtweiten Status verwendet") angelegt, um ausschließlich verwendete Layer der Funktion „Sichtweite prüfen" zu zeigen.
Gleichzeitig wurde die Linienstärke angepasst, um die Darstellung in den Bildern zu verbessern.

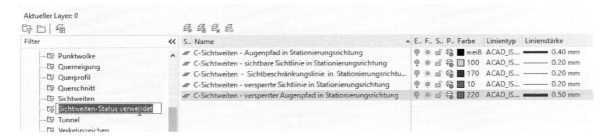

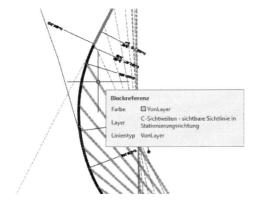

Hinweis:

Die Funktion „Sichtweite prüfen" erstellt im Civil 3D die Linien der Sichtweiten jeweils als „Block". Jede der Kategorien ist ein einzelner Block.

Diese Blöcke (Linien) sind nicht dynamisch, das heißt, wird die Funktion nochmals mit anderen Einstellungen ausgeführt, so werden neue Blöcke erstellt und erneut in die Zeichnung eingefügt. Die vorherige Sichtweitenprüfung wird nicht gelöscht.

Das Ausschalten der Layer kann die einzelnen Funktionen veranschaulichen. Die Bilder zeigen immer nur eine Funktion und den dazugehörigen Layer.

6 Ergänzung Ausstattung (Sichtweiten)

Augenpfad in Stationsrichtung

Der Augenpfad ist auf Höhe „1m" angelegt (Höhendifferenz +1m zur Gradiente) und hat den Abstand „0m" (zur Achse). Der Augenpfad ist deckungsgleich mit der Achse, er verdeckt die Achse.

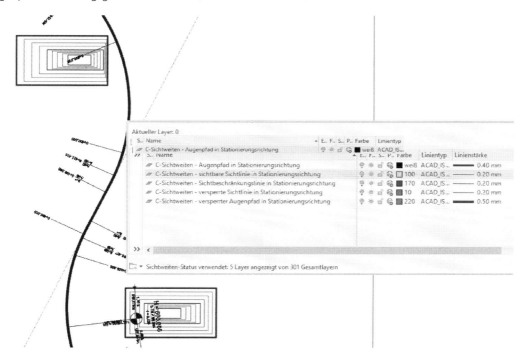

Sichtbare Sichtlinien in Stationsrichtung

Im vorliegenden Beispiel liegt nur im unteren Teil der Achse keine Sichtbehinderung für den Fahrzeugführer vor. Die grünen Linien zeigen nur Bereiche mit freier Sicht.

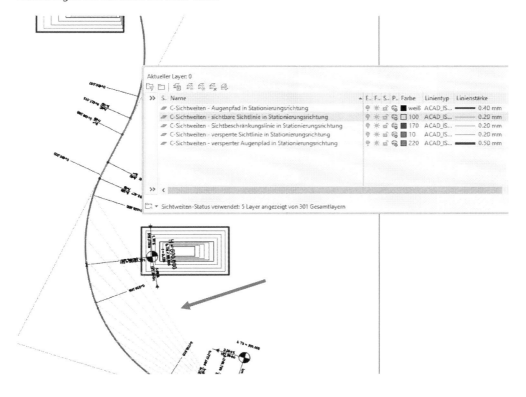

Sichtbeschränkungslinie in Stationierungsrichtung

Die blaue Markierung „Sichtbeschränkungslinie in Stationierungsrichtung" zeigt den betrachteten oder berechneten Bereich an.

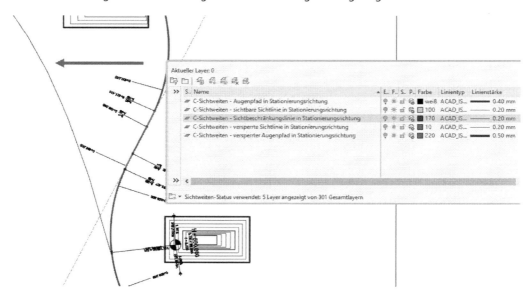

versperrte Sichtlinie in Stationierungsrichtung

Diese Sichtweiten-Eigenschaft zeigt die Bereiche an, in denen es Einschränkungen in der Sichtweite gibt. Im Beispiel sind 450m vorgegeben.

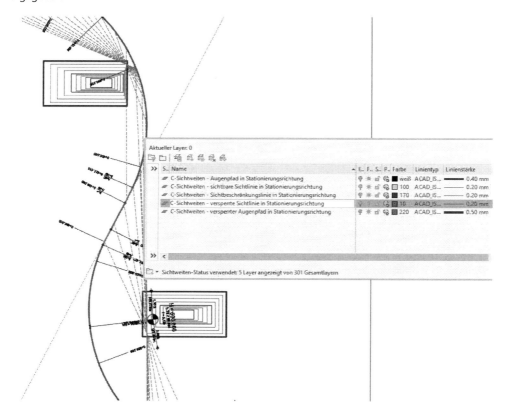

versperrter Augenpfad in Stationierungsrichtung

Diese Einstellung zeigt den Bereich auf der Achse, bei dem es Einschränkungen in der Sicht bezogen auf den Augenpfad gibt.

Das Ende der Linie stimmt mit dem Wechsel von „sichtbare Sichtlinie in Stationierungsrichtung" und „versperrte Sichtlinie in Stationierungsrichtung" überein.

6 Ergänzung Ausstattung (Sichtweiten)

Versperrter Augenpfad in Stationsrichtung

Übereinstimmung mit: „sichtbare Sichtlinie in Stationierungsrichtung" und „versperrte Sichtlinie in Stationierungsrichtung"

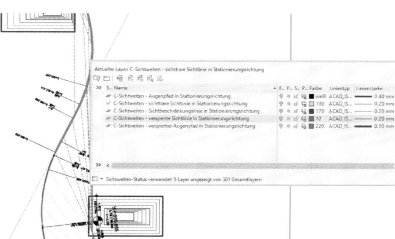

Eine der 6 Kategorien „versperrter Bereich" wurde durch die Funktion „Sichtweite prüfen" für dieses Beispiel nicht ermittelt. Die Ursache hierfür ist nicht klar. Es sollte eigentlich in dem Beispiel auch einen „versperrten Bereich" geben? (der Autor Stand 20.04.2021)? Die in der Vorschau gezeigte Solid Schraffur ist im Beispiel nicht entstanden?

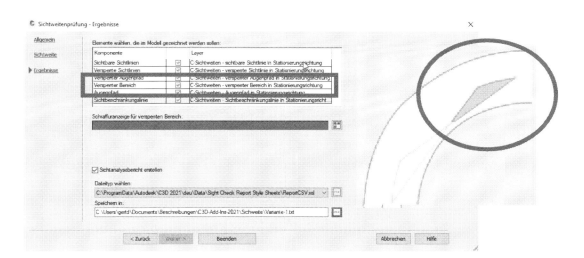

Die Voraussetzungen für das Schreiben des Sichtweitenbandes (Funktion C3D Add-Ins) sind gegeben.
Die Funktion „Sichtweitenbänder" der C3D Add-Ins wird gestartet.

Innerhalb der Funktion „Sichtweitenbänder" ist der Datenaufruf und die Layer-Zuordnung zu beachten. (Auszug aus der Autodesk-Hilfe, 3.2 Grundlagen Sichtweitenbänder, Seite 10)

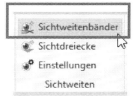

6 Ergänzung Ausstattung (Sichtweiten)

3.2 Sichtweitenbänder

3.2.1 Dialog zur Erstellung von Sichtweitenbändern

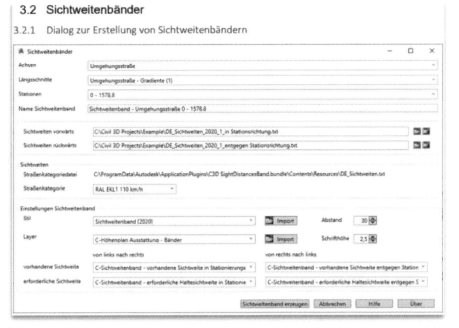

Berechnungs-Datei („Sichtweite prüfen")

Richtlinie der Gradiente

Layer-Zuordnung (optional Layer der Zeichnung)

Innerhal der Maske wird auf die vorliegenden Projekbesonderheiten geachtet. Es werden die projektspezifischen Daten aufgerufen (Achse, Gradiente, Sichtweite vorwärts, Richtlinie).

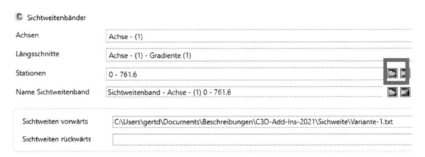

Das Sichtweitenband wird nicht geschrieben. Das Problem zeigt sich bei gleicher Vorgehensweise in der Version 2021 und 2022.
Vermutung des Autors:
Die Berechnung funktioniert nur mit 3D-Profilkörper, Sichtweiten vorwärts und - rückwärts.

Eine Anfrage bei Autodesk zu dem Thema führte zu dem Hinweis, dass weitere Besonderheiten beim Aufruf der Gradiente zu beachten sind.

6.2.2 Variante 2 (3D-Profilkörper, 3D-Profilkörper-DGM)

Das, für das vorherige Beispiel erstellte DGM auf der Höhe von 100m und mit den zwei Erhebungen (Hügeln), ist auch hier die Basis der Konstruktion. Innerhalb des DGMs verläuft die Achse.

Ein einfacher Querschnitt ist die Grundlage des zusätzlich erstellten 3D-Profilkörpers. Die Fahrbahn-und Bankett-Bestandteile sind von der Registerkarte „Allgemein"entnommen, es handelt sich um das Querschnittsbestandteil „AnschlussBreiteNeigung". Beide sind auf der Grundlage des gleichen Querschnittelementes erstellt.

Das Böschungselement ist von der Karte Basis entnommen, das Element „BöschungEinschnittGrabenBasis".

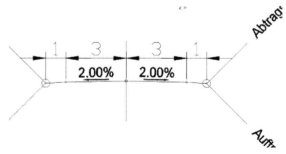

Gert Domsch, CAD-Dienstleistung

6 Ergänzung Ausstattung (Sichtweiten)

Aus Achse, Gradiente und Querschnitt ist in diesem Beispiel ein 3D-Profilkörper erstellt worden, mit einer Fahrbahn rechts 3m und links 3m, Bankett 1m, Straßengraben 1,5m und Böschungsneigung 1:1,5. Dieser 3D-Profilkörper besitzt zusätzlich ein 3D-Profilkörper DGM. Nur in diesem Bild ist das 3D-Profilkörper DGM in Dreiecken zu sehen, Darstellungs-Stil „Dreiecksvermaschung Profilkörper". Später wird der Stil auf „Umring" gewechselt. Die Linien der Funktion „Sichtweite prüfen" sind so besser in den Bildern zu erkennen.

Urgelände-DGM und 3D-Profilkörper-DGM lassen sich im Civil 3D zu einer Einheit verbinden und so als Bestandteil der Sichtweitenberechnung aufrufen. Die Behinderung in der Sichtweite entsteht hier durch die Auf- und Abtrags-Situation und durch die Erhebung (künstliche Hügel). Für die Sichtweitenermittlung kann so ein zusammengesetztes DGM aus Straße und Bestand verwendet werden.

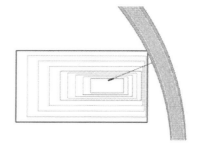

Als Darstellungsstil für das zusammengesetzte DGM (Urgelände und 3D-Profilkörper) wird „Höhenlinien 10m – 1m" gewählt. Die Haupthöhenlinien (Linienstärke 0.35) sind ab geschalten.

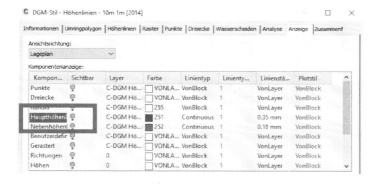

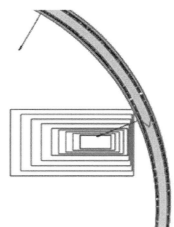

Der Achse sind folgende Eigenschaften zugeordnet (Richtlinie).

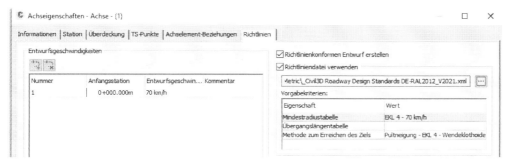

Für die Achse ist diese Einstellung nicht zwingend erforderlich.

Gert Domsch, CAD-Dienstleistung

6 Ergänzung Ausstattung (Sichtweiten)

Für die Gradiente ist die Einstellung der gleichen Richtlinie unbedingt erforderlich.

Der Höhenplan hat einen Straßenbau-Band Satz geladen, der später die Sichtweiten zeigen soll. Die Zuordnung kann vorbereitend vor dem Eintrag der Daten im Band erfolgen. Das Band kann jedoch auch erst mit der Datenerstellung (Sichtweiten) aufgerufen und eingetragen sein.

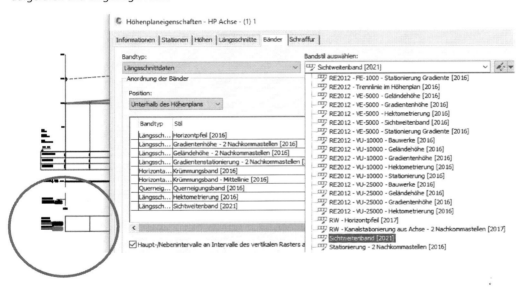

Unter dieser Voraussetzung wird „Sichtweite Prüfen" in Civil 3D, Register „Analysieren"nochmals aufgerufen und die entsprechende Ausgabedatei erneut berechnet.

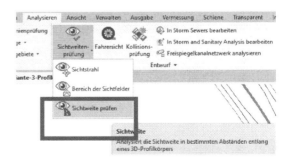

Die Funktion „Sichtweite prüfen" wird erneut mit der Option „Achse und Längsschnitt verwenden" aufgerufen.

Die Berechnung wird jetzt zweimal ausgeführt, einmal in Fahrtrichtung und einmal entgegen der Fahrtrichtung.

Für die Ausgabedatei in Fahrtrichtung werden Achse und Gradiente ohne Änderung der Richtung „Von Station", „Zu Station" übernommen.

6 Ergänzung Ausstattung (Sichtweiten)

Einstellung 1. Berechnung in Fahrtrichtung:

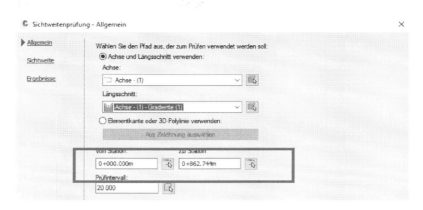

Für die entgegengesetzte Richtung ist der Tausch von Anfangs- und End-Station und die Verkürzung um ca. 10m ein wichtiger Punkt (Anfang und Ende). Ohne diese Besonderheit wird die Datei als „ungültig" erklärt und ist innerhalb der Funktion „Sichtweitenbänder" nicht aufrufbar.

Einstellung 2. Berechnung entgegen der Fahrtrichtung:

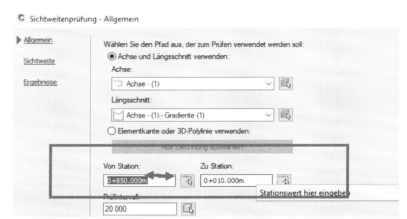

Alle weiteren Einstellungen sind identisch für die Berechnung in Fahrtrichtung und entgegen der Fahrtrichtung. Das Prüvintervall bleibt bei 20m. Es wird das DGM „Zusammengesetztes DGM" als Gelände-Basis ausgewählt.

Es werden die zuvor beschriebenen Standard-Einstellungen für die Sichtparameter gewählt.

Es werden die entsprechenden Layer aufgerufen, das Ausgabeformat eingestellt und die Ausgabedatei festgelegt. Es erfolgt mit „Beenden" die Ausgabe.

6 Ergänzung Ausstattung (Sichtweiten)

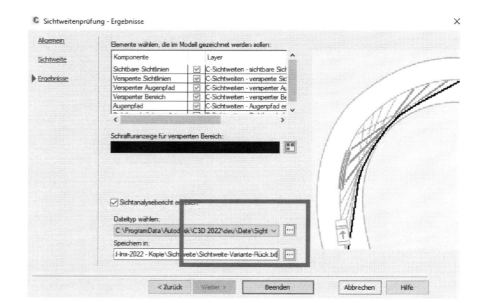

Die Ausgabe erfolgt im Projekt-Ordner.

Der nächste Schritt ist der Aufruf der Funktion „Sichtweitenbänder" (Bestandteil der C3D Add-Ins)

Es wird auf den projektspezifischen Datenaufruf geachtet (Achse, Gradiente, Sichtweite vorwärts, Sichtweite rückwärts, Richtlinie). Sind die Daten projektspezifisch richtig erstellt, so erfolgt die Zuweisung im Projektpfad automatisch.

Die Sichtweiten werden entsprechend im Band eingetragen und beschriftet (nächstes Bild).

Gert Domsch, CAD-Dienstleistung

6 Ergänzung Ausstattung (Sichtweiten)

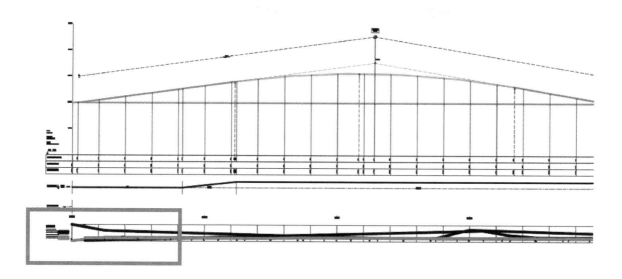

Detail:

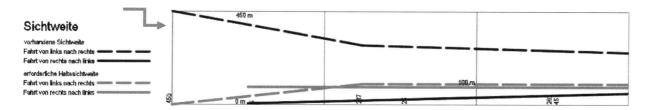

6.3 Voraussetzungen, Sichtdreiecke (Kreuzung)

Die Beschreibung der Funktion Sichtdreiecke (Autodesk Hilfe) zeigt die Funktions-Optionen.

Folgende Voraussetzungen für die Funktion müssen erfüllt sein (Autodesk-Hilfe, Seite 8).

2.5 Voraussetzungen Sichtweitendreiecke

- Die Zeichnungseinheit muss „Meter" sein, auch die Schnittstellendateien für die Sichtweitenanalyse vorwärts/rückwärts sind in dieser Einheit zu generieren.
- Für die Generierung müssen 2 Achsen mit einem gemeinsamen Schnittpunkt ausgewählt werden.
- Für die Sichtweitendreiecke sind geeignete Layer und Schraffurmuster bereitzustellen.
- Existiert schon ein mit diesem Modul erzeugtes Sichtweitendreieck zwischen den ausgewählten Achsen und dem definierten Haltepunkt, so wird es gelöscht und neu generiert.

Entsprechend diesen Eingaben sollten die Sichtdreiecke gezeichnet werden ohne DGM- oder 3D-Profilkörper-Aufruf. Es sollten zwei aufeinandertreffende Achse ausreichend sein.

6 Ergänzung Ausstattung (Sichtweiten)

Eingabe-Maske, Autodesk-Hilfe, Seite 14

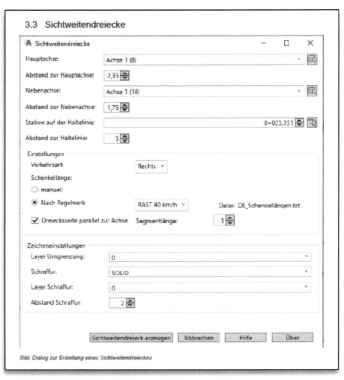

Erläuterung der Funktion „Sichtweitendreiecke"
Autodesk-Hilfe, Seite 15.

Dialogbereich oder Funktion	Beschreibung
Hauptachse	Auswahl der Hauptachse für das zu erstellende Dreieck.
Abstand zur Hauptachse	Abstand der Fahrer zur Hauptachse in der übergeordneten Straße.
Nebenachse	Auswahl der Nebenachse für das zu erstellende Dreieck.
Abstand zur Nebenachse	Abstand des Fahrers zur Nebenachse.
Station Haltelinie	Definition der Haltelinie auf der Nebenachse für das zu erstellende Dreieck.
Abstand zur Haltelinie	Abstand des Fahrzeuges in der untergeordneten Straße zum Fahrbahnrand (Haltelinie) der übergeordneten Fahrbahn.
Verkehrsart	Auswahl Rechts-/Linksverkehr.
Schenkellänge	Wahl zwischen manueller Definition der Schenkellänge bzw. der Festlegung der Länge nach Regelwerk.
manuell	Manuelle Festlegung der Schenkellänge.
nach Regelwerk	Auswahl aus Schenkellängendatei nach Auswahl der Geschwindigkeit.
Dreiecksseite parallel zur Achse	Auswahl Dreiecksseite zur Hauptachse als Gerade oder als Parallele zur Achse.
Segmentlänge	Festlegung der Approximation der parallelen Dreiecksseite.
Layer Umgrenzung	Layer der Umgrenzung des Sichtweitendreieckes.
Layer Schraffur	Layer der Schraffur des Sichtweitendreieckes.
Schraffur	Festlegung der Schraffurart.
Abstand Schraffur	Abstand der Schraffur.
Sichtweitendreieck erzeugen	Das definierte Sichtweitendreieck wird mit den gewählten Daten als Block im Projekt erstellt.
Abbrechen	Beenden der Funktion ohne Sichtweitendreieck zu erstellen.
Hilfe	Aufruf der Hilfe.
Über	Informationen zur App-Version.

6.4 Sichtweitendreiecke, Variante1

Es werden in der „… Deutschland.dwt" zwei Achsen erstellt, die aufeinandertreffen, sich berühren. Die Konstruktion entspricht der „Hauptachse" und der „Nebenstraße-1", so wie in den vorherigen Kapiteln verwendet.

6 Ergänzung Ausstattung (Sichtweiten)

Achse: Hauptstraße

Achse: Nebenstraße-1

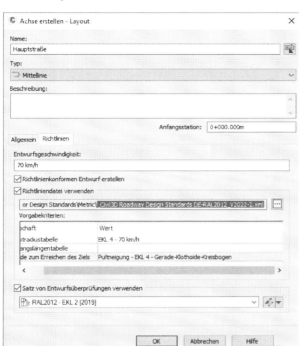

Folgende Ausgangssituation wird benutzt.

Hinweis:

Die Achse „Nebenstraße-1" trifft innerhalb einer Klothoide auf die Achse „Hauptstraße".

Die Funktion wird ausgeführt:

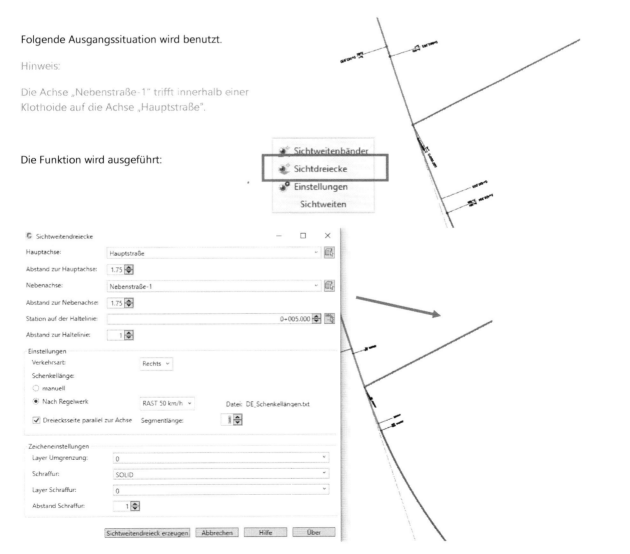

6 Ergänzung Ausstattung (Sichtweiten)

Mit der Einstellung „nach Regelwerk" kommt folgenden Meldung, „Schraffur kann nicht erzeugt werden". Das Dreieck wird gezeichnet, die Schraffur wird nicht erstellt. Eventuell resultiert die Meldung aus der Tatsache, dass beide Achsen im Bereich der Klothoiden aufeinandertreffen?

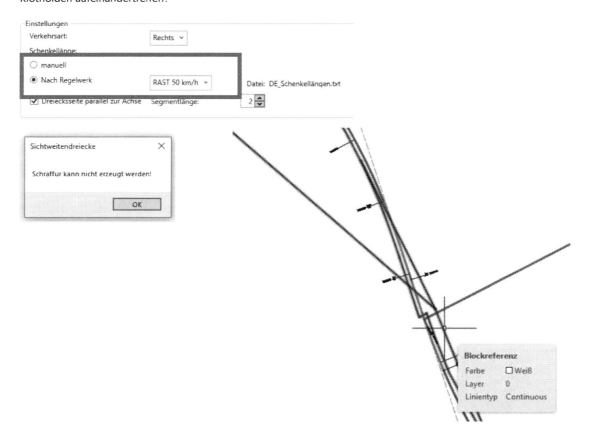

Mit der Einstellung „manuell" wird das Sichtweitendreieck erstellt, auch wenn die Achse der Nebenstraße im Bereich der Klothoiden auf die Achse der Hauptstraße trifft. Die Kantenlänge entspricht dem voreingestellten Wert.

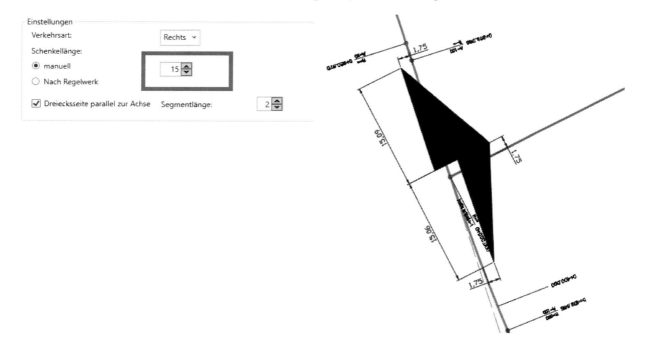

6 Ergänzung Ausstattung (Sichtweiten)

Zu empfehlen ist, die bereits in der „...Deutschland.dwt"
voreingestellten Layer zu benutzen.

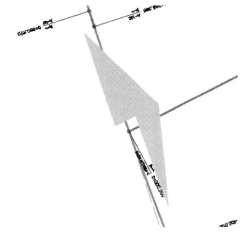

6.5 Sichtweitendreiecke, Variante2

Um das Problem der nicht erstellten Schraffur im ersten Teil des Kapitels zu
klären, wird die Achse „Hauptstraße" so editiert, dass eine längere Gerade (ca.50m) zwischen beiden Klothoiden vorliegt. Die Achse „Nebenstraße-1" soll dann ungefähr in der Mitte dieser Geraden auf die „Hauptstraße" treffen.
Die Gestaltung des Kreuzungsbereiches wird durch die Funktion „Achsparallele erstellen" und „Randachsen erstellen" komplettiert. Durch beide Funktionen werden Fahrbahnränder gezeichnet („Hauptstraße" 3,25m und „Nebenstraße-1" 3.00m) und diese Fahrbahnränder im Kreuzungsbereich mit einem Ausrundungs-Radius (15m) verbunden.

Zum Erstellen des „Sichtweitendreiecks" wäre diese Ergänzung der Fahrbahnrand-Ausrundung nicht erforderlich.

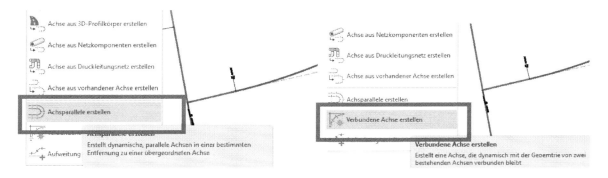

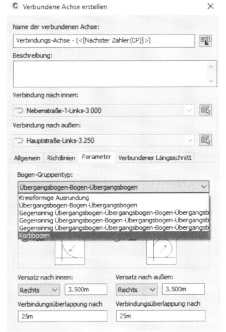

Hinweis:

In der Version 2022 kann die „verbundene Achse" als Korbbogen erstellt sein. Zusätzlich ermöglicht eine „Vorschau" die eingegebenen Parameter besser abschätzen zu können (folgende Bilder).

Es folgt die Funktion „Verbundene Achse erstellen" Version Civil 3D 2022.

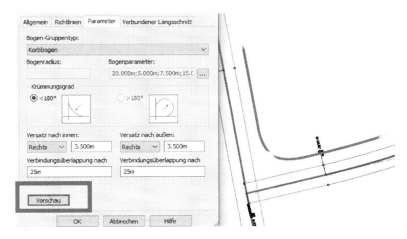

Gert Domsch, CAD-Dienstleistung

6 Ergänzung Ausstattung (Sichtweiten)

Die Option Bogenparameter lässt die Eingabe der einzelnen Radien für den Korbbogen zu. Die Bögen werden im Verhältnis 2:1:3 eingegeben.

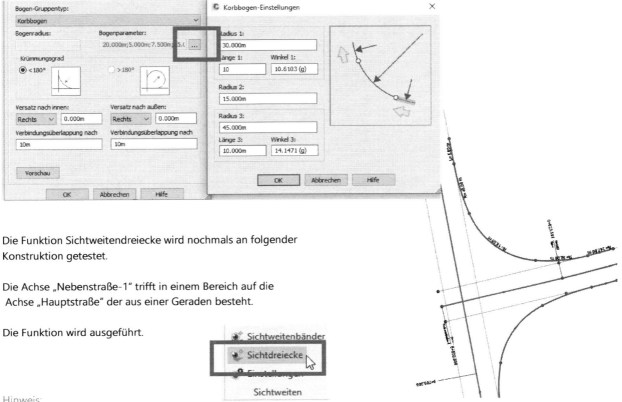

Die Funktion Sichtweitendreiecke wird nochmals an folgender Konstruktion getestet.

Die Achse „Nebenstraße-1" trifft in einem Bereich auf die Achse „Hauptstraße" der aus einer Geraden besteht.

Die Funktion wird ausgeführt.

Hinweis:

Die Ergänzung der Fahrbahnränder und Radien ist für das Sichtweitendreieck nicht erforderlich. Um die Abstandsangaben, wie den Haltelinien-Abstand besser zu verstehen, sind die Linien von Vorteil.

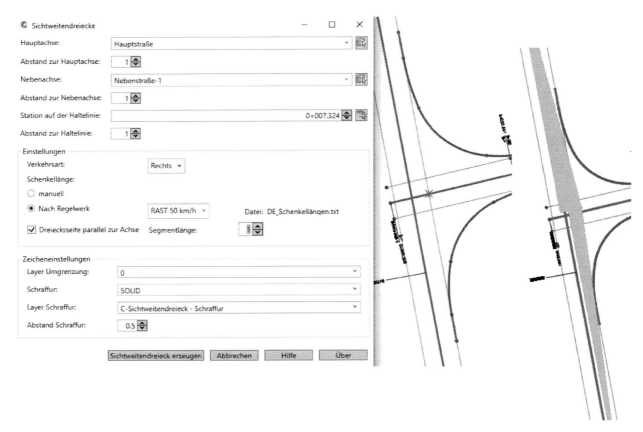

6 Ergänzung Ausstattung (Sichtweiten)

Hinweis:

Das Sichtweitendreieck wird nach Regelwerk" uneingeschränkt erstellt und auch schraffiert, wenn die Enden des Dreiecks einen Bereich abdecken, die weder Radius noch Klothoide haben. Ist das nicht gegeben erscheint der Wechsel auf die Einstellung „manuell" sinnvoll.

6.6 Ergänzung, Civil 3D, Sichtweitenprüfung

Voraussetzung

Der Civil 3D Funktions-Bereich „Analyse" und „Sichtweitenprüfung" bietet neben der Funktion „Sichtweite prüfen noch den „Sichtweitenstrahl" und die Funktion „Bereich der Sichtfelder".

Für den Test dieser Funktion wird die Zeichnung mit DGM und 3D-Profilkörper benutzt. Diese Zeichnung wird um ein Auto, zwei Häuser und drei Bäume ergänzt. Auto, Häuser und Bäume sind 3D Objekte (Volumenkörper) und kein DGM. Es wird überprüft, ob 3D-Objekte Berücksichtigung bei den folgenden „Sichtweite-Funktionen" finden.
Die 3D Objekte sind Bestandteil des Lieferumfangs von Civil 3D, Werkzeugpalette, Registerkarte „Landscape", „Highways" und „Building Footprints", Das Bild zeigt die Palette „Landscape" und den verwendeten Baum „Detail tree 01".

Als Ausgangssituation für nachfolgende Funktion wird die Höhe des Auto-Fahrers mit 1 angenommen (1m über DGM). Die DGM-Höhe liegt in dieser Position bei 102m gewählt. Der Hochpunkt der Gradiente liegt bei 103.075m.

2D Lageplan　　　　　　　　**3D Modell**

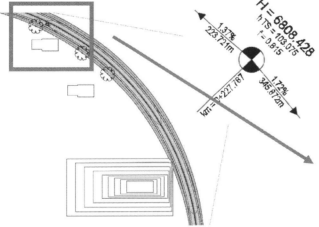

Gert Domsch, CAD-Dienstleistung

6 Ergänzung Ausstattung (Sichtweiten)

Sichtstrahl

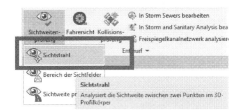

Mit dem Start der Funktion ist ein DGM auszuwählen.
Ist die „dynamische Eingabe" aktiviert, so erfolgt die Aufforderung an der Maus. Ohne „dynamische Eingabe" ist der Hinweis in der Befehlszeile zu lesen.

POINTTOPOINTCHECK DGM wählen <Eingabetaste ruft Auswahlliste auf>:

Es wird das zusammengesetzte DGM gewählt, damit sollte der 3D-Profilkörper und die Geländesituation gleichzeitig Berücksichtigung finden.

Es folgt die Aufforderung zur „Augenhöhe", es wird 1m eingegeben und das Auto wird gewählt.

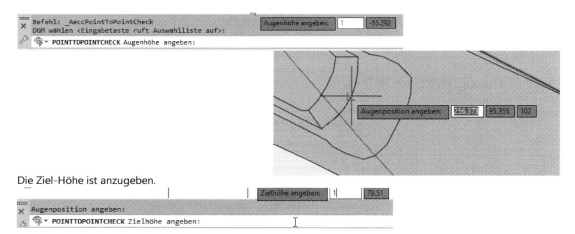

Die Ziel-Höhe ist anzugeben.

Hinweis:

Die Eingabe der Ziel Höhe ist auch relativ und bezogen auf die Position über dem DGM. Erfolgt wieder die Eingabe von „1m" und ist das DGM an der gepickten Situation 100m hoch so wird das Ziel in 101m Höhe angenommen oder berechnet.

Es ist eine Zielposition anzugeben.
Die Funktion zeichnet einen Sichtstrahl.

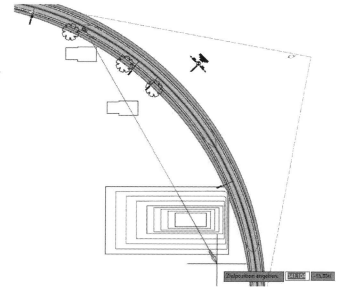

Gert Domsch, CAD-Dienstleistung

Mehrere Strahlen können aus der einen Augenposition heraus gezeichnet werden. Es wird angenommen Augenhöhe und Ziel-Höhe bleiben in diesen Fall beibehalten.
Zu jedem der „Sichtstrahlen" schreibt Civil 3D das Ergebnis wie folgt in die Befehlszeile.

```
Zielposition angeben:
Der Zielpunkt ist nicht von der Augenposition aus sichtbar.
Die Sichtweite wurde durch das DGM Zusammengesetztes DGM unter
315.201m, -11.334m, 101.716m versperrt
Abstand vom Auge: 122.555m
Zielposition angeben:
```

Hinweis:

Die Funktion „Sichtstrahl" berücksichtigt nur DGMs. Volumenkörper oder 3D Blöcke (Häuser und Bäume) werden nicht berücksichtigt.

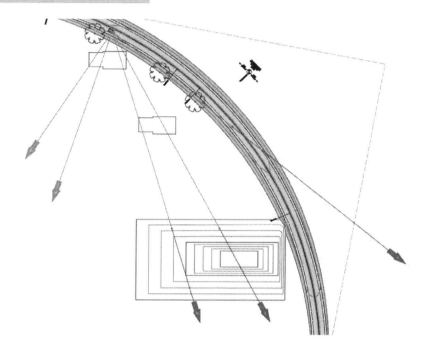

Bereich der Sichtfelder

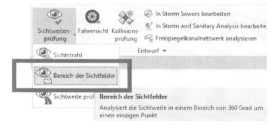

Mit der gleichen Ausgangssituation (Zeichnung) wird die Funktion „Bereich der Sichtfelder" gestartet.

Die Funktion verlangt wieder die Auswahl eines DGMs und anschließend die „Position von Objekt".
„Position von Objekt" bedeutet, die Position, von der aus das Sichtfeld ermittelt wird. Es wird das Auto gewählt.

Anschließend ist die Frage nach der Höhe zu beantworten. Es wird 103,5m angegeben.

6 Ergänzung Ausstattung (Sichtweiten)

ZONEOFVISUALINFLUENCE Höhe von Objekt angeben:

Es folgt der Radius, in dem die Sichtweite oder das Sichtfeld ermittelt werden soll.

Der Radius wird sehr großzügig gewählt, so dass nahezu das ganze DGM betrachtet wird.

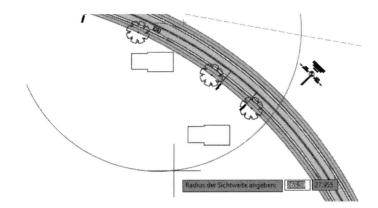

Resultate:

- Es werden Flächen schraffiert, die nach Autodesk-Hilfe (Drücken F1-Taste) folgende Bedeutung haben:

- Es werden nur DGMs in die Betrachtung einbezogen, Volumenkörper oder 3D-Blöcke werden nicht berücksichtigt.

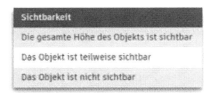

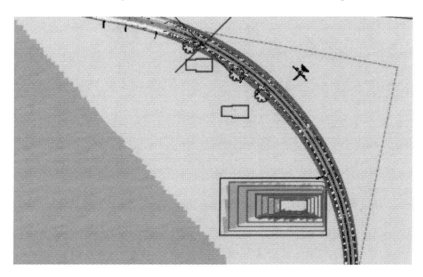

Die Civil 3D Funktionen der Sichtweitenprüfung berücksichtigen auch ausschließlich nur DGMs.

6.7 Fahrersicht

Die Funktion Fahrersicht ist eine zusätzliche Option, um aus den Konstruktionselementen Achse und Gradiente, eine Simulation zu zeigen (simulierte Fahrt entlang der Konstruktion).

In der Simulation werden Bäume Häuser und das DGM gezeigt, Augen-Punkt und Zielpunkt sind bestimmbar. Hier besteht leider keine Beziehung zur Sichtweite.

Die Sichtweite selbst wird nicht angegeben.

Von der Fahrt wurden drei Bilder erzeugt und in die Beschreibung eingefügt.

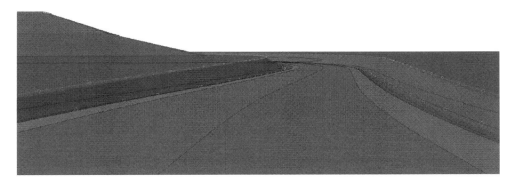

Hinweis:

Die Bildqualität entspricht Civil 3D ohne zusätzlich „Render-Funktionen" (AutoCAD-Render oder 3ds Max mit Civil View-Render). Die Bildqualität wäre in 3ds Max mit Civil View besser, der Aufwand das zu erreichen (Bearbeitungs-Zeit) jedoch nicht zu unterschätzen.

7 Ergänzung Ausstattung (Verkehrszeichen)

7.1 Verkehrszeichen

Die Beschreibung der Funktion Verkehrszeichen beginnt mit dem Bestandteil „Einstellungen". Hier werden Parameter festgelegt, die später Bestandteil der Funktion „Erzeugen" (Schilder setzen) aufgerufen werden. Ohne die Erläuterung der Parameter an dieser Stelle sind eventuell einige Werte und Einstellungen als Bestandteil von „Erzeugen" unverständlich.

Als Bestandteil der Funktion „Erzeugen" stehen zum Beispiel der Parameter „Größen-Nummern" zur Auswahl. Diesen Größen-Nummern werden im Bereich „Einstellungen" echte Parameter (Größen) zugewiesen.

Neben den Größen-Nummern und Größen-Parametern, können erforderliche Einträge und Bezeichnungen als Attribute eingetragen sein (Landkreis, Stadt).

Im nächsten Schritt wird ein Verkehrszeichen erstellt. Zuerst ein einfaches Zeichen ohne Beschriftung.

In den folgenden Bildern werden die wichtigsten Einstellungen für das Positionieren vorgestellt.

Das erste Bild zeigt die Auswahl des Verkehrszeichens und die Festlegung der Schriftart, im Fall es kommen Schriftzeichen vor.

Die Auswahl des Textstils „RAS-Verm_S" ist eigentlich die Schriftart „Arial".

7 Ergänzung Ausstattung (Verkehrszeichen)

Der Textstil „RAS-Verm_S" basiert im Hintergrund auf „Arial".

Es ist sinnvoll alle Einstellungen zu lesen und eventuell das Schild ein oder zweimal zu setzen, um alle erforderlichen die Einstellungen zu testen.

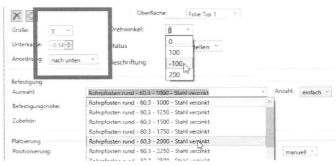

Ist das Schild falsch gesetzt, so lässt sich das Schild und die Beschriftung verschieben (Blöcke) oder mit AutoCAD löschen (AutoCAD-Funktion).

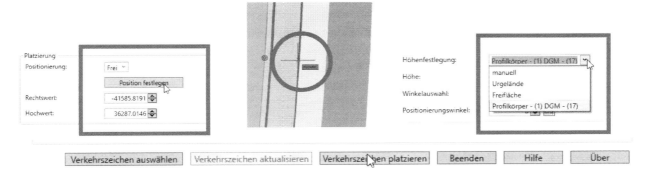

Das Bild zeigt die 2D-Darstellung des Zeichens im Lageplan.

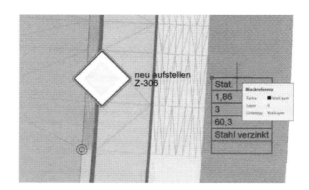

Es folgt die 3D-Darstellung. Die Funktion erstellt auf der 2D-Position einen 3D-Block (3D-Schild).

Das 3D-Schild wird auf der Position des 2D-Schildes erstellt und ist in der 2D-Darstellung (Ansicht „Oben") kaum zu erkennen (oberhalb).

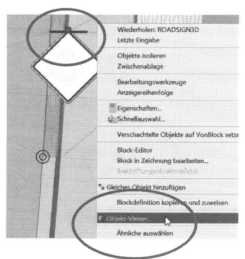

Das nächste Bild zeigt das Schild in 3D.

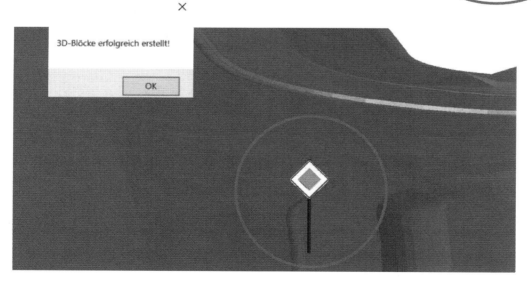

7 Ergänzung Ausstattung (Verkehrszeichen)

Zusätzlich kann eine Stückliste ausgegeben sein.

Es wird ein zweites Verkehrszeichen erstellt. Das zweite Verkehrszeichen ist ein Schild mit Beschriftung (Landkreis, Ort), mit Einstellungen, die am Anfang des Kapitels gezeigt wurden (Einstellungen).

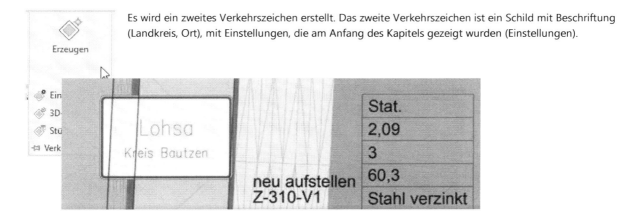

Einstellungen:

Die Beschriftung ist auch Bestandteil der 3D-Option. Hier kann es Besonderheiten geben. Unterschiedliche „Visuelle Stile" wurden getestet.

Alle bringen unterschiedliche Ergebnisse zurück.

2D-Drahtkörper	Realistisch	Drahtkörper
		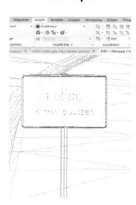

Vom Gesichtspunkt der Schrift (Beschriftung) ist der visuelle Stil „2D-Drahtkörper" die beste Wahl.

Die Umsetzung der Grafik am Computerbildschirm ist auch stark abhängig von der Graphikkarte. Die verwendete Hardware ist ein nicht zu unterschätzender Gesichtspunkt. Nach Aussage von Autodesk spielt für das „Rendering" die Entfernung vom „Koordinatenursprung" ebenfalls eine große Rolle. Je weiter die darzustellenden Daten vom Nullpunkt entfernt sind, um so problematischer ist die fotorealistische Umsetzung.

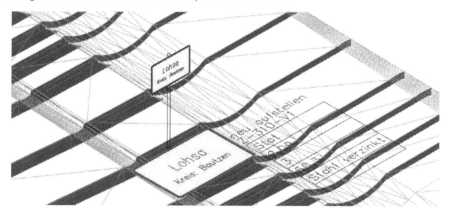

Hinweis:

Für eine 3D-Präsentationen ist es empfehlenswert sich mit Civil View (3ds Max) auseinander zu setzen. Die Resultate im Civil 3D sind für eine Präsentation eher gewöhnungsbedürftig. Civil 3D trägt das 3D im Namen nicht um vordergründig solche Präsentationen zu liefern. Es trägt das 3D im Namen, um für eine Ausschreibung oder die Leistungsphase 5 detaillierte Mengenberechnungen zu liefern.

7.2 Straßenmarkierungen

Einstellung, 3D-Erstellung, Stückliste

Bei dem Thema oder der Funktion "Straßenmarkierungen" ist es ebenfalls wichtig, zuerst auf die Einstellungen hinzuweisen.

Die Basis der Funktion sind einfache *.txt Dateien, die auch hier benutzerspezifisch anpassbar sind.

7 Ergänzung Ausstattung (Verkehrszeichen)

Die Funktion schließt eine 3D-Darstellung und Stücklisten ein.

Die 3D-Darstellung ist als separate Ausgabe-Funktion gedacht, die die 3D Markierung in eine extra Datei schreibt, um diese eventuell mit einem Volumenkörper zu kombinieren. Das bietet die Möglichkeit Civil 3D Konstruktion und kompatible Datenausgabe für andere Softwareanwendungen zu trennen.

Die Funktion Stückliste rundet das Ganze ab.

Um die Markierungsfunktionen im Bild zu zeigen, wird die Kreuzungskonstruktion des vorherigen Kapitels verwendet. Hier sind alle Markierungsarten möglich.

Hinweis:

Die dargestellte Kreuzung ist zusätzlich bearbeitet. Die Fahrbahnbreite beträgt 3,25m. Auf 3m ist eine zusätzlich Randachse für beide Straßen erstellt, um eine Fahrbahnrand-Linie auf dem Asphalt zu zeigen.

Der Gehweg am rechten bzw. linken Fahrbahnrand ist so bearbeitet, dass eine logische Markierung für einen Fußgänger-Übergang möglich ist. Die Kreuzung existiert 3D im Raum.

7 Ergänzung Ausstattung (Verkehrszeichen)

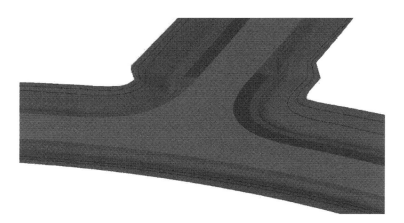

Längs-Markierungen

Für die Funktion „Längs-Markierungen" müssen Konstruktionselemente in der Zeichnung vorhanden sein. Als Bestandteil der Funktion ist ein Linienelement auszuwählen und die Funktion setzt einen Block, der die Markierungs-Linienart enthält, darüber.

Das Konstruktionselement, das eine Markierung übernehmen soll, kann „Achse" oder „Elementkante" sein. Für das Beispiel wird „Achse" gewählt.

Zur Auswahl stehen alle erstellten Achsen. Optional kann der Stationsbereich eingegrenzt sein. Die Auswahl des Linientyps ist frei und mit Materialeigenschaften kombinierbar. Als erste Markierungsart wird „Doppelstich" ausgewählt

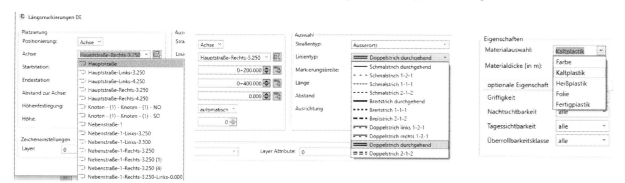

Eine Layer-Auswahl ist möglich. In der „...Deutschland.dwt" ist jedoch für die Fahrbahnmarkierung kein Layer vorbereitet.

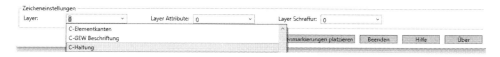

Es wird ein eigner Layer „C-Fahrbahnmarkierung" angelegt.

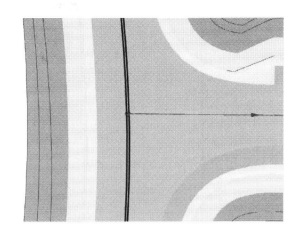

Die Markierung ist als „Doppelstrich" eingetragen.

Es werden weitere Längs-Markierungen hinzugefügt. Fahrbahn-Rand-Markierungen für Haupt- und Nebenstraße und eine durchgehende Sperr-Linie für die Nebenstraße. Um das zu erreichen, werden in der Hauptstraße die neuen Randachsen (rechts und links 3m) und die Mittellinien-Achse der Nebenstraße gepickt.

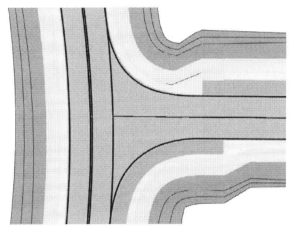

Quer-Markierungen

Quermarkierungen sind nicht an Konstruktionselemente wie Achsen oder Elementkanten gebunden. Quermarkierungen können auch frei über „Start- und Endpunkt gepickt" sein. Im Beispiel wird die Markierungsart „Haltelinie" und später „Fußgängerüberweg" gewählt und es werden diese Markierungen im Bereich der Kreuzung Fahrbahn-Nebenstraße gesetzt.

  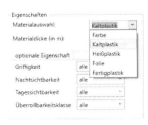

Für die Quermarkierungen ist ebenfalls kein Layer vorbereitend in der „...Deutschland.dwt" angelegt.

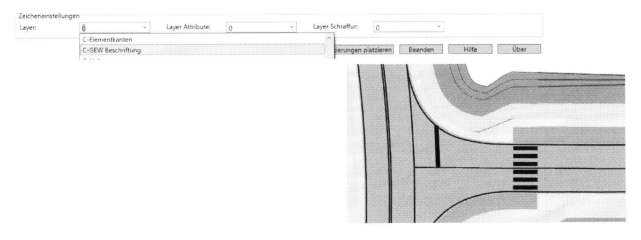

Gert Domsch, CAD-Dienstleistung

7 Ergänzung Ausstattung (Verkehrszeichen)

Piktogramme

Die Funktion „Pikogramme" ist auch an keine Position der Konstruktion gebunden. Die Funktion ist in der Zeichnung frei verwendbar, hierzu ist frei zu picken. Es sind die Richtungseinstellungen zu beachten.

Um die Funktion zu zeigen wird ein Richtungspfeil ausgewählt.

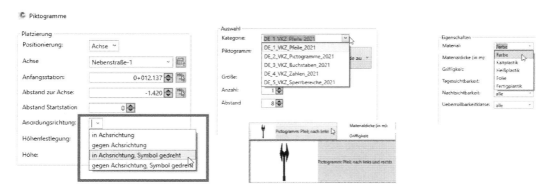

Für die Piktogramme ist kein Layer vorbereitend in der „...Deutschland.dwt" angelegt.

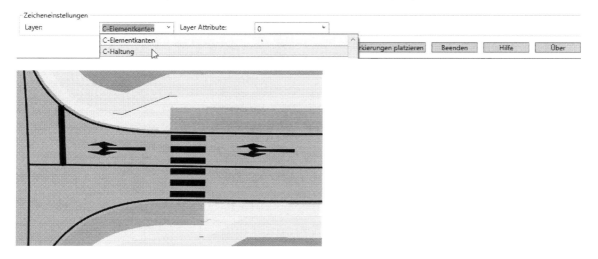

3D-Erstellung (Darstellung)

Die Funktion „3D-Erstellung" kann Längs-, Quer-Markierungen und Piktogramme mit 3D Eigenschaften versehen und so die Elemente im 3D auf der Konstruktion platzieren.

Für das nächste Bild wurde die Ansicht mit dem „Orbit" schrittweise ins 3D geschwenkt. Überraschenderweise haben Piktogramme bereits 3D-Eigenschaften bei der Erstellung.

7 Ergänzung Ausstattung (Verkehrszeichen)

Bei Längs- und Quermarkierung ist diese Eigenschaft mit der Erstellung noch nicht vorhanden.

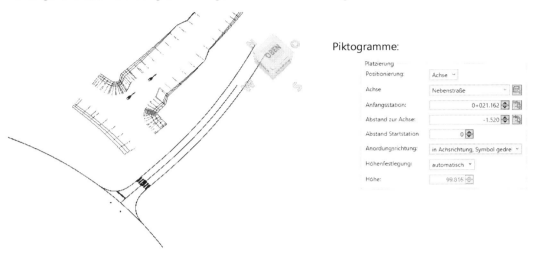

Um Längs- und Quermarkierung auf die 3D Straßenkonstruktion zu heben, ist die Funktion 3D-Erstellung auszuführen.

Die 3D Funktion kann die Markierung optional in eine separate Datei schreiben. Auf diese Funktion wird hier verzichtet.

In das 3D werden jedoch nicht alle Markierungen angehoben? Eine Ursache dafür konnte nicht gefunden werden. Am 01.07.2021 wurde dieses Problem an Autodesk gemeldet.

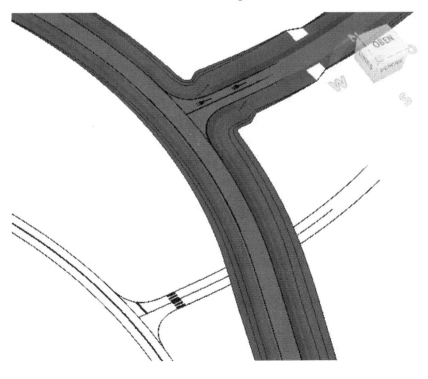

8 Grunderwerb

C3D Add-Ins zum Thema:

8.1 Voraussetzung, ALKIS-Import

In der Hilfe der Funktion Grunderwerb wird das Thema ALKIS-Import angesprochen.
Als Voraussetzung ist die ALKIS-Import-Funktion zu verstehen. Das folgende Bild zeigt die Seite 4, der Autodesk-Hilfe „Funktion Grunderwerbsflächen", C3D Add-Ins (Version 2021)

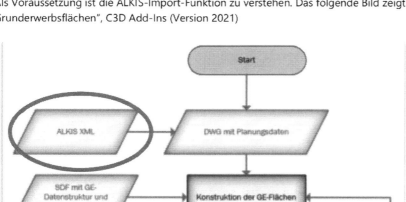

Für den ALKIS-Import macht es Sinn neben Civil 3D eine Version MAP und den „Infrastructure Admin" installiert zu haben. Civil 3D hat mit dem Arbeitsbereich „Planung und Analyse" Bestandteile des MAP geladen. Diese Bestandteile rechnen jedoch nicht für eine ALKIS-Import aus. Das MAP hat hierzu den zusätzlichen Arbeitsbereich „Datenpflege".

Für den ALKIS-Import wird im MAP 3D der Arbeitsbereich „Datenpflege" benötigt und im Infrastructure Admin eine Erweiterung um das ALKIS-Format. Der Infrastrcture Admin hat dabei ist Aufgabe eine Vorlage („Template".dwt) zu erstellen. Diese Vorlage entspricht einer Fachschale (Datenbank). Als Voraussetzung dafür ist wiederum das „Country Kit MAP 3D" zu installieren (Grunderwerb ALKIS).

Beide Produkte sollten auch Bestandteil der Architecture, Engineering & Construction Collection sein. Leider wird das auf der Internetseite von Autodesk nicht so richtig klar (enthaltene Software, Produkte).

Hinweis1:

Die Namen oder die Bezeichnung der Produkte können sich durchaus in den neueren Versionen ändern. Die Bezeichnungen hier beziehen sich auf die Version 2021.

Hinweis2:

Als Grundlage der Funktion „ALKIS-Import" werden „MAP-Layer" erstellt, um „MAP-Funktionen" auszuführen (MAP-Verschneidung). Aus meiner Sicht könnte die Funktionalität des „Grunderwerb" auch umsetzbar sein, wenn die Liegenschaftsdaten als *.shp beschafft werden. Aus meiner persönlichen Sicht ist der ALKIS Import nur eine optionale Variante. Die Option Liegenschaftsdaten im *.shp-Format zu verwenden ist von mir noch nicht getestet und in der Unterlage nicht beschrieben.

8 Grunderwerb

8.1.1 Funktion des Infrastructure Admin

Der „Infrastructure Admin" erstellt eine sogenannte Fachschale dar, die man sich auch als Datenbank vorstellen kann.

Diese Fachschale ist, wenn einmal erstellt, mehrfach verwendbar („Vorlage"... .dwt). Mit MAP und dem Infrastructure Admin stößt man die Tür auf zum GIS (Geographisches Informationssystem). GIS-Daten beruhen auf Koordinatensystemen. Bei der Bearbeitung von GIS-Daten ist das den Daten zugewiesene Koordinatensystem zu beachten.

Diese Datenbank oder „Fachschale" enthält fachlich richtige Voreinstellungen (Datenstruktur, Darstellung und Beschriftung), um Liegenschaften korrekt darzustellen und alle Informationen einheitlich und richtig fachlich zugeordnet anzuzeigen (Datenbank-Struktur).

Um die Fachschale für deutsche Liegenschaftsdaten zu erstellen, ist ein zusätzliches Tool zu installieren. Lange Zeit war dieses Tool im Bereich des „Autodesk Knowledge Network" zu finden, und hier herunterzuladen, später wurde es Bestandteil der Produkte und ist als „Add-On" zu beziehen. Jetzt (Version 2022) finde ich es im Autodesk APP-Store (Stand: 30.11.21)

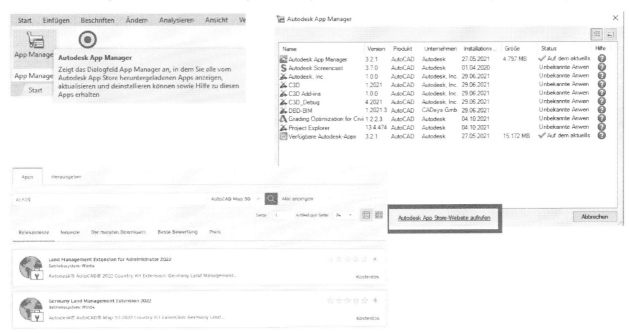

Das Bild zeigt den originalen Autodesk-Text, den Autodesk-Hinweis für die Installation des Werkzeuges (Version bis 2021).

1.2 Installation und Lieferumfang

Für eine Installation in Map3D 2014, 2015, 2016, 2017, 2018, 2019, 2020 und 2021 stehen zwei Installationsroutinen zur Verfügung:

- CKE_LandDEForAdmin.msi
- CKE_LandDE.msi

Die CKE_LandDEForAdmin.msi installiert die Erweiterungen für den Autodesk Infrastructure Administrator. Um den NAS Import in AutoCAD Map 3D zur Verfügung zu haben, muss die CKE_LandDE.msi Installationsroutine ausgeführt werden.

Das Bild zeigt den gestarteten „Autodesk Infrastructure Admin".

Ohne die zusätzliche Installation der Software „AutoCAD MAP 3D 2021

Gert Domsch, CAD-Dienstleistung

Germany Land Management Extension x64. Zip" steht folgende Funktion als Bestandteil des „Infrastructure Admin" NICHT zur Verfügung.

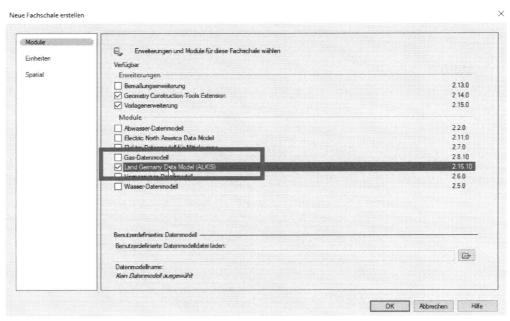

Es wird ein längerer Download folgen. Die Fachschaleneinstellungen werden aktualisiert.

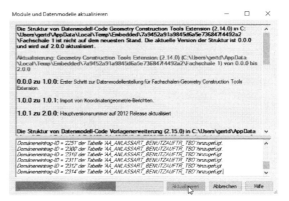

In der Autodesk Beschreibung folgt die Empfehlung im Bereich „Einheit" die Einstellung „GON im Uhrzeigersinn" zu wählen („Gon" ist eine vermessungstechnische Winkeleinheit (rechter Winkel 100gon).

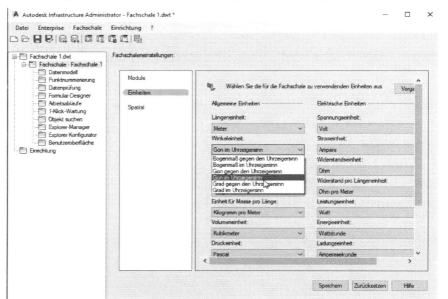

8 Grunderwerb

Anschließend ist im Bereich „Spatial" das Koordinatensystem auszuwählen, das für die NAS.xml Datei (ALKIS-Datei) gilt. Das hier vorliegende Beispiel stammt von Dipl.- Ing. Jürgen Gronert, Beratender Ingenieur, Verantwortlicher Sachverständiger für Vermessung im Bauwesen (Kempten).

Für diese Beispieldaten ist das Koordinatensystem ETRS89-UTM 32N -, EPSG-Code - 25832 zu wählen.

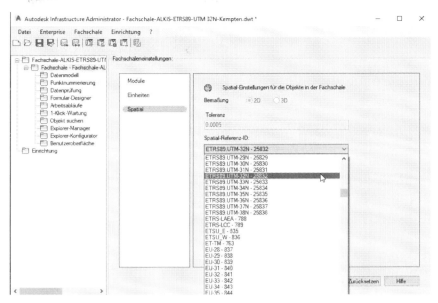

Die Fachschale (Vorlage) wird bewusst gespeichert. Im nächsten Arbeits-Schritt ist diese Vorlage bewusst auszuwählen. Es wird das Verzeichnis „Industry Templates" gewählt.

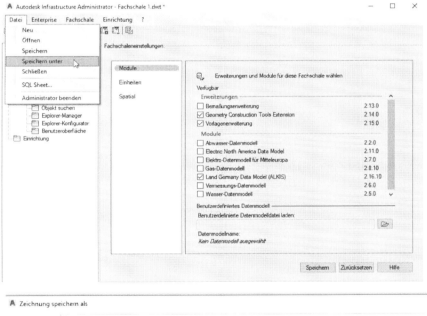

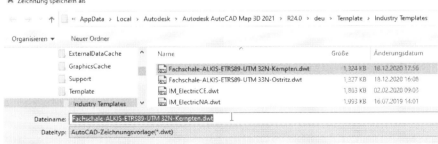

Der nächste Arbeits-Schritt ist das Öffnen der Fachschale im MAP und das Importieren der Liegenschafts-Daten (ALKIS-xml).

8.1.2 Funktion des MAP

Das MAP wird gestartet und der Arbeitsbereich Datenpflege aktiviert.

8 Grunderwerb

Der Arbeitsbereich „Datenpflege" zeigt den „Fachschalenexplorer" (links).

Im MAP wird die neu erstellte Fachschale geladen. Die „Fachschale" wurde im Bereich der „Industry Templates" abgelegt.

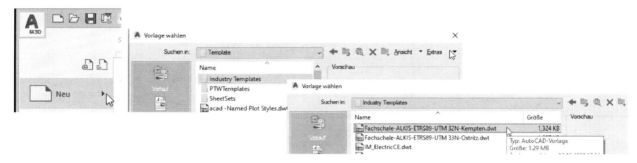

Der Fachschalen-Explorer zeigt die voreingestellten, angelegten Fachschalen an. Mit „Rechtsklick" auf den Zeichnungsnamen wird der Import gestartet.

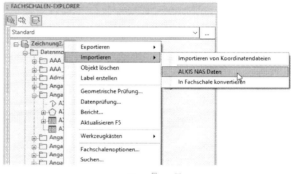

Es folgt die Auswahl der *.xml – Datei.

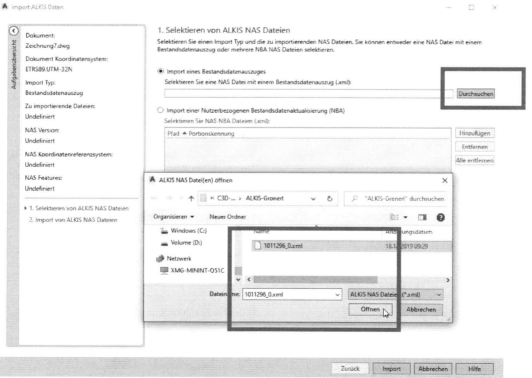

Gert Domsch, CAD-Dienstleistung

8 Grunderwerb

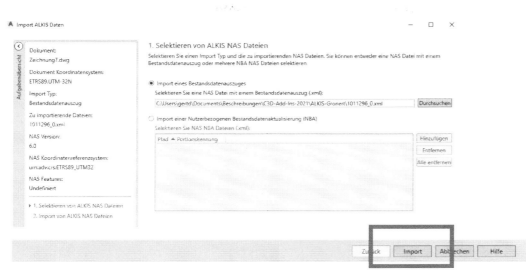

Hinweis:

Der Import dieser Daten wird einige Minuten dauern. Die Datenmenge ist zu beachten und oftmals wesentlich größer und umfangreicher als es für die erforderlichen Flurstücke (AX-Flurstücke) notwendig wäre.

Der Import wird mit einem Protokoll bestätigt.

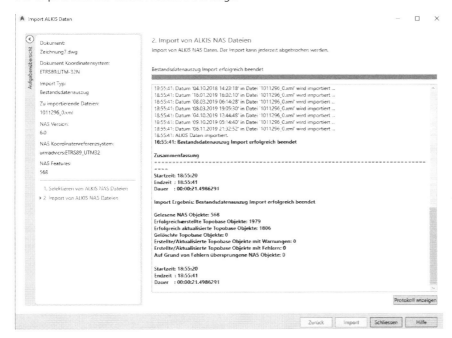

Um die Daten in der Zeichnung zusehen, sind die Daten anschließend mit der Funktion „Graphik erstellen" zu zeichnen.

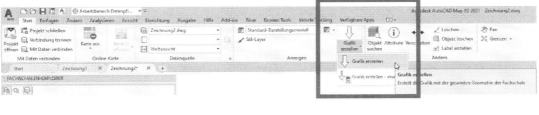

Der Fachschalen-Explorer zeigt die Daten im MAP-Aufgabefenster. Hier sind die Daten als Bestandteil der MAP-Layer zu sehen. MAP-Layer lassen ein EIN- und AUS-Schalten zu (Häkchen im Quadrat).

8 Grunderwerb

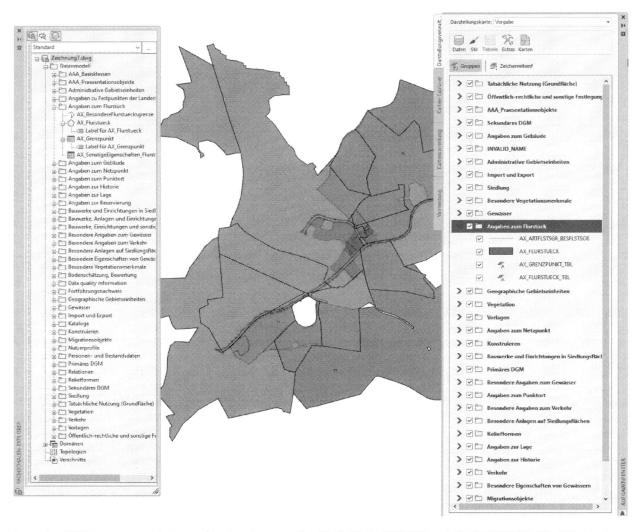

Es werden MAP-Layer ausgeschalten, außer „Angaben zum Flurstück", AX_FLURSTUECK und AX_FLURSTUECK_TBL (Häkchen im Quadrat).

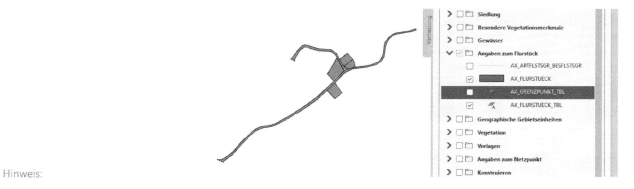

Hinweis:

Die Daten enthalten viele Layer, die eventuell auch DGM-Daten, Punkte usw. enthalten können. Im Zusammenhang mit anderen Planungs-Aufgaben wären die Daten zu untersuchen, ob diese Daten für DGMs verwendbar sind, das heißt 3D-Infolmationen enthalten.

Das nächste Bild zeigt die Im MAP erstellte Zeichnung, geöffnet im Civil 3D.

Weil es im Civil 3D auch einen Arbeitsbereich „Planung und Analyse" gibt, steht das MAP-Aufgabenfenster auch im Civil 3D zur Verfügung. Damit können auch hier MAP-Layer ein- und ausgeschalten werden.

8 Grunderwerb

8.1.3 Civil-Eigenschaften in die MAP Zeichnung importieren (1. Variante)

Hinweis:

In der MAP-Zeichnung sind Voraussetzungen für GIS-Fachschalen geladen. Für die Civil 3D-Funktionen gibt es keine Voraussetzungen, keine Stile. Die optionale Darstellungs-Stil-Auswahl „Standard" (Arbeitsbereich: Civil 3D, Projektbrowser, Karte: Einstellungen) bedeutet für die Praxis eher „Nichts". Der Begriff „Standard" steht eher für „objektspezifisches Minimum", das heißt jedes Objekt kann mit dem Stil Standard ein komplett anderes minimales Aussehen haben und auf ein Minimum der Daten beschränkt sein.

MAP: Aufgabenfenster   **Civil 3D: Projektbrowser, Einstellungen**

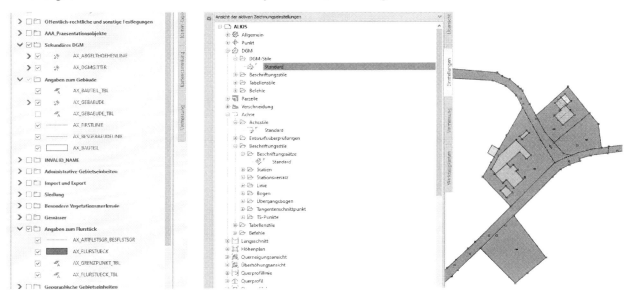

Um trotzdem in dieser Zeichnung zielgerichtet mit Civil 3D konstruieren zu können, wären alle erforderlichen Darstellungs- und Beschriftungs-Stile bewusst zu importieren. Für das Beispiel wären eventuell 100 bis 200 Stile der „Autodesk Civil 3D 2021 Deutschland.dwt" zu importieren.

Im Bereich „Verwalten" der Civil 3D Multifunktions-Leiste gibt es die Funktion „Importieren". Diese Funktion „Importieren" gilt für den Import von Civil 3D Stilen (Darstellungs- und Beschriftungs-Stile) aus der Vorlage („... 2021 Deutschland.dwt") oder einer frei wählbaren Zeichnung.

Mit dieser Funktion werden nachfolgend Darstellungs- und Beschriftungs-Stile importiert. Es werden die Stile der „... 2021 Deutschland.dwt" importiert.
Es wird keine einschränkende Auswahl getroffen.
Insgesamt sind es 2265 Stile.

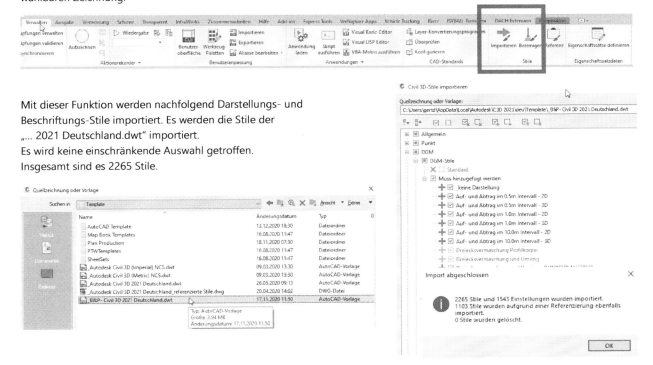

8 Grunderwerb

Mit dem Import der Stile stehen die Konstruktions-Funktionen wie gewohnt uneingeschränkt für alle Civil 3D-Objekte zur Verfügung.

Vorteile:

Ale Liegenschaftsinformationen sind geladen und können jederzeit auch nachträglich ein- oder ausgeschalten werden.

Beispiel-1: Layer „Tatsächliche Nutzung (Grundfläche)" **Ein**

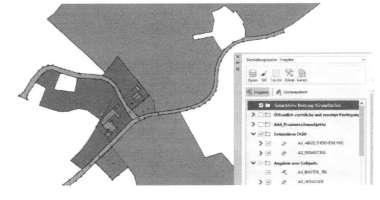

Beispiel-2: Layer: Tatsächliche Nutzung (Grundfläche) **Aus**

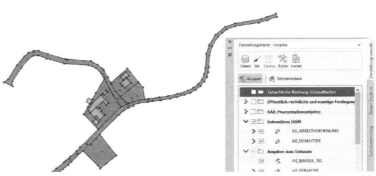

Nachteil:

Alle Civil 3D Darstellungs- und Beschriftungs-Stile wurden importiert. Leider beschränkt sich die Funktion „Importieren" nur auf die Darstellungs- und Beschriftungs-Stile. Nicht Bestandteil dieser Import-Funktion sind weitere Civil 3D – technische Details.

- **Die Civil 3D Einheit kann auf Basis der für den Alkis-Import erstellten Vorlage ungeeignet sein. Im vorliegenden Fall ist die Civil 3D - Einheit „Fuß". Eine Änderung ist möglich.**

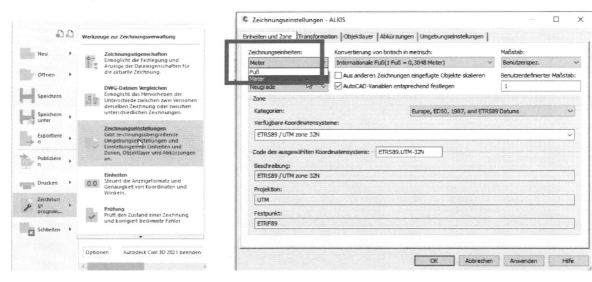

Hinweis:

Die AutoCAD Einheit ist unabhängig von der Civil 3D Einheit und sollte an dieser Stelle nicht übersehen werden.

8 Grunderwerb

- **Im Fall es werden später Höhenpläne erstellt, fehlt der Eintrag für das Höhenbezugssystem. Eventuell ist der Eintrag nachzureichen.**

Hinweis:

Die importierten Vermessungsdaten oder Liegenschaftsdaten werden durch den Eintrag des Höhenbezugssystems nicht beeinflusst. Der Eintrag ist nur ein Text. Civil 3D erstellt aus dem Eintrag einen Block, der im Band des Höhenplans aufgerufen wird.

- **Die Maßstabsliste ist für die Einheit „Meter" nicht vorbereitet. Die Maßstabsliste ist eventuell zu komplettieren.**

Die Liste der Probleme für eine Arbeit mit Civil 3D könnte eventuell noch nicht komplett sein. Eventuell gibt es noch weitere Probleme.

- **Alle Objektlayer, sind auf „0" vorgegeben**

- **Abkürzungen**

Diese Variante (Import der Civil 3D Darstellungs- und Beschriftungs-Stile) ist für das Arbeiten mit den ALKIS-Daten eher nicht zu empfehlen.

8 Grunderwerb

8.1.4 MAP-SHP, SDF nach Civil 3D übergeben (2.Variante)

In dieser Variante werden die wichtigen Daten (MAP-Layer „AX-Flurstücke") als Datei ausgegeben und im Civil 3D Arbeitsbereich „Planung und Analyse) mit einer Datenverbindung importiert.

Für den Datenexport wird an dieser Stelle die optionale Ausgabe in das *.sdf Format vorgestellt. Auf dem gleichen Weg, mit einigen anderen Details innerhalb der Funktion, könnte auch eine *.shp Datei erstellt werden (Ausgabe in das *.shp-Format).

Neue Objektklassen zusätzlich zu erzeugen, ist eher als Option zu verstehen. An diese Stelle ist diese Funktion (Schema-Editor) nicht erforderlich.

Der nächste Arbeitsschritt ist die Funktion „Massenkopie" (Planung und Analyse).

Für den nachfolgenden Schritt „Massenkopie" ist die, noch leere SDF-Datei zu verbinden. Mit dieser Funktion wird die Datei als Bestandteil der später gezeigten Funktion „Massenkopie" auswählbar. Die noch leere *.sdf Datei ist an die Zeichnung anzuhängen.

Im Fall Ausgabe als *.shp-Ausgabe ist dieser Schritt auch auszuführen.

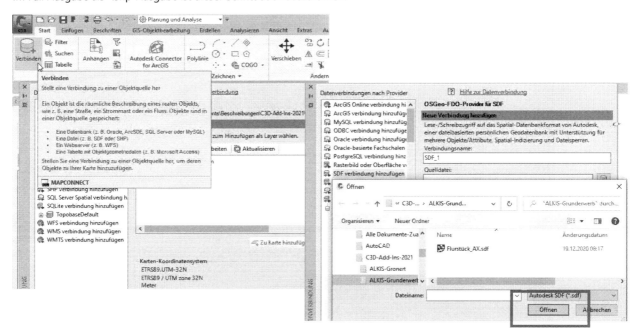

8 Grunderwerb

Die Funktion „Massenkopie" wird ausführbar.

Die Funktion „füllt" die verbundene, bis dahin noch leere *.sdf Datei mit den Daten des MAP-Layers „AX_Flurstück".

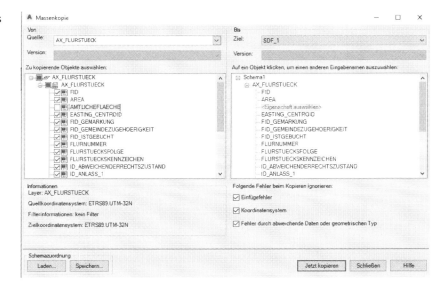

Es folgt der Wechsel zum Civil 3D

Innerhalb des Civil 3D steht mit dem Arbeitsbereich „Planung und Analyse" die MAP-Funktion „Verbinden" zur Verfügung. Mit dieser Funktion wird die neue *.sdf Datei verbunden oder importiert.

Der Import erfolgt in die „... Deutschland.dwt", die alle Einstellungen des CIVIL 3D hat, die das Funktionieren von Civil 3D ermöglicht, einschließlich der Darstellungs- und Beschriftungs-Stile.

- Civil 3D Einheit: Meter
- Höhenbezugssystem „DHHN"
- Maßstabsliste
- Objektlayer
- Deutsche Symbolik, Abkürzungen, usw. ....

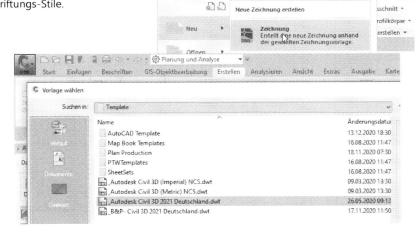

Vorübergehend ist eventuell auf den Arbeitsbereich „Planung und Analyse" zu wechseln. Hier steht die Funktion „Verbinden" als Voraussetzung für den Import der *.sdf Datei im Bereich „Start" oder im „MAP-Aufgabenfenster" zur Verfügung.

8 Grunderwerb

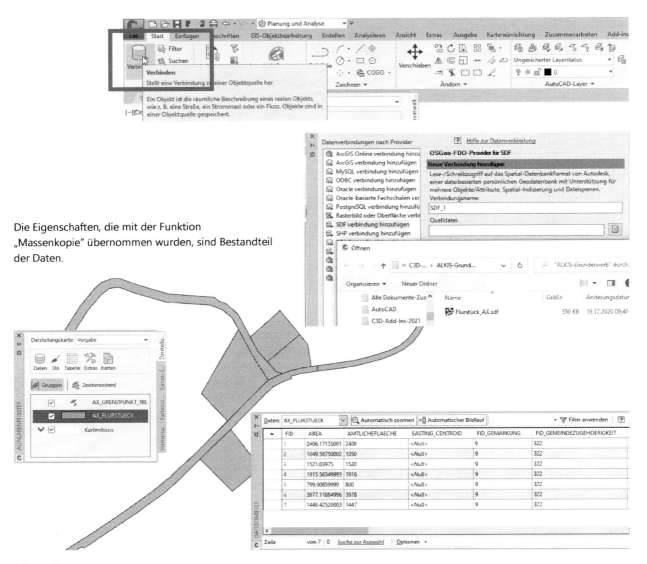

Die Eigenschaften, die mit der Funktion „Massenkopie" übernommen wurden, sind Bestandteil der Daten.

Vorteil:

Alle Civil 3D Einstellungen, Von Einheit bis Abkürzungen, über Maßstabsliste, Höhenbezugssystem usw. stehen zur Auswahl zur Verfügung. Im Bild werden nur beispielhaft DGM-Darstellungs-Stile und Maßstabsliste gezeigt.

Darstellungs-Stile: „DGM"

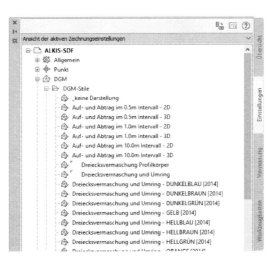

Maßstabsliste de „…. Deutschland.dwt"

8 Grunderwerb

Nachteil

Sollten die Daten für die Erstellung des „Grunderwerb" nicht ausreichend sein, werden eventuell weitere Layer der ALKIS-Daten benötigt, so ist eventuell eine neue oder erweiterte *.sdf oder *.shp Datei zu erstellen oder auszugeben. Die Ausgabe über die Funktion „Massenkopie" ist eventuell komplizierter als die nachfolgend vorgestellte Ausgabe-Funktion „Layer".

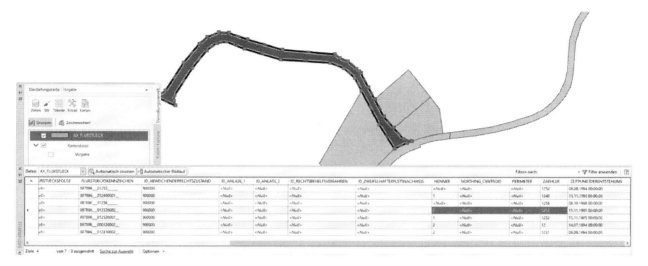

Hinweis:

Die MAP-Funktionen ("Planung und Analyse") haben eigene Optionen oder verlangen eigene Einstellungen. Diese sind jedoch in keiner Weise so umfangreich, wie die Civil 3D Einstellungen und Besonderheiten. MAP regelt vieles eigenständig im Hintergrund.

MAP Optionen:

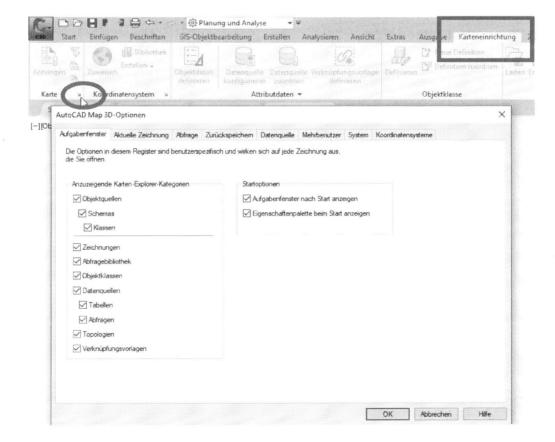

8.1.1 MAP-Layer Ausgabe (3.Variante, Vorzugsvariante)

Die 3. Variante stellt Optionen vor, welche die Daten schnell und direkt ausgibt. Für diese Variante ist der MAP-Layer mit „Rechts-Klick" auszuwählen. Die Variante den entsprechenden MAP-Layer zu speichern, im Format *.layer, *.sdf oder *.sqlite ist die Schnellste.
Im Buch wird die Variante-Format *.layer gezeigt. In der Praxis ist *.sdf oder *.sqlite vorzuziehen.

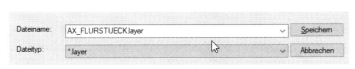

Vorteil:

Diese Variante ist schnell und unkompliziert.

Nachteil:

Eventuell werden weitere Daten des ALIKS-Paketes im Projekt benötigt. Die Ausgabe über die Funktion Massenkopie lässt eine Kombination der Daten zu. Die vorgestellte 3. Variante beschränkt sich auf den einen Layer „AX-Flurstück".

Im nächsten Kapitel werden im Bereich der Liegenschaften zwei Straße und eine Kreuzung konstruiert, um den anschließenden Grunderwerb zu zeigen.

8.2 Civil 3D Konstruktion (Straße, Kreuzung „manuell")

8.2.1 Punktimport, DGM

Für die Konstruktion von Straßen mit Kreuzung wird die 3. Variante (MAP-Layer-Ausgabe im Format „*.layer") gewählt. Der Grundstückserwerb wird getrennt erläutert, getrennt vom den ALKIS-Daten Import - und getrennt von der jetzt folgenden Straßenkonstruktion.

Es wird der MAP-Layer „AX_Flurstueck.layer" geladen. Die noch leere Zeichnung ist mit der Civil 3D Vorlage, „… Deutschland.dwt" erstellt.

Arbeitsbereich: „Planung und Analyse"

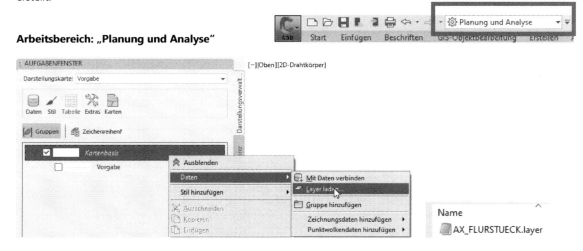

8 Grunderwerb

Im Bereich der Flurstücke soll eine Kreuzung entstehen und dafür wird nachfolgend der „Grunderwerb" erstellt. Die einzelnen Elemente der Kreuzung werden manuell zusammengesetzt, um hier zusätzlich eine Besonderheit in der „OKSTRA-Ausgabe" zu zeigen.

Unabhängig welche Konstruktion im Civil 3D zu erstellen ist, immer wird ein

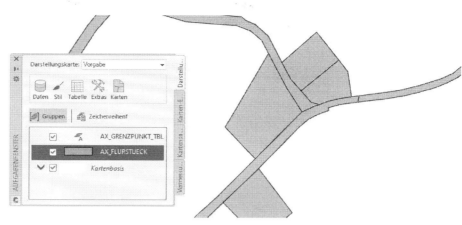

DGM benötigt. Von mir manipulierte Vermessungspunkte (passend zur Lage der ALKIS-Daten) und werden für diese Fläche eingelesen.

Arbeitsbereich „Civil 3D"

Es werden Punkte importiert. Diese Punkte stellen die Basis für ein DGM dar, um die Straßen und eine Kreuzung 3D zu erstellen. Es wird eine Punktgruppe „Vermessung" angelegt. Alle importierten Punkte werden Bestandteil der Punktruppe Vermessung sein.

Es folgt die DGM-Erstellung.
Das Bild zeigt die importieren Punkte (Punktgruppe Vermessung) mit „Kreuz" als Symbol, ohne Beschriftung, im Maßstab 1:250.

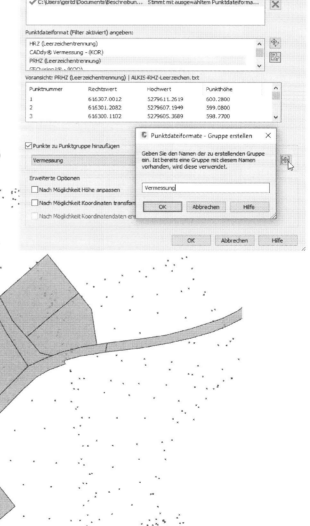

Die Punktgruppe wird dem DGM als Datengrundlage zugewiesen. Der Name kann frei vergeben sein. Im vorliegenden Fall bleibt es bei „Gelände-<(nächster Zähler)>" und es wird der Darstellungs-Stil „Höhenlinien – 10m 1m" gewählt.

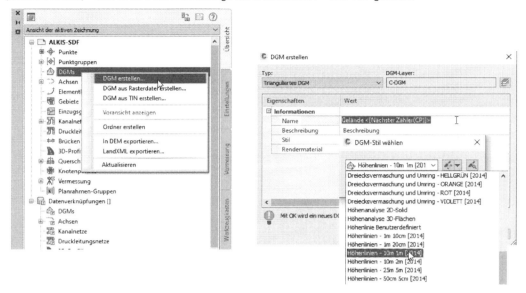

Als Datengrundlage des DGMs wird die Punktgruppe „Vermessung" aufgerufen.

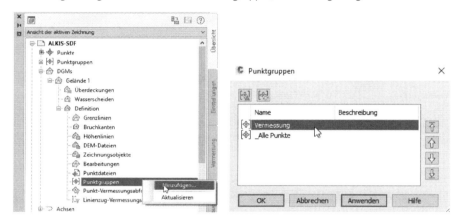

Das DGM ist erstellt und beschreibt die Höhensituation vom vorhandenen Gelände, im zu beplanenden Bereich.

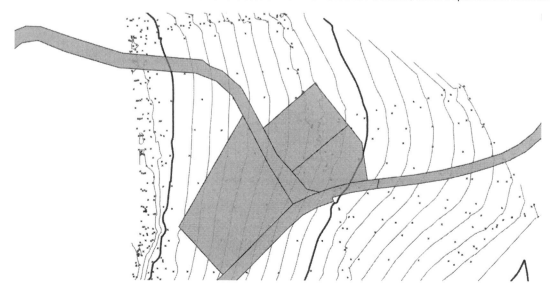

8.2.2 Achskonstruktion, Hilfslinien

Als Voraussetzung für eine Achskonstruktion empfehle ich eine Hilfskonstruktion zu erstellen, im Bereich der Geraden (AutoCAD „Linie"). Diese Linien werden anschließend mit dem AutoCAD-Befehl „Abrunden" und Radius R=0 abgerundet. Im Prinzip wird mit diesem Befehl ein Schnittpunkt erzeugt (AutoCAD). Diese Hilfskonstruktion stellt dann die Voraussetzung für eine Civil 3D-Achse dar.

Der Layer „C-Hilfslinien" wird gesetzt. Der Layer „C-Hilfslinie" ist Bestandteile der „... Deutschland.dwt".

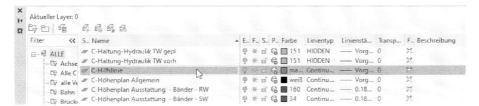

Im Bild ist der Start des Befehls „Linie" mit dem temporären Objektfang „Mitte zwischen zwei Punkte" zu sehen.

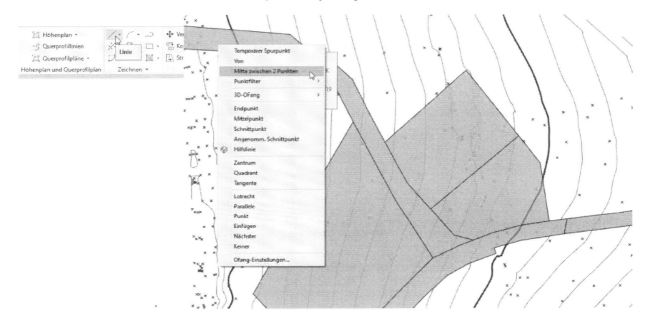

Im Bild ist der Befehl „Abrunden" zu sehen. Der Befehl wurde hier bereits mehrfach angewendet.

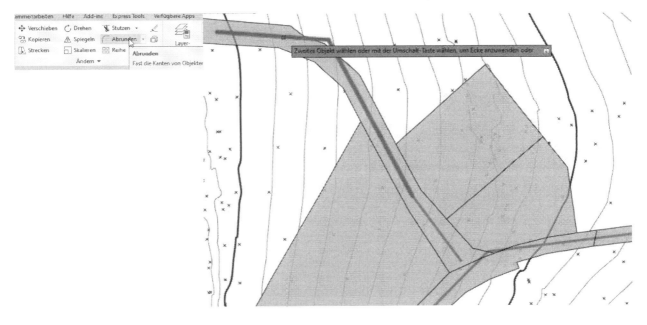

8 Grunderwerb

Eventuell werden weitere AutoCAD-Funktionen benötigt (Länge, Stutzen, Dehnen, usw.).

Achskonstruktion

Für Hauptstraße und Nebenstraße werden die gleichen Objekt-Einstellungen gewählt. Beide Achsen werden nacheinander erstellt.

Die Konstruktionsparameter werden festgelegt.

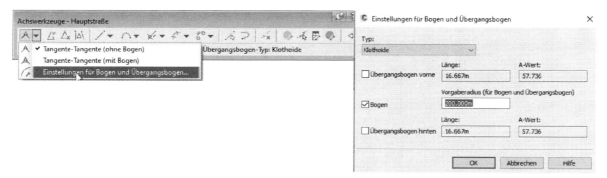

Es folgt die Konstruktion mit dem Befehl „Tangente-Tangente Mit Bogen)".

Gert Domsch, CAD-Dienstleistung

8 Grunderwerb

Eine Nachbearbeitung der Radien ist jederzeit möglich. Es stehen alle Objektfang-Einstellungen (AutoCAD) auch im Civil 3D zur Verfügung.

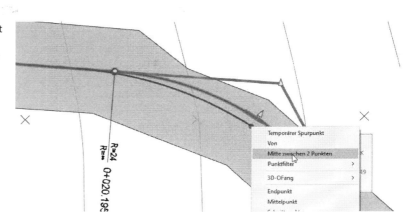

8.2.3 Gelände-Längsschnitt, Höhenplan und Gradienten

Gelände-Längsschnitt

Um eine Abstimmung der Gradienten-Höhen zu erreichen sind für beide Achsen je ein Geländeschnitt und der Höhenplan zu erstellen. Die Funktionen werden nacheinander ausgeführt.

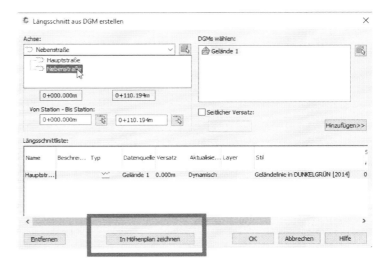

Höhenplan

Der erstellte Höhenplan ist die Voraussetzung für die jeweilige Gradiente.

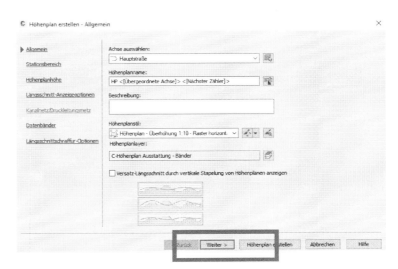

Gradienten-Konstruktion, Werkzeuge zum Erstellen von Längsschnitten

Die „Gradiente" (deutsch) wird im Civil 3D „konstruierter Längsschnitt" genannt.

8 Grunderwerb

Die „Gradienten Konstruktion" ist damit unter „Werkzeuge zum Erstellen von Längsschnitten" zu finden.

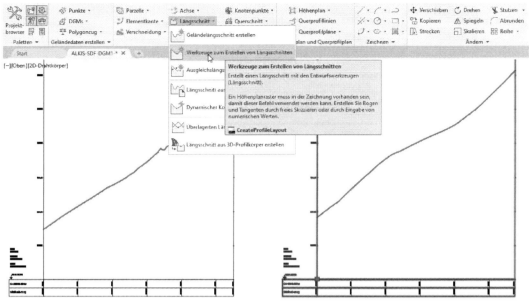

Für beide Gradienten wird, wie bei den Achsen, die gleiche Einstellung gewählt.

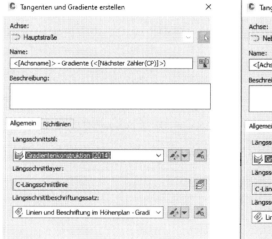

Hier werden auch zuerst die Ausrundungseinstellungen für Kuppen und Wannen überprüft.

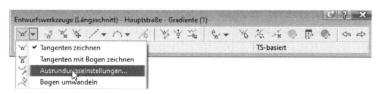

8 Grunderwerb

Die Konstruktion erfolgt mit dem Befehl „Tangenten mit Bogen zeichnen".

Beide Gradienten (konstruierter Längsschnitt) sind erstellt.

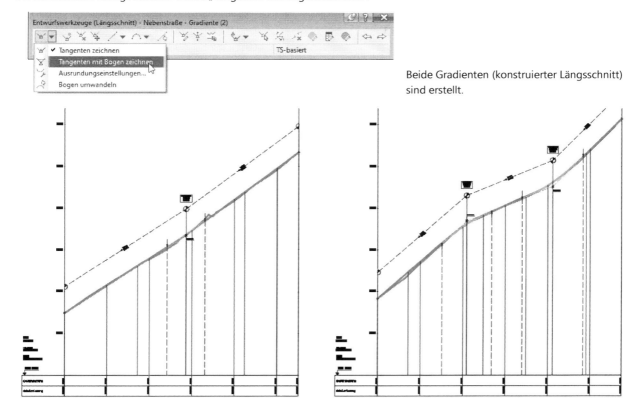

Wichtig ist die Abstimmung der Höhen (Gradienten) im Schnittpunkt beider Achsen.

Ich bin der Meinung diese Höhe sollte dokumentiert sein. Das Bild zeigt die Funktion „Beschriftung hinzufügen" mit dem Beschriftungs-Stil „Achskonstruktion und Gradienten Höhe an beliebigem Punkt".

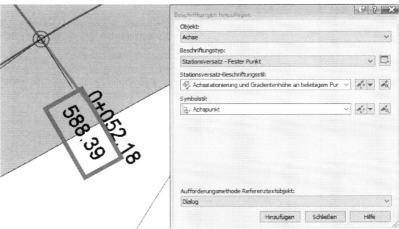

Es folgt die Abstimmung der Höhen durch Editieren der Höhe im Längsschnitt-Editor für die Gradiente der Nebenstraße.

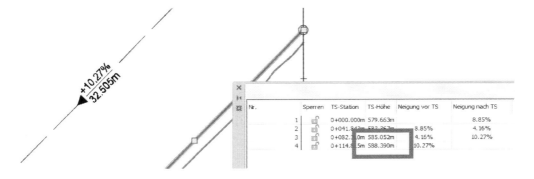

Gert Domsch, CAD-Dienstleistung

8.2.4 Fahrbahnränder, Radius in der Kreuzung

Die Kreuzung verlangt Fahrbahnränder und Radien im Übergangsbereich der Fahrbahnen. Für diese Konstruktionen bietet Civil 3D Funktionen innerhalb der automatischen Kreuzungskonstruktion. Die Fahrbahnränder und Radien können jedoch auch manuell als Bestandteil der Civil 3D Multifunktionsleiste oder der C3D Add-Ins erstellt werden.
Die C3D Add-Ins Funktion „Fahrbahnverbreiterung" und die Civil 3D Funktion „Achsparallele erstellen" sind nahezu technisch identisch.

C3D Add-Ins, Funktionen zum Thema, Fahrbahnverbreiterung: **Civil 3D_Funktion:**

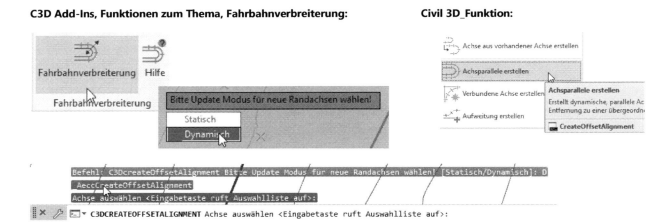

Die erste Maske verlangt nach einem Namen für die Fahrbahn-Verbreiterungsachsen, unabhängig davon, ob es die C3D Add-Ins- oder Civil 3D-Funktion ist. Für die Namen ist eine Namenskonvention vorgegeben. Es wird empfohlen diese Namenskonvention nicht zu ändern.

Die Karte hat drei Einstellungen. Auf der ersten Karte wird die Anzahl der Fahrspuren und die Fahrspurbreite eingestellt.

Im unteren Bereich der Maske ist der Darstellungs-Stil und eine Beschriftungsoption wählbar.

8 Grunderwerb

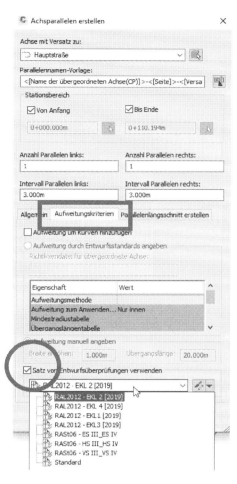

Auf der zweiten Karte „Aufweitungskriterien" kann eine Aufweitung im Kurveninneren oder auch beidseitig festgelegt werden. Die Option „beidseitig" wir im Bild unterhalb gezeigt.

Als Voraussetzung ist dann eine Richtlinie aufzurufen.

Zusätzlich gibt es auch hier „Entwurfsüberprüfungen", die wiederum aus den Autodesk Einstellungen resultieren.

Hinweis:

Der Aufruf zur Zuweisung einer Richtlinien-Datei erfolgt nur, wenn bei der Achskonstruktion selbst (Mittellinien-Achse) noch keine Richtlinien Zuweisung erfolgt ist.

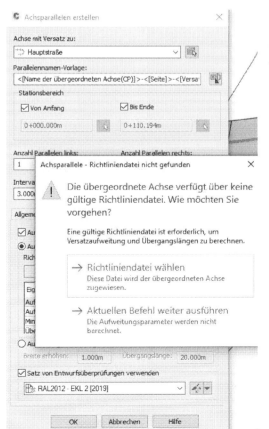

8 Grunderwerb

Um eine deutliche Innenrandverziehung zu zeigen, wird eine „manuelle Aufweitung" gewählt mit 1m Verbreiterung und 10m Übergangslänge.

Auf der dritten Karte „Parallelenlängsschnitt erstellen" kann optional ein Längsschnitt zur parallelen Achse erstellt sein, der im vorliegenden Fall eine Querneigung von 2.5% garantiert.

Der Name des Längsschnittes (deutsch „Gradiente"), der Darstellungs-Stil und der Wert der Querneigung ist frei wählbar.

Hinweis:

Diese Einstellung wäre deaktiviert (grau), wenn die Bezugsachse (Mittellinien-Achse) keinen Längsschnitt (Gradiente) hätte oder noch keine Gradiente für die Mittellinienachse erstellt wäre.

Auch bei erstellter Gradiente (Mittellinienachse) ist die Funktion des konstruierten Längsschnitte deaktivierbar.

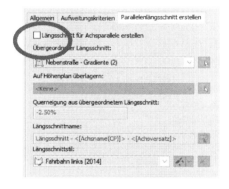

Alle Funktionen können auf einen bestimmten Bereich eingeschränkt sein.
Die Fahrbahnränder sind mit der eingestellten, manuellen Verbreiterung erstellt.

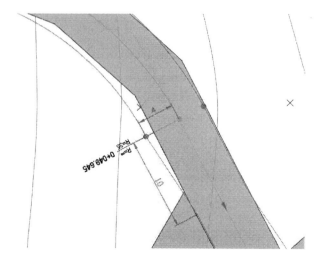

Hinweis:

Die Fahrbahnverbreiterung der C3D Add-Ins greift auf die Civil 3D Einstellungen oder -Funktionen zurück. Exakt die gleichen Fahrbahnränder wären auch erstellbar mit der Funktion „Achsparallele erstellen".

Gert Domsch, CAD-Dienstleistung

8 Grunderwerb

Weil es sich um Civil 3D Funktionen und Civil 3D „Achsparallelen handelt, sind auch Civil 3D Bearbeitungsfunktionen an dieser Stelle verfügbar.

Die berechnete Verbreiterung ist nachträglich bearbeitbar.

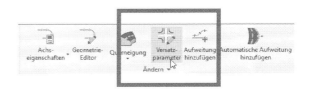

Das Bild zeigt Bearbeitungs-Funktionen.

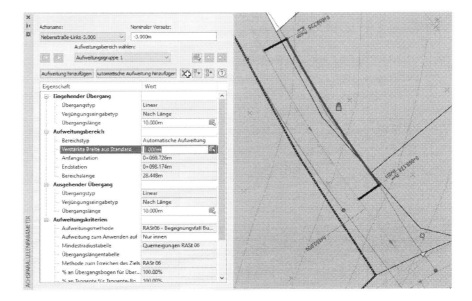

Die eingetragene Verbreiterung wäre änderbar. Im vorliegenden Fall wird diese gelöscht.

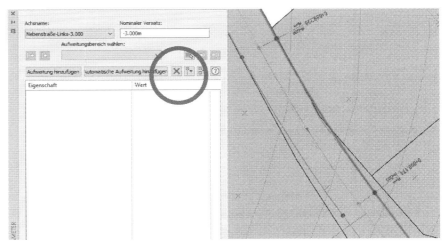

Die Achse Hauptstraße bekommt
mit der gleichen Funktion Fahrbahnverbreiterungen, parallele Achsen (Achsparallele erstellen). Die Breite bleibt bei 3m. Es wird auf eine Fahrbahninnenrandverbreiterung verzichtet.

8.2.5 Ergänzende Civil 3D Konstruktionen

Verbundene Achsen

Für eine manuell erstellte Kreuzung fehlen noch Übergangs-Radien an den Fahrbahnrändern. Für Übergangsradien stellt die „C3D Add-Ins" Funktion keinen Befehl zur Verfügung. Für die Übergangs-Radien wird auf die Funktion „verbundene Achse erstellen" verwiesen. Diese Funktion ist für den Fall Kreuzung (Knoten) erstellen gedacht.

Hinweis:

Als Bestandteil der „DACH-Extension" wäre ein optionaler Befehl verfügbar. Eine Beschreibung ist Bestandteil des Kapitels „DACH-Extension".

Als Bestandteil dieser Funktion wird empfohlen in Fahrtrichtung die parallelen Fahrbahnränder zu picken.

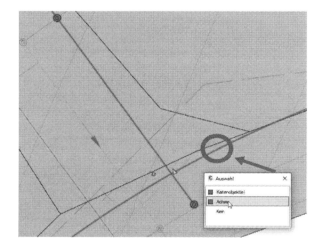

Anschließend verlangt die Funktion die Position der Ausrundung zu wählen. Die Position ist der freie Raum zwischen den parallelen Fahrbahnrändern (der Quadrant).

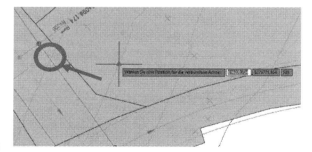

Im nächsten Schritt wird eine Objektdefinition verlangt, in der der Name des Objektes, der Darstellungs-Stil und Beschriftungs-Stil festzulegen sind.

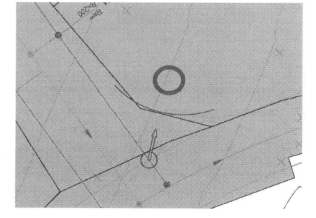

8 Grunderwerb

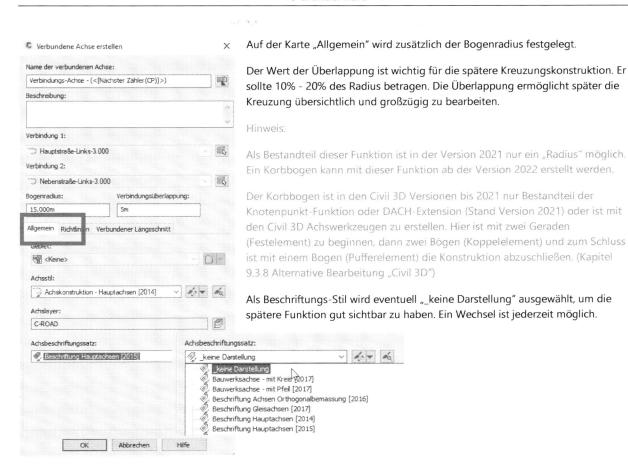

Auf der Karte „Allgemein" wird zusätzlich der Bogenradius festgelegt.

Der Wert der Überlappung ist wichtig für die spätere Kreuzungskonstruktion. Er sollte 10% - 20% des Radius betragen. Die Überlappung ermöglicht später die Kreuzung übersichtlich und großzügig zu bearbeiten.

Hinweis:

Als Bestandteil dieser Funktion ist in der Version 2021 nur ein „Radius" möglich. Ein Korbbogen kann mit dieser Funktion ab der Version 2022 erstellt werden.

Der Korbbogen ist in den Civil 3D Versionen bis 2021 nur Bestandteil der Knotenpunkt-Funktion oder DACH-Extension (Stand Version 2021) oder ist mit den Civil 3D Achswerkzeugen zu erstellen. Hier ist mit zwei Geraden (Festelement) zu beginnen, dann zwei Bögen (Koppelelement) und zum Schluss ist mit einem Bogen (Pufferelement) die Konstruktion abzuschließen. (Kapitel 9.3.8 Alternative Bearbeitung „Civil 3D")

Als Beschriftungs-Stil wird eventuell „_keine Darstellung" ausgewählt, um die spätere Funktion gut sichtbar zu haben. Ein Wechsel ist jederzeit möglich.

Nachfolgend werden die Karten „Richtlinien" und „verbundener Längsschnitt" vorgestellt.

Im Register „Richtlinien", ist eine Richtlinien-Zuweisung und ein Satz von Entwurfsüberprüfungen möglich. Diese Option wird hier nicht genutzt.

8 Grunderwerb

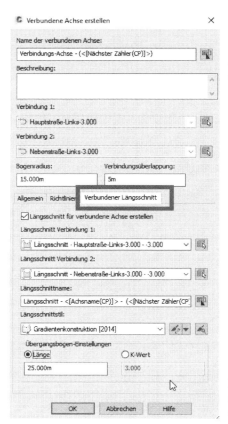

Mit der Funktion „Verbundener Längsschnitt" wird der neuen Achse mit dem Auswählen der Option „Längsschnitt für verbundene Achse erstellen" das Erzeugen einer Gardiente (konstruierter Längsschnitt) angeboten.

Das heißt die Ausrundung bekommt so, in Abhängigkeit der Querneigung im Bereich der Fahrbahn, gelichzeitig eine Höhe bzw. Gardiente zugewiesen.

Mit den gleichen Einstellungen wird im gegenüber liegenden Quadranten nochmals eine „verbundene Achse" erstellt. Damit sind die Voraussetzungen für den nächsten Schritt der Kreuzungskonstruktion gegeben.

Um die Konstruktion etwas anschaulicher zu zeigen, wurden die Liegenschaften im Hintergrund ausgeblendet. Es wurde der MAP-Layer ab geschalten.

Das Bild zeigt das MAP-Aufgabenfenster und die bisher erstellten Achsen.

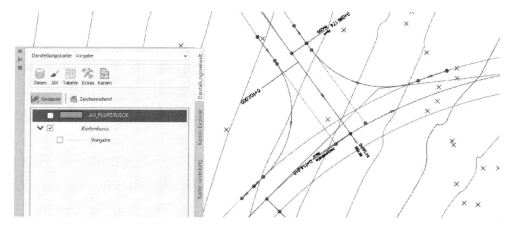

Für die „Parallelen Achsen" (Fahrbahnverbreiterung) und die „Verbundenen Achsen" (beide Seiten) wurde die Funktion „verbundene Längsschnitte" aktiviert. Das heißt alle Achsen haben Gradienten (eine Höheninformation).

In der Zeichnung ist das nicht zu sehen. Es sind keine Höhenpläne gezeichnet. Im Projektbrowser sind die erstellten Längsschnitte nachweisbar.

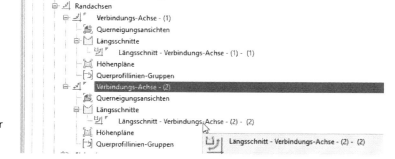

8 Grunderwerb

Für die Praxis bedeutet das, jede dieser Achsen könnte auch einen Höhenplan haben und einen oder mehrere „konstruierte Längsschnitte" (Gradienten) könnten dargestellt sein. Alle Gradienten wären auch bearbeitbar oder könnten durch eine alternative Gradienten-Konstruktion ersetzt werden.

Hinweis:

Die automatisch erzeugten Gradienten (verbundener Längsschnitt) sind nicht mit Kuppen und Wannen ausgestattet. Eventuell ist dieser Kompromiss akzeptabel, weil die Geschwindigkeit im Kreuzungsbereich kaum über 50 km/h betragen wird.

Zusätzlich kann die vorgegebene Gradiente gegen eine eigene Gradiente ausgetauscht werden.

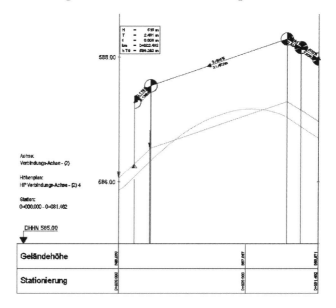

8.2.6 Querschnitt

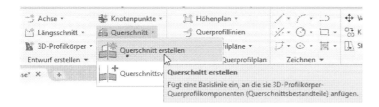

Die Form des Querschnittes ist nicht entscheidend für die Kreuzungskonstruktion. Wichtig ist die Möglichkeit den Querschnittsbestandteilen „Anschlüsse" zuweisen zu können. Jedes Querschnittselement, das Anschlüsse zulässt kann verwendet werden. Wichtig ist, sich vor der Verwendung von Querschnittselementen in der Hilfe, zum Thema Anschluss zu informieren.
Für diesen Teil der Beschreibung wird ein Querschnittsbestandteil aus der Liste der „DE_RStO_12" Palette gewählt (Bk100).
Zuerst wird der entsprechende Ausschnitt aus der Hilfe gezeigt.

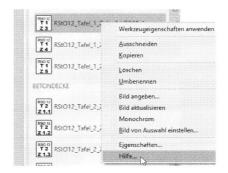

8 Grunderwerb

Die Aussage der Hilfe ist in diesem Fall etwas unvollständig. Als Anschlüsse können Achsen, konstruierte Längsschnitte, Elementkanten und 3D-Polylinien dienen.
Das Querschnittselement wird verwendet und im Detail bearbeitet.

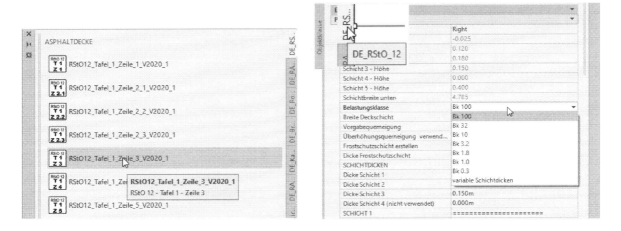

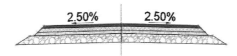

Der Querschnitt wird auf der rechten Seite durch Bordsteine und einen Gehweg erweitert. Auf der linken Seite durch ein Bankett-Element ergänzt. Den Abschluss bildet ein Böschungselement, das im Fall „Einschnitt" einen Straßengraben bilden kann.

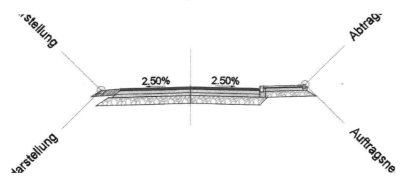

Hinweis:

Die Breite des Querschnittes wird auf 3m festgelegt. Damit entspricht die Breite der Fahrbahn und den parallelen Achsen. Eine Steuerung der Breite durch die parallelen Achsen wäre gleichzeitig möglich.

8.2.7 Kreuzung als 3D-Profilkörper ohne Civil 3D-Kreuzungs-Konstruktion

Zuerst sind die Straßen in den Bereichen zu füllen, die einen beidseitigen Querschnitt aufnehmen.

Es werden vor und hinter der Kreuzung insgesamt 3 „3D-Profilkörper" erstellt, diese schließen die Straßenkonstruktion ab. Die Kreuzung sollte als eigener 3D-Profilkörper erstellt sein. Das wird innerhalb der Zeichnung der 4. „3D-Profilkörper" sein.

8 Grunderwerb

Hauptstraße-1: 1. 3D-Profilkörper

Es sind Achse, Gradiente Querschnitt und DGM festzulegen. Der erste 3D-Profilkörper soll den Bereich von Achs-Anfang bis Kreuzung schließen.

Der Schalter zum Anzeigen von „Basislinie und Bereichsparameter festlegen" sollte aktiviert bleiben. Damit wird nach „OK" die Maske „Parameter" der 3D-Profilkörper-Eigenschaften gezeigt. Hier sind die Stationswerte für Anfang- und Ende des Profilkörpers sowie die Spalte „Intervall" zu beachten.

Das Berechnungs- „Intervall" spielt für die Darstellung des 3D-Profilkörpers eine große Rolle. Das durch Autodesk vorgegebene Intervall (25m) wird kleiner gesetzt (Geraden, Tangenten 10m, Bögen, Kuppen und Wannen 5m).

Mit der Umstellung des Intervalls (Berechnungsintervall) wird der 3D-Profilkörper im Bereich der Radien schöner dargestellt.

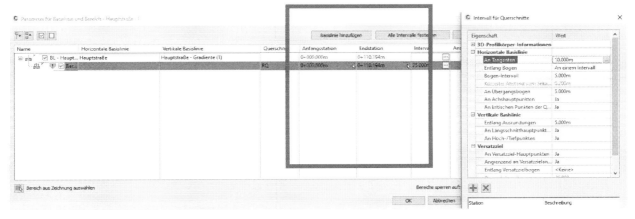

Der Bereich für die Kreuzung bleibt offen. Die Anfangs-Station kann bei „Null" bleiben. Die Endstation wird entsprechend gewählt.

8 Grunderwerb

Der 1. Teil der Straßenkonstruktion ist erstellt.

Weicht die Querneigung von den klassischen Berechnungswerten ab, so kann durch Zuweisung von Anschlüssen die Querneigung und die Fahrbahnbreite gesteuert werden.

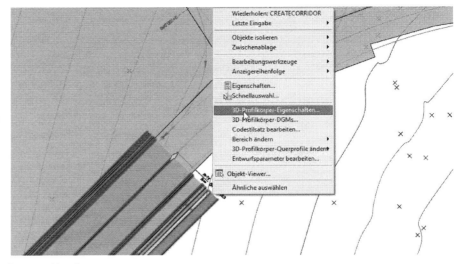

Der erneute Zugang erfolgt über die Auswahl der 3D-Profilkörper-Eigenschaften, Karte Parameter, Spalte „Anschluss".

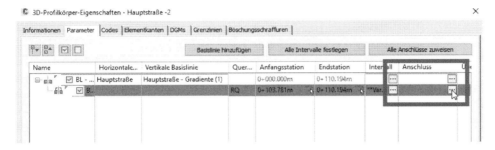

Die Höhe des Fahrbahnrandes ist durch die berechnete Querneigung (Achseigenschaft) oder durch Anschlüsse steuerbar. Anschlüsse können Längsschnitte, Elementkanten, 3D Polylinien oder Vermessungslinienzüge sein. Das Bild zeigt nur die Option „Längsschnitte".

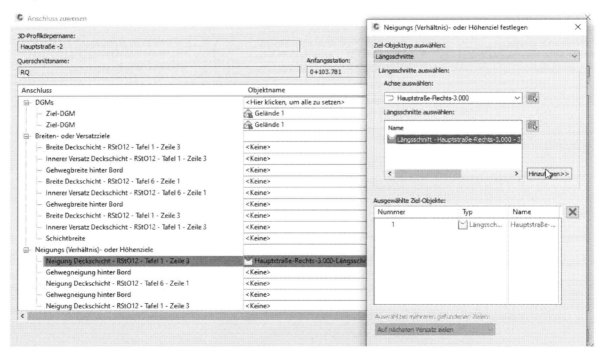

Hierbei kann unabhängig nur die Fahrbahnbreite (Anpassung an Grundstücksgrenzen oder Gebäude) oder die Fahrbahnhöhe gesteuert sein (Grundstück-Zufahrten, Anschuss an Parkplätze).

8 Grunderwerb

Der nächste Abschnitt des 3D-Profilkörpers wird erstellt.

Hauptstraße-2: 2. 3D-Profilkörper

Es sind Achse, Gradiente Querschnitt und DGM erneut festzulegen. Der zweite 3D-Profilkörper soll den Bereich von Kreuzung bis Achs-Ende schließen.

Das durch Autodesk vorgegebene Intervall (25m) wird erneut kleiner gesetzt (Geraden, Tangenten 10m, Bögen, Kuppen und Wannen 5m)

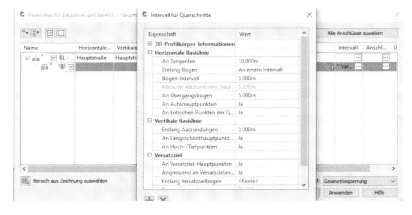

Dieser Abschnitt sollte erst nach der Kreuzung beginnen. Der Wert der Anfangsstation wird manuell geändert bzw. gesetzt.

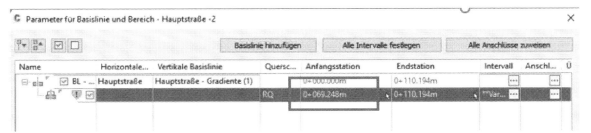

Die Zuordnung der Anschlüsse kann auch hier ein wichtiger Bestandteil der Konstruktion sein. Das Bild zeigt die optionale Auswahl weiterer Zeichnungselemente die als „Anschluss" Verwendung finden können.

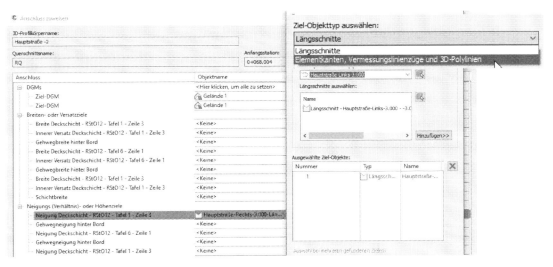

8 Grunderwerb

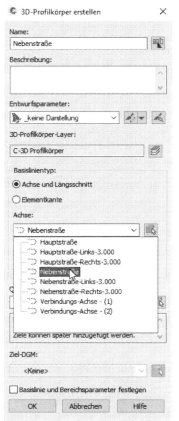

Der nächste Abschnitt wird erstellt (3D-Profilkörper – Nebenstraße).

Nebenstraße: 3. 3D-Profilkörper

Es sind Achse, Gradiente Querschnitt und DGM festzulegen. Der dritte 3D-Profilkörper soll wiederholt den Bereich der Kreuzung frei lassen und den sich anschließenden Teil der Neben-Straße abdecken.

Hier wird ebenfalls das voreingestellte Berechnungsintervall angepasst.

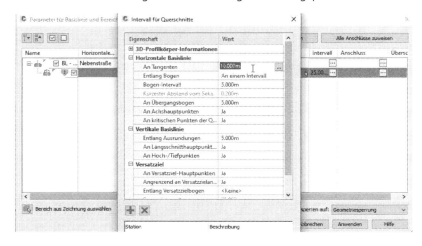

Um den Platz für die spätere Kreuzung frei zulassen, wird hier die Anfangsstation etwas zurückgesetzt (Achsrichtung beachten). Alle Stationswerte der drei 3D-Profilkörper sind später beliebig oft editierbar oder anpassbar. Der exakte Raum für die Kreuzung kann nach erfolgter Kreuzungskonstruktion jederzeit korrigiert oder neu festgelegt sein.

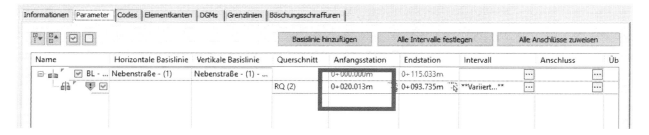

Hinweis:

Ein 3D-Profilkörper ist nicht nur Straße, er ist auch Kreuzung oder Kreisverkehr. Optional sind immer „Anschlüsse" möglich beziehungsweise, das Konstruktionsziel wird maßgeblich durch Anschlüsse bestimmt. Eine Kreuzung, ob manuell oder mit der Civil 3DFunktion „Knotenpunkte", ist auch nur ein 3D-Profilkörper mit mehr oder weniger Basislinien (Achsen) und Anschlüssen.

8.2.8 3D-Profilkörper Kreuzung

Die Besonderheit bei einer Kreuzung sind die Querschnitte. Innerhalb einer Kreuzung gibt es eher keine symmetrischen Querschnitte. Die Hautachsen (Hauptstraße, Nebenstraße) werden zu Anschlüssen. Der Grund hierfür ist, dass es keine konstanten Breiten oder konstanten Querneigungen im Bereich der Kreuzung gibt.

8 Grunderwerb

Die Achsen, die als „Verbundene Achsen" erstellt wurden, sind im Fall der Kreuzung die zukünftigen „Basis-Linien".

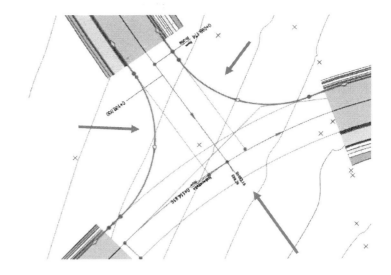

Für das Schließen der Kreuzung werden neue Querschnitte benötigt, die den Kreuzungsbereich Fahrbahn schließen können und außerhalb der Fahrbahn die entsprechenden Bedingungen wie Gehweg, Bankett oder Straßengraben abdecken.

Bezogen auf die vorliegende Konstruktion werden drei Querschnitte erstellt. Der Querschnitt (roter Strich) stellt die Verbindung zur Achse (Gradiente) her.

- Rechts-Oben (NO) ein Querschnitt mit Fahrbahn, Bankett und Böschung (Graben)

Das Zusammenstellen der Querschnittselemente ist mit der Civil 3D Funktion „Querschnitt-Kopieren" möglich- Es sind Querschnittselemente von anderen Querschnitten verwendbar.

- Links (SW), ein Querschnitt mit Fahrbahn, Bord, Gehweg, Randstein, Böschung (Graben)

- Unten (S), ein halber Querschnitt der Fahrbahn mit Bord, Gehweg, Randstein und Böschung

Für diesen Fall kann der Querschnitt der Hauptstraße (zum Beispiel: 1. 3D-Profilkörper) mit AutoCAD „Kopieren" kopiert und anschließend die linke Seite mit AutoCAD „Löschen" gelöscht sein.

Hinweis:

Je nach Anforderung können die Querschnitte (Aufbau) variieren. Verschiedene Konstruktionsvarianten sind möglich.

Der 3D-Profilkörper „Kreuzung" wird erstellt.

8 Grunderwerb

Die als „Verbundene Achse" erstellten Achsen und deren abgeleitete Längsschnitte (deutsch Gradiente) werden als „Basislinientyp" ausgewählt.

Bezogen auf die hier verwendete Achse (Achsrichtung beachten!) wird der entsprechende Querschnitt verwendet, der nach links die Fahrbahn schließen kann (Anschuss: Hauptstraße, Nebenstraße einschließlich Gradienten), und nach rechts die Konstruktion mit Bankett und optionalem Straßengraben abschließt.

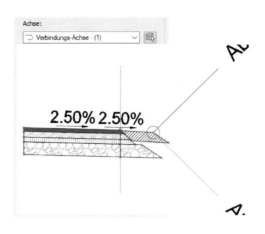

Um innerhalb der Konstruktion eine bessere Übersicht zu den Bestandteilen zu behalten, wird empfohlen, Straßenkonstruktion und Kreuzungskonstruktion zuerst nicht überlappen zu lassen. Änderungen sind so leichter zuordenbar, lokalisierbar und eventuell erkennbar.

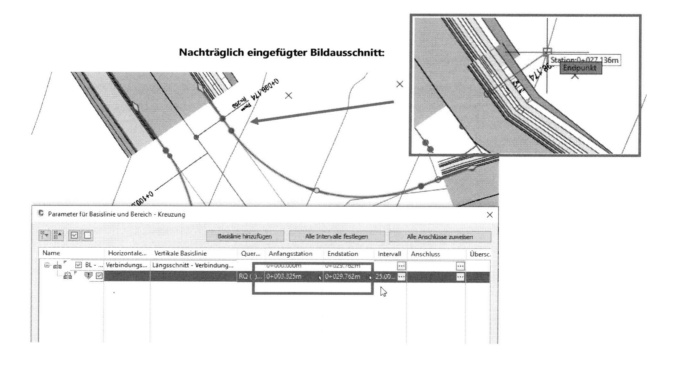

Nachträglich eingefügter Bildausschnitt:

8 Grunderwerb

Für Kreuzungsbereiche wird ein Intervall (3D-Profilkörpereigenschaft, Berechnungsintervall) von 1m vorgeschlagen.

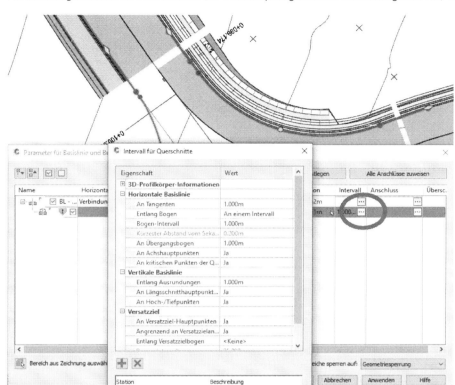

Die Kreuzung ist erst in der Mitte geschlossen, wenn die entsprechenden Anschlüsse zugewiesen sind.
Die Anschlüsse sind hier die Mittellinien-Achsen der Straßen.

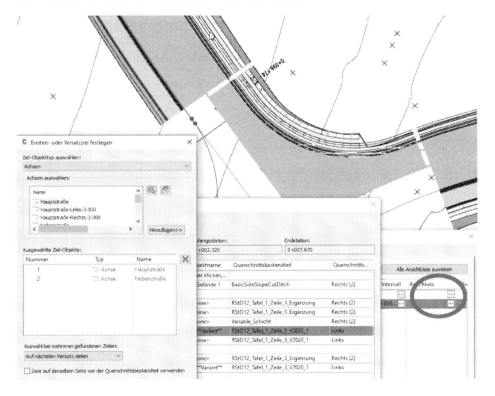

8 Grunderwerb

Die Achse schließt die Fläche im Lageplan, der Längsschnitt (deutsch Gradiente) schließt die Fläche in der Höhe.

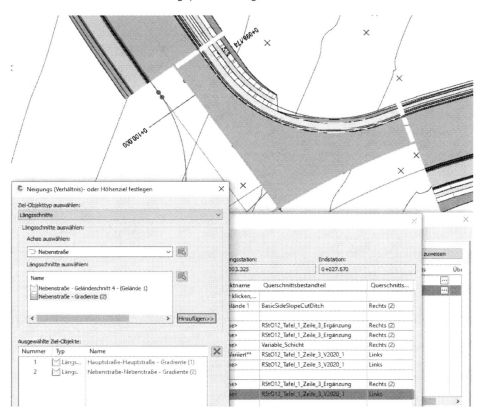

Es werden jeweils zwei Achsen oder zwei Längsschnitte aufgerufen. Die Funktion wechselt selbstständig im Schnittpunkt der Kreuzung auf das nächste Element.

Das Schließen der Fläche in der Höhe ist eventuell nur im 3D kontrollierbar oder zusehen.

Die klaffenden Bereiche können jederzeit geschlossen werden. Der Stationswert des 3D-Profikörpers (Eigenschaft, Parameter) stimmt mit den dargestellten Griffen überein (3D-Profilkörper auswählen). Wird der Griff angefasst und verschoben, so ändert sich auch der Stationswert.

Der gegenüberliegende Quadrant wird auf die gleiche Art und Weise geschlossen.

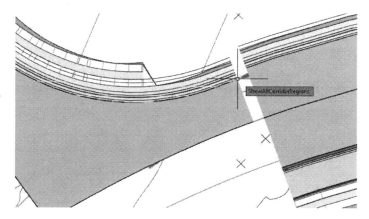

Gert Domsch, CAD-Dienstleistung

8 Grunderwerb

Für diesen Bereich gibt es zwei Besonderheiten. Erstens es wird der Querschnitt benötigt, der nicht nur die Fahrbahn schließen kann, sondern auch einen Gehweg-Bestandteil besitzt. Die Orientierung „Rechts" und „links" bezogen auf die Achse „Verbundene Achse" ist zu beachten.

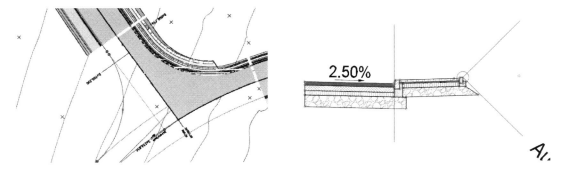

Die zweite Besonderheit, es wird kein neuer 3D-Profilkörper erstellt. Es wird dem 3D-Profilkörper „Kreuzung" eine weitere „Basislinie" hinzugefügt. Für diese Funktion ist die Karte „Parameter" des 3D-Profilkörper zu öffnen.

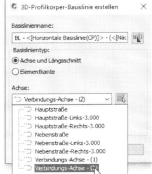

Basis-Linie ist wieder die „verbundene Achse", der Bogen im gegenüberliegenden Quadranten. Zur Basislinie gehört die entsprechende Gardiente (konstruierter Längsschnitt).

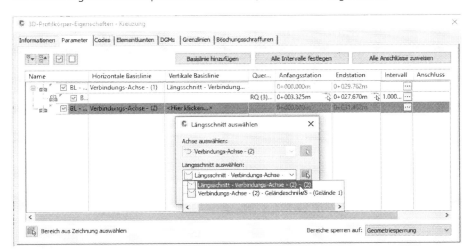

Anschließend ist ein „Bereich" hinzuzufügen. Mit „Bereich" ist der Querschnitt gemeint.

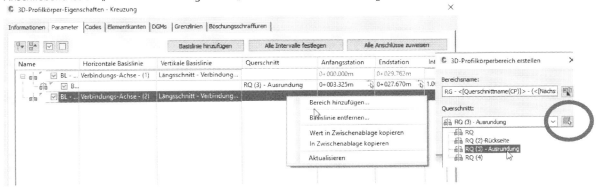

8 Grunderwerb

Es ist von Vorteil, wenn die Querschnitte vorgegebene Namen haben. Alternativ ist auch eine Auswahl in der Zeichnung möglich.
Auch hier macht es Sinn dem 3D-Profilkörper eine abweichende Anfangs- und Endstation zu geben.
So ist die Kreuzung von den anderen Straßen abgegrenzt. Innerhalb der Bearbeitungsphase kann das von Vorteil sein.

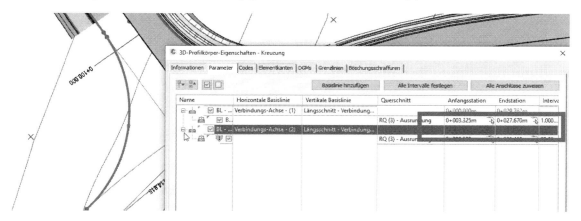

Das Aussehen des 3D-Profilkörper-Bestandteils wird im Wesentlichen durch das Intervall (Berechnungsintervall) bestimmt. Es wird hier auch auf 1m zurückgesetzt.

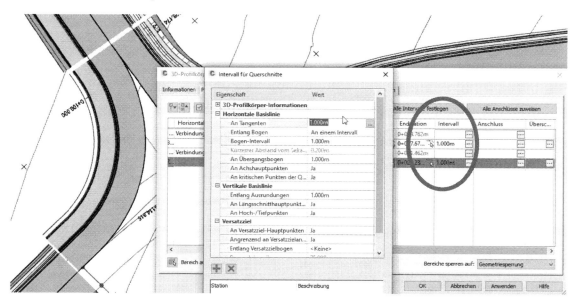

Um den Bereich der Kreuzung zu schließen sind die „Anschlüsse" zu bearbeiten.

Hier sind DGM, die Mittellinie-Achsen der Straßen und deren Gradienten wiederholt zu zuweisen (konstruierte Längsschnitte).

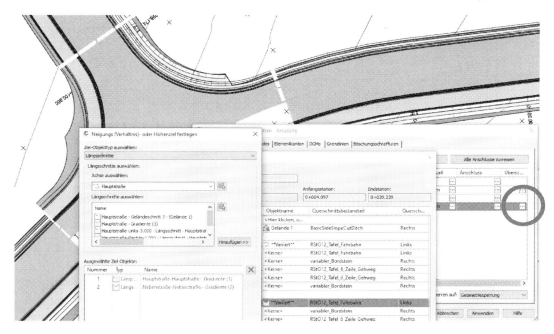

Das Schließen der Fläche in der Höhe ist eventuell nur im 3D zusehen.

Die den Quadranten gegenüberliegende Fläche wird auf ähnlicher Art und Weise geschlossen. Für diesen Bereich ist der halbe Querschnitt erforderlich.

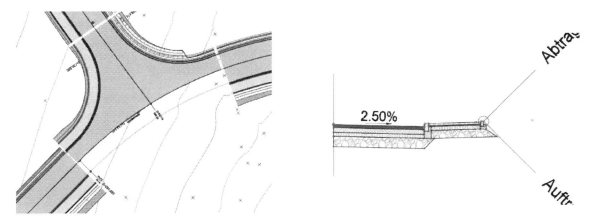

Für die Zuweisung des dritten Bestandteils der Kreuzung ist wiederholt die Karte „Parameter" des 3D-Profilkörpers zu öffnen und eine weitere Basislinie hinzuzufügen.

8 Grunderwerb

In diesen Fall ist es die Achse „Hauptstraße-1".

Um die Höhe des Querschnittes anzupassen ist die entsprechende Gradiente auszuwählen.

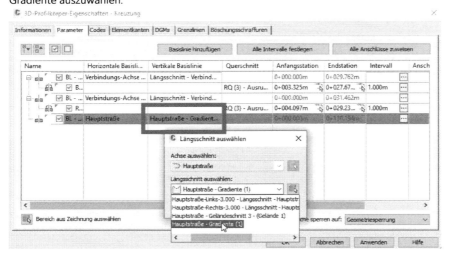

Als drittes Element wird der entsprechende Querschnitt ausgewählt. Die Funktion nennt sich „Bereich hinzufügen". Mit Bereich ist der habseitige Querschnitt mit Gehweg gemeint. Im Beispiel wurde er „RQ- (2) Rückseite bezeichnet.

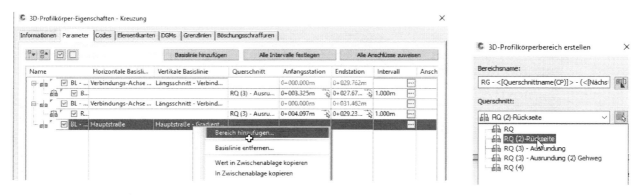

Die dritte Basislinie ist die Achse der Hauptstraße. Hier ist jedoch unbedingt zu beachten, dass der Bereich einzugrenzen ist. Auf keinen Fall gilt der Querschnitt über den gesamten Bereich der Achse.

8 Grunderwerb

Anfangsstation und Endstation sind der Bereich der Kreuzung.

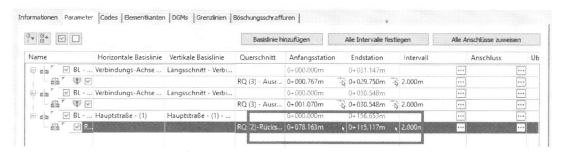

Als Intervall (Berechnungsintervall) wird 2m gewählt.

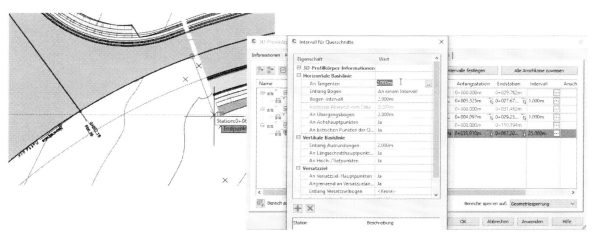

Hinweis:

Die Festlegung des Berechnungsintervalls ist reine Gefühlssache. Das Berechnungsintervall ist ein Kompromiss zwischen Rechenzeit, schöner Darstellung und erforderlicher Genauigkeit für den Baubetrieb (Absteckpunkte oder Maschinensteuerung).

Der Bereich „Anschluss" ist für den dritten Querschnitt ebenfalls aufzurufen um das Ziel für den Graben und die Böschung, das DGM festzulegen.

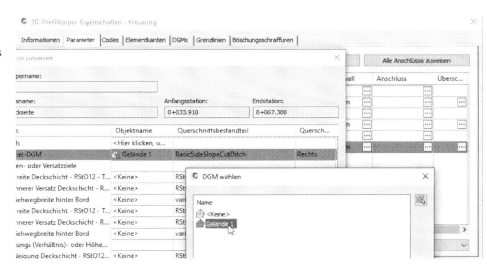

Die Kreuzung ist mit allen Bestandteilen erstellt.

2D Ansicht

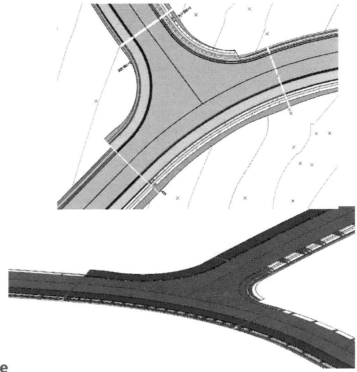

3D Ansicht:

8.2.9 Flächeninanspruchnahme

Um die Flächeninanspruchnahme für die Straßenkonstruktion mit Kreuzung zu bestimmen, sind deren Grenzen - oder für die Funktion verwertbare Linien-Elemente, auszugeben.

Die erstellten 3D-Profilkörper besitzen dafür lediglich die Voraussetzung.

Um funktionsgerechte Elemente zu erstellen, gibt es mehrere Möglichkeiten. Die Basis ist der 3D-Profilkörper und seine Eigenschaften.

Der 3D-Profilkörper hat 3D-Profilkörper-Kanten (Elementkanten), die aus dem Punkt-Codes des zugeordneten Querschnittelementes erzeugt werden.

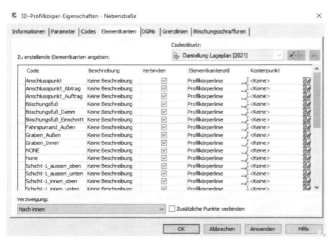

Jede dieser 3D-Profilkörperkanten kann als 3D-Polylinie ausgegeben werden.

Eine Umwandlung in eine 2D-Polylinie ist anschließend, als Bestandteil der Civil 3D-Funktionen, möglich.

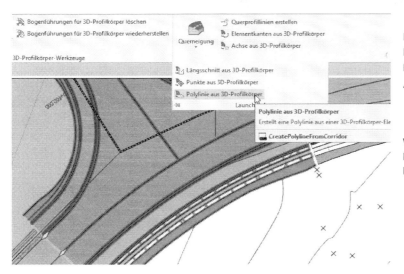

Die Option zur Ausgabe der 3D-Profilkörper-Kanten (Elementkanten) ist Bestandteil des 3D-Profilkörper Kontext-Menüs, Bereich „Launchpad".

Wahllos werden einzelne 3D-Profilkörperkanten (Elementkanten) als 3D-Polylinien ausgegeben.

Hinweis:

Vor der Ausgabe sind eventuell alle vier 3D-Profilkörper auf der Karte Codes (3D-Profilkörpereigenschaften) auf „keine Darstellung" zu setzen. Die Schraffur Farbe verhindert vielfacht die Auswahl der 3D-Profilkörper Kanten (Elementkanten) und damit das Erstellen der 3D-Polylinien.

In der Beispielzeichnung ist der Civil 3D Layer „C-Hilfslinien" als „Aktuell" gesetzt. Hier ist die Farbe „Magenta" vorgegeben. Die erstellten 3D-Polylinien werden so auf den Layer „C.-Hilfslinien in der Farbe Magenta zu sehen sein.

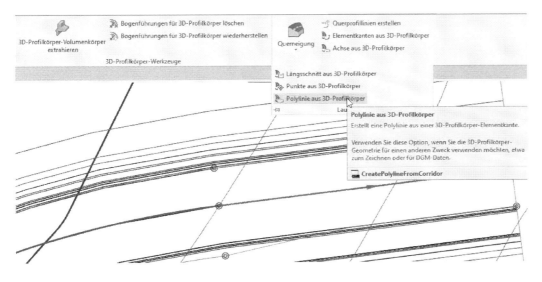

8 Grunderwerb

Für diese Beschreibung wird zusätzlich die Funktion „Begrenzung aus 3D-Profilkörper" gewählt.

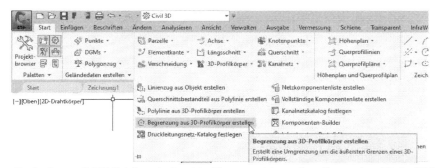

Diese Funktion erstellt eine 2D-Polylinie, die alle Bestandteile des 3D-Profilkörpers einschließt, das heißt die 2D-Polylinie wird am äußeren Rand des 3D-Profilkörpers erzeugt.

‚Da der Layer „C-Hilfslinie" noch als „aktuell" gesetzt ist, werden alle aus dem 3D-Profilkörper ausgegebenen Kanten (Elementkanten) als Polylinie auf dem Layer „C-Hilfslinie" erstellt.

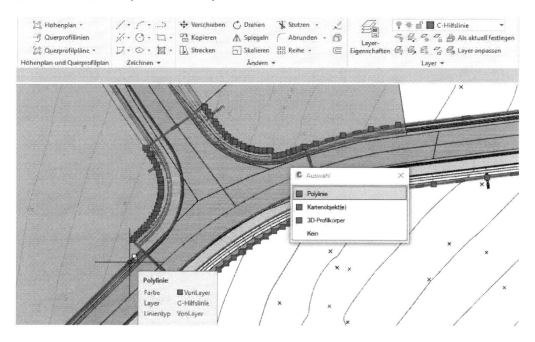

Mit der AutoCAD Funktionen „Ähnliche auswählen" oder „Schnellauswahl" lassen sich die ausgegebenen 3D-Polylinien auswählen und mit Civil 3D in 2D-Polylinien umwandeln. Anschließend kann mit dem AutoCAD Befehl „Begrenzug" geschlossene 2D-Polylinien erstellt werden. Die geschlossenen 2D-Polylinien ermöglichen später die Flächenermittlung.

Die Bilder zeigen einige der Funktionen.

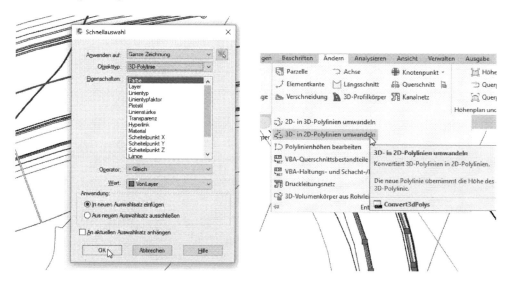

Gert Domsch, CAD-Dienstleistung

8 Grunderwerb

Die erstellten 2D Polylinien, die die zu erwerbenden Flächen beschreiben, sind die Voraussetzung für die Flächenermittlung im nächsten Kapitel.

Um diese neuen Flächen (Begrenzung) im Bild zu zeigen, wurde eine neuer Layer angelegt mit der Farbe blau. Mit der Funktion „Objekte isolieren" wurde alles andere unsichtbar geschalten.

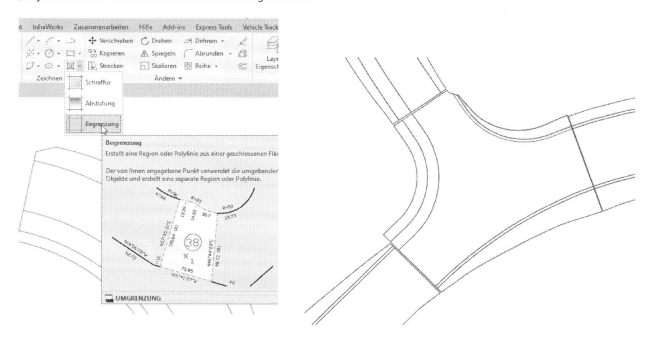

Die Grunderwerbs-Flächen des 3D-Profilkörper sind erstellt. Diese liegt als Polylinien vor. Um diese Flächen den einzelnen Grundstücken zuzuordnen, sind GIS-Funktionen zu nutzen, weil die Liegenschaftsdaten im GIS-Format vorleigen. Das heißt die ermittelten 3D-Profilkörper-Flächen sind in GIS-Objekte umzuwndeln, um die entsprechende GIS-Funktion nutzen zu können.

Diese Funktionen sind im Arbeitsbereich „Planung & Analyse zu finden. Dazu wird später auf den Arbeitsbereich „Planung und Analyse" gewechselt.

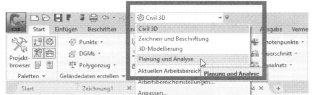

Hinweis:

Bevor die Beschreibung weitergeführt wird, gibt es einen Hinweis auf die OKSTTRA-Ausgabe, Objekt „Kreuzung".

8.2.10 Hinweis auf OKSTRA Ausgabe „Kreuzung"

Funktion zum Thema

Hinweis:

Wird die Kreuzung manuell erstellt, so bleibt die „OKSTRA-Ausgabe, Kreuzung" leer.

Die OKSTRA-Ausgabe bleibt leer, weil die Kreuzung nur als zusammengesetzter 3D-Profilkörper existiert und nicht Civil 3D Objekt „Kreuzung" ist. Es gibt keinen Eintrag im Projektbrowser, Kategorie „Knotenpunkte".

In der Registerkarte „Kreuzung ist keine Auswahl möglich.

Nur Achsen und Gradienten der Konstruktion können exportiert werden.

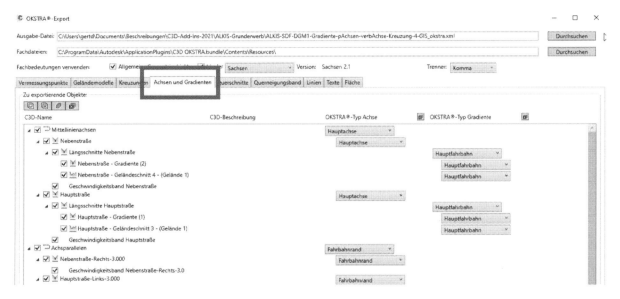

Wird die OKSTRA-Ausgabe als Bestandteil des Projektes verlangt, so ist die Funktion „Kreuzung erstellen" zu nutzen. Mit dieser Funktion wird die Kategorie „Knotenpunkte" im Civil 3D gefüllt und die OKSTRA-Ausgabe bedient.

8.2.11 GIS-Funktion, Civil 3D, Arbeitsbereich „Planung & Analyse"

Der Arbeitsbereich „Planung und Analyse stellt die Civil 3D Schnittstelle zum Thema „GIS" dar.

Das GIS hat sich getrennt, als eigene Sparte, im weiten Feld des CAD entwickelt. Bedeutend ist hier die Firma „ESRI" mit dem ursprünglichen *.SHP-Format. Autodesk hat eine eigene Entwicklung mit dem Autodesk MAP dagegengestellt und hier das Dateiformat *.sdf und *.layer zusätzlich eingeführt.

Der Arbeitsbereich „Planung und Analyse" (beinhaltet Funktionen des Produktes „Autodesk MAP") besitzt die Befehle, um mit dem Format *.shp, *.sdf oder *.layer umzugehen und macht diese Formate innerhalb der AutoCAD-Welt verwendbar.

8 Grunderwerb

Hinweis:

Das Format *.shp ist von ESRI (ArcGIS) entwickelt. Das Format *.sdf und *.layer ist ein Autodesk-GIS-Format. Zwischen allen drei Formaten gibt es technische Unterschiede. Die Unterschiede werden in der Unterlage nicht erläutert.

Für die nächsten Schritte wird in dem Arbeitsbereich Planung und Analyse gewechselt und hier das MAP-Aufgabenfenster geöffnet.

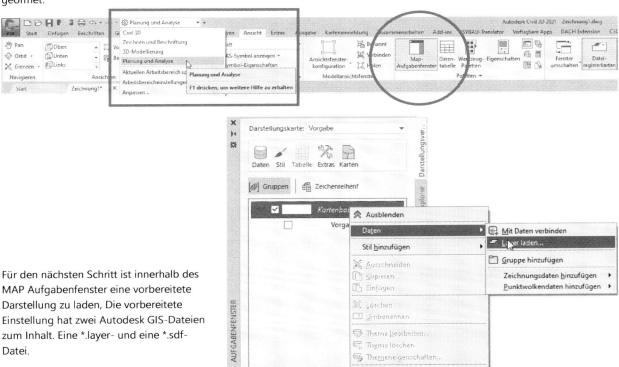

Für den nächsten Schritt ist innerhalb des MAP Aufgabenfenster eine vorbereitete Darstellung zu laden, Die vorbereitete Einstellung hat zwei Autodesk GIS-Dateien zum Inhalt. Eine *.layer- und eine *.sdf-Datei.

- GEW_2020.layer
- GEW_2020.sdf

Diese GIS-Dateien werden anschließend mit GIS-Funktion bearbeitet oder mit den Daten der Straßenkonstruktion gefüllt. Deshalb ist das Original in den Projektpfad zu kopieren, um innerhalb anderer Projekte Grundstücksdaten neu- oder wiederholt neutral zu ordnen zu können.

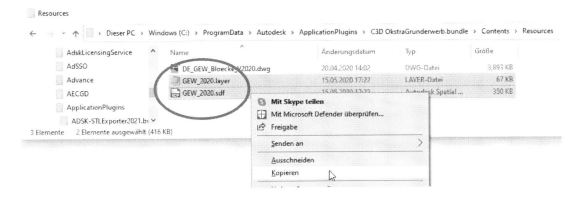

Gert Domsch, CAD-Dienstleistung

8 Grunderwerb

Hinweis:

In der Datei GEW_2020.layer ist eine Anpassung an den Projektpfad vorzunehmen. Die Autodesk Hilfe geht auf diese Funktion oder diesen Arbeitsschritt ein. (Auszug aus der Autodesk Hilfe (Seite 12)).

8.0 Vorlagedaten

Die Vorlagedateien für die Grunderwerbsflächen GEW_2020.SDF und GEW_2020.LAYER befinden sich im Verzeichnis

C:\ProgramData\Autodesk\ApplicationPlugins\C3D OkstraGrunderwerb.bundle\Contents\Resources\

Zur Nutzung dieser Daten sind die beiden Dateien in das betreffende Projektverzeichnis zu kopieren.
Danach ist in der Datei GEW_2020.LAYER das Verzeichnis für die SDF-Datei anzupassen.

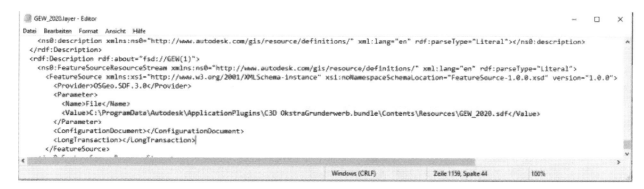

Hinweis:

Der auszutauschende Text ist in der Datei auf Zeile 1156 innerhalb der GEW_2020.layer zu finden.

Die angegebene GIS-Datei GEW_ 2020.layer wird geladen. Diese Datei enthält nach dem Editieren den Verweis zur zweiten Datei GEW_2020.sdf.

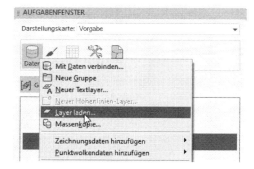

Der geladenen Struktur (Layer) sind die Flächen zu zuweisen.

8 Grunderwerb

Eventuell sollte jede Fläche einzeln zugewiesen werden, um in der anschließenden Tabelle die Eigenschaft festzulegen.

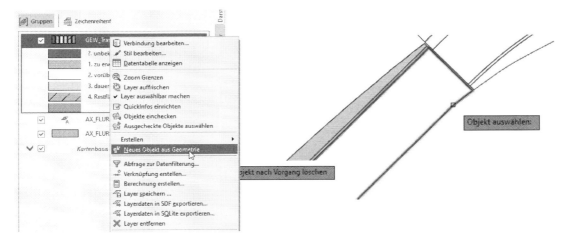

Die Funktion schlägt vor, die ausgewählte Polylinie anschließen zu löschen. Es wird „JA" empfohlen, so ist keine Mehrfachauswahl möglich. In der nachfolgenden Tabelle werden die Erwerbasart und der Erwerbszweck festgelegt.

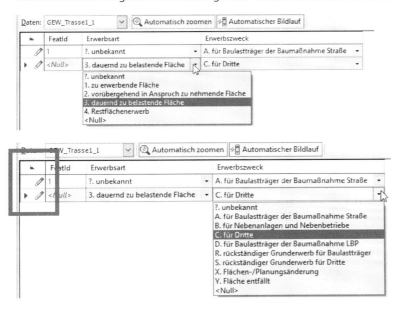

In der ersten Spalte von jedem Datensatz ist ein „Stift" zu sehen. Das bedeutet der Datensatz (GIS-Daten) ist im Bearbeitungsmodus. Erst die Funktion „Einchecken" beendet den Bearbeitungsmodus und die „Stifte" sind verschwunden. Gleichzeitig sind die Daten in der GEW_2020.sdf Datei gespeichert.

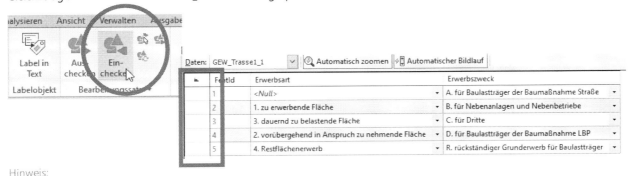

Hinweis:

AutoCAD-Datensätze (CAD) und GIS-Datensätze sind unterschiedliche Kategorien. Das MAP (Planung und Analyse) dient nur als „Viewer" (Darstellungsprogramm für GIS-Daten). Das „Auschecken" bringt die Daten im MAP in den Bearbeitungsmodus. Das

8 Grunderwerb

„Einchecken" schreibt die bearbeiteten Daten in die Datei. Die SDF Datei (optional auch SHP-Datei) wird gespeichert. Das ist am aktualisierten Datum im Projektpfad zu erkennen.

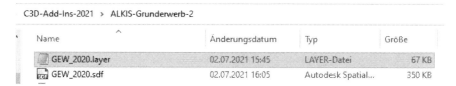

Mit der Erstellung des GIS-Layers und dem Schreiben der Daten ist der nächste Schritt möglich, Die Funktion „GIS-Objekt-Überlagerung".

Die Funktion verschneidet die Planungsdaten mit den Grundstücksdaten.

Innerhalb dieser Funktion gab es bei mir einen Absturz. Die MAP-Funktionen (Planung & Analyse) brauchen zum Schreiben von Dateien „Admin-Rechte". Um diese Rechte zu bekommen ist eine zusätzlich „MAP-Anmeldung" auszuführen.

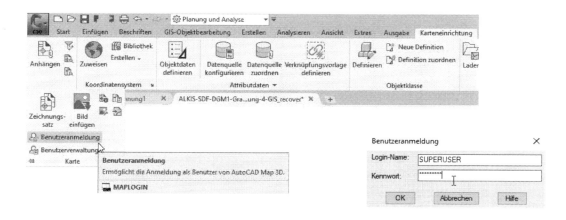

Login Name: **SUPERUSER**

Kennwort: **SUPERUSER**

Hinweis:

Diese zusätzliche Anmeldung muss nicht in jedem Fall nachzuholen sein. Im Rahmen der Installation und User-Computer-Anmeldung ist auch die MAP-Anmeldung mit der Anmeldung beim Start des Computers möglich. Lediglich bei undefinierten Abstürzen könnte die MAP-Anmeldung eine Lösung darstellen.

8 Grunderwerb

Der Befehl GIS-Objekt-Überlagerung wird erneut ausgeführt.

Die Bilder auf der rechten Seite zeigen die Datenzuweisung zur Funktion.

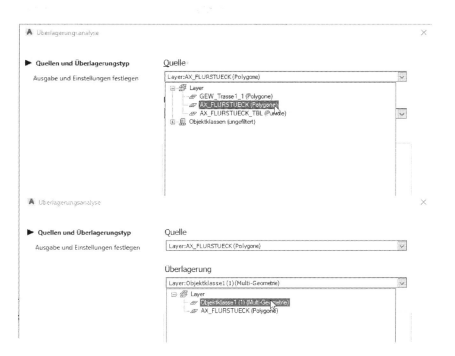

Als „Typ" wird „Verschneiden" ausgewählt.

In der folgenden Maske werden die Ausgabe-Datei und der Ausgabe-Ort festgelegt. Dazu gehören Einstellungen zur Einheit und Genauigkeit. Hier ist auf metrische Einheiten zu achten.

Hinweis:

Bei der Flächenangabe in der originalen Datei und damit in der Datenübernahme, kann es sich um einen Text handeln (Ein Text wird durch die Bearbeitung nicht neu berechnet!).

Die Flächenangabe ist neu zu berechnen und damit zu überprüfen. Als Bestandteil der Tabelle kann eine Neuberechnung ausgeführt werden.

8 Grunderwerb

Originaler Text der Autodesk-Funktionsbeschreibung (Autodesk-Hilfe, Seite 7)

Nach dem Verschneiden der Grunderwerbsflächen mit den Flurstücken muss eine Berechnung der Teilflächen erzeugt werden.

Berechnungen können per Rechtsklick auf den Layer erzeugt werden. Im erscheinenden Dialogfeld muss anschließend die Berechnung „Area2D" (Geometrisch) ausgewählt und die Eigenschaft „Geometry" hinzufügt werden. Die Berechnung muss **GE_Teilflaeche** benannt werden.

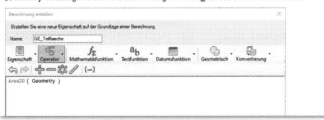

Die Daten weisen in dem Beispiel für das Flurstück 1256/1 eine amtliche Fläche von 1520 m² aus, Flurstück-Nummer (Zähler) 1256.

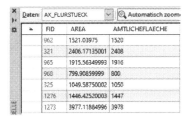

Nummer und Fläche gibt es auch im „Verschneidungs-Resultat" an das die neue Flächen-Berechnung angehangen wird. Hier gibt es die Nummer einmal, weil für den Verwendungszweck hier nur eine Fläche in Anspruch genommen wird.

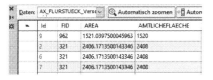

Es wird eine Berechnung für diesen Datensatz erstellt.

Es wird eine Geometrie bestimmt.
Als Name muss der Begriff GE_Teilflaeche vergeben sein.
Diese Spalte wertet die Funktion anschließend aus.

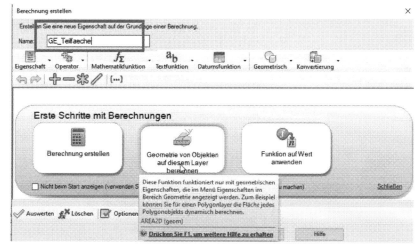

Gert Domsch, CAD-Dienstleistung

8 Grunderwerb

Es ist die geometrische Funktion „Area2D" (rechts) auszuwählen und dazu die Eigenschaft (links) „Geometry" aufzurufen.

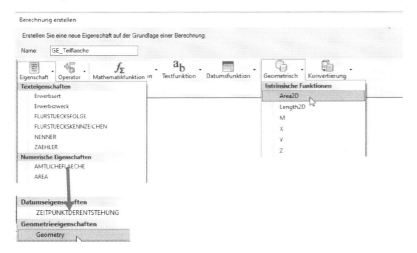

Optional kann der errechnete Wert auf zwei Nachkommastellen gerundet sein. Zum Schluss ist die Eingabe „Auswerten" zu betätigen. Damit wird der Wert auf richtige Syntax geprüft. Gibt die „Prüfung „Der Ausdruck ist gültig" zurück, wird die Maske mit „OK" geschlossen.

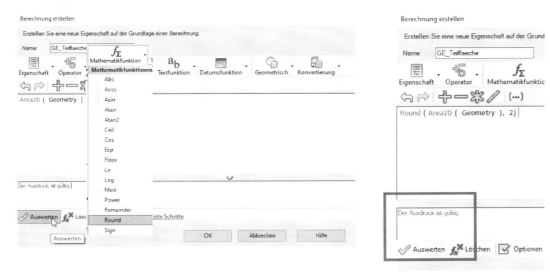

Die Daten weisen für das Flurstück 1256/1 eine Fläche von 141 m² aus (dauernd zu belastende Fläche). Durch die Grunderwerbsfunktion werden die Daten in der amtlichen Form angeschrieben (nächstes Kapitel).

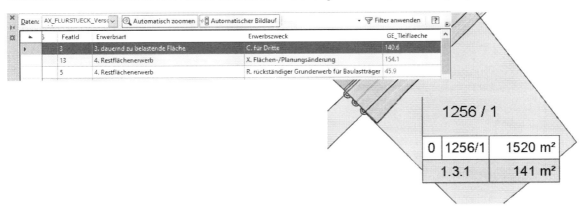

8.3 C3D Add-Ins, Funktionen zum Thema

Wird die Funktion an dieser Stelle ausgeführt, so entsteht der Eindruck, es handelt sich bei der Funktion nur um eine „OKSTRA-Ausgabe", um das Schreiben von Dateien?
Es sind der Ausgabe-Ort und der Dateiname anzugeben. Es können Angaben zum Vorhaben und eine Blatt-Nummer eingegeben werden.

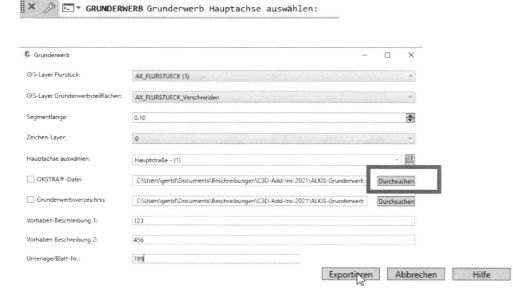

Die Funktion erstellt eine OKSTRA-Ausgabe (*.xml-Datei) und eine Grunderwerbs-Tabelle (*.html).

				Grunderwerbsverzeichnis ÜBUNG Test				zu Unterlage / Blatt-Nr.: 123			
								Datum: 04.07.2021			
lfd. Nr.	Bau-Km	Eigentümer: Name, Vorname Straße Wohnort	Grundbuch von Band Blatt	Gemarkung Flur Flurstück	Nutzungsart	Größe des Flurstückes m²	Zu erwerbende Fläche m²	Vorübergeh. in Anspruch zu nehm. Fl. m²	Dauernd zu belastende Fläche m²	Bemerkungen
1	2	3	4	5	6	7	8	9	10	11
1.1.1	0+073.076		7896	7896 000 1253		2408	217			
1.1.2	0+073.076							46		
1.1.3	0+073.076								12	
1.2.1	0+111.969		7896	7896 000 1249/1		1050			32	
1.3.1	0+017.659		7896	7896 000 1256		1520			141	
1.4.1	0+072.845		7896	7896 000 1252/2		1916	7			
1.4.2	0+072.845								476	
1.5.1	0+118.332		7896	7896 000 1252/1		800		45		
1.5.2	0+118.332								38	
1.6.1	0+000.000		7896	7896 000 12/2		3978	8			
1.6.2	0+000.000								668	
1.7.1	0+000.000		7896	7896 000 1231/2		1447			99	

Gleichzeitig werden mit der Funktion Beschriftungselemente in die Zeichnung gesetzt, die entsprechend der Konstruktion die Liegenschaftsflächen mit den in Anspruch genommenen Flächen beschriftet.

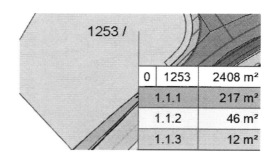

Gert Domsch, CAD-Dienstleistung

8 Grunderwerb

Leider passt nicht in jedem Fall die Beschriftung in das vorgegebene Feld?
Eine manuelle Bearbeitung der Schriftgröße (Blockattribut) war bei mir die Lösung? Es macht den Eindruck, als ob die Schriftgröße nicht auf den Maßstab reagiert?

unbearbeitete Flächenangabe (Block)   **bearbeitete Flächenangabe (Block, Attribut und Text von 2,2mm auf 1,5mm geändert)**

0	1253	2408
1.1.1		217
1.1.2		46
1.1.3		12

Eine Anfrage bei Autodesk ergab, die Zeichnung muss vor dem Ausführen der Funktion „Grunderwerb" den Maßstab 1:1000 haben.

Unter dieser Voraussetzung passen die Grunderwerbs-Texte in die Felder. Bei einer nachträglichen Maßstabsänderung reagiert der Text richtig.

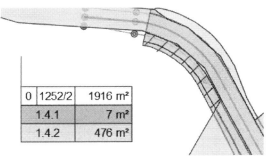

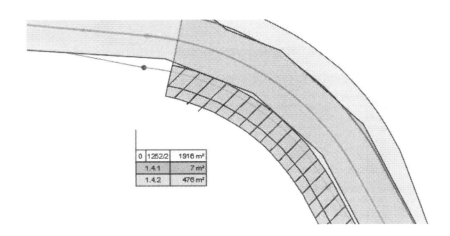

9 DACH-Extension, ISYBAU-Translator

9.1 Bezugsquelle, Download

Die im Zusammenhang mit Civil 3D ebenfalls ins Gespräch kommende „DACH-Extension" und der „ISYBAU-Translator" sind Zusatzfunktionen. Während die C3D Add-Ins als Bestandteil des „Country Kit 20xx" automatisch installiert sind, ist die DACH-Extension und der ISYBAU-Translator zusätzlich bei Autodesk herunterzuladen und zu installieren.

Hinweis:

DACH-Extension und ISYBAU-Translator stehen nicht mehr unter der Adresse „knowledge.autodesk.de" zur Verfügung. Beide Erweiterungen sind Bestandteil der Produkte. Als Bestandteil der erworbenen Produkte steht der Download im Konto des Nutzers zu Verfügung (Stand 01.04.2021).

Autodesk:

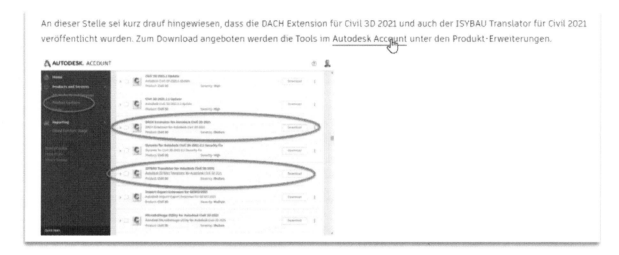

Der Zugang zu den Produkten und Erweiterungen ist über die Desktop APP möglich. Nachfolgend Wird in Bildern dieser Weg gezeigt.

Mein Civil 3D ist Bestandteil der „Architecture, Engineering & Construction ollection". Ich öffne die „… Collection".

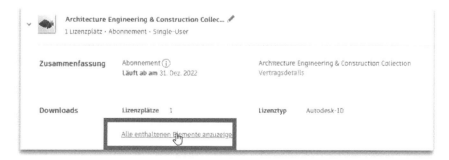

Für das Produkt Civil 3D werden landesspezifisch viele Ergänzungen und Erweiterungen angeboten.

9 DACH-Extension, ISYBAU-Translator

Hinweis:

Alle Erweiterungen und Ergänzungen sind Versionsabhängig. Die folgenden Bilder zeigen einen Filter, der nur die Produkte der Version 2021 auflistet.

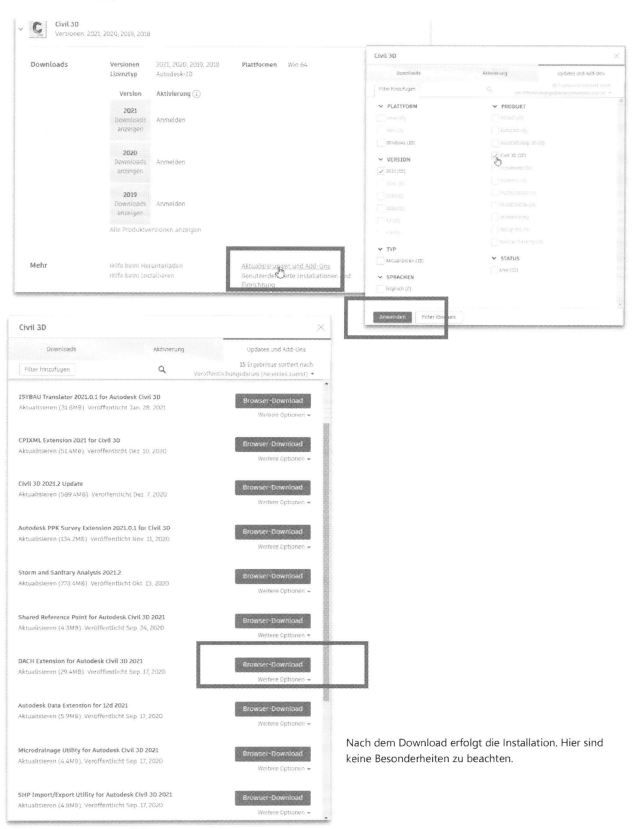

Nach dem Download erfolgt die Installation. Hier sind keine Besonderheiten zu beachten.

Gert Domsch, CAD-Dienstleistung

9 DACH-Extension, ISYBAU-Translator

9.2 DACH-Extension

Um eine allgemeine Beschreibung des Funktionsumfangs der DACH-Extension zu geben, kann man kurz zusammengefasst sagen, die DACH-Extension stellt die Schnittstelle zu deutscher Software dar.

In Amerika (IBM Kartenarten) und in Deutschland (REB Datenarten) hatte man für den Datenaustausch bereits in den 80er Jahren Datei-Formate entwickelt, die zum Beispiel eine Massenberechnung einer Straße beschreiben können und die man digital weiterleiten kann, an das zum Beispiel Straßenbauamt. Hier konnten diese Daten oder Berechnungen anhand des Datenaustausches geprüft werden.

Diesen Datenaustausch gibt es auch heut noch in vielfältiger Form. Straßenplaner geben gern Daten des Straßenentwurfs in digitaler Form weiter an Statiker für Brücken oder Stützmauern. Das können, vorausgesetzt die DACH-Extension ist installiert, nach wie vor die IBM-Kartenarten oder auch die deutschen REB-Datenarten sein.

Der Export und Import von REB-Datenarten (Erläuterung in den Unterabschnitten) scheint durch die OKSTRA-Ausgabe, den OKSTRA-Datenaustausch in Deutschland schrittweise abgelöst zu werden. Damit ist die hier beschriebene DACH-Extension jedoch noch lange nicht bedeutungslos. Der OKSTRA Datenaustausch konzentriert sich sehr stark auf den Straßenbau. Wasserbau, Vermessung und viele andere Sparten bleiben nach wie vor beim IBM- oder REB-Datenaustausch.

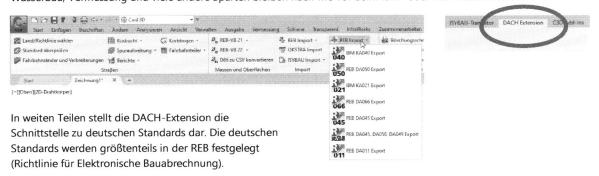

In weiten Teilen stellt die DACH-Extension die Schnittstelle zu deutschen Standards dar. Die deutschen Standards werden größtenteils in der REB festgelegt (Richtlinie für Elektronische Bauabrechnung).

Grundsätzlich muss betont werden, Civil 3D ist eine amerikanische Software. In Amerika kennt man keine „Mengenberechnung nach REB 21.013" (Mengenberechnung aus Begrenzungslinien, DA50, DA66). Soll jedoch der Nachweis nach deutschem Standard (REB-Protokoll) erbracht werden, so ist die Ausgabe in der DACH-Extension zu wählen. Diese Ausgabe ist Bestandteil der Funktion „REB 21.013". Die Funktion wird anschließend an einem Beispiel genauer erläutert.

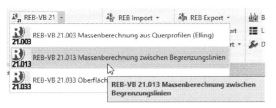

In Amerika kennt man keine Mengenberechnung nach REB. (Mengenberechnung aus Oberflächen „DGM", Mengenberechnung aus Querprofilen).

Im Civil 3D kann auch die Menge zwischen zwei DGMs berechnen. oder die Menge aus Querprofilen bestimmen.

Civil 3D gibt die Ergebnisse auch aus. Nach deutscher Vorstellung sind diese jedoch nicht nachprüfbar. Hier haben sich in Deutschland bestimmte Standards entwickelt, die Civil 3D ohne „DACH-Extension" nicht bietet.

Soll jedoch der Nachweis nach deutschem Standard (REB-Protokoll) erbracht werden, so ist die Ausgabe in der DACH-Extension zu wählen. Diese Ausgabe ist Bestandteil der Funktionen „REB VB 21.0xx".

Die Funktionen werden anschließend an selbstgestellten Beispielen erläutert.

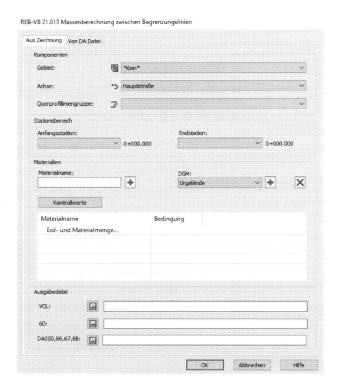

9.3 Funktionen der DACH-Extension

9.3.1 Richtlinie wählen

Die Funktionen „Richtlinie wählen" und „Standard überprüfen" gehören zusammen. Die Funktion „Richtline wählen ist ein „Wählen" der Länder-Standards „Deutschland, Österreich, Schweiz".

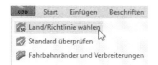 

Anschießend ist als nächste Funktion „Standard überprüfen" zu wählen.

9.3.2 Standard überprüfen

Die Funktion „Standard überprüfen" enthält die Überprüfung nach alten Standards (EAHV-93, usw.) und neuen Standards (RASt-06, usw.) Mit der entsprechenden Vorauswahl stehen weitere Kategorie-Optionen zur Verfügung.

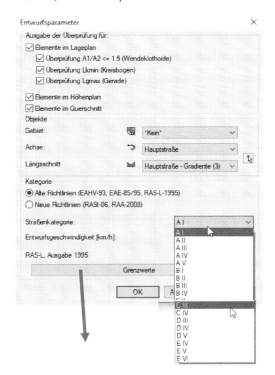 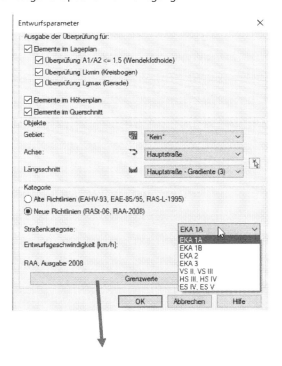

Die Option „Grenzwerte" zeigt die gültigen Grenzwerte (Parameter) der Auswahl an (nächste Seite).

9 DACH-Extension, ISYBAU-Translator

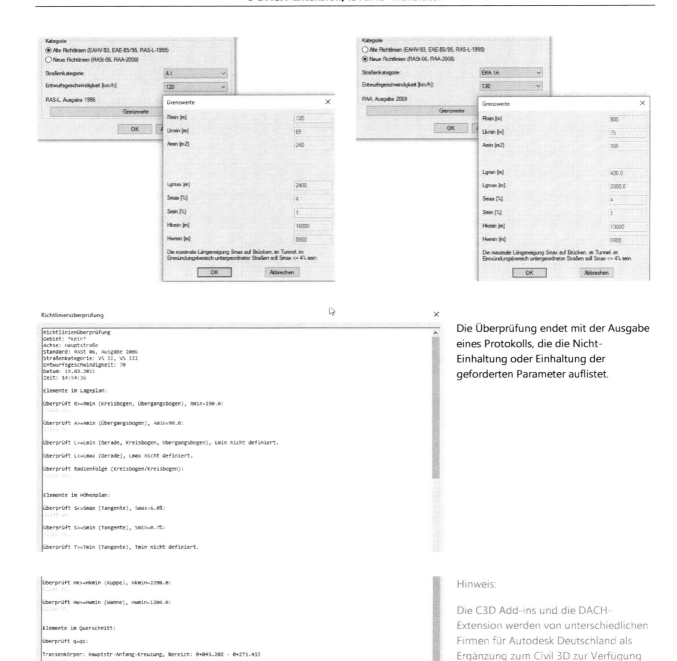

Die Überprüfung endet mit der Ausgabe eines Protokolls, die die Nicht-Einhaltung oder Einhaltung der geforderten Parameter auflistet.

Hinweis:

Die C3D Add-ins und die DACH-Extension werden von unterschiedlichen Firmen für Autodesk Deutschland als Ergänzung zum Civil 3D zur Verfügung gestellt. Aus diesem Grund sind die Funktionen mehrfach vorhanden.

9.3.3 Fahrbahnränder und Verbreiterungen

In der Zeichnung ist eine Achse angelegt. Die folgenden Bilder zeigen diese Achse, die Achseigenschaften und deren Parameter.

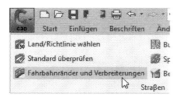

9 DACH-Extension, ISYBAU-Translator

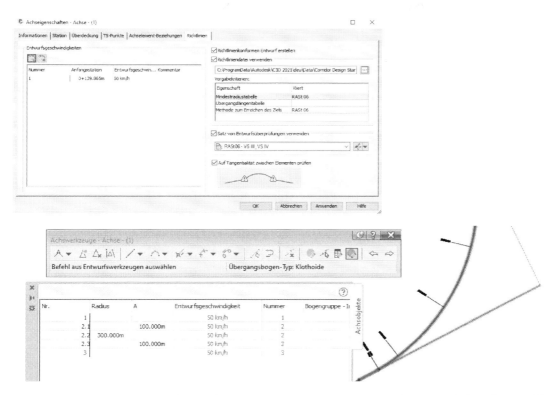

Die Funktion „Fahrbahnränder und Verbreiterungen" wird gestartet. Die Funktion beginnt mit der Achsauswahl.

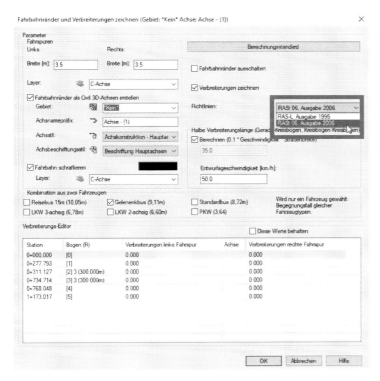

Als Bestandteil der Einstellungs-Box wird der Berechnungsstandard gezeigt. Der Berechnungs-Standard wurde hier nicht im Detail überprüft. Diese Funktion der Fahrbahnverbreiterung steht im Civil 3D insgesamt dreimal zur Verfügung.

Als Bestandteil der Berechnung ist die ältere und die neue Richtlinie aufrufbar.

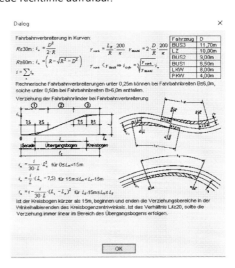

Gert Domsch, CAD-Dienstleistung

9 DACH-Extension, ISYBAU-Translator

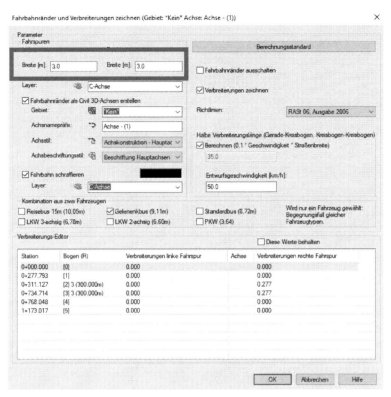

Eine Variation der Fahrbahnränder zeigt die berechnete Verbreiterung.

Die erste Berechnung wird für eine Fahrbahnbreite von 3m erstellt.

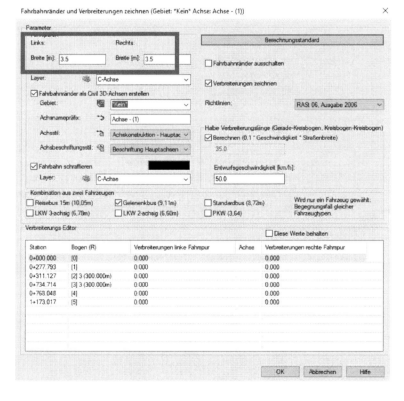

Die zweite Berechnung wird für eine Fahrbahnbreite von 3,5 erstellt.

Die Verbreiterung variiert bei unterschiedlicher Fahrzeug-Kombination.

9 DACH-Extension, ISYBAU-Translator

Hinweis:

Wird die Verbreiterung als „Civil 3D-Achse" berechnet so werden aus Klothoiden (Bestandteil der Hauptachse) Geraden-Elemente (Bestandteil der Verbreiterung). Diese Geraden-Elemente können bei Verwendung eines ungeeigneten Darstellungs-Stils eine Fehlermeldung zeigen (Verletzung der Tangentialität) Eventuell ist die Einstellung im -Stil zu korrigieren, der -Stil zu wechseln (Achskonstruktion – Randachsen) oder auf die Ausgabe als Civil 3D-Achsen zu verzichten.

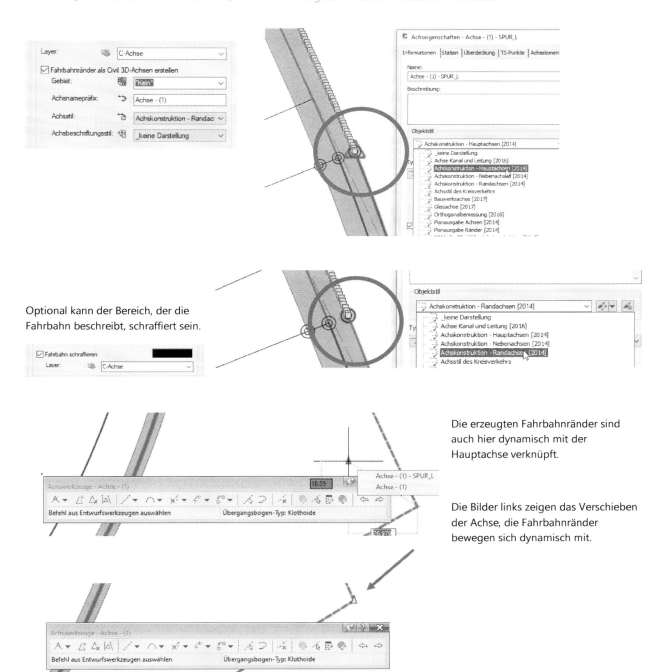

Optional kann der Bereich, der die Fahrbahn beschreibt, schraffiert sein.

Die erzeugten Fahrbahnränder sind auch hier dynamisch mit der Hauptachse verknüpft.

Die Bilder links zeigen das Verschieben der Achse, die Fahrbahnränder bewegen sich dynamisch mit.

Hinweis:

Um die berechneten Fahrbahnränder aus der Konstruktion zu entfernen ist die entsprechende Funktion zu nutzen. Diese Funktion ist als „Fahrbahnränder ausschalten" bezeichnet.

9 DACH-Extension, ISYBAU-Translator

Das Löschen der im Projektbrowser eingetragenen Randachsen (Kategorie „Mittellinienachsen") ist hier keine Option.

Bei längeren Achsen (größer 1000m, der Autor) wird bei dieser Funktion empfohlen auf Civil 3D Achsen zu verzichte, das heißt die Ränder werden als Polylinien gezeichnet. Die gezeichneten Polylinien sind ebenfalls dynamisch mit der Hauptachse verknüpft.

Resultat der Funktion:

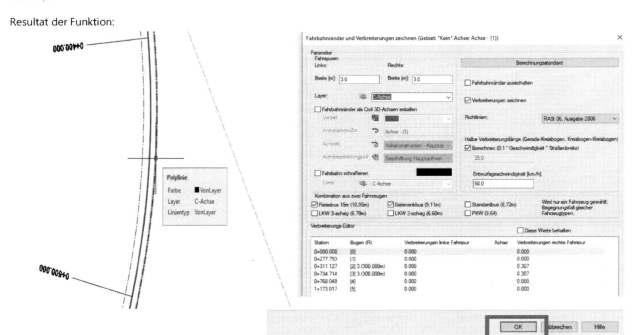

Für weitere Informationen ist unbedingt die Autodesk-Hilfe zu beachten.

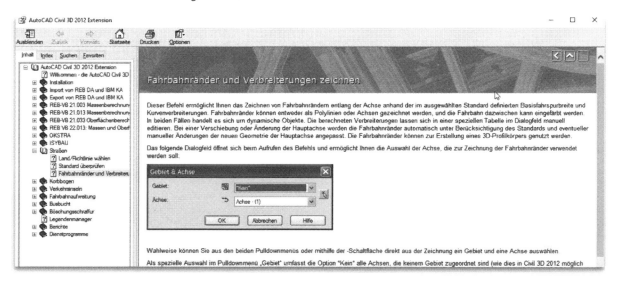

9.3.4 Busbucht

Zum Erstellen einer Busbucht sind die gängigsten Fahrzeuge bereits angelegt.

Rechts besteht zusätzlich eine Option neue Fahrzeug-Typen aufzunehmen oder anzulegen.

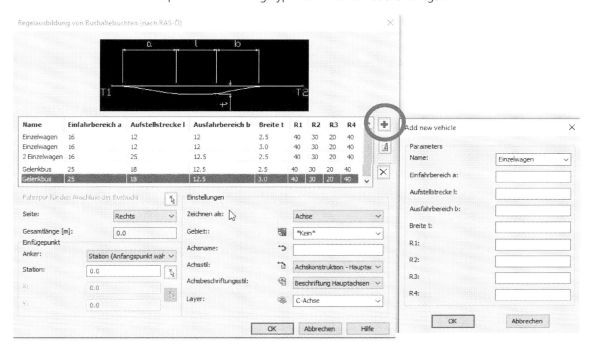

Ist die Busbucht einmal erstellt, kann diese beliebig oft bearbeitet werden.

Die Gesamtlänge der Busbucht errechnet sich aus dem gewählten Fahrzeug-Typ. Die Lage der Bucht wird durch den gewählten Fahrbahnrand bestimmt. Die Busbucht kann rechts oder links vom gewählten Rand liegen (Fahrbahneinengung)!

9 DACH-Extension, ISYBAU-Translator

Zusätzlich sind der Konstruktionsstart und der Stationswert variierbar.

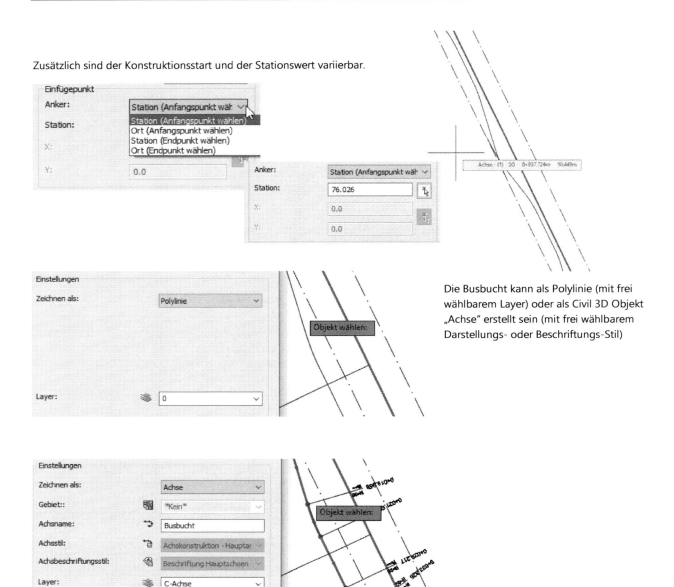

Die Busbucht kann als Polylinie (mit frei wählbarem Layer) oder als Civil 3D Objekt „Achse" erstellt sein (mit frei wählbarem Darstellungs- oder Beschriftungs-Stil)

Hinweis:

Die Länge der Busbucht errechnet sich aus der Fahrzeugauswahl und den daraus resultierenden Parametern. Eine Korrektur der Länge ist nicht vorgesehen, so ist eine Busbucht für zwei oder mehrere Fahrzeuge nicht möglich?

Bestandteil der Funktion ist kein Löschen der Konstruktion. Es wird empfohlen hier die Funktion des Projektbrowsers zu nutzen.

Eventuell ist für den Fall Busbucht die CIVIL 3D-Funktion „Aufweitung erstellen" oder DACH-Extension „Spuraufweitung" zu testen (nächstes Kapitel). Hier ist auch die Länge der Busbucht oder Ausweichbucht variierbar.

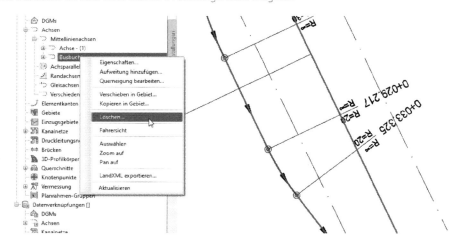

9.3.5 Spuraufweitung (Fahrbahnaufweitung)

Die Funktion „Spuraufweitung erzeugen" ist eine zusätzliche Option für Fahrbahnverbreiterungen.

Hinweis:

Der Standard (im Bild „RAS-L") richtet sich nicht nach der CIVIL 3D Achseigenschaft, sondern nach der Einstellung, die innerhalb der Funktion „Standard überprüfen" gewählt wurde.

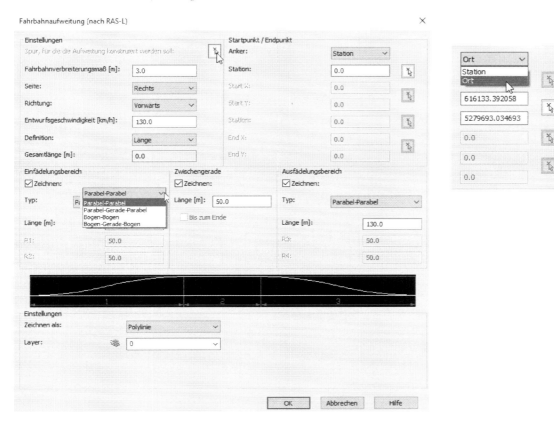

Hinweis:

Wird die Einstellung „Kategorie" geändert, ändert sich nicht unbedingt der Berechnungsstandard innerhalb der Funktion (nächste Seite).

9 DACH-Extension, ISYBAU-Translator

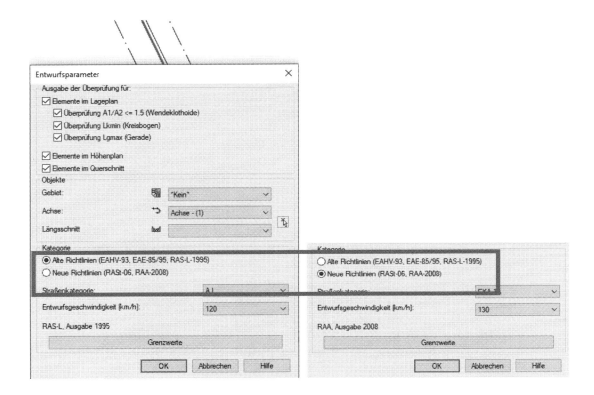

Die Konstruktion kann beliebig oft, so wie die Busbucht bearbeitet werden.

Alle Einstellungen sind änderbar.

Das Element in der Zeichnung reagiert dynamisch.

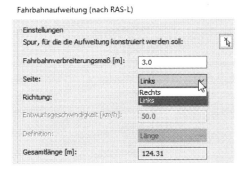
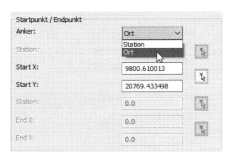

Für Einfädelbereich, Zwischengerade und Ausfädelbereich sind sehr variable Parameter möglich.

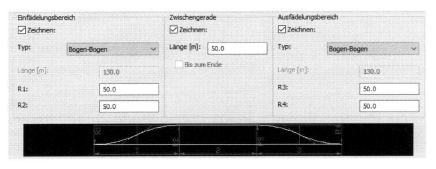

9.3.6 Berichte

Die Funktion Berichte will Ergänzungen anbieten, um spezielle Ausgaben oder Berichte zu erstellen, die in verschiedenen Regionen oder Ländern Europas Standard sind. Das in Amerika programmierte Civil 3D bietet diese Standards in der Basis-Version nicht an.

Querneigungsbericht

Der Querneigungsbericht verlangt eine Querneigungsberechnung als Bestandteil der Achseigenschaft (Hauptachse, Mittellinie-Achse der Straße). Diese Querneigungsberechnung liefert Querneigungen entlang der Achse unabhängig vom 3D-Profilkörper.

Zusätzlich bedarf es für diese Funktion eines 3D-Profilkörpers dessen Querschnitt, bzw. Querschnittselemente, die Querneigung der Achse lesen.

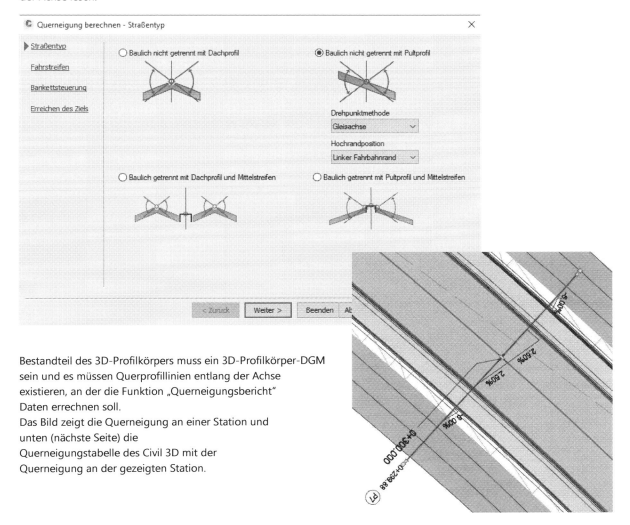

Bestandteil des 3D-Profilkörpers muss ein 3D-Profilkörper-DGM sein und es müssen Querprofillinien entlang der Achse existieren, an der die Funktion „Querneigungsbericht" Daten errechnen soll.
Das Bild zeigt die Querneigung an einer Station und unten (nächste Seite) die Querneigungstabelle des Civil 3D mit der Querneigung an der gezeigten Station.

9 DACH-Extension, ISYBAU-Translator

Die Länge der Querprofillinie bestimmt zusätzlich den Bereich, der in die Berechnung einbezogen wird. Im Beispiel beträgt die Querprofillänge rechts 12.565m und links 10m. Das Linien-Ende ist rechts außerhalb des 3D-Profilkörper-DGMs.

Querprofillinienbreite, -Linieneigenschaft

Der Querneigungsbericht wird die Neigung
ausgeben, die das 3D-Profilkörper DGM an der Station der Querprofillinie besitzt.

Die Ausgangsdaten sind als Bestandteil der Funktion „Querneigungsbericht" aufzurufen.

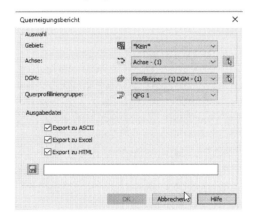

Das Ausgabe-Format und die Ausgabedatei sind festzulegen. Für das Beispiel wird „HTML" gewählt.

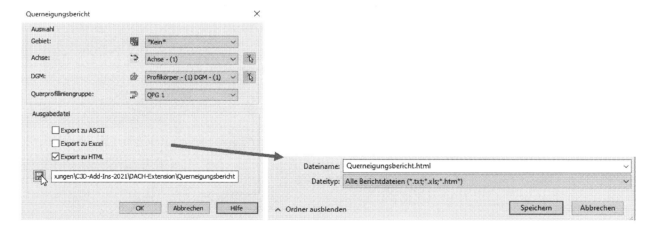

Die Funktion berechnet an jedem Schnittpunkt mit einer DGM-Linien-Kante (Dreiecksfläche) die Höhe. Endet das DGM oder endet die Querprofillinie, so endet die Höhenberechnung.

9 DACH-Extension, ISYBAU-Translator

Profil:: P7
Station: 0+299.881

Abstand	Höhe
-10.000	100.179
-9.995	100.180
-9.989	100.182
-9.550	100.280
-9.544	100.282
-9.109	100.402
-9.103	100.404
-8.673	100.546
-8.666	100.548
-8.241	100.712
-8.223	100.718
-7.030	101.193
-7.014	101.195
-5.880	101.362
-5.879	101.362
-5.781	101.362

Aus diesem Grund gibt es auf der linken Seite Höhen bis zum Abstand von 10m (links -10m) und auf der rechten Seite Höhen bis 11.674m.

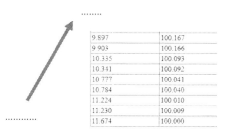

9.897	100.167
9.903	100.166
10.335	100.093
10.341	100.092
10.777	100.041
10.784	100.040
11.224	100.010
11.230	100.009
11.674	100.000

Zur Erläuterung der Funktion wird die Querprofillinienbreite an die Fahrbahnbreite angepasst, im vorliegenden Fall 3,5m.

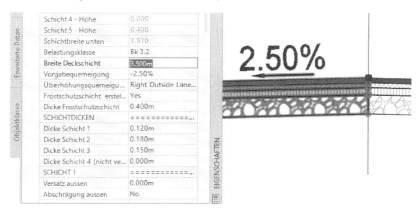

Die folgenden Bilder zeigen die Querprofillinienbreite, -Linieneigenschaft an der Station 0+299.880

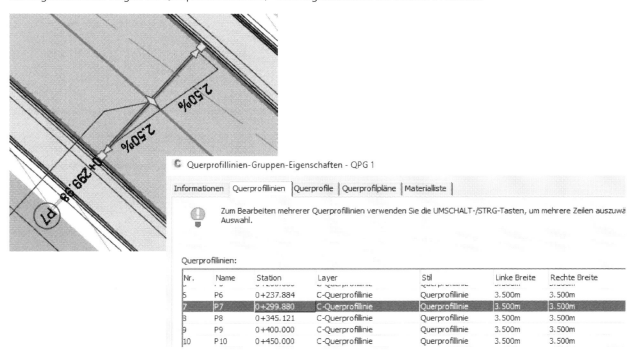

9 DACH-Extension, ISYBAU-Translator

Profil:: P7
Station: 0+299.880

Abstand	Höhe
-3.500	101.232
-0.000	101.320
3.500	101.232

Die Berechnung gibt die Daten nach der Bearbeitung für die rechte und linke Seite in einer Breite von 3,5m aus.

Hinweis:

Gibt es an dieser Station weitere Dreiecksflächen (Das 3D-Profilkörper-Intervall „Berechnungs-Intervall" ist abweichend von den Querprofilstationen.) so gibt es innerhalb der Querprofillinien-Breite weitere Dreiecksflächen und Berechnungs-Werte (Abstände und Höhen). Eventuell ist auf die Abstimmung von 3D-Profilkörper-Berechnungs-Intervall und Querprofillinien-Stationswert zu achten. Eine Abstimmung der Werte ist möglich.

Im folgenden Bild werden durch das Abweichen von 3D-Profilkörper-Berechnungs-Intervall zu Querprofillinien-Station und die 3D-Darstellung des Bordsteines (zusätzliche Dreiecksmaschen), mehr als nur eine zusätzliche Höhe, berechnet.

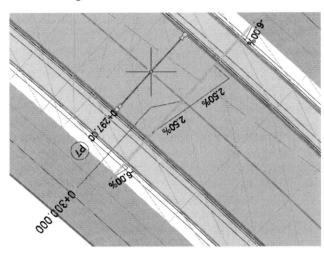

Profil:: P7
Station: 0+297.000

Abstand	Höhe
-3.500	101.259
-3.499	101.254
-3.497	101.243
-3.495	101.236
-3.493	101.224
-3.493	101.237
-3.492	101.254
-2.050	101.290
0.000	101.342
0.008	101.342
1.450	101.306
3.500	101.255

Hinweis:

Der Querneigungsbericht ist eher als „Berechnung von Oberflächen-Höhen" in Folge Querneigung (z.B. Fahrbahnoberfläche) zu verstehen. Die Querneigung selbst ist nicht Bestandteil der Ausgabe.

Absteckpunkte mit Achsstation

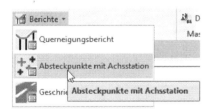

Die Funktion „Absteckpunkte mit Achstation" setzt erstellte Absteckpunkte an den für das Projekt wichtigen Konstruktionselementen voraus (z.B. Straßenoberfläche).

Das Erzeugen der Absteckpunkte ist Bestandteil der 3D-Profilkörper-Funktionen (Kontext-Menü), Karte „Launchpad".

9 DACH-Extension, ISYBAU-Translator

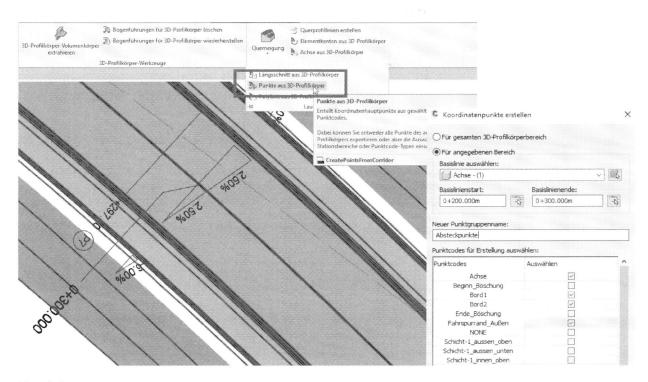

Hinweis 1:

Die Absteckpunkte werden in Abhängigkeit vom Punkt-Code und vom Berechnungsintervall erstellt. Für das Erzeugen der Absteckpunkte ist das Wissen um die 3D-Profilkörper-Eigenschaften und die Punkt-Codierung des Querschnittes (Namen der Ecken- „Punkte") wichtig.

Hinweis 2:

Die 3D-Profilkörper-Eigenschaften (hier Berechnungs-Intervall) können sichtbar sein. Im Bild wurde das Berechnungs-Intervall auf absolut 5m gesetzt und der Objekt-Stil „Entwurfsparameter farbig" zeigt die Eingeschalten an (rote Linien) Die Punkte werden entsprechend dem gewählten Punkt-Code und im Berechnungs-Intervall automatisch gesetzt.

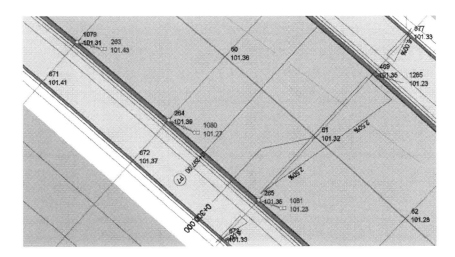

Die erzeugten Absteckpunkte sind Bestandteil einer Punktgruppe (hier „Absteckpunkte"), die bereits im Civil 3D exportiert werden kann. Der Civil 3D Export lässt jedoch keine Verbindung von Achsstation und Punkt zu, das heißt im Civil 3D Export kann der Stationswert der Achse nicht enthalten sein.

9 DACH-Extension, ISYBAU-Translator

Das Bild zeigt einen kleinen Ausschnitt der Civil 3D-Ausgabedatei (Civil 3D Export).

Die Funktion Absteckpunkte mit Achsstation kann die Achse mit der Punktgruppe verbinden und einen Bezug herstellen.

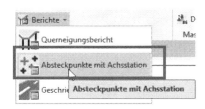

Das Ausgabe-Format und die Ausgabedatei sind festzulegen. Für das
Beispiel wird „HTML" gewählt. Als Bezeichnung der Datei wird der Begriff „Deckenbuch" gewählt. Der Punktexport dieser Funktion kann unter Umständen dem deutschen Begriff „Deckenbuch" entsprechen.

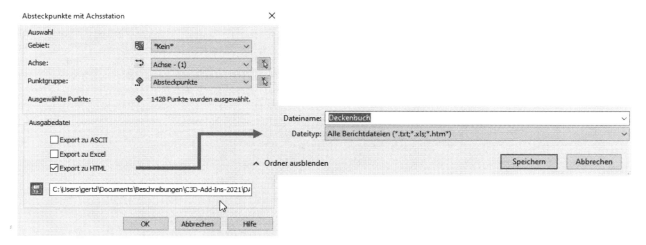

Die Absteckpunkte sind ausgegeben und haben neben der Koordinateninformation (Hoch-, Rechtswert, Höhe), den Punkt-Code (Bezeichnung) die Achsbezeichnung, Achsstation und den Abstand zur Achse angeschrieben. Abstands-Werte links von der Achse sind negativ und rechts von der Achse positiv markiert.

9 DACH-Extension, ISYBAU-Translator

Absteckpunkte mit Achsstation
AutoCAD Civil 3D 24.0
Datei: C:\Users\gertd\Documents\Beschreibungen\C3D-Add-Ins-2021\DACH-Extension\Deckenbuch.html
Datum: 17.04.2021
Zeit: 10:09:06

Punktnumer	Rechtswert	Hochwert	Punkthöhe	Name	Kurzbeschreibung	Ausführliche beschreibung	Referenzachse	Achsstation	Abstand von Achse
1	3012.062	4516.221	100.000		Achse	Achse	Achse - (1)	0+000.000	0.000
205	3009.921	4513.414	100.032		Bord1	Bord1	Achse - (1)	0+000.000	3.530
409	3014.203	4519.027	100.032		Bord1	Bord1	Achse - (1)	0+000.000	-3.530
613	3008.616	4511.704	100.013		Bord2	Bord2	Achse - (1)	0+000.000	5.681
817	3015.508	4520.738	100.013		Bord2	Bord2	Achse - (1)	0+000.000	-5.681
1021	3009.939	4513.438	99.912		Fahrspurrand_Außen	Fahrspurrand_Außen	Achse - (1)	0+000.000	3.500
1225	3014.185	4519.004	99.912		Fahrspurrand_Außen	Fahrspurrand_Außen	Achse - (1)	0+000.000	-3.500
206	3013.896	4510.382	100.073		Bord1	Bord1	Achse - (1)	0+005.000	3.530
818	3019.483	4517.705	100.053		Bord2	Bord2	Achse - (1)	0+005.000	-5.681
1226	3018.160	4515.971	99.953		Fahrspurrand_Außen	Fahrspurrand_Außen	Achse - (1)	0+005.000	-3.500
2	3016.037	4513.188	100.041		Achse	Achse	Achse - (1)	0+005.000	0.000
410	3018.179	4515.995	100.073		Bord1	Bord1	Achse - (1)	0+005.000	-3.530
614	3012.592	4508.671	100.053		Bord2	Bord2	Achse - (1)	0+005.000	5.681
1022	3013.915	4510.405	99.953		Fahrspurrand_Außen	Fahrspurrand_Außen	Achse - (1)	0+005.000	3.500

Achtung:

Wird der 3D-Profilkörper geändert, so ändern sich die Absteckpunkte NICHT. Die Absteckpunkte sind nicht dynamisch mit dem 3D-Profilkörper verknüpft. In diesem Fall sind die Punkte neu zu berechnen!

Geschriebener Längsschnitt

Die Funktion „Geschriebener Längsschnitt verlangt den Aufruf der Achse, Gradiente, 3D-Profilkörper und der Querprofillinien (die Querprofillinien-Gruppe).

Es wird das Beispiel der vorherigen Funktion benutzt.

Die Querprofillinien werden auf einer Breite von 15m gesetzt (Linienlänge rechts und links). Damit sind die Querprofillinien rechts und links sichtbar.

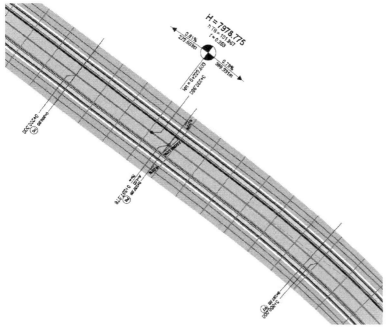

Hinweis:

Ein 3D-Profilkörper DGM wird im späteren Daten-Aufruf (Funktion) nicht verlangt. Das vorhandene 3D-Profilkörper DGM wird gelöscht und es wird das Berechnungs-Intervall (Intervall) auf 10m für alle Objekte gesetzt. Alle weiteren Optionen des Bereiches Intervall werden ab geschalten, auf „Nein" gesetzt.

Diese Sondereinstellung kann die Funktion besser erklären (Bild nächste Seite).

9 DACH-Extension, ISYBAU-Translator

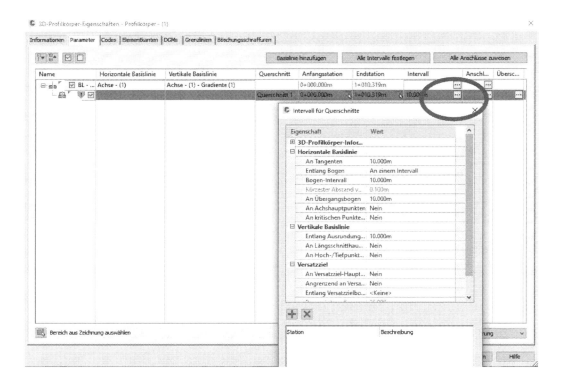

Die Funktion „Geschriebener Längsschnitt" wird gestartet. Die Daten werden zugeordnet. Das Ausgabe-Format und die Ausgabedatei sind festzulegen. Für das Beispiel wird „HTML" gewählt.

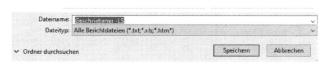

Der folgende Hinweis wird mit „OK" bestätigt.

Hinweis:

Die Funktion berechnet zusätzliche 3D-Profilkörper-Intervalle, die diese Funktion verlangt, in dem Beispiel jedoch bewusst vorher abgeschalten wurden.

Die zusätzlichen Stationen, die dem 3D-Profilkörper hinzugefügt wurden, sind Hauptbestandteil der Funktion „Geschriebener Längsschnitt".

9 DACH-Extension, ISYBAU-Translator

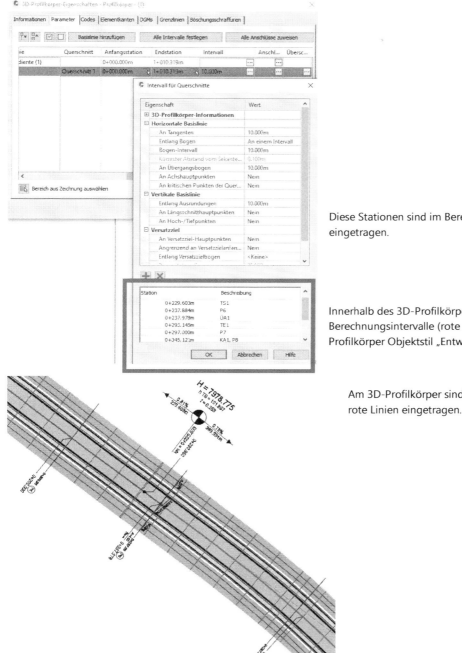

Diese Stationen sind im Bereich Intervall des 3D-Profilkörpers eingetragen.

Innerhalb des 3D-Profilkörpers gibt es zusätzliche Berechnungsintervalle (rote Linien), im Fall der 3D-Profilkörper Objektstil „Entwurfsparameter farbig" ist gesetzt.

Am 3D-Profilkörper sind diese Intervalle als zusätzliche rote Linien eingetragen.

Das folgende Bild zeigt nur einen Ausschnitt des geschriebenen Längsschnittes (Protokoll, Ausgabe), der dem zuvor dargestellten 3D-Profilkörper entspricht.

Geschriebener Längenschnitt
AutoCAD Civil 3D 24.0
Datei: C:\Users\gertd\Documents\Beschreibungen\C3D-Add-Ins-2021\DACH-Extension\Geschriebener -LS.html
Datum: 17.04.2021
Zeit: 15:58:04

Profil	Station	Differ.	Längsneig.	Ausrundung		Höhe Straßenachse		Quern.		Fahrba.br.		Höhendifferenz		Fahrbahnrand		Richtung	Radius Param.	Länge	&alpha[g] &tau[g]
				x	y	ohne Ausr.	mit Ausr.	links	rechts	links	rechts	links	rechts	links	rechts				

9 DACH-Extension, ISYBAU-Translator

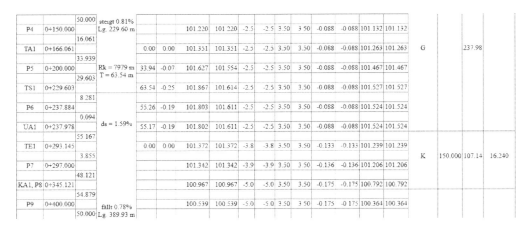

Hinweis:

Alle Funktionen des Bereichs „Berichte" setzen voraus, dass die Funktionen um den 3D-Profilkörper und die Querprofillinien-Gruppen bekannt sind.

9.3.7 Korbbogen

Die Funktion Korbbogen erzeugen hat ebenfalls eine Option Korbbogen bearbeiten. Mit der Bearbeiten-Funktion ist eine dynamische Anpassung, ein dynamischer Parameter-Test des erstellten Korbbogens möglich.

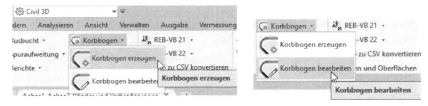

Die Funktion ist nicht nur für Korbbögen verwendbar. Die Funktion bietet auch den einfachen Radius und einen zweiteiligen Bogen. Es sind die Registerkarten am oberen Rand zu beachten.

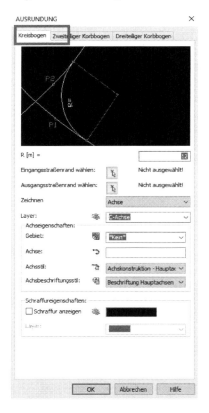

9 DACH-Extension, ISYBAU-Translator

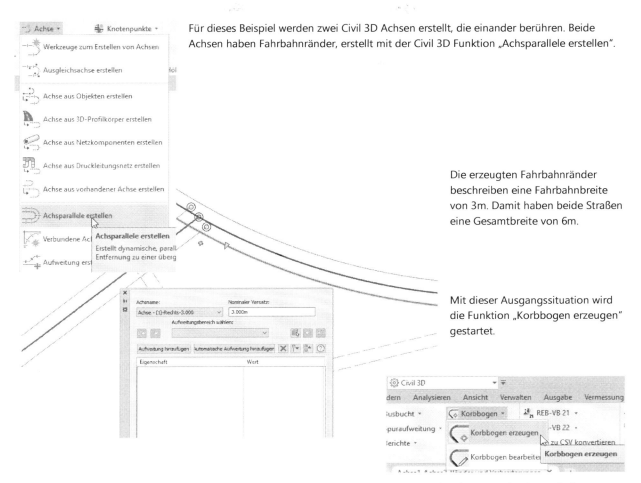

Für dieses Beispiel werden zwei Civil 3D Achsen erstellt, die einander berühren. Beide Achsen haben Fahrbahnränder, erstellt mit der Civil 3D Funktion „Achsparallele erstellen".

Die erzeugten Fahrbahnränder beschreiben eine Fahrbahnbreite von 3m. Damit haben beide Straßen eine Gesamtbreite von 6m.

Mit dieser Ausgangssituation wird die Funktion „Korbbogen erzeugen" gestartet.

Zuerst wird innerhalb des Buches der dreiteilige und der zweiteilige Korbbogen gezeigt. Die Erläuterung beginnt mit dem dreiteiligen Bogen. Der mittlere Bogen R2 wird mit 12m angegeben. Der Bogen R1 hat dann den doppelten Radius (24m) und der dritte Radius R3 den dreifachen Radius (36m).

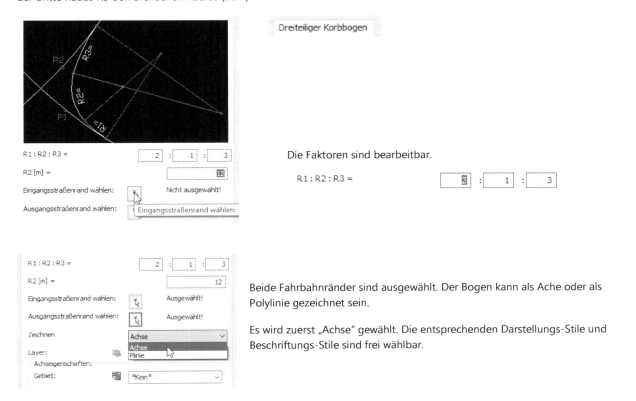

Die Faktoren sind bearbeitbar.

Beide Fahrbahnränder sind ausgewählt. Der Bogen kann als Ache oder als Polylinie gezeichnet sein.

Es wird zuerst „Achse" gewählt. Die entsprechenden Darstellungs-Stile und Beschriftungs-Stile sind frei wählbar.

Optional kann der Bereich durch eine Schraffur abgedeckt sein. Es wird grau (8) gewählt.

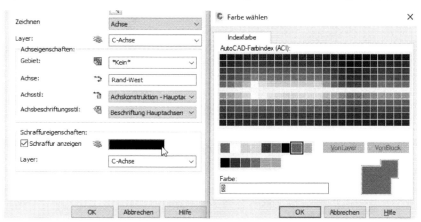

Der voreingestellte Achs-Beschriftungs-Stil könnte etwas irritieren (deutsche Achsbeschriftung nach RAS-L). Eventuell ist eher „keine Darstellung" zu wählen und die Beschriftung nachträglich mit Hilfe der Funktion „Beschriftung" zu ergänzen.

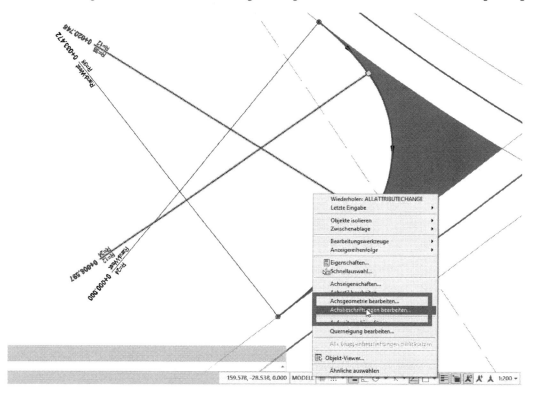

Das Bild zeigt eine alternative Beschriftung mit der Funktion „Beschriften".

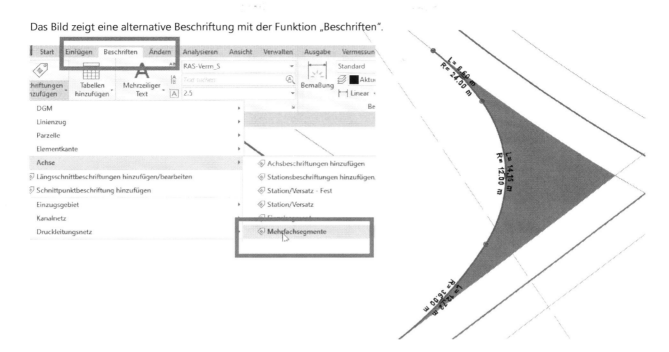

Eine Bearbeitung zeigt die Dynamik der Achselemente. Zusätzlich wird die Schraffur entfernt.

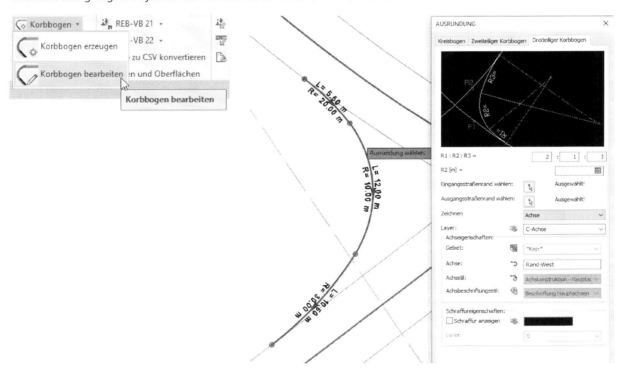

Wird an der Stelle die Option „Polylinie" zum Erstellen des Bogens gewählt, so wird die „Ausrundung" als Polylinie erstellt und besitzt automatisch eine für Deutschland typische Beschriftung.

Die hier erzeugte Beschriftung entspricht am besten den in Deutschland geltenden Anforderungen.

Hinweis:

Die Polylinie kann nur bedingt als Bestandteil eines 3D-Profilkörpers benutzt werden (Kreuzung). Mit einer Polylinie kann die Breite gesteuert werden (Anschluss, Breiten- und Versatzziele). Es ist jedoch kein Höhenanschluss möglich (Anschluss, Neigung (Verhältnis)- oder Höhenziele). Eine sinnvolle Höhensteuerung ist mit einer 2D Polylinie nicht möglich. Die Option die 2D Polylinie in eine Civil 3D „Achse" umzuwandeln, besteht zusätzlich. Auch beide Varianten gleichzeitig und übereinander zu haben ist eine Option.

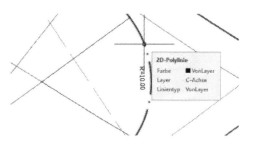

Für das Beispiel wird die Polylinie wieder zurück in eine Civil 3D „Achse" umgewandelt. Hier ist die Neueingabe des Achs-Namens und der Neuaufruf des Darstellungs-Stils zu beachten.

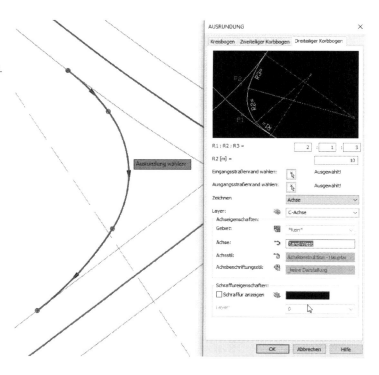

9 DACH-Extension, ISYBAU-Translator

Auf der gegenüberliegenden Seite wird ein zweiteiliger Korbbogen erstellt.

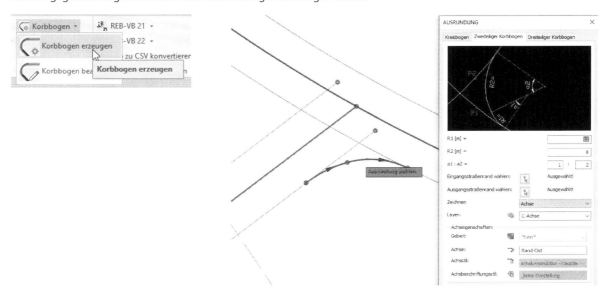

Die Funktionen „Korbbogen ändern" wird genutzt, um von einem zweiteiligen Bogen auf einen „Kreisbogen" zu wechseln.

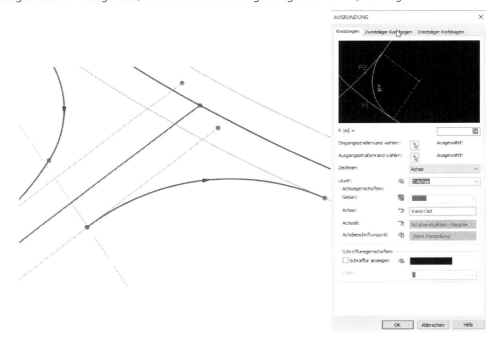

Die Bögen sind gleichzeitig dynamisch erstellt. Um diese Dynamik zu zeigen, wird die Achse „Nebenstraße" bearbeitet, der Schnittpunkt mit der Hautstraße verschoben.

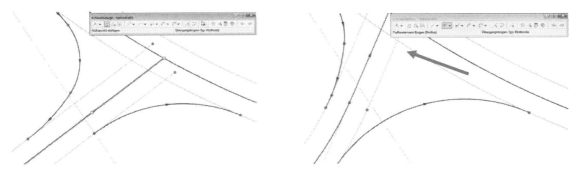

9 DACH-Extension, ISYBAU-Translator

9.3.8 Alternative Bearbeitung „Civil 3D"

Hinweis:

Eine Alternative für den zuvor gezeigten Korbbogen (dreiteiliger Korbbogen, zweiteiliger Korbbogen) ist die Verwendung von einzelnen Konstruktionselementen wie Koppelelement und Pufferelement im Civil 3D (Civil 3D bis Versionen bis 2021). Ab der Version Civil 3D 2022 ist als Bestandteil der Funktion „Verbundene Achsen" ein Korbbogen möglich.

Es wird das manuelle Erstellen eines Korbbogens mit Festelement, Koppelelement und Pufferelement gezeigt.

Der Start der Funktion ist „Werkzeuge zum Erstellen von Achsen" und die Definition einer neuen Achse.

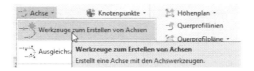

Bei einer alternativen Konstruktion ist zu beachten, dass die einzelnen Achsbestandteile immer in eine einheitliche Richtung gezeichnet werden.

Der Start der Konstruktion ist der erste Konstruktionsbefehl „Festelement Gerade (zwei Punkte)".

An dieses Geradenelement wird ein Bogen als „Koppelelement angeschlossen. Es ist in der Reihenfolge der Radius „R2".

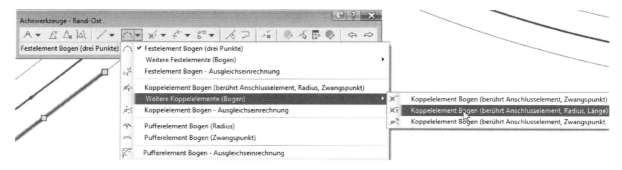

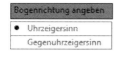

Die Konstruktion verlangt eine Vielzahl von Einzelentscheidungen. Sind diese falsch gewählt, so sind viele davon auch später noch in der Zeichnung oder im „Achseditor" korrigierbar.

Gert Domsch, CAD-Dienstleistung

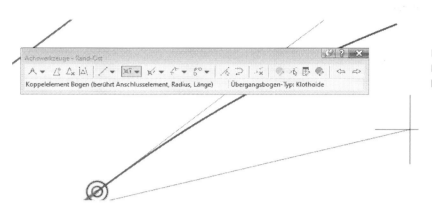

Der Bogen wird durch Bewegen der Maus aus dem „Pickpunkt herausgezogen".

Der erste Bogen ist erstellt.

Der Anschluss auf der gegenüber liegender Seite erfolgt im vorliegenden Fall an einem Radius. Aus diesem Grund wird jetzt „Festelement Radius drei Punkte" gewählt).

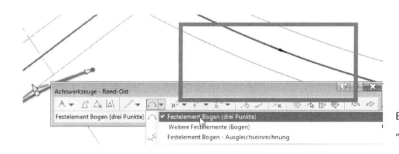

Es wird an diesen Radius wiederum ein „Koppelelement" gesetzt.

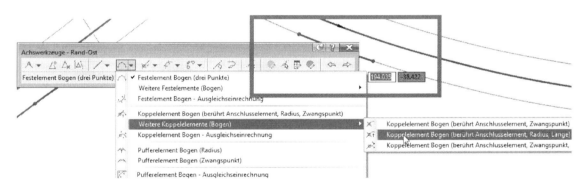

Die Konstruktion verlangt eine Vielzahl von Einzelentscheidungen. Sind diese falsch gewählt, so sind viele davon auch später noch in der Zeichnung oder im „Achseditor" korrigierbar.

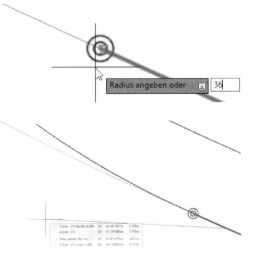

Die Konstruktionsparameter sind zu beachten.

Der Radius wird vom Anschlusspunkt „herausgezogen" und hat eine falsche Richtung.

Sind Parameter falsch gewählt, so können diese jederzeit interaktiv (in der Zeichnung) oder als Parameter geändert werden. Es wird die Richtung der Krümmung durch Anpicken und Ziehen am „Gripp" geändert.

Das Bild zeigt das Ändern der Parameter in der Zeichnung.

Der offene Teil des Korbbogens wird mit einem Puffelement geschlossen.

Das Picken erfolgt in Konstruktionsrichtung (Pfeilrichtung).

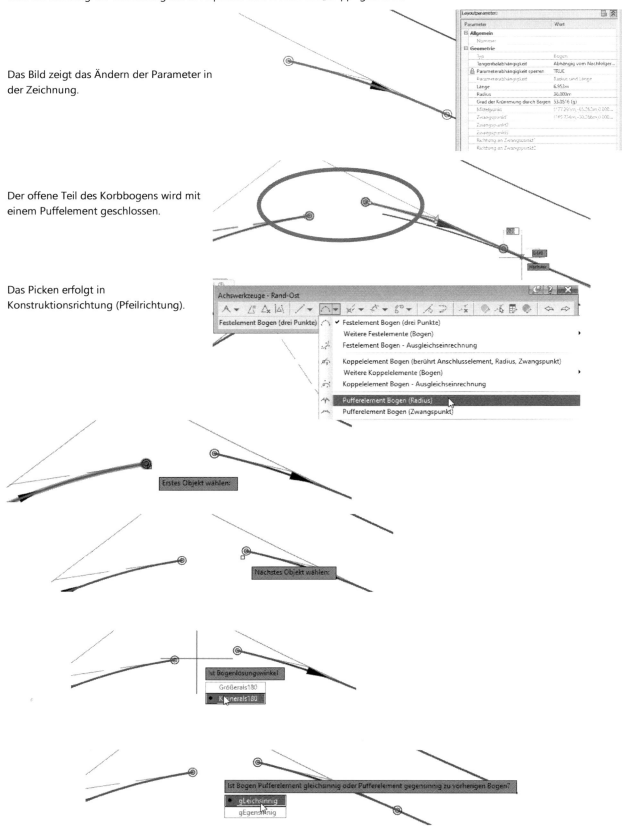

9 DACH-Extension, ISYBAU-Translator

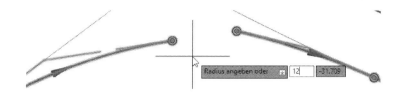

Eine Symmetrie ist eventuell auf diesem Weg schwer zu erreichen. Der tangentiale Übergang von Element zu Element ist garantiert.

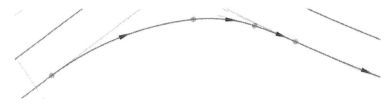

Das Bild zeigt die optionale Beschriftung mit der Funktion „Beschriften".

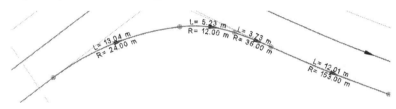

In gewissen Grenzen ist eine Bearbeitung möglich (editieren in der Zeichnung). Das Editieren mit Hilfe des „Achseditor" ist unabhängig davon auch eine Option.

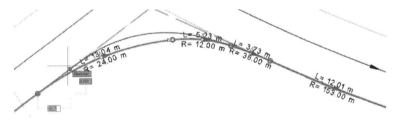

Durch ein manuelles Bearbeiten kann man sich der Symmetrie annähern.

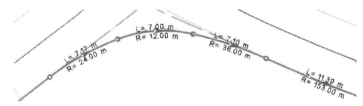

9.3.9 Fahrbahnteiler

Für die Funktion „Fahrbahnteiler erzeugen" wird die Zeichnung der Korbbögen benutzt.
Die Zeichnung der Korbbögen besitzt Achsen, die alle Voraussetzungen für einen Fahrbahnteiler haben.

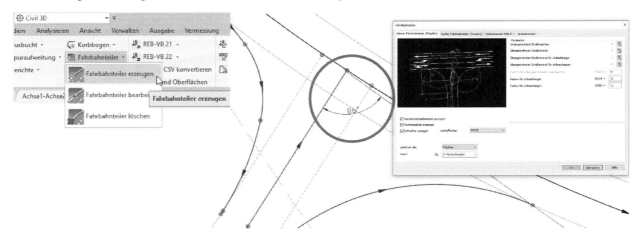

Die Funktion Fahrbahnteiler ist aufgerufen. Entsprechend der Erläuterung auf der rechten Seite des folgenden Bildes werden die Konstruktionselemente ausgewählt. Anschließend werden die Radien für Links-Einbieger und Links-Abbieger festgelegt.

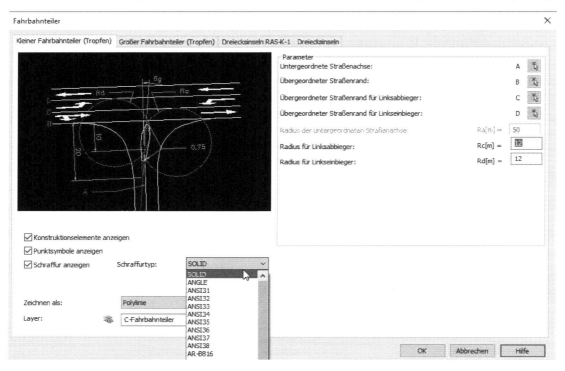

Der Tropfen kann gleichzeitig mit der Konstruktion die Konstruktionselemente zeigen, die Eckpunkte der Konstruktion können mit Punktsymbolen hervorgehoben sein und der Tropfen kann eine frei wählbare Schraffur haben. Die Konstruktion selbst kann aus Polylinien oder Achsen bestehen.

Leider kommt es mit Ausführung der Konstruktion zu einem Programmabsturz. Der Versuch verschiedene Einstellungsvarianten auszuführen, bringt immer wieder einen Absturz. Das Problem wurde am 20.03.21 an Autodesk gemeldet.

Autodesk sagt dazu: Die DACH-Extension wird in dieser Form auslaufen. Die Funktionen der DACH-Extension wird es unter einem anderen Begriff neu als Bestandteil von Civil 3D geben.

Leider steht der Zeitpunkt noch nicht fest.

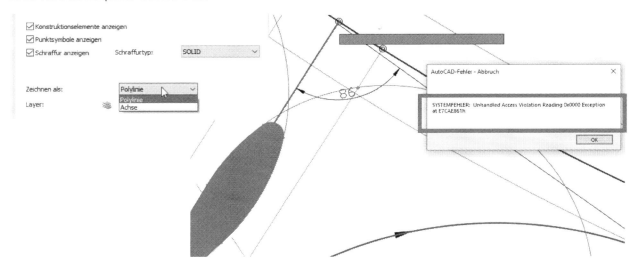

9.3.10 Alternative Konstruktion „AutoCAD"

In der „Richtlinie für die Anlage von Landstraßen (Ausgabe 2012)" und eventuell auch Vorgängerversionen, sind als Bestandteil der Anhänge, Beschreibungen der verschiedensten Konstruktionen für Straßen und Kreuzungen erläutert.

Diese Konstruktionen erläutern ab Anhang 1, „Markierung und Beschilderung von Überholfahrstreifen" bis Anhang 7 „Beispiellösungen für Knotenpunkte". Aus meiner Sicht sind die Anhänge sehr gut geeignet ganze Konstruktionen oder Konstruktions-Bestandteile im Arbeitsbereich „Zeichnen und Beschriften" um zusetzten (AutoCAD 2D).

Das Bild rechts zeigen aus dem Anhang 6, die Beschreibung A6.1.2 Kleiner Tropfen (Kreuzungswinkel „α von 80 bis 120 gon"), Seite 97.

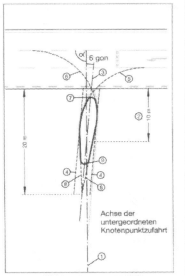

A 6.1.2 Kleiner Tropfen

Kreuzungswinkel α = 80 bis 120 gon

In diesem Winkelbereich wird eine Konstruktion nach Bild 51 empfohlen.

Bild 51: Konstruktion eines kleinen Tropfens bei einem Kreuzungswinkel α = 80 bis 120 gon

① Festlegung der Achse der untergeordneten Knotenpunktzufahrt.
② Bestimmung eines Punktes auf der Achse der untergeordneten Knotenpunktzufahrt im Abstand von 10 m vom Fahrbahnrand der übergeordneten Straße.
③ Zeichnung einer um 6 gon nach rechts gegen die Achse der untergeordneten Knotenpunktzufahrt gedrehten Tropfenachse durch den nach ② bestimmten Punkt.
④ Konstruktion zweier Hilfslinien im Abstand von 1,50 m rechts und links parallel zur Tropfenachse.
⑤ Konstruktion eines Kreisbogens für den Linksabbieger mit R = 12 m. Dieser Kreisbogen tangiert bei den Linksabbiegetypen LA1, LA2 und LA3 den linken Rand des Linksabbiegestreifens und die linke der unter ④ genannten Hilfslinien. Beim Linksabbiegetyp LA4 beginnt der Kreisbogen an der Achse der übergeordneten Straße. Bei Kreuzungen mit dem Zufahrttyp KE1 kann es zur Gewährleistung des gleichzeitigen Linksabbiegens erforderlich sein, den Radius auf bis zu 15 m zu vergrößern.
⑥ Konstruktion eines Kreisbogens für den Linkseinbieger mit R = 12 m. Beim Linksabbiegetyp LA4 kann der Radius auf bis zu 10 m reduziert werden. Dieser Kreisbogen berührt bei den Linksabbiegetypen LA1, LA2 und LA3 die rechte der unter ④ genannten Hilfslinien und den linken Rand desjenigen Fahrstreifens der übergeordneten Straße, in den eingebogen werden soll. Beim Linksabbiegetyp LA4 endet der Kreisbogen an der Achse der übergeordneten Straße. Bei einem Kreuzungswinkel von α ≤ 100 gon muss der Radius gegebenenfalls bis auf 8 m reduziert werden, um die vorgesehene Tropfenform zu erzielen.
⑦ Ausrundung des vorderen Tropfenkopfes zwischen den beiden Kreisbögen für den Linksabbieger und den Linkseinbieger mit R = 0,75 m.
⑧ Einpassung von zwei Geraden dergestalt, dass sie einerseits die Kreisbögen für den Linksabbieger bzw. für den Linkseinbieger tangieren und andererseits gemeinsam die Tropfenachse in einem Abstand von 20 m vom Fahrbahnrand der übergeordneten Straße schneiden.
⑨ Ausrundung des hinteren Tropfenkopfes mit R = 0,75 m.

9 DACH-Extension, ISYBAU-Translator

Um ein solches Beispiel abzuarbeiten, kann man die Civil 3D Vorlage-Zeichnung benutzen „… Deutschland.dwt". Das ist jedoch nicht zwingend erforderlich. Um das zu zeigen, wird in diesem Kapitel auf die „… Deutschland.dwt" verzichtet und die „acadiso.dwt" verwendet.

Hinweis:

Die „acadiso.dwt" hat, als Bestandteil der Civil 3D Installation, die Einheit „Meter", verantwortlich ist die Profilauswahl bei der Installation. Wird diese Vorlage im reinen AutoCAD gewählt, so muss die Einheit Meter nicht voreingestellt sein. Die Einheit der acadiso.dwt kann dann Millimeter oder acad.dwt auch Fuß betragen.

Die Längen- und Winkel-Einheiten sind zu kontrollieren. Es ist wichtig zu wissen, in welcher Umgebung bewege ich mich, wenn ich für einen Abstand oder Winkel die Zahl „1" eingebe. Weltweit gibt es nicht nur die Längeneinheit Meter und Millimeter, International dominiert viel mehr Fuß und Zoll!"

Wenige wissen die Winkeleinheit kann auch zwischen Dezimal-Grad und Neugrad variieren. Die Konstruktionsbeschreibung in der „Richtlinie für die Anlage von Landstraßen (Ausgabe 2012)" beruhen auf der Längeneinheit „Meter" und „Winkeleinheit „Neugrad" welches im AutoCAD auch als „Grad" bezeichnet wird.

Aufruf der Vorlage:

Die folgenden Bilder zeigen die Kontrolle der Einheiten. Die Drehrichtung (entgegen dem Uhrzeigersinn) wird später auch eine Rolle spielen.

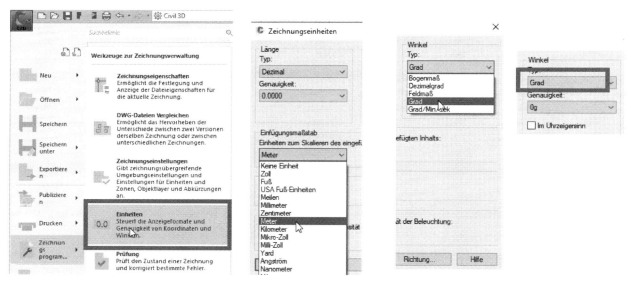

Die Vorlage „acadiso.dwt" zeigt nach dem Öffnen ein „Raster", eventuell ist das störend, es wird ab geschalten. Diese Eigenschaft ist in der Status-Zeile zu finden.

Gert Domsch, CAD-Dienstleistung

9 DACH-Extension, ISYBAU-Translator

In der Zeichnung, die aus der Vorlage „ acadiso.dwt" erstellt ist, hat keinen Layer angelegt. Für die Konstruktion ist das nachzuholen oder Layer sind zu importieren.

In der noch leeren Zeichnung sind bereits Bemaßungs-Stile geladen, jedoch nicht mit der Einheit Gon.

Das heißt ein Winkel, der auf der Basis der Einheit Neugrad erstellt ist, wird ohne Bearbeitung der Bemaßungs-Stile mit Altgrad (Dezimalgrad) beschriftet!

Hier ist die Bezeichnung für Neugrad auch „Neugrad".

Der neue Beschriftungsstil ist als „Aktuell" zu setzen.

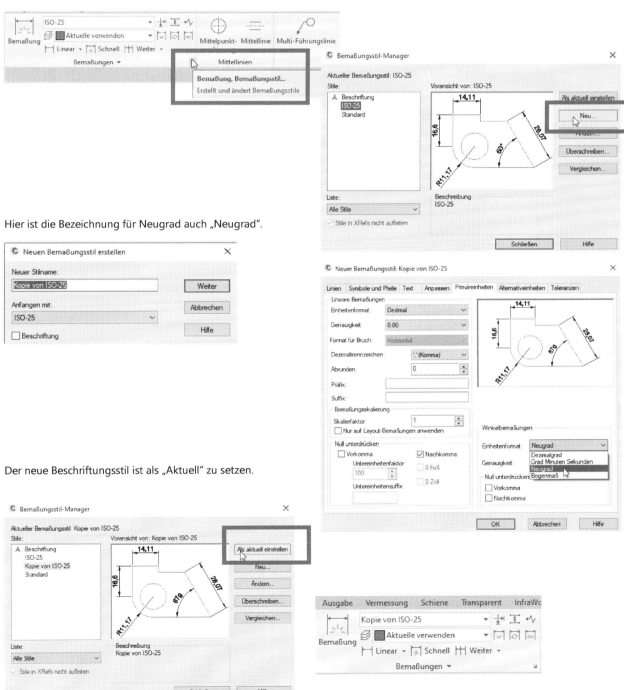

9 DACH-Extension, ISYBAU-Translator

Eventuell sind diese Einstellungen als eigene Vorlage „Firma-acadiso.dwt" abzuspeichern, um diese Einstellungen bei wiederholten Konstruktionen nicht nochmals ausführen zu müssen.

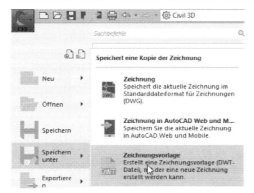

Für eine solche Beispiel-Konstruktion (kleiner Tropfen) liegt mir eine Vermessungsunterlage vor.

Zu empfehlen ist nicht in der originalen Zeichnung (Vermessungsunterlage) zu arbeiten. Hier fehlen auch Layer, Bemaßungsstil usw. Autodesk bietet für eine solche Situation die Funktion „Externe Referenz" an. Bei Verwendung der Funktion „Externe Referenz" bleiben Konstruktionszeichnung und Vermessungsunterlage voneinander getrennt, beide können sich nicht beeinflussen.

Die Funktion selbst „Externe Referenz" wird hier nicht näher erläutert.

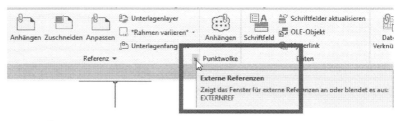

Weil eine solche Vermessungs-Zeichnung in der Regel georeferenziert ist, wird diese ohne manuelle Angabe des Einfüge-Punktes eingefügt und sollte nachweislich die Einheit (Blockeinheit) Meter haben.

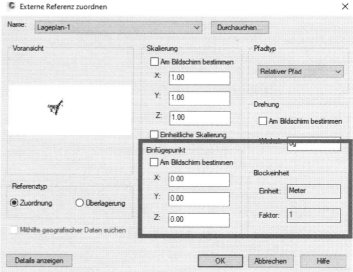

Die Daten sind Bestandteil der Zeichnung. Der Layer Hilfslinie ist gesetzt, die Konstruktion kann beginnen.

9 DACH-Extension, ISYBAU-Translator

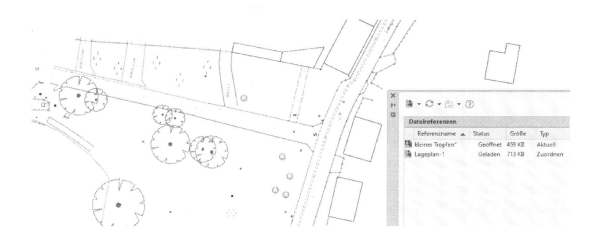

Die Konstruktion beginnt mit der Festlegung der Achse der untergeordneten Straße (untergeordnete Achse des Knotenpunktes). Alle Linien außer später die Bestandteile der Insel sind zuerst nur „Hilfslinien". Für die Konstruktion kann es hilfreich sein, als Hilfslinie das AutoCAD-Element „Linie" zu wählen.

Es macht Sinn alle Funktion des AutoCAD zu beherrschen.

Der Objekt-Fang „Mitte zwischen zwei Punkten" lässt das Zeichnen von Hilfslinien in der Mitte der Straßen zu. Die Funktionen „Länge" oder „Dehnen" ermöglichen einen Schnittpunkt zu finden.

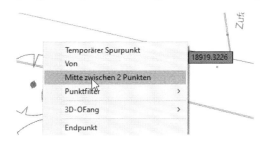

Nach der Festlegung der Achse „Nebenstraße" wird ebenfalls die Achse „Hauptstraße" gezeichnet (O-Fang „Mitte zwischen zwei Punkten") und der Winkel zwischen beiden Achsen überprüft, um festzustellen, ob die Konstruktion für diesem Fall zutreffend ist.

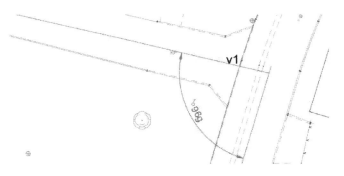

Der Fahrbahnrand der übergeordneten Straße ist ebenfalls markiert, als „Linie" gezeichnet. Damit kann der zweite Punkt der Konstruktionsvorgabe umgesetzt werden, „Punkt auf der untergeordneten Achse 10m entfernt vom Fahrbahnrand der Hauptstraße" zeichnen. Es wird die Funktion „Kreis" mit Radius 10m gewählt.

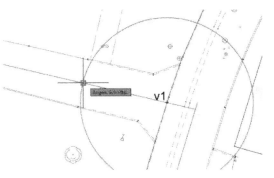

Gert Domsch, CAD-Dienstleistung

9 DACH-Extension, ISYBAU-Translator

Der Schritt 3 verlangt eine Linie, die um 6 gon zur Achse der Nebenstraße gedreht ist. Die Drehrichtung ist mit -6 anzugeben, weil die Drehrichtung in den AutoCAD-Einheiten entgegen dem Uhrzeigersinn definiert ist.

Die untergeordnete Funktion des Befehls „Drehen" sind zu beachten, es ist „Kopie" zu wählen, weil die originale Lage der Achse noch benötigt wird.

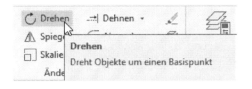

Die Drehung wird durch eine Bemaßung kontrolliert.

Anschließend ist diese Linie um 1,5m, hier nach oben und unten zu „Versetzen".

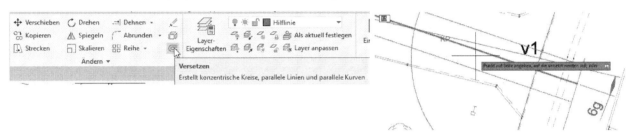

Es folgt das Zeichnen eines 12m Kreisbogens, der hier die obere versetzte Linie und die Achse der Hauptstraße tangiert. Das ist möglich, weil wir annehmen, dass hier die Konstruktions-Variante LA4 vorliegt. Es wird der Befehl „KREIS" mit der Option „Tangente, Tangente, Radius" gewählt.

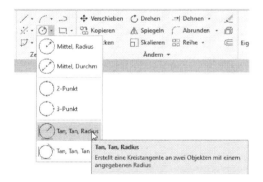
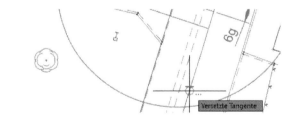

Die Funktion wird in meinem Beispiel durch AutoCAD nicht ausgeführt. Die Funktion endet mit einer Meldung?

```
Endpunkte haben unterschiedliche Z-Koordinaten.
Punkt auf Objekt für erste Tangente des Kreises angeben:
```

Was ist die Ursache dieser Meldung?

Bestandteil der Vermessung ist ein Durcheinander von 2D- und 3D-Daten. Aus diesem Grund bekommen die Hilfslinien unterschiedliche Höhen (3D Daten) übertrage, als Folge des Objektfangs.

Weil konsequent das Element „Linie" als Hilfslinie benutzt wurde, können mit dem Befehl „Ähnliche auswählen", alle zur Konstruktion verwendeten Linien auf dem Layer „Hilfslinien"

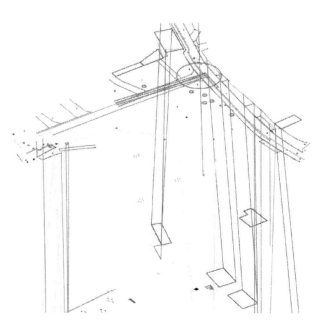

Gert Domsch, CAD-Dienstleistung

ausgewählt werden. Mit Öffnen der „Eigenschaften" und Bearbeiten von Start „Z" und End „Z" kann das Problem korrigiert werden. Es werden Start „Z" und End „Z" auf „NULL" gesetzt.

Der Kreis für den Schritt 5 und 6 wird gezeichnet mit der Funktion „Kreis" Option „Tan, Tan, Radius", Radius 12m.

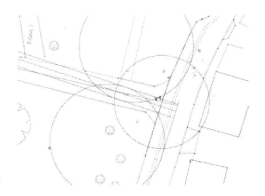

Mit dem gleichen Befehl wird der vordere Teil des Inselkopfes (R= 0.75m) ausgerundet, „Kreis" Option „Tan, Tan, Radius".

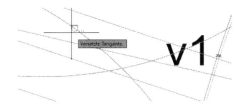

Der nächste Schritt (Nummer 8) verlangt zwei Linien, die sich einerseits tangential an die Radien (12m) anlegen und andererseits an einem Punkt beginnen, der im 20m Abstand (Rand der Hauptstraße) auf die Achse der Nebenstraße trifft. Um das zu erreichen, kann der erste Radius 10m (Arbeitsschritt 2) in der „Eigenschaften" auf 20m geändert werden.

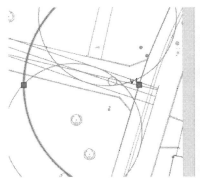

Zum Zeichnen der Linie ist der Objektfang „Tangente" zu benutzen.

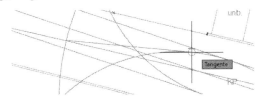
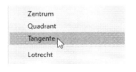

Zum Abschluss ist an diesen Linien, der hintere Teil der Insel, mit einem Radius zu versehen (R= 0.75m), Befehl „Kreis" Option „Tan, Tan, Radius".

Hier an dieser Stelle endet die Beschreibung der Konstruktion „Richtlinie für die Anlage von Landstraßen (Ausgabe 2012)".

Im AutoCAD ist jetzt die Funktion „Stutzen auszuführen, um aus allen einzelnen Bestandteilen eine durchgehende Polylinie zu erstellen.

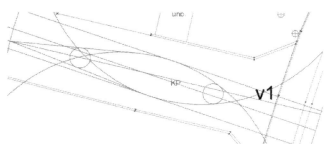

Das Zusammensetzten der einzelnen Konstruktionselemente erfolgt mit „Verbinden".
Die durchgehende Polylinie kann die Fläche (Schraffur, Pflaster) und die Länge der Linie (Meter-Bordstein) zeigen.

Gleichzeitig können entlang der Polylinie Punkte gesetzt werden, um Absteckpunkte auszugeben.

Hinweis:

Die 2D-Polininie ist nur geeignet, um x- und y-Werte (Lage-Koordinaten) auszugeben. Um sinnvolle Höhen auszugeben ist der Schritt zu Civil 3D „Elementkante erforderlich. Hinweise dazu bietet das Kapitel am Ende.

Nach dem Stutzen wird „Verbinden" empfohlen. Verbinden erstellt aus den einzelnen Bestandteilen eine geschlossenen Polylinie.

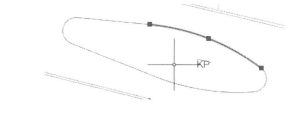

Bestandteil der „Eigenschaften" (2D-Polylinie) sind Fläche und Länge.

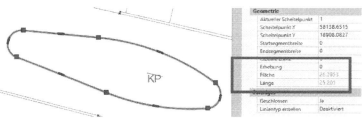

Mit der Funktion „Punkte" (Option „Teilen" oder „Messen") können entlang der Linie Punkte gesetzt sein.

Hinweis:

Die Einstellung des AutoCAD-Punktstils (Symbol) ist zu beachten.

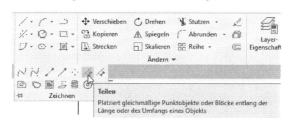

Gert Domsch, CAD-Dienstleistung

9 DACH-Extension, ISYBAU-Translator

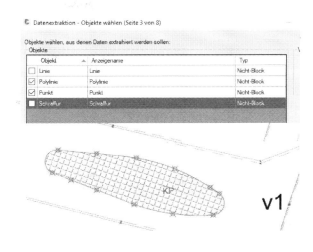

Optional ist auch eine Schraffur möglich.

Im AutoCAD besteht die Möglichkeit diese Daten auszugeben, einerseits als Tabelle in der Zeichnung und andererseits als Datei, um die Daten digital weiterzugeben.

Die Funktion dazu heißt „Daten extrahieren", „Datenextraktion".

Zur Datenextraktion gehören 8 einzelne Schritte (Einstellungen). An dieser Stelle werden nicht alle erläutert.

Die manuelle Auswahl der auszugebenden Elemente ist zu empfehlen (Schritt 2).

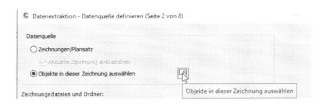

Die manuelle Auswahl führt zu mehr Übersichtlichkeit in den danach folgenden
Schritten (Schritt 3, Schritt 4).

Der Schritt 5 stellt eine Art Voransicht der späteren Tabelle oder Datei dar.

Die Spaltenanordnung ist bearbeitbar.

Die Datenausgabe kann in die Zeichnung als Tabelle oder als Datei erfolgen. Als Format für die Dateiausgabe wird *.txt empfohlen.

9 DACH-Extension, ISYBAU-Translator

Die Ausgabe der Werte ist „Amerikanisch", das heißt Dezimal-Trennzeichen „Punkt".

In deutschen Programmen (z.B. Excel) kann es hier Probleme geben.

Hinweis:

In vielen Software-Produkten (z.B. Editor Word Excel) kann mit der Funktion „Suchen und Ersetzen" das Problem beseitigt werden.

- **Tabelle als Bestandteil der Zeichnung**   - **ausgegebene Datei**

Anzahl	Name	Fläche	Länge	Position X	Position Y
1	Polylinie	26.2853	25.2010		
1	Punkt			58133.8456	18911.7335
1	Punkt			58131.3419	18912.0141
1	Punkt			58128.9259	18912.2457
1	Punkt			58138.6515	18908.0827
1	Punkt			58138.4777	18909.8425
1	Punkt			58136.2613	18911.0321
1	Punkt			58136.1372	18908.1608
1	Punkt			58128.5756	18910.8029
1	Punkt			58139.0541	18909.4246
1	Punkt			58129.7436	18910.3352
1	Punkt			58131.3523	18909.6912
1	Punkt			58133.6945	18908.7613

Die konstruierte Insel ist im Civil 3D verwendbar. Hie kann die Insel als Civil 3D Elementkante umgewandelt und in Bordsteinhöhe auf der Kreuzung liegen.

Hinweis:

Das Umwandeln in eine Civil 3D Elementkante und das Ablegen (Mit Höhendifferenz) auf dem §d Profilkörper-DGM wäre auch die Voraussetzung um Absteckpunkte mit x-, y- und z-Koordinaten auszugeben.

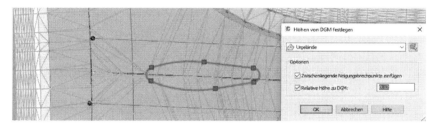

3D-Achsicht der Kreuzung mit 3D-Profilkörper, 3D-Profilkörper DGM und projizierter Elementkante.

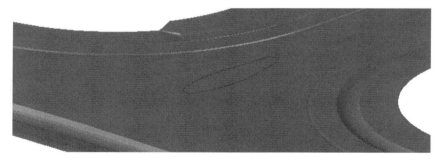

Im folgenden Bild ist die Elementkante (Insel-Konstruktion) um Bordsteinelemente erweitert, es ist ein 3D-Profilkörper „Insel" erstellt (3D-Darstellung im Civil 3D, Rendermaterial „Von Layer").

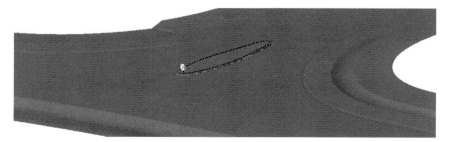

9 DACH-Extension, ISYBAU-Translator

3D-Darstellung ergänzt um ein Verkehrsschild, 3D-Profilkörper DGM, Rendering und Rendermaterial zugewiesen, AutoCAD „Render"

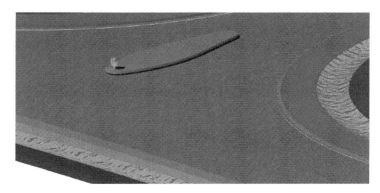

Die AutoCAD Renderfunktion (Arbeitsbereich 3D-Modelling) erzeugt nicht unbedingt akzeptable 3D Ansichten. Um eine hohe Qualität zu erreichen, die den Aufwand rechtfertigt ist das Civil View (Schnittstelle zum 3DS Max) zu erlernen.

Die Renderfunktion des 3D Max (Civil View) liefert qualitativ bessere Ergebnisse.

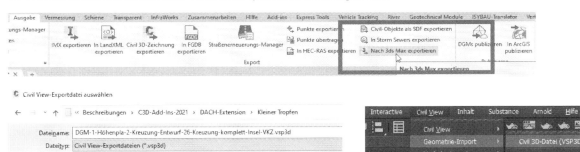

9.3.11 Export/Import Schnittstellen (Einordnung, Einschätzung)

REB DAxx

In Deutschland hat man bereits mit den Anfängen des Computer-Zeitalters Verfahren entwickelt, um Mengen zu berechnen (Volumen oder Flächen, vorrangig für den Straßenbau, Autobahnbau).

Um diese Verfahren zeitlich einzuordnen, ordne ich diese Berechnungen oder Vorgehensweisen den „DOS-Betriebssystemen", dem „DOS-Zeitalter" zu. Zu diesem Zeitpunkt war es technisch nicht anders möglich, als Daten (Achsen, Querprofilstationen, Querprofillinien) in einzelnen Dateien dem Computer anzubieten, einzulesen und in einzelnen Schritten zu berechnen. Die ersten Computer (durchaus mit der Bezeichnung „Groß Rechner") hatten in Bezug zum heutigen „PC" wenig RAM. Es war eben der damalige Stand der Technik. Diese Beschreibung dieser Berechnungsverfahren, Daten und Dateien liegt mir vor und auf diese Beschreibung beziehe ich mich mit meiner Einschätzung.

Deckblatt der mir vorliegenden Version „REB Richtlinie"

Hier sind die Berechnungen und die Ausgangsdaten-Formate beschrieben.

```
Programmsystem REB-Prüfprogramme
─────────────────────────────────

Allgemeine Bedingungen für die Anwendung

der REB-Verfahrensbeschreibungen        Ausgabe 1997    Stand 09/2003

interactive instruments GmbH, 53115 Bonn, Trierer Straße 70-72, Tel. 0228/91410 72, Fax. 0228/91410 90
Bundesanstalt für Straßenwesen, Dipl.-Ing.(FH) Leidorf, 51427 Bergisch Gladbach, Brüderstraße 53
                        Tel. 02204/43-356, Fax 02204/43-673
```

Diese Verfahren, diese Art der Berechnung und die Datenformate gelten heut in Deutschland nach wie vor. Diese Art der Berechnung und der Datenaustausch auf dieser Grundlage hat den Vorteil, bei Fehlermeldungen oder abweichenden Berechnungsergebnissen die einzelnen Dateien lesen zu können (ASCII formatiert) und den Grund des Fehlers oder der Abweichung in der Datei zu erkennen. Im Gegensatz zu dieser alten Vorgehensweise setzt Civil 3D die Berechnung von Mengen (Volumen, Flächen, Längen oder Stück) komplett im RAM des Computers um. Die Kontrolle der Daten muss in der Zeichnung anhand von Höhenplänen, Querprofilen gegliederten Tabellen oder Teilergebnissen erfolgen. Das ist möglich, erfordert jedoch eine komplett andere Arbeitsweise oder Vorgehensweise.

IBM KAxxx

Zu den IBM Kartenarten (KA) liegen mir leider keine Unterlagen vor. Die Datenstruktur entspricht weitgehend den deutschen Datenarten (DA) ist jedoch nicht exakt das Gleiche. Als Gemeinsamkeit haben beide, jeweils in jeder Zeile am Anfang eine Kennzahl, die die Art der Daten angibt. Zum Beispiel: Achse IBM KA040, am Anfang jeder Zeile steht „040", Achse REB Datenart 50, am Anfang jeder Zeile steht „50").

OKSTRA

Die Import- und Export-Funktion der DACH-Extension ist für das *.ctb Format programmiert. Dieses Format ist nach meiner persönlichen Einschätzung das ältere Format. Das aktuelle neue OKSTRA-Format hat die Bezeichnung *.xml.

Der OKSTRA Import/Export der C3D Add-Ins bietet oder verlangt das aktuellere *.xml Format. Dieses Format ist nicht Bestandteil der DACH-Extension. Der Import von OKSTRA-XML ist nur Bestandteil der C3D Add-Ins möglich.

Der OKSTRA Import der DACH-Extension entspricht nicht komplett dem Dateninhalt und der Funktionalität des OKSTRA. Das OKSTRA der DACH-Extension importiert nur das Objekt selbst und stellt es mit Civil 3D-Stilen (Civil 3D-Eigenschaften) dar. Im OKSTRA- Format können jedoch auch Objekteigenschaften übergeben werden, nicht nur das Objekt selbst. Dazu hätte es eine Resources-Datei, Eigenschaften-Definition oder Standards-Verknüpfung geben müssen. Etwas derartiges gibt es nicht im OKSTRA *.ctb-Import der DACH-Extension.

9 DACH-Extension, ISYBAU-Translator

OKSTRA-Import der DACH-Extension

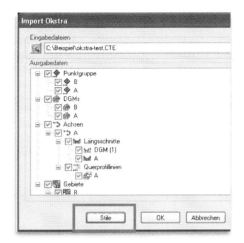

Auszug aus der Autodesk-Hilfe:

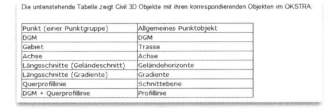

Es werden automatisch die in der Zeichnung bzw. der Zeichnungsvorlage definierten Vorgabestile angegeben. Sie können aber für jedes importierte Objekt andere, individuelle Stile auswählen, indem Sie die Schaltfläche „Stile" verwenden. Nach dem Klicken erscheint der folgende Assistent:

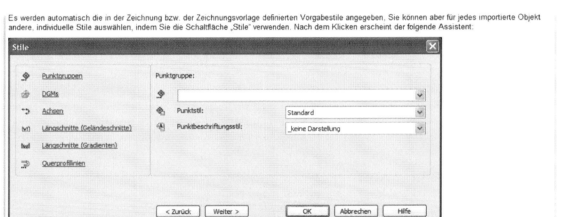

OKSTRA-Import der C3D Add-Ins

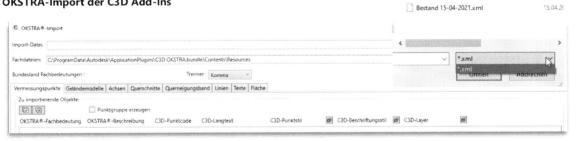

Fachbereiche oder Bundesländer haben eigene Standards, die separat wählbar und als Bestandteil der Funktion mitgeliefert sind.

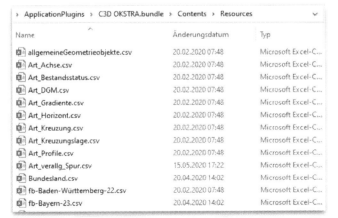

9 DACH-Extension, ISYBAU-Translator

Hinweis:

Die *.xml-Format-Bezeichnung wird für die unterschiedlichsten Verwendungszecke benutzt und ist untereinander nicht kompatibel, weil es unterschiedlichen Zwecken dient. Jeweils im Kopf der Datei ist der Einsatzzweck - und die Software (Programm) vermerkt mit dem es zu öffnen oder zu verwenden ist.

In folgendem Zusammenhang werden zum Datenaustausch auch *.xml Dateien verwendet.

ALKIS, Liegenschaftsdaten, Datei-Format, *.xml

Autodesk, LandXML, Datei-Format, *.xml

OKSTRA, Datei-Format, *.xml

ISYBAU, Datei-Format, *.xml

ISYBAU

Dieses Formal ist Ende der 80er oder Anfang der 90er Jahre für den Daten-Austausch bei Abwasserleitungen entwickelt worden. Hier hat man sehr früh zwischen Konstruktion (Neuplanung), Berechnung (Dimensionierung) und Verwaltung (Betrieb, geographische Informationssysteme, GIS) unterscheiden müssen und durch den ISYBAU-Datenaustausch auch können.

Man muss in diesem Zusammenhang die damalige Computertechnik und deren Leistungsfähigkeit beachten. Eine Planung (das Zeichnen) von Abwassersystemen verlangt andere Software-Lösungen als die Rohrdimensionierung und für die Verwaltung der Abwassersysteme wurde wiederum andere Software eingesetzt. Durch die Trennung zwischen den Aufgaben und der Datenübergabe per standardisiertem ISYBAU-Format war man bereits vor der Jahrtausendwende in der Lage Leitungssysteme von Städten wie München, Frankfurt oder Hamburg mit Computertechnik zu modernisieren und zu verwalten. Deshalb finden wir hier auch mehrere Entwicklungsphasen und entsprechend aktualisierte Formate.

*.k, *.k96 (ältere ASCII-Formate, lesbar)

Die einfachen Rohrleitungen, Leitungs-Daten sind in KS für Schacht und KH für Haltungen unterteilt.

Beispiel (*.k):

Kopf der *.k -Datei und Daten für einen Schacht (3 Zeilen).

```
Datei Bearbeiten Format Ansicht Hilfe
K 0196                                                           29.03.2021
K
KS 1130932              766391.1725456378.7650    371.4900 0
KS 2130932     R D 0.63 0.63R 1.00 1.00JR 0.00 0.00 0.00 369.6800 0    0
KS 3130932     B                 0N Unbekan NN0
```

Daten für eine Haltung (3 Zeilen)

```
KH 1145513b            145513    145512    375.800 375.51099 0 150 150   10.68
KH 2145513b    0KR 9 PP   2014 Bürgermeister-Schwinghammer-St000
KH 3145513b
```

*.xml (Formate ab 2004, mehrfach weiterentwickelt, aktuell 2017/07)

Beispiel (*.xml):

Bestandteile des Kopfes einer *.XML -Datei (nicht repräsentativer Ausschnitt).

```
Datei Bearbeiten Format Ansicht Hilfe
<?xml version="1.0" encoding="iso-8859-1"?>
<Identifikation xmlns:xsi="http://www.w3org/2001/XMLSchema-instance" xmlns:xsd="http://www.w3.org/2001/XMLSchema"
  <Version>2013-02</Version>
  <Admindaten>
    <Liegenschaft>
      <Liegenschaftsnummer>0000</Liegenschaftsnummer>
      <Objektnummer>0</Objektnummer>
      <Liegenschaftsbezeichnung>CHAM / BESTAND-UTM_2019_10_24</Liegenschaftsbezeichnung>
      <Liegenschaftsstrasse>Marktplatz 2</Liegenschaftsstrasse>
      <LiegenschaftsPLZ>93413</LiegenschaftsPLZ>
      <Liegenschaftsort>Cham</Liegenschaftsort>
```

9 DACH-Extension, ISYBAU-Translator

Bestandteile der Daten einer *.XML -Datei (nicht repräsentativer Ausschnitt)

```xml
<KnotenTyp>0</KnotenTyp>
<Schacht>
  <SchachtFunktion>1</SchachtFunktion>
  <Schachttiefe>2.25</Schachttiefe>
  <Einstieghilfe>0</Einstieghilfe>
  <AnzahlAnschluesse>0</AnzahlAnschluesse>
  <Uebergabeschacht>0</Uebergabeschacht>
  <AnzahlDeckel>0</AnzahlDeckel>
  <Abdeckung>

    <Deckelform>R</Deckelform>
    <Deckeltyp>1</Deckeltyp>
    <LaengeDeckel>0.63</LaengeDeckel>
    <BreiteDeckel>0.63</BreiteDeckel>
    <Abdeckungsklasse>D</Abdeckungsklasse>
    <AnzahlAuflageringe>0</AnzahlAuflageringe>
    <HoeheAuflageringe>0</HoeheAuflageringe>
    <Schmutzfaenger>0</Schmutzfaenger>
  </Abdeckung>
  <Aufbau>
    <Aufbauform>R</Aufbauform>
    <Abdeckplatte>1</Abdeckplatte>
    <Konus>1</Konus>
    <LaengeAufbau>1.00</LaengeAufbau>
    <BreiteAufbau>1.00</BreiteAufbau>
    <HoeheAufbau>0.50</HoeheAufbau>
    <MaterialAufbau>B</MaterialAufbau>
```

ISYBAU Import/Export DACH-Extension

Die DACH-Extension bedient zum Thema ISYBAU nur das ältere Format *.K.

ISYBAU Import/Export ISYBAU-Translator

Der ISYBAU Translator beherrscht neben dem *.K Format auch die neueren *.XML Formate (Import/Export).

Die folgenden Bilder zeigen die Exportfunktion mit der Betonung auf, die zur Verfügung stehenden Export-Formate.

Die Exportfunktion, ohne Format-Bezeichnung, beschäftigt sich mit dem *.k-Format. Der ISYBAU-Translator zeigt, auch für das *.k-Format gibt es verschiedene Entwicklungsstufen.

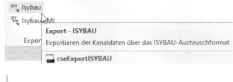

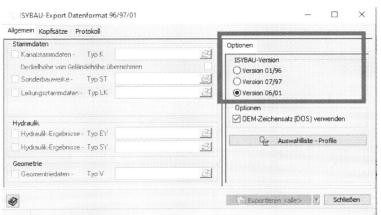

9 DACH-Extension, ISYBAU-Translator

Die Exportfunktion für das *.XML-Format ist auch entsprechend bezeichnet.

Beim ISYBAU Import oder -Export ist immer die Frage zu stellen, um welches Format und um welche Version handelt es sich!

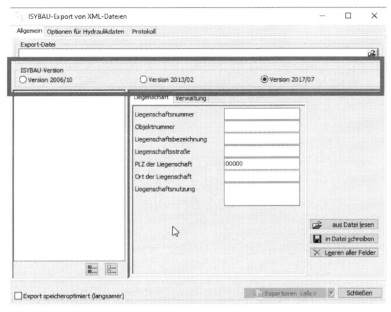

9.3.12 REB VB 21.0xx (Voraussetzung, Mengen aus Querprofilen)

Die REB-Berechnungsverfahren sind als Bestandteil der DACH-Extension nicht in erster Linie eine Mengenberechnung. Diese Funktionen sind eher die Schnittstelle vom Civil 3D zu deutscher Software (Datenübergabe, Daten-Kontrolle, Daten-Export).

Im Civil 3D müssen die Daten erstellt sein, im Prinzip liegt damit die Berechnung im Civil 3D bereits vor. Die Funktionen der Berechnungsverfahren „REB VB 21.0xx" bietet eine zweite parallele Berechnung mit gleichzeitiger Datenausgabe.

Um die Funktion zu erläutern, wird eine Zeichnung geöffnet, die eine Achse mit Gradiente und Querschnitt enthält. Aus den drei Elementen ist ein 3D-Profilkörper erstellt, und damit bereits vorhanden. Zur Vorbereitung sind bereits Querprofillinien vorhanden, hier absichtlich in einer deutlich erkennbaren Breite.

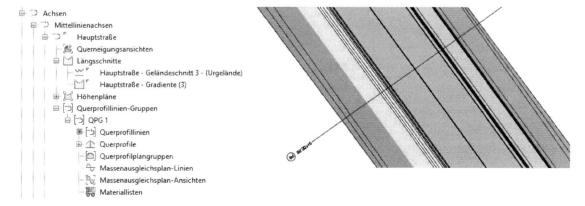

Der Querschnitt auf dessen Basis der 3D-Profilkörper erstellt ist, hat mehrere Schichten (Flächen) deren Bezeichnung (Profilart-Code) bekannt ist.

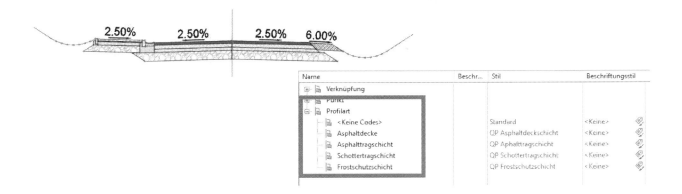

Um Auf- und Abtrag zu berechnen (Rohplanum und Unterkante der Frostschutzschicht) wird ein 3D-Profilkörper DGM benötigt, dass die Fläche beschreiben kann, die sich aus Mutterboden Abtrag (Mutterboden-UK) bis Frostschutz-Unterkante ergibt.

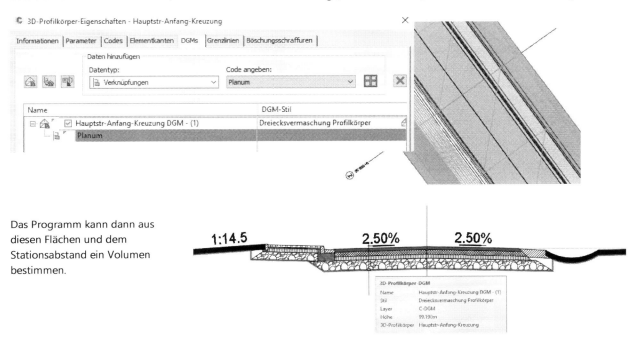

Das Programm kann dann aus diesen Flächen und dem Stationsabstand ein Volumen bestimmen.

REB VB 21.003 (Elling, Volumen unsymmetrischer Straßen)

Die Funktion wird aufgerufen.

Zuerst wird nur die Karte „aus Zeichnung" erläutert. Auf die zweite Karte „aus Datei" wird im Kapitel „9.3.15" eingegangen. Für die Funktion „REB VB 21.003 Massenberechnung aus Querprofilen (Elling)" werden die Daten der Zeichnung zugewiesen.

Hinweis:

Alle Funktionen der REB VB 21.0xx bieten die Option der Gebietsauswahl „Gebiet". Diese Option bleibt auf *kein*. Auf Funktionen, die mit einer Gebietszuordnung zusammenhängen wird in dieser Beschreibung nicht eingegangen. Die Gebietszuordnung ist eine reine Civil 3D-Option und spielt innerhalb der Mengenberechnung (DACH-Extension oder ISYBAU-Translator) eher keine Rolle.

9 DACH-Extension, ISYBAU-Translator

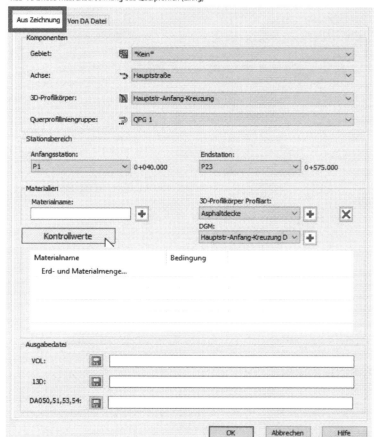

Zuerst erfolgt die Auswahl von Achse, 3D-Profilkörper und Querprofilliniengruppe.

Optional kann der zu berechnende Bereich mit Hilfe der Auswahl von Querprofilstationen eingegrenzt sein.

Kontrollwerte

Kontrollwerte sind Werte aus der DOS-Zeit, die die Speicherbelegung festlegen (RAM).

Bei 64bit Betriebssystemen wie WIN 10 und 16GB RAM ist das nicht mehr erforderlich. Das folgende Bild zeigt die Autodesk-Hilfe zum Thema Kontrollwerte.

Erklärung der einzelnen Konstanten

Kontrollwert KWX	wahrscheinlich größter Profilabstand
Kontrollwert KWY	wahrscheinlich größter Abstand zweier benachbarter Profilpunkte in y-Richtung
Kontrollwert KWZ	wahrscheinlich größte Höhendifferenz benachbarter Profilpunkte
Kontrollwert KWF	wahrscheinlich größter Inhalt einer Querschnittsfläche
Additionswert KOAY	konstanter Abstand einer Aufmaß-Achse von der Kurvenband-Achse
Additionswert KOAZ	konstanter Abstand eines Bezugshorizontes zu NN
Extrapolations- Wert KOEL	einheitlicher Verlängerungswert für alle Begrenzungslinien
Kontrollwert KWRW	wahrscheinlich größte Anzahl der Richtungswechsel der Profilpunktfolge nach links und rechts, die durch wechselweises Zu- und Abnehmen der y-Werte (± Δy) verursacht werden.

Es folgt die Voraussetzung für die Mengenberechnung, Bereich Materialien. Im Feld Materialname wird eine Bezeichnung eingetragen und mit dem „Plus" wird der Name in die Liste übergeben. Ist die Bezeichnung falsch gewählt oder das Material falsch definiert, so kann dieses Rechts mit dem Kreuz gelöscht werden.

Hinweis:

Auf- und Abtrag sind hier einzelne Materialien (Mengenpositionen).

Der Abtrag errechnet sich aus DGMs. Abtrag gilt, wenn der Bestand oder das Urgelände oberhalb der Unterkante vom Frostschutz liegt.

Gert Domsch, CAD-Dienstleistung

9 DACH-Extension, ISYBAU-Translator

Mit dem „Plus" wird die Auswahl der Liste

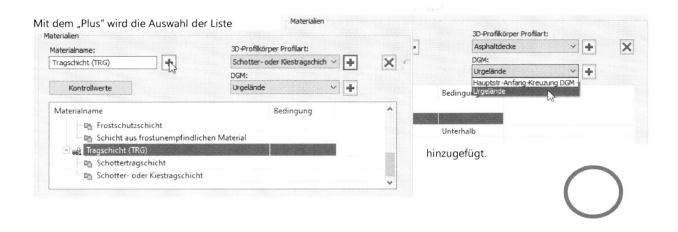

hinzugefügt.

Der Bezugshorizont ist das 3D-Profilkörper DGM. Das sollte jetzt unterhalb liegen.

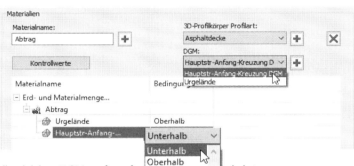

Für die Variante Auftrag (FILL – Aufschüttung) werden die gleichen DGMs aufgerufen, gekehrten Eigenschaften (Oberhalb, Unterhalb).

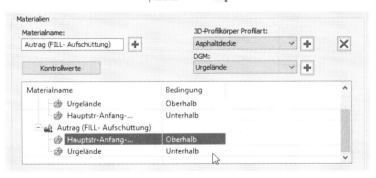

Für die Materialarten oder Schichten des 3D-Profilkörpers können DGMs erzeugt sein, und der Aufruf für die Mengenberechnung erfolgt in gleicher Art und Weise. Es besteht jedoch auch die Möglichkeit Querschnitts-Flächen als „3D-Profilkörper Profilart" aufzurufen. Diese 3D-Profilkörper-Profilarten werden anhand des Profilart-Codes ausgewählt.

Wenn mehrere Schichten einer Materialart entsprechen, ist auch eine Mehrfachauswahl möglich.

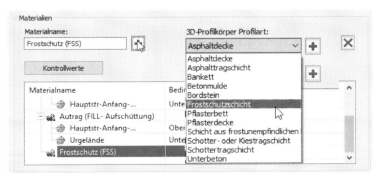

In der gleichen Art und Weise wird auch eine Mengenposition „Frostschutz", „Tragschicht" uvm. vereinbart und es werden die entsprechenden Bestandteile des 3D-Profilkörpers aufgerufen.

9 DACH-Extension, ISYBAU-Translator

Asphalttrag- und Deckschicht werden eher als Flächen abgerechnet. (in m²). Diese Berechnungs-Variante wird im Kapitel der Verfahrensbeschreibung REB 22.033 gezeigt.

Im Bereich „Ausgabedatei" werden die Ausgaben vereinbart. Die Option „VOL" bedeutet es wird nur die Volumenberechnung ausgegeben. Die Option „13D" bedeutet es werden alle deutschen Datenarten (Basis der Mengenberechnung) in eine Datei geschrieben, die dem Datenaustausch mit anderen Programmen dienen kann. Hier ist dann ein Nachrechnen oder eine Kontrolle der Daten möglich. Die dritte Option bedeutet, es werden alle Datenarten, hier DA50 (Achse), DA51 (Kontrollwerte), DA53 (Positionsangaben), DA54 (Koordinaten der Profilpunkte, Querschnittsflächen) in einzelnen Dateien ausgegeben.

Durch den Datenaustausch wird die Berechnung reproduzierbar.

Die Daten sind berechnet und im Projektordner abgelegt. Es ist sinnvoll diese Dateien mit den „Editor" zu öffnen. Bei einer Weiterverwendung im deutschen „Excel" könnte das Ersetzen des Dezimaltrennzeichen „Punkt" durch „Komma" erforderlich sein.

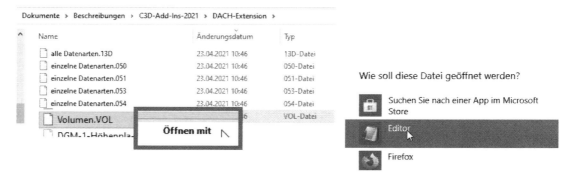

Die folgenden Bilder zeigen nur Ausschnitte der Berechnungsdaten. Vielfach nur den Anfang und das Ender der Berechnungsposition. Die Stationswerte sind zu beachten.

- **Volumen.vol**

Die Besonderheit der Massen-Berechnungsverfahrens (REB 21.0xx, Volumen) ist der K-Faktor. Der K-Faktor beschreibt einen Faktor der sich aus dem Massenschwerpunkt der Querschnittsfläche, bezogen auf die Achse, errechnet. Mit diesem K-Faktor können unsymmetrische Straßen in Kurven berechnet werden.

Hinweis:

In der Civil 3D Mengenberechnung aus Querprofilen gibt keinen solchen K-Faktor. Die Civil 3D Mengenberechnung aus Querprofilen entspricht damit nicht unbedingt der Verfahrensbeschreibung REB 21.003 (Elling). Eine genaue Berechnung ist jedoch auch im Kurvenfall bei unsymmetrischen Querschnitten gegeben. Civil 3D kann innerhalb der Mengenberechnung aus

9 DACH-Extension, ISYBAU-Translator

Querprofilen auch auf die Dreiecksflächen der DGMs ergänzend zurückgreifen. Unter Umständen kann das sogar die bessere oder modernere Alternative darstellen.

Nachfolgende werden die Spalten der Ausgabedateien erläutert.

Die Spalte **Position** bezeichnet die Mengenposition und ist der Name, der in der Definitionsmaske vergeben wurde, **Station** ist die Stationsbezug zur Achse und mit der **Fläche** wird die Querschnittsfläche an der jeweiligen Station ermittelt. Der Begriff „**Masse**" ist hier als Volumen zu verstehen und bezeichnet das Teilvolumen, das zwischen zwei Stationen berechnet wird. Mit **Radius** wird der Radius angegeben, den die Achse am Stationswert hat. Ist der Wert „NULL", so ist die Achse an der Station eine Gerade. Der Wert „**Ys**" beschreibt den Schwerpunktabstand zur Achse. Der **K-Faktor** bezeichnet den Faktor, um den das Volumen zu mindern oder zu vergrößern ist, infolge nicht vorhandener Symmetrie der Querschnittsfläche zur Achse. Die **Gesamtmasse** ist das Volumen aus der Summe aller „K-Massen" und wird von Station zu Station schreiweise addiert (auflaufend). Als **Vorgabemasse** wird eine Volumenvorgabe bezeichnet, die bereits vor der ausgewiesenen Volumenberechnung erfolgte und zur jetzt zur durchgeführten Berechnung zu addieren ist.

```
Volumen.VOL - Editor
Datei Bearbeiten Format Ansicht Hilfe
POSITION            STATION     FLAECHE     MASSE       RADIUS      YS          K-FAKTOR    K-MASSE     GESAMTMASSE

Abtrag                                                              VORGABEMASSE            0.000
Abtrag              40.000      0.000       0.000       0.000       0.000       1.000       0.000       0.000
Abtrag              50.000      0.000       0.000       0.000       0.000       1.000       0.000       0.000
Abtrag              75.000      0.000       0.000       0.000       0.000       1.000       0.000       0.000

......

Abtrag              525.000     0.000       0.000       0.000       0.000       1.000       0.000       196.918
Abtrag              550.000     0.000       0.000       0.000       0.000       1.000       0.000       196.918
Abtrag              575.000     0.000       0.000       0.000       0.000       1.000       0.000       196.918
Autrag (FILL- Aufschüttung)                                                     VORGABEMASSE            0.000
Autrag (FILL- Aufschüttung)  40.000  0.000  0.000       0.000       0.000       1.000       0.000       0.000
Autrag (FILL- Aufschüttung)  50.000  0.000  0.000       0.000       0.000       1.000       0.000       0.000
Autrag (FILL- Aufschüttung)  75.000  0.000  0.000       0.000       0.000       1.000       0.000       0.000

......

Abtrag              525.000     0.000       0.000       0.000       0.000       1.000       0.000       196.918
Abtrag              550.000     0.000       0.000       0.000       0.000       1.000       0.000       196.918
Abtrag              575.000     0.000       0.000       0.000       0.000       1.000       0.000       196.918
Autrag (FILL- Aufschüttung)                                                     VORGABEMASSE            0.000
Autrag (FILL- Aufschüttung)  40.000  0.000  0.000       0.000       0.000       1.000       0.000       0.000
Autrag (FILL- Aufschüttung)  50.000  0.000  0.000       0.000       0.000       1.000       0.000       0.000
Autrag (FILL- Aufschüttung)  75.000  0.000  0.000       0.000       0.000       1.000       0.000       0.000

......

Autrag (FILL- Aufschüttung) 525.000  0.000  0.000       0.000       0.000       1.000       0.000       138.281
Autrag (FILL- Aufschüttung) 550.000  0.000  0.000       0.000       0.000       1.000       0.000       138.281
Autrag (FILL- Aufschüttung) 575.000  0.000  0.000       0.000       0.000       1.000       0.000       138.281
Frostschutz (FSS)                                                   VORGABEMASSE            0.000
Frostschutz (FSS)   40.000      3.474       0.000       0.000       2.176       1.000       0.000       0.000
Frostschutz (FSS)   50.000      3.474       34.736      0.000       2.176       1.000       34.736      34.736
Frostschutz (FSS)   75.000      3.474       86.841      0.000       2.176       1.000       86.841      121.577

........

Frostschutz (FSS)   525.000     3.474       86.841      0.000       2.176       1.000       86.841      1693.581
Frostschutz (FSS)   550.000     3.474       86.841      0.000       2.176       1.000       86.841      1780.422
Frostschutz (FSS)   575.000     3.474       86.841      0.000       2.176       1.000       86.841      1867.263
Tragschicht (TRG)                                                   VORGABEMASSE            0.000
Tragschicht (TRG)   40.000      1.108       0.000       0.000       1.851       1.000       0.000       0.000
Tragschicht (TRG)   50.000      1.108       11.077      0.000       1.851       1.000       11.077      11.077
Tragschicht (TRG)   75.000      1.108       27.692      0.000       1.851       1.000       27.692      38.769

........

Tragschicht (TRG)   525.000     1.108       27.692      0.000       1.851       1.000       27.692      539.637
Tragschicht (TRG)   550.000     1.108       27.692      0.000       1.851       1.000       27.692      567.329
Tragschicht (TRG)   575.000     1.108       27.692      0.000       1.851       1.000       27.692      595.022
```

Hinweis:

Die Mengenberechnung hat keinen Einfluss auf die Zeichnung. Es handelt sich nur um eine zusätzliche separate Ausgabe. Ist die Mengenberechnung durch eine farbliche Schraffur in den Querprofilen nachzuweisen, so sind im Civil 3D die Querprofilpläne zu zeichnen und die Civil 3D Mengenberechnung aus Querprofilen auszuführen (Civil 3D Bezeichnung: „Materialien berechnen").

9 DACH-Extension, ISYBAU-Translator

- **alle Datenarten.13d**

Die Datei *.13d enthält alle Daten, Datenarten, die für die Reproduktion der Berechnung erforderlich sind. Die jeweilige Datenart ist am Anfang jeder Zeile eingetragen. Das sind die ersten zwei oder drei Ziffern am Anfang jeder Zeile (deutsche DA, zwei Ziffern oder IBM KA, drei Ziffern).

Hinweis:

Die von mir gewählten und eingetragenen Namen könnten im Datenaustausch zum Problem werden. Im originalen Datenformat ist die Spalte für den Namen der Schicht mit 6 Zeichen angegeben. Einige Programme könnten beim Import dieser Daten, mit mehr Zeichen als „6" für den Namen, Fehlermeldungen zeigen.

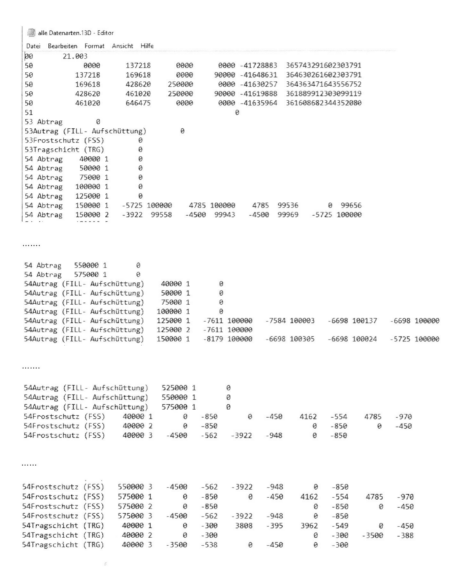

- **einzelne Datenarten.050, *.051, *.053, *.054**

Optional können die Daten der Berechnung auch als einzelne Dateien ausgegeben werden.

DA50 (Achse)

DA51 (Kontrollwerte, Konstanten, Speicherbelegung)

```
einzelne Datenarten.051 - Editor
Datei  Bearbeiten  Format  Ansicht  Hilfe
51                                            0
```

DA53 (Positionsangaben, Bezeichnung der Mengen)

```
einzelne Datenarten.053 - Editor
Datei  Bearbeiten  Format  Ansicht  Hilfe
53 Abtrag           0
53Autrag (FILL- Aufschüttung)       0
53Frostschutz (FSS)        0
53Tragschicht (TRG)        0
```

DA54 (Koordinaten der Profilpunkte, Querschnittsflächen)

In dieser Datei sind in den Spalten folgende Werte eingetragen, erstens Kennung der Datenart „54", zweitens Name der Menge, drittens Stationswert, viertens Zeilennummer, fünftens Koordinaten der Fläche.

```
einzelne Datenarten.054 - Editor
Datei  Bearbeiten  Format  Ansicht  Hilfe
54 Abtrag    40000 1      0
54 Abtrag    50000 1      0
54 Abtrag    75000 1      0
54 Abtrag   100000 1      0
54 Abtrag   125000 1      0
54 Abtrag   150000 1   -5725 100000    4785 100000    4785  99536     0  99656
54 Abtrag   150000 2   -3922  99558   -4500  99943   -4500  99969  -5725 100000
54 Abtrag   150000 3
```

Hinweis:

Innerhalb einer Zeile werden 4 Koordinaten gelistet, dann gibt es eine neue Zeile. Die Anzahl der Zeilen pro Querschnittsfläche ist in einigen Programmen begrenzt. Im Zusammenhang mit LASER-Vermessungen entstehen jedoch sehr detaillierte DGMs und als Folge in der DA54 viel Punkte. Hier kann der Datenaustausch über diese Datenarten an Grenzen stoßen und ist teilweise infolge der Punktmenge nicht mehr möglich.

.....

```
54Autrag (FILL- Aufschüttung)    75000 1      0
54Autrag (FILL- Aufschüttung)   100000 1      0
54Autrag (FILL- Aufschüttung)   125000 1  -7611 100000  -7584 100003  -6698 100137  -6698 100000
54Autrag (FILL- Aufschüttung)   125000 2  -7611 100000
```

......

```
54Frostschutz (FSS)   40000 1      0  -850      0  -450   4162  -554   4785  -970
54Frostschutz (FSS)   40000 2      0  -850              0  -850      0  -450
54Frostschutz (FSS)   40000 3  -4500  -562  -3922  -948      0  -850
```

....

```
54Frostschutz (FSS)   40000 1      0  -850      0  -450   4162  -554   4785  -970
54Frostschutz (FSS)   40000 2      0  -850              0  -850      0  -450
54Frostschutz (FSS)   40000 3  -4500  -562  -3922  -948      0  -850
```

9.3.13 REB VB 21.013 (Volumen aus Querprofilen, Begrenzugslinien)

Zur Erläuterung dieser Funktion wird das gleiche Konstruktionsbeispiel benutzt wie im Kapitel zuvor. Im Ablauf der Funktion und im Datenaufruf ergeben sich viele Parallelen.

Die Funktion wird aufgerufen.

9 DACH-Extension, ISYBAU-Translator

Zuerst wird nur die Karte „aus Zeichnung" erläutert. Auf die zweite Karte „aus Datei" wird im Kapitel „9.3.15" eingegangen.

Hinweis:

Für diese Berechnung wird der Aufruf des 3D-Profilkörper nicht benötigt. Als Konstruktionsobjekt kann der 3D-Profilkörper trotzdem innerhalb der Zeichnung erforderlich sein, wenn 3D-Profilkörper DGMs aufzurufen sind, die nur auf der Basis des 3D-Profilkörpers erzeugt sein können.

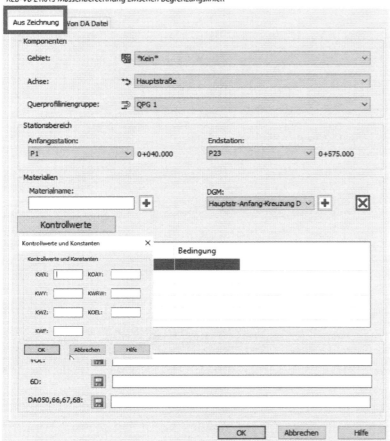

Für die Funktion „REB VB 21.013" Massenberechnung aus Querprofilen (Begrenzungslinie) werden die Daten aus der Zeichnung zugewiesen.

Durch den Aufruf bestimmter Querprofillinien kann die Berechnung für einen definierten Bereich (eingegrenzt) erfolgen.

Kontrollwerte

Kontrollwerte sind Werte aus der DOS-Zeit, die die Speicherbelegung festlegen (RAM). Bei 64bit Betriebssystemen wie WIN 10, 16GB RAM und mehr ist das nicht mehr erforderlich.

Das Bild zeigt die Autodesk-Hilfe zum Thema „Kontrollwerte".

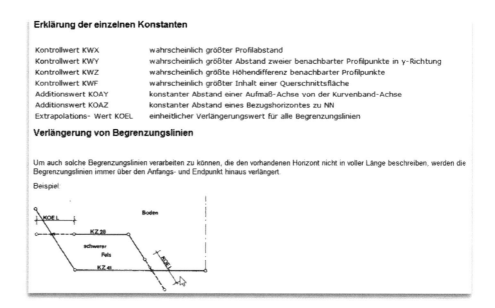

9 DACH-Extension, ISYBAU-Translator

Es folgt die Festlegung für die Bezeichnung der Berechnung, der Eintrag eines Namens für die jeweilige Mengenposition.

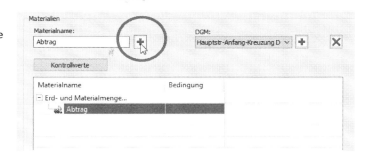

Nach der Festlegung der Bezeichnung der Mengenposition ist der Aufruf eines DGMs möglich. Mit dem Aufruf der DGMs ist auch hier die Entscheidung zu treffen, wo die Lage im Raum für diese Mengenposition zu finden ist (Oberhalb – Unterhalb).

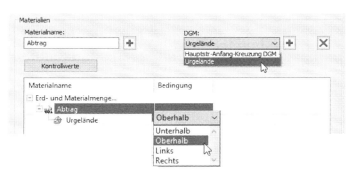

Für diese Mengenposition ist das Urgelände „Oberhalb" und das 3D-Profilkörper DGM mit der Eigenschaft „Unterhalb" aufzurufen.

In der gleichen Art und Weise wird der Auftrag definiert (Aufschüttung, FILL). Für diese Mengenposition ist die Definition der Lage umgekehrt.

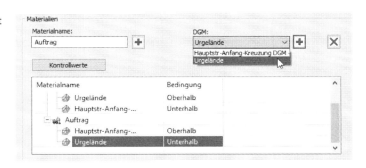

Die Ausgabe der Berechnungsergebnisse erfolgt innerhalb von aufzurufenden Dateien. Die Option „VOL:" bedeutet es wird nur die Volumenberechnung ausgegeben. Die Option „D6" bedeutet es werden alle deutschen Datenarten (Basis der Mengenberechnung) in eine Datei geschrieben, die dem Datenaustausch mit anderen Programmen dienen kann. Hier ist dann ein Nachrechnen oder eine Kontrolle der Daten möglich. Die dritte Option bedeutet, es werden alle Datenarten, hier DA50 (Achse), DA51 (Kontrollwerte), DA53 (Positionsangaben) und DA54 (Koordinaten der Profilpunkte, Querschnittsflächen) in einzelnen Dateien ausgegeben.

Solange dem Format noch kein Programm zugewiesen ist, sollte der Editor zum Öffnen gewählt sein.

9 DACH-Extension, ISYBAU-Translator

Eventuell sind die Dateien zu editieren, das Dezimaltrennzeichen „Punkt" gegen Dezimaltrennzeichen „Komma" zu tauschen.

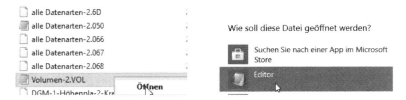

Der Aufbau der ausgegebenen daten, der Tabellen entspricht dem Berechnungsverfahren REB 21.003.

Position bezeichnet die Mengenposition und ist der Name, der in der Definitionsmaske vergeben wurde. **Station** ist der Stationsbezug zur Achse und mit der **Fläche** wird die Querschnittsfläche an der Station ermittelt, Die der Menge entspricht. Der Begriff **„Masse"** ist hier als Volumen zu verstehen und bezeichnet das Teilvolumen, das zwischen zwei Stationen berechnet wird. Mit **Radius** wird der Radius angegeben, den die Achse am Stationswert hat. Ist der Wert „NULL", so ist die Achse an der Station eine Gerade. Der Wert **„Ys"** beschreibt den Schwerpunktabstand zur Achse. Der **K-Faktor** bezeichnet den Faktor, um den das Volumen zu mindern oder zu vergrößern ist. Die **Gesamtmasse** ist das Volumen aus der Summe aller „**K-Massen**" und wird von Station zu Station schrittweise addiert (auflaufend). Als **Vorgabemasse** wird eine Volumenvorgabe bezeichnet, die von bereits erfolgten Volumenberechnungen stammt und zur jetzt durchgeführten Berechnung zu addieren ist.

Hinweis:

Im originalen Datenformat sind nur 6 Zeichen für die Position (Mengenbezeichnung) vorgesehen. In der Definitionsmaske der DACH-Extension kann man mehr Zeichen eintragen. Diese langen Bezeichnungen (Namen) könnten im Datenaustausch zum Problem werden. Einige Programme könnten beim Import dieser Daten (Mengenbezeichnungen mit mehr als 6 Zeichen) Fehlermeldungen zeigen.

- **Volumen.vol**

```
Volumen-2.VOL - Editor
Datei  Bearbeiten  Format  Ansicht  Hilfe
POSITION    STATION    FLAECHE    MASSE    RADIUS    YS       K-FAKTOR   K-MASSE   GESAMTMASSE

Abtrag                                              VORGABEMASSE  0.000
Abtrag      40.000     0.000      0.000    0.000    0.000    1.000      0.000     0.000
Abtrag      50.000     0.000      0.000    0.000    0.000    1.000      0.000     0.000

......

Abtrag      550.000    0.000      0.000    0.000    0.000    1.000      0.000     196.918
Abtrag      575.000    0.000      0.000    0.000    0.000    1.000      0.000     196.918

Auftrag                                             VORGABEMASSE  0.000
Auftrag     40.000     0.000      0.000    0.000    0.000    1.000      0.000     0.000
Auftrag     50.000     0.000      0.000    0.000    0.000    1.000      0.000     0.000

......

Auftrag     525.000    0.000      0.000    0.000    0.000    1.000      0.000     138.437
Auftrag     550.000    0.000      0.000    0.000    0.000    1.000      0.000     138.437
Auftrag     575.000    0.000      0.000    0.000    0.000    1.000      0.000     138.437
```

- **alle Datenarten.6d**

Die Datei *.6D enthält alle Daten, Datenarten, Objekte, die für die Reproduktion der Berechnung erforderlich sind. Die ersten beiden Ziffern in jeder Zeile sind die Bezeichnung der jeweiligen Datenart.

```
alle Datenarten-2.6D - Editor
Datei  Bearbeiten  Format  Ansicht  Hilfe
00       21.013
50        0000    137218      0000     0000 -41728883  365743291602303791
50      137218    169618      0000    90000 -41648631  364630261602303791
50      169618    428620    250000     0000 -41630257  364363471643556752
50      428620    461020    250000    90000 -41619888  361889912303099119
50      461020    646475      0000     0000 -41635964  361608682344352080
67
68 Abtrag   40000     575000      001     02
68Auftrag   40000     575000      011     12
66    02    40000  1  -11578  99800  -11470  99810  -11363  99815  -11255  99817
66    02    40000  2  -11148  99814  -11042  99807  -10935  99795  -10828  99779
66    02    40000  3  -10722  99759   -8150  99515   -7919  99386   -7672  99291
66    02    40000  4   -7414  99234   -7150  99215   -6886  99234   -6698  99276
66    02    40000  5   -6698  99121   -4500  99066   -4500  99040   -3922  98654
66    02    40000  6       0  98752    4785  98633    4785  99093    4998  99011
66    02    40000  7    5256  98954    5520  98935    5784  98954    6042  99011
66    02    40000  8    6289  99106    6520  99235    8672  99640    8881  99690
66    02    40000  9    9091  99731    9302  99763    9514  99788    9726  99803
66    02   4000010    9939  99811   10153  99810   10368  99800
```

- **einzelne Datenarten.050, *.066, *.067, *.068**

Optional können die Daten der Berechnung auch als einzelne Dateien ausgegeben oder weitergegeben werden.

DA50 (Achse)

```
alle Datenarten-2.050 - Editor
Datei Bearbeiten Format Ansicht Hilfe
50      0000   137218    0000    0000 -41728883  365743291602303791
50    137218   169618    0000   90000 -41648631  364630261602303791
50    169618   428620  250000    0000 -41630257  364363471643556752
50    428620   461020  250000   90000 -41619888  361889912303099119
50    461020   646475    0000    0000 -41635964  361608682344352080
```

DA67 (Kontrollwerte, Konstanten, Speicherbelegung)

```
alle Datenarten-2.067 - Editor
Datei Bearbeiten Format Ansicht Hilfe
67
```

DA68 (Positionsangaben, Bezeichnung der Mengen)

```
alle Datenarten-2.068 - Editor
Datei Bearbeiten Format Ansicht Hilfe
68 Abtrag    40000   575000   001   02
68Auftrag    40000   575000   011   12
```

DA66 (Koordinaten der Profilpunkte, Querschnittslinien)

In dieser Datei sind in den Spalten folgende Werte eingetragen, Kennung der Datenart „66", Bezeichnung der Linie „02" (Querprofillinie, Begrenzungslinie). Es folgen Stationswert, Zeilennummer und Koordinaten der Fläche.

```
alle Datenarten-2.066 - Editor
Datei Bearbeiten Format Ansicht Hilfe
66  02  40000 1  -11578  99800  -11470  99810  -11363  99815  -11255  99817
66  02  40000 2  -11148  99814  -11042  99807  -10935  99795  -10828  99779
66  02  40000 3  -10722  99759   -8150  99515   -7919  99386   -7672  99291
66  02  40000 4   -7414  99234   -7150  99215   -6886  99234   -6698  99276
66  02  40000 5   -6698  99121   -4500  99066   -4500  99040   -3922  98654
66  02  40000 6       0  98752    4785  98633    4785  99093    4998  99011
66  02  40000 7    5256  98954    5520  98935    5784  98954    6042  99011
66  02  40000 8    6289  99106    6520  99235    8672  99640    8881  99690
66  02  40000 9    9091  99731    9302  99763    9514  99788    9726  99803
66  02  4000010   9939  99811   10153  99810   10368  99800
```

Hinweis:

Innerhalb einer Zeile werden 4 Koordinaten gelistet, anschließend gibt es eine neue Zeile. Die Anzahl der Zeilen pro Querschnittslinie ist in einigen Programmen begrenzt. Im Zusammenhang mit LASER-Vermessungen entstehen sehr detaillierte DGMs und als Folge in der DA66 viele Punkte. Hier kommt der Datenaustausch über diese Datenarten an Grenzen und ist teilweise infolge der Punktmenge nicht mehr möglich.

9.3.14 REB VB 21.033 (Oberflächenberechnung, Flächen aus Querprofilen)

Zur Erläuterung dieser Funktion wird das gleiche Konstruktionsbeispiel benutzt wie im Kapitel zuvor. In dem Beispiel werden zwei Flächen berechnet. Das Beispiel wird um eine Asphalt-Fläche und eine Mutterboden-Abtrags-Fläche erweitert. Im Ablauf und im Datenaufruf ergeben sich viele Parallelen zu den vorher beschriebenen Berechnungsverfahren.

- **Ausgangsdaten für Asphalt**

Es wird als Bestandteil der 3D-Profilkörper Eigenschaften ein zweites, neues 3D-Profilkörper DGM angelegt. Es bekommt eine auffällige Farbe „Dreiecksvermaschung und Umring ROT [2014]".

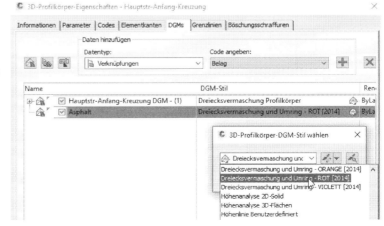

9 DACH-Extension, ISYBAU-Translator

Das DGM bekommt nur die Verknüpfung mit dem Code „Belag" zugewiesen (Linien-Name der Asphalt-Oberkante).

Das neue DGM ist auf den Fahrbahnrand, Punkt-Code „Fahrspurrand-Außen" (Punkte-Name) einzugrenzen. Mit dieser Eigenschaft beschreibt es nur die Asphaltfläche.

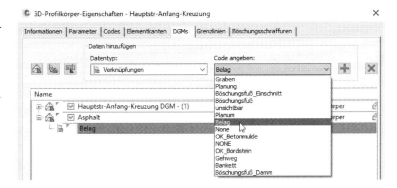

Das 3D-Profilkörper DGM (über den gesamten 3D-Profilkörper) wurde auf den Darstellungs-Stil „Umring" zurückgesetzt.

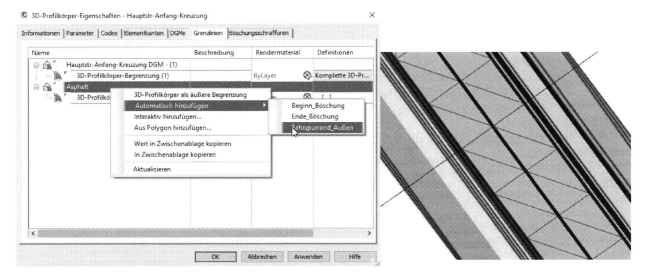

Das DGM (Asphalt) ist in einer auffälligen Farbe erstellt, um die Lage kontrollieren zu können. Dieses DGM beschreibt die Fläche des Asphaltes.

- **Ausgangsdaten für Mutterboden (Mutterbodenabtrag)**

Es wird angenommen, dass der Mutterbodenabtrag 1m über die Straßenbaumaßnahme in alle Richtungen hinausgeht

Um ein DGM zu erstellen, dass den Mutterbodenabtrag beschreibt, gibt es mehrere Optionen. In diesem Buch wird folgender Weg vorgeschlagen. Aus dem 3D-Profilkörper kann die gesamte Begrenzung als Polylinie ausgegeben werden.

Diese Funktion ist Bestandteil der Gruppe „Entwurf erstellen".

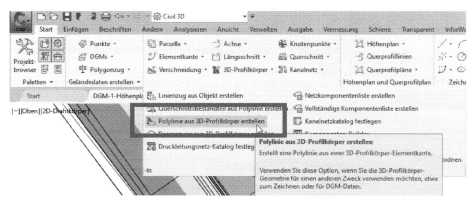

9 DACH-Extension, ISYBAU-Translator

Diese Polylinie ist anschließend zu versetzen um 1m (AutoCAD „Versetzten").

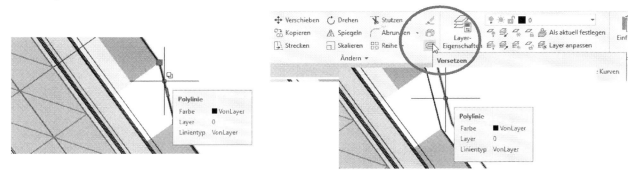

Diese Polylinie wird als Begrenzung für das „Urgelände aufgerufen. Damit ist eine Fläche gegeben, die den Mutterboden-Abtrag als Fläche beschreibt. Die Zuweisung der Grenzlinie erfolgt mit den Standard-Einstellungen.

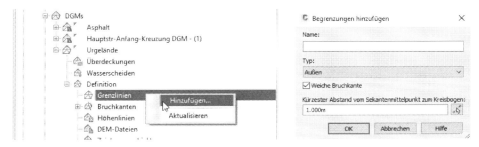

Die Funktion der Flächenberechnung (DACH-Extension, Oberflächenberechnung aus Querprofilen) wird aufgerufen.

Zuerst wird nur die Karte „aus Zeichnung" erläutert. Auf die zweite Karte „aus Datei" wird im Kapitel „9.3.15" eingegangen.

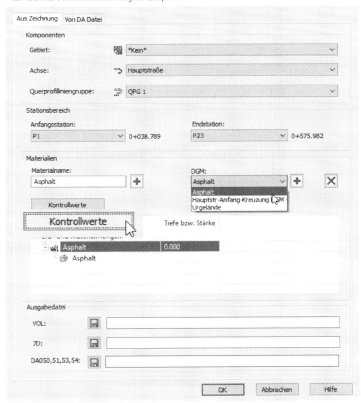

Hinweis:

Für diese Berechnung wird der Aufruf des 3D-Profilkörper nicht benötigt. Als Konstruktionsobjekt kann der 3D-Profilkörper trotzdem innerhalb der Zeichnung erforderlich sein, weil auf dessen Basis DGMs zu erstellen sind, die hier als Bestandteil der Funktion Verwendung finden.

Die Civil 3D Objekte sind aufzurufen.

Die Funktion Kontrollwerte (Schaltfläche) wird im Beispiel nicht benutzt.

Kontrollwerte

9 DACH-Extension, ISYBAU-Translator

Kontrollwerte sind Werte aus der DOS-Zeit, die die Speicherbelegung festlegen (RAM). Bei 64bit Betriebssystemen wie WIN 10, 16GB RAM und mehr ist das nicht mehr erforderlich.

Das Bild zeigt einen Auszug aus der Autodesk-Hilfe zum Thema Kontrollwerte.

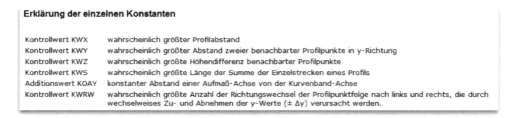

Bei den Daten (DGMs) ist ein Mehrfachaufruf möglich. Das heißt zum Beispiel kann der Mutterboden als Fläche oder als Volumen berechnet sein. Bei der Option Volumen kann eine Schichtstärke eingegeben werden. Im Beispiel wird 0.3 m verwendet.

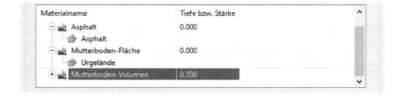

Es folgt der Aufruf der Dateien zur Ausgabe der Berechnung.

Die Ausgabe der Berechnungsergebnisse erfolgt innerhalb von aufzurufenden Dateien. Die Option „VOL:" bedeutet, es wird nur die Volumenberechnung ausgegeben. Die Option „D7" bedeutet, es werden alle deutschen Datenarten (Basis der Mengenberechnung) in eine Datei geschrieben, die dem Datenaustausch mit anderen Programmen dienen kann.

Die dritte Option bedeutet es, werden alle Datenarten, hier DA50 (Achse), DA51 (Kontrollwerte), DA53 (Positionsangaben) und DA54 (Koordinaten der Profilpunkte, Querschnittslinie) in einzelnen Dateien ausgegeben.

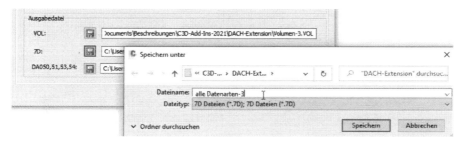

Solange dem Format noch kein Programm zugewiesen ist, sollte der Editor zum Öffnen gewählt sein. Eventuell sind die Dateien zu editieren. Eventuell ist das Dezimaltrennzeichen „Punkt" gegen Dezimaltrennzeichen „Komma" zu tauschen.

- **Volumen.vol**

```
Volumen-3.VOL - Editor
Datei  Bearbeiten  Format  Ansicht  Hilfe
POSITION      STATION    STRECKE    FLAECHE    RADIUS      YS       K-FAKTOR   K-FLAECHE   GESAMTFLAECHE

Asphalt                                                VORGABEFLAECHE         0.000
Asphalt       38.789     7.002      0.000      0.000     0.000      1.000      0.000       0.000
Asphalt       50.000     7.002      78.502     0.000    -0.000      1.000      78.502      78.502
Asphalt       75.000     7.002      175.055    0.000     0.000      1.000      175.055     253.557
```

9 DACH-Extension, ISYBAU-Translator

```
......
Asphalt              525.000       7.002     175.055       0.000       0.000       1.000     175.055     3404.541
Asphalt              550.000       7.002     175.055       0.000       0.000       1.000     175.055     3579.596
Asphalt              575.982       7.002     181.928       0.000       0.000       1.000     181.928     3761.524
                                                                                DICKE =     0.000    MASSE =      0.000

Mutterboden-Fläche                                                                   VORGABEFLAECHE      0.000
Mutterboden-Fläche    38.789      24.057       0.000       0.000      -0.605       1.000       0.000        0.000
Mutterboden-Fläche    50.000      23.805     268.292       0.000      -0.605       1.000     268.292      268.292
Mutterboden-Fläche    75.000      23.241     588.076       0.000      -0.605       1.000     588.076      856.368
......

Mutterboden-Fläche   525.000      24.435     614.951       0.000      -0.605       1.000     614.951    11008.188
Mutterboden-Fläche   550.000      24.109     606.803       0.000      -0.605       1.000     606.803    11614.991
Mutterboden-Fläche   575.982      23.770     621.994       0.000      -0.605       1.000     621.994    12236.985
                                                                                DICKE =     0.000    MASSE =      0.000

Mutterboden-Volumen                                                                  VORGABEFLAECHE      0.000
Mutterboden-Volumen   38.789      24.057       0.000       0.000      -0.605       1.000       0.000        0.000
Mutterboden-Volumen   50.000      23.805     268.292       0.000      -0.605       1.000     268.292      268.292
Mutterboden-Volumen   75.000      23.241     588.076       0.000      -0.605       1.000     588.076      856.368
......

Mutterboden-Volumen  550.000      24.109     606.803       0.000      -0.605       1.000     606.803    11614.991
Mutterboden-Volumen  575.982      23.770     621.994       0.000      -0.605       1.000     621.994    12236.985
                                                                                DICKE =     0.300    MASSE =   3671.096
```

- **alle Datenarten.7d**

Die Datei *.7D enthält alle Daten, Datenarten, Objekte, die für die Reproduktion der Berechnung erforderlich sind. Die jeweilige Datenart sind die ersten beiden Ziffern in jeder Zeile.

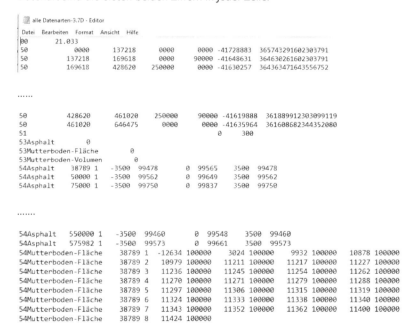

- **einzelne Datenarten.050, *.051, *.053, *.054**

Optional können die Daten der Berechnung auch als einzelne Dateien ausgegeben oder weitergegeben werden.

DA50 (Achse)

```
einzelne Datenarten-3.050 - Editor
Datei  Bearbeiten  Format  Ansicht  Hilfe
50         0000     137218       0000       0000  -41728883   365743291602303791
50       137218     169618       0000      90000  -41648631   364630261602303791
50       169618     428620     250000       0000  -41630257   364363471643556752
```

DA51 (Kontrollwerte, Konstanten, Speicherbelegung)

```
einzelne Datenarten-3.051 - Editor
Datei  Bearbeiten  Format  Ansicht  Hilfe
51                                             0
```

9 DACH-Extension, ISYBAU-Translator

DA53 (Positionsangaben, Bezeichnung der Mengen)

```
einzelne Datenarten-3.053 - Editor
Datei Bearbeiten Format Ansicht Hilfe
53Asphalt              0
53Mutterboden-Fläche   0
53Mutterboden-Volumen  0
```

DA54 (Koordinaten der Profilpunkte, Querschnittslinien)

In dieser Datei sind in den Spalten folgende Werte eingetragen, Kennung der Datenart „54", Name der Menge, Stationswert, Zeilennummer, Koordinaten der Fläche (Linie).

```
einzelne Datenarten-3.054 - Editor
Datei Bearbeiten Format Ansicht Hilfe
54Asphalt             38789 1  -3500  99478     0  99565   3500  99478
54Asphalt             50000 1  -3500  99562     0  99649   3500  99562
54Asphalt             75000 1  -3500  99750     0  99837   3500  99750

54Mutterboden-Fläche  38789 1 -12634 100000  3024 100000   9932 100000  10878 100000
54Mutterboden-Fläche  38789 2  10979 100000 11211 100000  11217 100000  11227 100000
54Mutterboden-Fläche  38789 3  11236 100000 11245 100000  11254 100000  11262 100000
54Mutterboden-Fläche  38789 4  11270 100000 11271 100000  11279 100000  11288 100000
54Mutterboden-Fläche  38789 5  11297 100000 11306 100000  11315 100000  11319 100000
54Mutterboden-Fläche  38789 6  11324 100000 11333 100000  11338 100000  11340 100000
54Mutterboden-Fläche  38789 7  11343 100000 11352 100000  11362 100000  11400 100000
54Mutterboden-Fläche  38789 8  11424 100000
```

Hinweis:

Innerhalb einer Zeile werden 4 Koordinaten gelistet, dann gibt es eine neue Zeile. Die Anzahl der Zeilen pro Querschnittslinie ist in einigen Programmen begrenzt. Im Zusammenhang mit LASER-Vermessungen entstehen sehr detaillierte DGMs und als Folge in der DA54 viel Punkte. Hier kommt der Datenaustausch über diese Datenarten an Grenzen und ist teilweise infolge der Punktmenge nicht mehr möglich.

9.3.15 Nachtrag, Ergänzung

REB VB 21.0xx

Die Berechnungen der REB VB innerhalb der DACH-Extension können auch dazu benutzt werden, um Mengenberechnungen, die in anderer Software ausgeführt wurde und als REB Datenarten bereitgestellt wird, in der DACH-Extension (Civil 3D) nachzurechnen.

In den Register-Karten „Von DA Datei" ist der Aufruf der Dateien für das jeweilige Berechnungsverfahren möglich. Im Bild dargestellt ist der Dateiaufruf für das Berechnungsverfahren REB VB 21.003 (Elling)

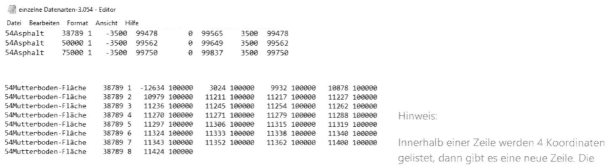

Diese Karte „Von DA Datei" gibt es bei allen Berechnungsverfahen der REB VB 21.0xx.

Gert Domsch, CAD-Dienstleistung

9 DACH-Extension, ISYBAU-Translator

Civil 3D Berechnung (Alternative)

Civil 3D bietet im Bereich „Analysieren auch eine Mengenberechnung aus Querprofilen. Die Funktion wird hier als „Materialien berechnen" bezeichnet.

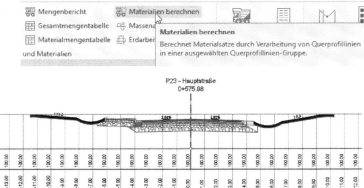

Als Voraussetzung für diese Funktion müssen Querprofilpläne erstellt sein. Die Funktion kann nur auf eine vorhandene Querprofilliniengruppen mit Querprofillinien und Querprofilplänen zugreifen.

Die Berechnung kann mit Farbe, das heißt mit Flächenfüllung ausgeführt werden. Der Schritt ist in der Praxis zu empfehlen, Mit der Farbfüllung ist eine optische Kontrolle der Berechnung möglich.

Einen K-Faktor wie bei den REB VB 21.0xx Berechnungsverfahren, um bei unsymmetrischen Straßen in der Kurve die Massen-Zusammendrängung auszugleichen, gibt es hier nicht. Dafür kann die Mengenberechnung aus Querprofilen auf die Dreiecksflächen (DGM-Dreiecke, -TIN) zurückgreifen (Prismoid, Mengen nach Prismenmethode).

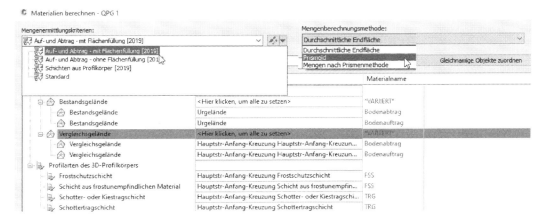

Mehrere Schichte können, wenn es technisch sinnvoll ist, zu einer Menge zusammengafasst sein. Um das zu erkennen und eventuell zu prüfen, ist eine farbliche Unterstützung (Schraffur) möglich.

Civil 3D kann die Berechnung ausgeben nach Querschnittsfläche, Teilmenge und auflaufender Menge. Die Ausgabe kann in ein externes Protokoll außerhalb der Zeichnung erfolgen, als Tabelle am Querprofilplan - oder als Tabelle in der Zeichnung eingefügt sein.

Detail:

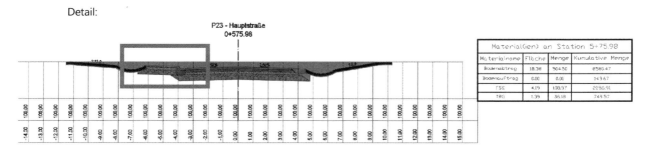

Detail: Alle Bestandteile des 3D-Profilkörper sind jederzeit änderbar und die Mengenberechnung ist dynamisch mit dem 3D-Profilkörper verknüpft. Civil 3D ist mit der dynamischen Mengenberechnung und der Option, die berechnete Meng farblich zu kennzeichnen das modernere Programm, die modernere Software.

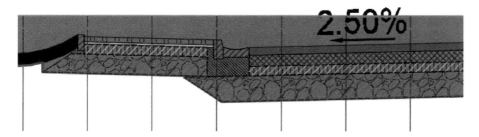

Die Schnittstelle zu bestehender - oder ältere Software, wie bei den Funktionen der „DACH-Extension" gezeigt, bleibt noch lange ein wichtiger Gesichtspunkt. Der Datenaustausch wird auch in Zukunft ein wichtiger Aspekt bleiben.

9.3.16 REB VB 22.013 (Voraussetzung, Mengen aus Oberflächen, - DGMs)

Die erste Funktion dieser Kategorie kann aus Civil 3D DGMs eine Mengenberechnung erstellen.

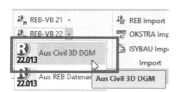

Das besondere dieser Berechnung ist die Ausgabe nach REB VB 22.013 Protokoll. Dieses Protokoll listet Daten in der Reihenfolge auf, die durch das Berechnungsverfahren REB VB 22.013 vorgegeben ist. Diese Liste gilt offiziell in Deutschland als „nachprüfbar".

Das Nachprüfbar setze ich in Anführungszeichen, weil mit dem Zeitalter der Laservermessung und der Drohnen-Befliegung so viele Vermessungspunkte (LASER-Daten) entstehen, die das herkömmliche Prüfen der Daten und das Weitergeben in ASCII-lesbaren Formaten in Frage stellen.

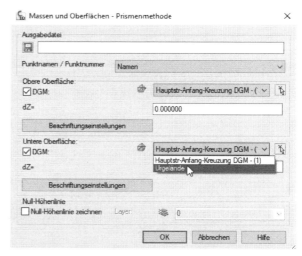

Der derzeitige Trend geht hin zu großen Datenmengen, die mit den bisherigen ASCII-Formaten kaum sinnvoll zu bewältigen sind. Eine Million Punkte sind derzeit eher keine Seltenheit.

9 DACH-Extension, ISYBAU-Translator

Zu dem Berechnungsverfahren gehören festgelegte Datenarten. Das Verfahren ist ebenfalls in der DOS-Zeit entwickelt und beruht auf der Basis einzelner Dateien (Datenarten). Mit dieser Funktion können auch hier Massen-Berechnung nachvollzogen oder kontrolliert werden. Die zweite Funktion zu diesem Berechnungsverfahren „Aus REB Datenarten" könnte zum Import von DGMs genutzt werden, die mit anderer Software erstellt wurden und mit Hilfe der standardisierten Datenarten übergeben werden.

Es folgt die Erläuterung der einzelnen Dateien.

Das Format **REB** ist hier die Zusammenfassung aller Datenarten (DA45, DA58, DA57, DA59).

Die **DA45** (Datei) beschreibt Vermessungspunkte. Jeweils zwei Punkte in einer Zeile.

Die **DA58** (Datei) beschreibt Kontrollwerte und Konstanten, die zum Begrenzen des Speichers wichtig waren. Diese Einstellungen spielen mit 64bit eine untergeordnete Rolle oder keine Rolle mehr.

Die **DA57** (Datei) beschreibt die Dreiecksmaschen der Horizonte.

Die **DA59** (Datei) Positionsangaben (Mengenbezeichnungen).

‚Um diese Funktion zu beschreiben, wird ein neues Beispiel erstellt. Hier wird das Basis-DGM (Urgelände) als schräge Fläche erstellt Länge x Breite, 100 x 100m und es wird ein Höhenunterschied von 5m gewählt (Höhe von 100m bis 105m). Ausgangssituation ist eine Elementkante (als Quadrat), die als Bruchkante dem DGM „Urgelände" hinzugefügt wird.

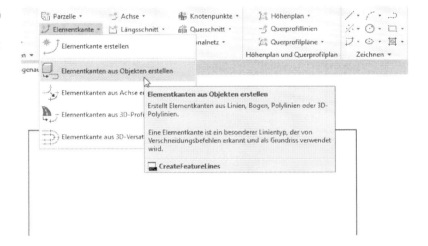

Die Elementkante ist erstellt und die Höhe nach Vorgabe definiert.

Das DGM „Urgelände ist mit den erwarteten Eigenschaften erstellt.

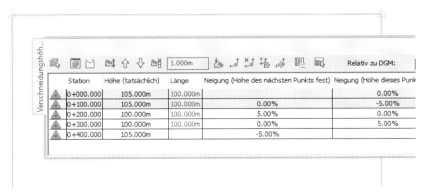

9 DACH-Extension, ISYBAU-Translator

Um den Höhenunterschied sichtbar zu machen, wird der Darstellungs-Stil „Höhenlinie 10m – 1m" gewählt.

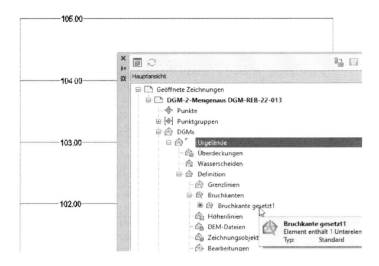

Innerhalb dieses DGMs soll ein Wasserbecken liegen, das für die zu erläuternden Funktionen das zweite DGM darstellt. Dieses Wasserbecken hat eine Sohle bei 98m. Eine Wasser-Seite-Böschung in der Neigung von 1:3 und eine Böschungs-Höhe von 4m. Die Dammkrone ist eine Umfahrung von 3m Breite, bei einer leichten Neigung von 2,5%. Den Abschluss zum Urgelände-DGM bildet eine Böschung mit Neigung von 1:2. Diese abschließende Böschung zielt auf das DGM-Urgelände.

In einem zweiten Schritt wird dann der Mutterbodenabtrag diskutiert und die abschließende Böschung auf das Ziel Mutterbodenabtrag geändert.

Die Ausgangssituation für das Becken wird wieder als Polylinie gezeichnet und anschließend in eine Elementkante umgewandelt.

Die Konstruktion des Beckens erfolgt mit den Befehlen der Verschneidung.

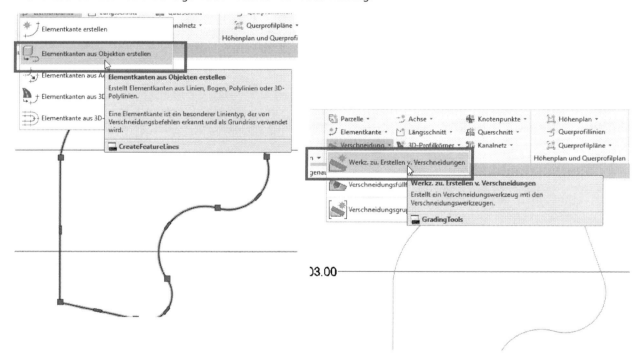

Die folgenden Bilder zeigen die erstellte Verschneidung.

Als zusätzliche Eigenschaft ist parallel zur Verschneidung ein Verschneidungs-DGM abgeleitet, das als Voraussetzung für die zu erläuternden Funktionen der DACH-Extension dient (Mengenberechnung).

9 DACH-Extension, ISYBAU-Translator

2D Ansicht, „Verschneidung-DGM" **3D Ansicht, „Verschneidung-DGM" (Wasserbecken)**

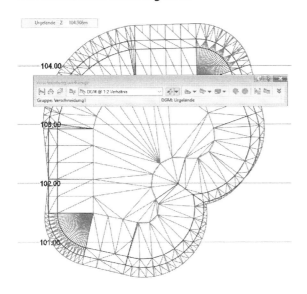
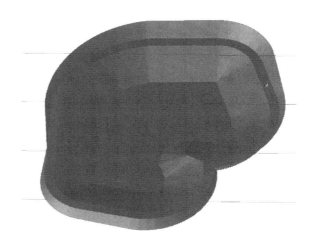

Das Berechnungs-Ziel (Ziel-DGM der letzten Böschung) war bis jetzt das Urgelände. Eventuell ist vor dem Bau des Beckens zuerst der Mutterboden abzuräumen. Mit dem abgeräumten Mutterboden ergibt sich dann ein neues Berechnungsziel.

Um den Mutterboden-Abtrag für dieses Wasserbecken zu ermitteln, kann der Rand des Wasserbecken-DGM als Polylinie ausgegeben sein.

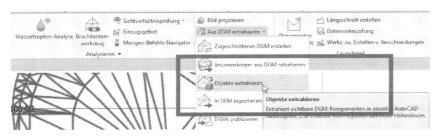

Die ausgegebene 3D-Polylinie kann mit den Befehlen der Elementkante versetzt werden. Als Abstand wird 1m gewählt.

Mit der versetzten 3D-Ploylinie kann das DGM „Urgelände" eingegrenzt werden (innerhalb des DGMs, mit dem Aufruf als Grenzlinie).

Das könnte die Voraussetzung für die Berechnung des Mutterbodenabtrags für die Wasserbeckenkonstruktion sein.

Das Berechnungsverfahren der REB VB 22.013 kann aus einem DGM und der Angabe einer Höhendifferenz ein Volumen bestimmen (später im Kapitel „Variante1")

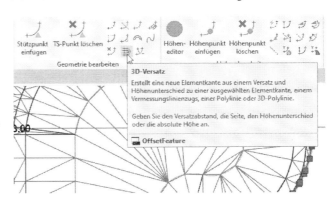

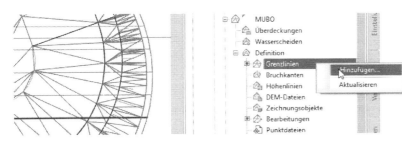

Technisch ist dieser Weg jedoch nicht richtig, denn wenn der Mutterboden abgeräumt ist, gilt für die letzte Böschung des Wasserbeckens ein neues Bezugs-DGM (Mutterboden-Unterkante).

Die Erstellung des Mutterbodens als DGM kann im Civil 3D sichtbar sein im Lageplan und auch im Profil oder Schnitt (Civil 3D: Längsschnitt, Höhenplan). So ist es nicht nur möglich das Volumen zu berechnen. Gleichzeitig kann die Konstruktion des Wasserbeckens sichtbar werden und es ist nachgewiesen, dass sich die letzte Böschung auf den Mutterboden-Abtrag bezieht.

Ein DGM wird erstellt.

In dieser Variante wird ein DGM erstellt, indem ein anderes DGM eingefügt wird. Es ist möglich ein DGM auf der Grundlage eines anderen zu erstellen.

Die Datengrundlage dieses DGMs ist das Urgelände. Es wird mit der Funktion „Bearbeitungen", „DGM einfügen", erstellt und mit der zuvor erstellten Polylinie eingegrenzt („3D Versatz").

Mit der Funktion „DGM heben/senken" wird eine Höhendifferenz von -0.3m zugeordnet.

Die Verschneidung selbst lässt sich über die Verschneidungseigenschaften auf das neue DGM das MUBO-DGM umschalten.

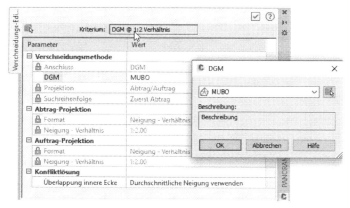

Gleichzeitig kann die Konstruktion durch Profildarstellungen (Höhenplan) begleitet und kontrolliert werden. Um die Konstruktion deutlich im Bild zu zeigen, wurde die Darstellung 5fach überhöht.

100.00

REB VB 22.013

Start der Funktion Mengenberechnung „Aus Civil 3D DGM".

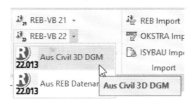

Zuerst wird in der Maske die Ausgabe-Datei festgelegt.

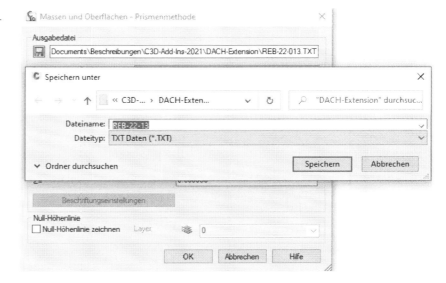

Unabhängig davon wie das DGM erstellt wurde (Zeichnungselemente, Vermessungspunkte, LASER-Daten) berechnet die Funktion (REB VB 22.013) immer Punkte und wird das Protokoll auf der Basis einer Punktangabe (-Ausgabe) erstellen. Die Punkte entsprechen in Lage und Höhe den Ecken der Dreiecksmaschen. Im Fall die DGMs wären aus Vermessungspunkten (Civil 3D-Punkte) erstellt, dann könnten diese Civil 3D-Punkte eine Punktnummer - (rein nummerische Werte) oder (und) einen Namen über die Funktion bekommen (alphanummerische Werte sind möglich).

In die Ausgabedatei (Punkte) kann alternativ der eine oder andere Wert geschrieben sein (Nummer oder Name).

Im vorliegenden Fall ist sind beide DGMs nicht aus Punkten erstellt, deswegen ist die Auswahl ohne Bedeutung.

Die Auswahl „Nummer-Name" bleibt auf der Voreinstellung (Namen).

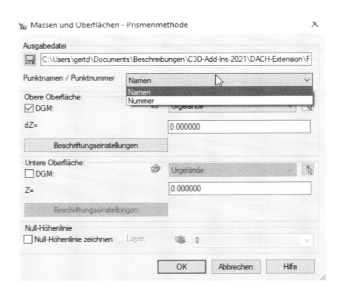

Es werden die DGMs ausgewählt, die zur Ausgabe oder Berechnung vorgesehen sind. Optional kann eine Beschriftung erzeugt werden, die verdeutlicht, wo die Daten (Dreiecke, Dreiecksnummern) des Protokolls in der Zeichnung zu finden sind.

9 DACH-Extension, ISYBAU-Translator

Die Berechnung kann ohne zweites DGM erfolgen. Dafür ist die optionale Eingabe eines Höhenunterschiedes vorgesehen. Der klassische Fall wäre hier der Mutterbodenabtrag.

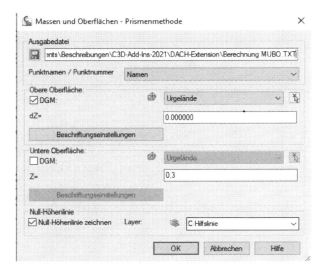

Mit der Option, Aufruf eines zweiten DGM wird die Mengen-Berechnung für den Bau des Wasserbeckens ausgeführt. Um beide Variante der Berechnung zu zeigen, wird die Berechnung zweimal aufgerufen.

Einmal in der „Variante 1" als Mutterbodenabtrag und in der „Variante 2" als Berechnung zwischen zwei DGMs (Bodenbewegung Wasserbecken).

Variante 1:   **Variante 2.1 und 2.2**

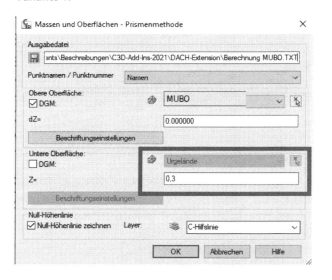   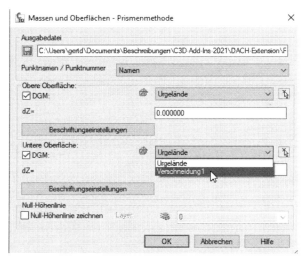

Beschreibung Variante 1:

Optional können auch hier die Daten (Punkte), die später im Protokoll eingetragen sind, beschriftet und damit sichtbar sein. Die Nulllinie und damit der Wechsel von Auftrag zu Abtrag kann eingetragen und gekennzeichnet sein. Die Dreiecke, Punkte und Linien sind beschriftet, um das darzustellen wurden die Dreiecke und Punkte eingeschaltem, das heißt, sichtbar gemacht.

9 DACH-Extension, ISYBAU-Translator

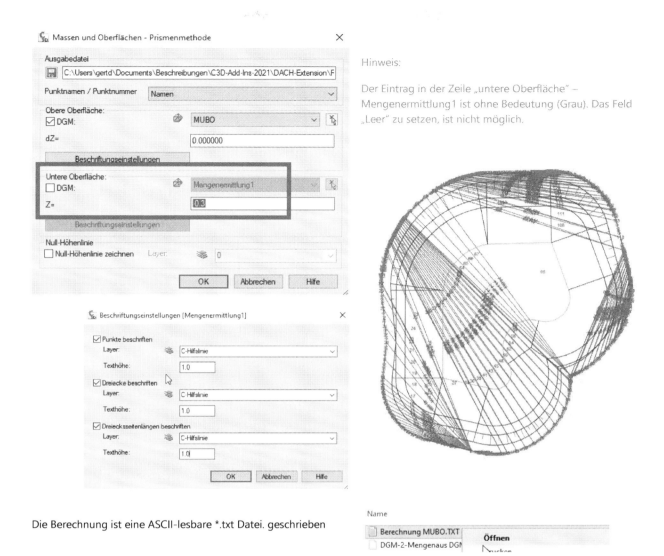

Hinweis:

Der Eintrag in der Zeile „untere Oberfläche" – Mengenermittlung1 ist ohne Bedeutung (Grau). Das Feld „Leer" zu setzen, ist nicht möglich.

Die Berechnung ist eine ASCII-lesbare *.txt Datei. geschrieben

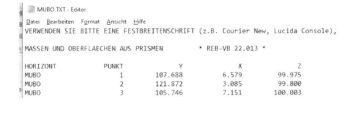

Das Protokoll zeigt die Berechnung in standardisierter Form. Zuerst werden die verwendeten - oder für eine Reproduktion errechneten Punkte gelistet.

```
MUBO.TXT - Editor
Datei  Bearbeiten  Format  Ansicht  Hilfe
VERWENDEN SIE BITTE EINE FESTBREITENSCHRIFT (z.B. Courier New, Lucida Console),

MASSEN UND OBERFLAECHEN AUS PRISMEN        * REB-VB 22.013 *

HORIZONT        PUNKT           Y              X              Z
MUBO              1           107.688          6.579         99.975
MUBO              2           121.872          3.085         99.800
MUBO              3           105.746          7.151        100.003
```

....

Anschließend werden die Dreiecke und die Punktnummern gelistet, aus denen die Dreiecke gebildet werden. Dazu wird die waagerechte Fläche, die schräge Fläche und das Teilvolumen bezogen angegeben.

```
HORIZONT    NR   PUNKT1  PUNKT2  PUNKT3  MITTL.HOEHE  GRUNDFLAECHE  DECKFLAECHE  VOLUMEN
MUBO         1      1       2       3       99.926       0.667         0.668       0.124
MUBO         2      3       2       4       99.948       2.196         2.199       0.458
MUBO         3      4       2       5       99.976       3.884         3.888       0.918
```

....

Am Ende dieses Blockes ist die Summe der einzelnen Positionen zu finden.

9 DACH-Extension, ISYBAU-Translator

Anschließend wird die Länge der einzelnen Dreieckskanten gezeigt.

Auf der letzten Zeile werden die einzelnen Berechnungsergebnisse nochmals wiederholt nach „Damm" und „Einschnitt" aufgegliedert (Auf- und Abtrag").

Das Endergebnis „Einschnitt" hätte mit dem Teilergebnis „Volumen" übereinstimmen müssen?

Leider gibt es zu den Berechnungsergebnissen „Fragezeichen" anzumerken. Die Berechnungsergebnisse stimmen nicht mit den Civil 3D Berechnungsergebnissen überein (nächstes Kapitel). Die Größenordnung der Abweichung deutet daraufhin, dass die Ergebnisse der REB Berechnungsverfahren teilweise fehlerhaft oder in der Version Civil 3D 2021 fehlerhaft sind?

Beschreibung Variante 2.1:

Weil Besonderheiten bei der Berechnung zwischen zwei DGMs vorkommen, werden hierzu zwei Varianten erläutert. Zum einen wird die Mutterboden-Menge mit Hilfe von DGMs berechnet und zum Zweiten berechnet die Variante 2.2 das Wasserbecken-Aushub-Volumen.

Es folgt die Berechnung nach REB VB 22.013 des Mutterboden-Abtrags mit Hilfe von DGMs.

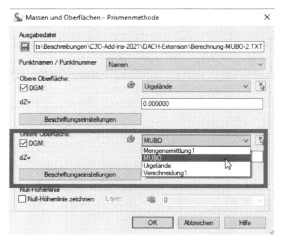

Die Meldung mit dem Start der Berechnung besagt, beide DGMs müssen auf die gleiche Grenzlinie eingegrenzt sein.

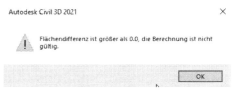

Ursache ist das Berechnungsverfahren, es berechnet jedes Einzel-Volumen bezogen auf die Höhe „0,0" (Nullhorizont). Anschließend werden beide Volumina voneinander subtrahiert.

Haben beide Volumina keine gemeinsame Grenze so ist das Ergebnis falsch und nicht nachvollziehbar"!

Zur Fehlerbeseitigung wird dem Urgelände wird die gleiche Polylinie als „Grenzlinie" zugewiesen, die bereits Bestandteil des „MUB-DGMs" ist.

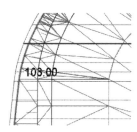

9 DACH-Extension, ISYBAU-Translator

Mit dieser Einstellung wird die Berechnung aus meiner Sicht fehlerfrei ausgeführt.

```
HORIZONT      NR    PUNKT1   PUNKT2   PUNKT3  MITTL.HOEHE   GRUNDFLAECHE   DECKFLAECHE   VOLUMEN
Urgelände      1        1        2        3     100.226          0.667          0.668       0.324
Urgelände      2        3        2        4     100.248          2.196          2.199       1.117
Urgelände      3        4        2        5     100.276          3.884          3.888       2.083


Urgelände    131      132      131      133     103.104          1.355          1.356       4.558
Urgelände    132      132      133      134     102.980          0.573          0.574       1.858
Urgelände    133      134      133      135     103.054          0.317          0.317       1.050
                                              GESAMT           5887.039       5894.393   15401.913
```

In diesem Fall entspricht das Endergebnis der Berechnung des Civil 3D (Kapitel 9.3.17), es ist der Zahlen-Wert in der Spalte „Einschnitt" zu vergleichen. Die Abweichung ist kleiner als 1% und kann damit eventuell auf Unterschiede bei den Berechnungsverfahren zurückgeführt werden (Rundung der Werte innerhalb der Berechnung).

....

```
Dreieck 266
MUBO               269      268      5.114
MUBO               268      270      2.627
MUBO               270      269      2.493
POSITION       HORIZONT(OBEN)         HORIZONT(UNTEN)     GRUNDFLAECHE   GRUNDFLAECHE   FLAECHEN     OBERFLAECHE    MASSE      DAMM     EINSCHNITT
                KZ    DZ/Z             KZ    DZ/Z              OBEN          UNTEN     DIFFERENZ

              Urgelände                MUBO                  5887.039       5887.039      0.000                    1766.112    0.000     1766.112
```

Beschreibung Variante 2.2:

Es wird die Berechnung des Wasserbecken-Aushub-Volumens REB VB 22.013 gezeigt.

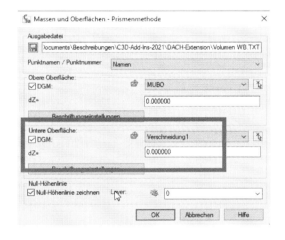

Die Meldung besagt beide DGMs haben keine gemeinsame Grenze, Grenzlinie. Diese gemeinsame Grenzlinie ist für dieses Berechnungsverfahren zwingend erforderlich. Ursache ist das Berechnungsverfahren, es berechnet jedes Einzel-Volumen bezogen auf die Höhe „0,0" (Nullhorizont). Anschließend werden beide Volumina voneinander subtrahiert. Haben beide Volumina keine gemeinsame Grenze so ist das Ergebnis falsch und nicht nachvollziehbar.

Im Zusammenhang mit der Verschneidung gibt es hier ein weiteres Problem. Wird als gemeinsame Grenze das Ende der Verschneidungsböschung gewählt, das gleichzeitig Ende der dritten Verschneidung auf das MUBO-DGM ist, dann setzt in einzelnen Bereichen die Verschneidung aus. Sichtbar ist das an der aussetzenden Böschungsschraffur.

Verschneidungsböschung (Böschungsschraffur) vor dem Hinzufügen der Grenzlinie.

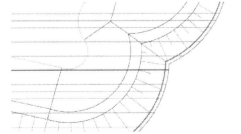

9 DACH-Extension, ISYBAU-Translator

Verschneidungsböschung nach dem Hinzufügen der Grenzlinie.

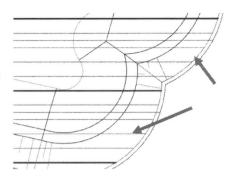

Mit dem Aussetzen der Böschungsschraffur setzt auch das DGM aus und eine Mengenberechnung ist nicht möglich oder auch falsch. Für diese Situation gibt mehre Lösungen.

Im Buch wird folgende Lösung vorgestellt. Es gibt eine optionale Funktion als Bestandteil der Verschneidung, „Werkzeuge zum Erstellen von Verschneidungen". Diese Funktion heißt „Losgelöstes DGM erstellen". Mit dieser Funktion wird ein DGM erstellt, dass an kein Ziel oder eine Funktion gekoppelt ist.

Die Eigenschaften (räumliche Ausdehnung, Konstruktion) ändern sich nicht mehr, auch wenn sich Teile der Konstruktions-Daten ändern. Das „losgelöste DGM" bleibt eine exakte Kopie des Verschneidungs-DGMs.

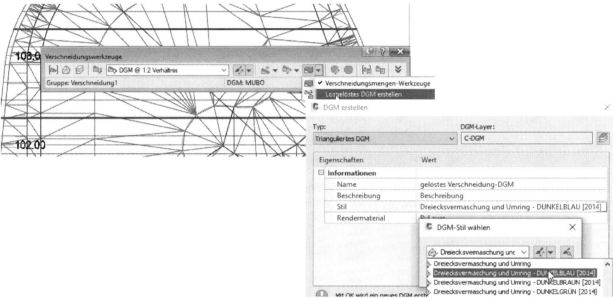

Die Funktion verlangt die Angabe eines
Namens für das „losgelöste DGM". Es wird „gelöstes Verschneidungs-DGM" gewählt und der Darstellungs-Stil Dreiecksvermaschung und Umring DUNKELBLAU [2014] aufgerufen.

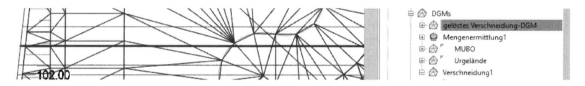

In dieser Situation ist die Eingrenzung des MUB-DGM auf den Rand der Verschneidung möglich und die Mengenberechnung nach REB VB 22.013 sollte funktionieren.

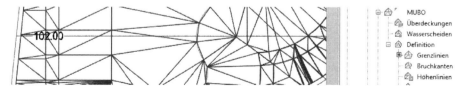

Hinweis:

Optional steht die DGM-Funktion „Objekte extrahieren"," Aus DGM extrahieren" zur Verfügung, die den äußeren Rand des „gelöstes Verschneidungs-DGM" ausgeben kann. Diese Linie (3D-Polyline kann als gemeinsame Grenzlinie genutzt sein.

9 DACH-Extension, ISYBAU-Translator

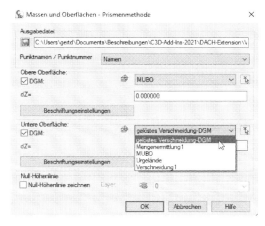

Die Berechnung des Volumens wird mit dem „gelösten Verschneidungs-DGM" ausgeführt.

Das Protokoll listet die Daten, die Bestandteil der Berechnung sind, einzeln auf. In den folgenden Bildern werden nur Ausschnitte gezeigt.

Das erste Bild zeigt den Kopf der Berechnungsdatei und die Liste der Punkte, die ein Nachvollziehen der Berechnung möglich machen.

```
Volumen WB.TXT - Editor
Datei Bearbeiten Format Ansicht Hilfe
VERWENDEN SIE BITTE EINE FESTBREITSCHRIFT (z.B. Courier New, Lucida Console), UM DIESEN BERICHT RICHTIG ZU SEHEN

MASSEN UND OBERFLAECHEN AUS PRISMEN      * REB-VB 22.013 *

HORIZONT        PUNKT           Y               X               Z
MUBO              1           121.488         4.209          99.856
MUBO              2           121.527         4.200          99.856
MUBO              3            98.446        71.696         103.230
```
......

Anschließend folgt die Liste der einzelnen Dreiecke und Punktnummern, die diese Dreiecke bilden, die Fläche und das Volumen bezogen auf den „Null-Horizont".

```
MUBO            409         107.950        7.544         100.023
MUBO            410         106.072        8.098         100.050

HORIZONT        NR      PUNKT1  PUNKT2  PUNKT3  MITTL.HOEHE  GRUNDFLAECHE  DECKFLAECHE  VOLUMEN
MUBO             1        1       2       3      100.981        1.204         1.205       1.434
MUBO             2        3       2       4      102.105        0.007         0.007       0.017
MUBO             3        4       2       5      100.981        0.398         0.399       0.474
```
......

Das Ende des Teils der Liste zeigt die Summe der Werte (Mengen bezogen auf den „Null"-Horizont).

```
MUBO           406      407     406     408     100.076        0.711         0.712       0.204
MUBO           407      407     408     409     100.040        0.160         0.160       0.040
MUBO           408      409     408     410     100.053        0.172         0.172       ...
                                        GESAMT                5610.768      5617.777    12718.491
```
......

Die Liste ist getrennt nach den zur Berechnung aufgerufenen DGMs.

```
gelöstes Verschneidung-DGM    1462    149.865    90.781   104.185
gelöstes Verschneidung-DGM    1463    150.047    90.764   104.184

HORIZONT                      NR    PUNKT1  PUNKT2  PUNKT3  MITTL.HOEHE  GRUNDFLAECHE  DECKFLAECHE  VOLUMEN
gelöstes Verschneidung-DGM   409     411     412     413    104.496        7.563         7.565      35.593
gelöstes Verschneidung-DGM   410     411     413     414    104.521        5.640         5.641      26.683
gelöstes Verschneidung-DGM   411     414     413     415    104.496        0.902         0.902       4.244
```
....

Das Ende des Teils der Liste zeigt die Summe der Werte.

```
gelöstes Verschneidung-DGM   1876    1460    1350    1461    104.162     0.007     0.007     0.029
gelöstes Verschneidung-DGM   1877    1344    1345    1462    104.188     0.002     0.002     0.009
gelöstes Verschneidung-DGM   1878    1462    1345    1463    104.186     0.001     0.001     0.004
                                                     GESAMT              5610.320  5883.770  14497.361
```

Die Subtraktion der Teilergebnisse sollte als Wert in der Liste der Endergebnisse zu finden sein.

```
POSITION    HORIZONT(OBEN)           HORIZONT(UNTEN)              GRUNDFLAECHE  GRUNDFLAECHE  FLAECHEN     OBERFLAECHE  MASSE       DAMM       EINSCHNITT
            KZ   DZ/Z                KZ   DZ/Z                         OBEN         UNTEN     DIFFERENZ

            MUBO                     gelöstes Verschneidung-DGM       5610.768     5610.320     0.447                   -1778.870   5414.820   3635.370
```

9.3.17 Nachtrag, Ergänzung

Civil 3D Berechnung (Alternative)

Die Mengenberechnung ist für diese Konstruktionsvariante, die Konstruktion des Wasserbeckens, im Civil 3D auf zwei Wegen möglich.

Variante 1 (Mengenberechnung als Bestandteil der Verschneidung)

Der erste Weg ist die Verschneidung selbst. Hier kann die Menge parallel zur Konstruktion bestimmt werden. Jede Änderung an der Konstruktion führt zu einer neuen Menge.

Verschneidungsmengen-Werkzeuge:

Optional wäre sogar ein Mengenausgleich möglich. Die Funktion hebt oder senkt die Elementkante, die Basis der Verschneidungs-Gruppe ist.

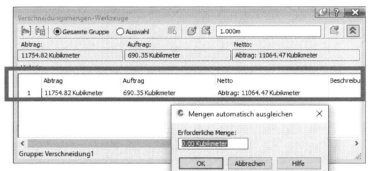

Hinweis:

Wird die Funktion „Mengenausgleich genutzt, dann sollte nicht die Einstellung „Erforderliche Menge – 0.00 Kubikmeter" gewählt sein. Die Berechnung könnte lange dauern.

Variante 2 (Mengen-Befehls-Navigator)

In der Befehlsgruppe „Analyse", Funktion „Mengen-Befehls-Navigator" ist auch eine Mengenberechnung möglich. Die Funktion beinhaltet mehr als nur die Mengen (Massen) zwischen zwei DGMs zu berechnen. Die Funktion Mengen-Befehls-Navigator erstellt ein neues DGM mit Sondereigenschaften. Diese Eigenschaften ermöglichen eine farbliche Darstellung von Auf- und Abtrag (ggf. auch farblich abgestuft) und das Berechnen der „Nulllinie" (Wechsel von Auf- in Abtrag).

Als Voraussetzung dafür ist ein spezielles DGM ein „Mengenmodell" (Mengenoberfläche) zu erstellen.

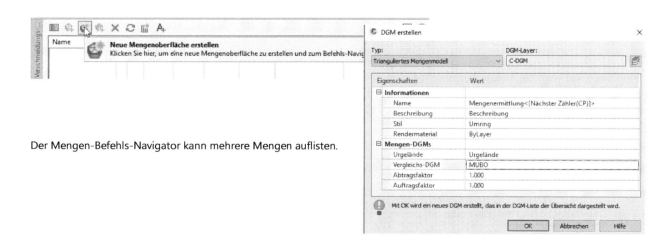

Der Mengen-Befehls-Navigator kann mehrere Mengen auflisten.

Innerhalb der Beschreibung wurden zwei Mengenmodelle erstellt, einmal für den Mutterbodenabtrag und einmal für den Aushub des Wasserbeckens.

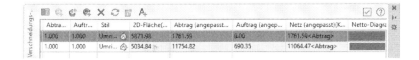

Das folgende Bild zeigt die zweite Funktion des Mengenmodells, die farbliche Darstellung von Auf- und Abtrag in vier Farben mit Legenden-Tabelle. Zwischen den Farben „Orange" und „Hellgrün" ist eine rote Linie, die die „Nulllinie" darstellt. Anhand der „roten Linie" wäre auch ein Erzeugen von Absteckpunkten möglich.

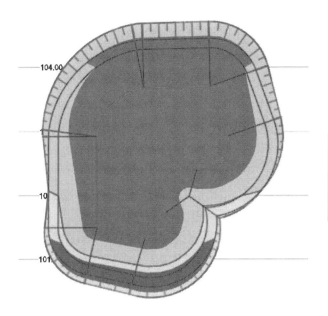

9.3.18 D86 zu CSV konvertieren

Das Format D86 ist eine spezielle Datenstruktur (Format) zum digitalen Austausch von Ausschreibungs-Daten. Die Bezeichnung „CSV" deutet auf das Format „Comma-Separated-Values" hin.

Die Suche nach dem Datenformat „D86" auf Wikipedia verweist auf folgenden Link.

Einzelnachweise [Bearbeiten | Quelltext bearbeiten]

1. ↑ Wilhelm Veenhuis: *Das Freie GAEB Buch.* 1. August 2017, S. 50, abgerufen am 14. Februar 2020.

Im Buch „Das free GAEB Buch" ist ein Hinweis auf das Format, auf der Seite 36 zu finden.

```
3.1    GAEB 90 ...................................................................................... 33
  3.1.1  GAEB 90 – DA81 ....................................................................... 33
  3.1.2  GAEB 90 – DA83 ....................................................................... 34
  3.1.3  GAEB 90 – DA84 ....................................................................... 35
  3.1.4  GAEB 90 – DA86 ....................................................................... 36
```

Die hier bereitgestellten Daten werden benutzt, um die Umwandlungs-Funktion zu zeigen.

Gert Domsch, CAD-Dienstleistung

9 DACH-Extension, ISYBAU-Translator

3.1.4 GAEB 90 – DA86

Das LV als eine GAEB 90-Datei der Austauschphase 86:

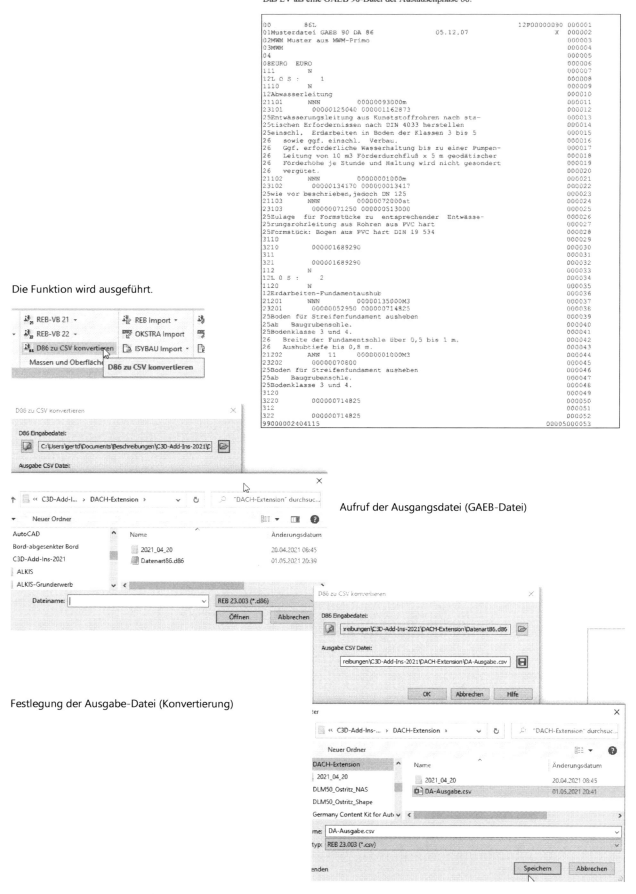

Die Funktion wird ausgeführt.

Aufruf der Ausgangsdatei (GAEB-Datei)

Festlegung der Ausgabe-Datei (Konvertierung)

9 DACH-Extension, ISYBAU-Translator

Das nächste Bild zeigt die Ausgabe, die Konvertierung der Daten. Leider fehlt mir zu diesem Format die Erfahrung. Ich kann nicht bewerten, ob die Ausgabe komplett und richtig ist.

```
DA-Ausgabe.csv - Editor
Datei  Bearbeiten  Format  Ansicht  Hilfe
Kostenpunkt;Posten Beschreibung- USC ;Einheiten_E;
1;"L O S : 1 Abwasserleitung";m;
2;"L 0 S : 2 Erdarbeiten-Fundamentaushub";M3;
```

Eine Anwendung im Civil 3D für diese Konvertierung könnte die Funktion „Kostenpunkte" oder „Mengenermittlungs-Manager" sein. Diese Funktionen kann Mengenpositionen (Listen, Werte) erstellen, die als Datenzuordnung oder Datenadresse für die Funktion „Kostenpunkte" dienen kann.

9.3.19 REB Import, REB Export

Für die Funktion REB-Import sind mit der Installation der DACH-Extension Beispieldaten bereitgestellt. Die Hilfe verweist auf folgenden Pfad.
„Beispieldateien finden Sie im Ordner
„… \AutoCAD Civil 3D 2012 \Sample\Beispiel Extension."

In der Version 2021 und 2022 finden Sie die Daten in folgenden Pfad (Bild).

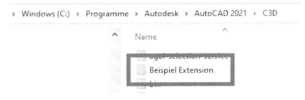

Vor einem Import solcher Dateien macht es Sinn sich die Daten im Editor anzusehen.

Die jeweilige REB-Datenart oder IBM-Kartenart muss einer bestimmten Spaltenstruktur entsprechen. Nicht die Formatbezeichnung ist entscheiden, wichtig ist die Kennung, die ersten zwei - oder drei Zeichen am Anfang der Zeile. Anschließend müssen die Werte in einer exakt festgelegten Reihenfolge, Spaltenstruktur (Abstand) und Art des Dezimal-Trennzeichens entsprechen. Auch virtuelle Kommata sind in einigen Datenarten gebräuchlich.

Vor jedem Import wird die jeweilige REB-Datenart oder IBM-Kartenart im Editor gezeigt, anschließend folgt die Importfunktion.

IBM KA 040 Import (Achse)

Das folgende Bild rechts zeigt die Struktur der
IBM KA 040 im Editor.
Die Daten beschreiben in der Regel eine Achskonstruktion.

```
AundB.040 - Editor
Datei  Bearbeiten  Format  Ansicht  Hilfe
040AA    0000      0000      00000     0000     494567766    451699    630619
040AA    48233     48233     00000     100000   494567766    485513    665015
040AA    98233     50000     2000000   0000     574145237    521994    699156
040AA    268613    170379    2000000   100000   1116479742   682413    738921
040AA    318613    50000     00000     0000     1196057214   730617    725772
040AA    339776    21164     -00000    -100000  1196057214   750785    719357
040AA    389776    50000     -2000000  0000     1116479742   798989    706207
040AA    490479    100703    -2000000  -100000  795932415    898396    713056
040AA    540479    50000     00000     0000     716354944    944341    732693
040AA    607805    67326     00000     0000     716354944    1005094   761707
040BB    0000      0000      00000     0000     377204517    423525    1919758
040BB    105567    105567    00000     100000   377204517    482478    2007330
040BB    155567    50000     2000000   0000     456781988    512083    2047580
040BB    271535    115969    2000000   100000   825921859    608763    2108647
040BB    321535    50000     00000     0000     905499330    657828    2118088
040BB    397429    75894     -00000    -100000  905499330    732887    2129313
040BB    447429    50000     -2000000  0000     825921859    781952    2138754
040BB    636513    189084    -2000000  -100000  224047321    915685    2262381
040BB    686513    50000     00000     0000     144469850    928944    2310555
040BB    750959    64445     00000     0000     144469850    943444    2373348
```

Der Import der „KA 040" wird ausgeführt.

9 DACH-Extension, ISYBAU-Translator

Als Voraussetzung für den Import ist die Achse oder es sind mehrere Achsen im Fenster „Achsen in der Datei (auswählen)" auszuwählen.

Die Voreinstellungen für „Gebiet", „Achsstil", „Achsbeschriftung", „Layer" bleiben unverändert und werden hier nicht erläutert.

Beschreibungen zu diesen Themen bietet das Buch „Civil 3D-Deutschland, 2. Buch", „Darstellungs-Stile", „Beschriftungs-Stile".

Die Beschreibung zeigt die Unterschiede bei der „Erstellungsmethode". Die Erstellungsmethode unterscheidet zwischen „TS-basierend" und „Koppelelemente".

Die Einstellung „TS-basierend" liefert eine Achse, die Tangentenschnittpunkte hat und damit vorrangig über die Tangenten-Schnittpunkte zu editieren ist.

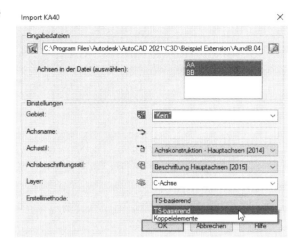

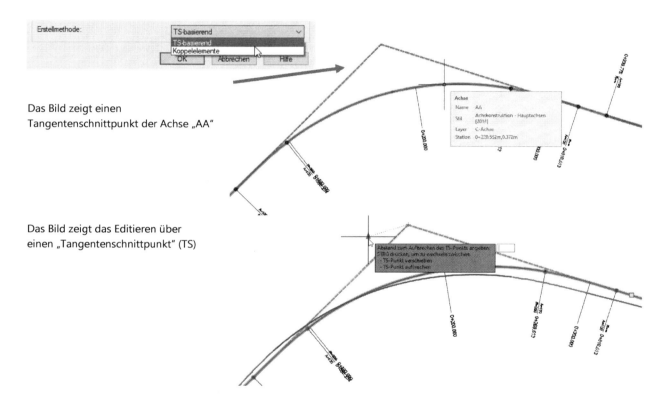

Das Bild zeigt einen Tangentenschnittpunkt der Achse „AA"

Das Bild zeigt das Editieren über einen „Tangentenschnittpunkt" (TS)

Wird beim Import die Option Koppelelemente gewählt, so erstellt die Funktion keine Tangentenschnittpunkte.

Das folgende Bild zeigt den gleichen Radius der Achse „AA nach dem Import" ohne Tangentenverlängerung und Tangentenschnittpunkt. Das Warnsymbol zeigt einen Fehler in der Achsfolge der Elemente Bogen und Klothoide. Diese Meldung zeigt einen nicht tangentialen Übergang. Das kommt vor, weil ältere Software, auf Grund von Datenmengen-Optimierung (32bit Betriebssysteme konnten nur 4GB RAM verwalten!), gezwungen war eine Reduzierung der Anzahl der Nachkommastellen auf max. drei oder sogar zwei einzuführen.

Das heißt in älterer Software kann die Abweichung in X- oder Y-Richtung beim Übergang von Konstruktionsbestandteilen bis zu 1cm betragen. Civil 3D gibt in diesem Fall eine Warnung aus und hat Funktionen das Problem nachträglich zu korrigieren. Civil 3D hat hier ein moderneres Software-Konzept, das auf 64bit Betriebssystemen beruht (64bit, die RAM Größe ist praktisch derzeit nach oben offen).

9 DACH-Extension, ISYBAU-Translator

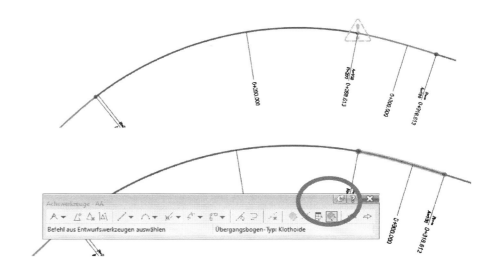

Das Bild zeigt die Bearbeitungs-Option infolge der Warnung. Über den „Geometrie-Editor" wird der Zugang zum „Achseditor" gewählt.

Vorrangig werden Elemente mit Warnsymbol auf Tangentenabhängigkeit „Pufferelement" umgestellt.

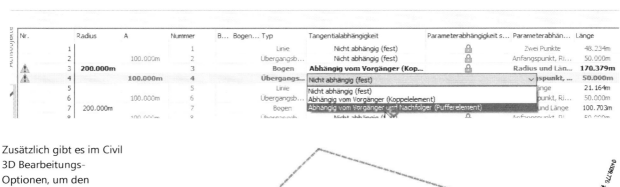

Zusätzlich gibt es im Civil 3D Bearbeitungs-Optionen, um den Tangentenschnittpunkt zu reproduzieren.

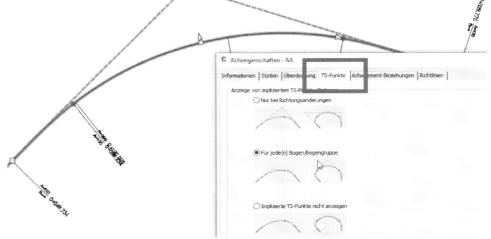

IBM KA 040 Export

Der Export in die jeweiligen „Kartenarten" (KA) oder „Datenarten" (DA) hat innerhalb von Deutschland nach wie vor seine Bedeutung, weil nicht nur deutsche Straßenbau-Software dieses Format benutzt. Vermessungsgeräte (deren Software) und weitere artverwandte Software-Produkte (Wasserbau) bauen auf diese Formate auf.

Hinweis:

Für einen Datenaustausch gibt es modernere Alternativen mit Vor- und Nachteilen. Das von Autodesk entwickelte Austauschformat „LandXML" ist vielfach nur mit Autodesk-Produkten verwendbar. Um das „OKSTRA"-Austauschformat zu verwenden, ist vielfach Software käuflich zu erwerben.

9 DACH-Extension, ISYBAU-Translator

Für die Ausgabe ist die Datei und der Projektpfad festzulegen.

Als Bestandteil der Ausgabe ist folgende Besonderheit zu beachten, das Format ist sehr alt und damit in der Bezeichnung der Achse (Achsnamen) limitiert. Einige Programme verlangen beim Import als Achsnamen nur nummerische Zeichen, die meisten begrenzen jedoch die Anzahl der Zeichen auf Sechs.

Das Bild zeigt die ausgegebenen Achsen als KA040 und die Reduktion der Achsbezeichnung auf den angegebenen Wert „10" oder „BB".

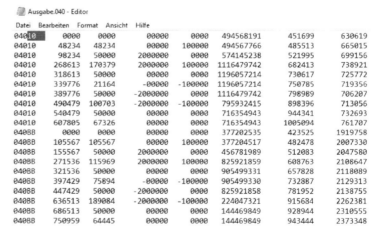

REB DA 50 Import

Die Daten beschreiben in der Regel eine Achskonstruktion.
Das folgende Bild (nächste Seite) rechts zeigt die Struktur der deutschen REB DA 50 im Editor (Civil 3D Beispieldateien). Die Datei enthält leider einen Fehler. In jeder Zeile fehlt hinter der „50" eine Achsbezeichnung, ein Achsnamen.
Die Funktion des Imports wird den Achsnamen verlangen. In den nächsten Spalten der Datei folgen Parameter (Geraden, Radien, Klothoiden) und zum Schluss sind Koordinaten eingetragen.

Hinweis:

Im ursprünglichen REB-Standard gab es keine Felder für Koordinaten. Die Felder für Koordinaten sind erst mit der Entwicklung des CAD ergänzt worden.

9 DACH-Extension, ISYBAU-Translator

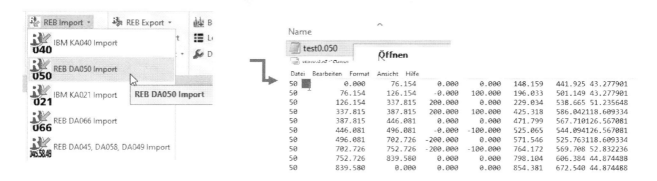

In der Beispieldatei fehlt der Achsnamen. Das „weiße Feld" ist leer.

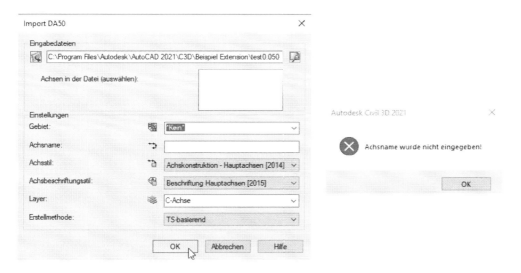

Durch die manuelle Eingabe der „1" in der Import-Maske wird dieser Fehler überbrückt. Nach dem Import wird die Achse mit der Bezeichnung (Name) „1" geführt sein.

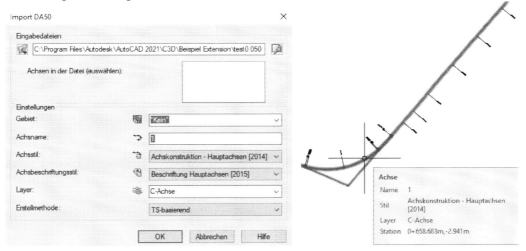

Der Import kann auch hier „TS-basierend" oder als „Koppelelemente erfolgen. Der erste Import erfolgt „TS-basierend".

Der erste Import ist TS-basierend (Tangentenschnittpunkte). Die Eigenschaften der Darstellung und Konstruktion bleiben unabhängig änderbar.

9 DACH-Extension, ISYBAU-Translator

Auch der Wechsel zwischen Pufferelement und Koppelelement, TS-basierend bleibt jederzeit möglich.

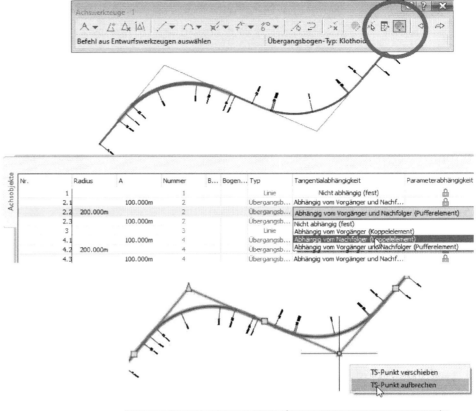

Der zweite Import erfolgt als „Koppelelemente".

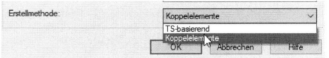

Die Koppelelemente zeigen eine nicht vorhandene Tangentialität an, die korrigiert werden kann. Die hier erkannte und nicht vorhandene Tangentialität hat die gleiche Ursache, wie bereits im Kapitel „Import IBM KA 040" beschrieben.

Die folgenden Bilder zeigen die Äderung von Koppelelement in Pufferelement.

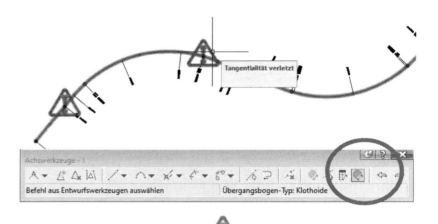

Damit ist der Fehler und auch die Warnsymbole verschwunden.

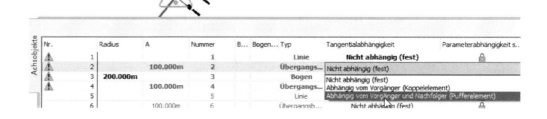

Gert Domsch, CAD-Dienstleistung

9 DACH-Extension, ISYBAU-Translator

Die Option die Tangentenschnittpunkte rückwirkend zu aktivieren, besteht auch hier. Die Funktion ist Bestandteil der Achseigenschaften.

REB DA 50 Export

Um Besonderheiten des Exports zu zeigen, wird eine Achse mit einem besonders langem Achsnamen gewählt.

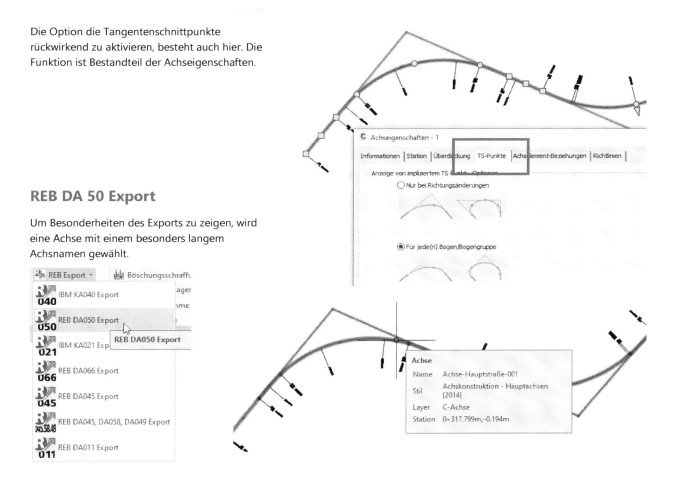

Für die Ausgabe ist die Datei und der Projektpfad festzulegen. Als Bestandteil der Ausgabe ist folgende Besonderheit zu beachten, das Format ist in der Bezeichnung der Achse (Achsnamen) limitiert. Einige Programme verlangen beim Import als Achsnamen nur nummerische Zeichen und die meisten begrenzen die Anzahl der Zeichen auf Sechs.

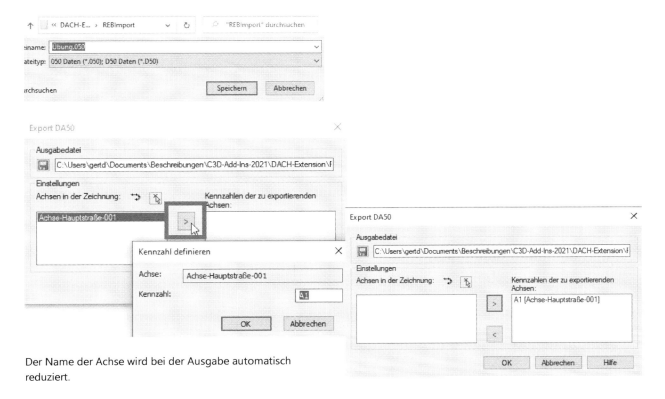

Der Name der Achse wird bei der Ausgabe automatisch reduziert.

Das Bild zeigt die Daten der ausgegebenen Datei. Der Name der ausgegebenen Achse lautet „A1".

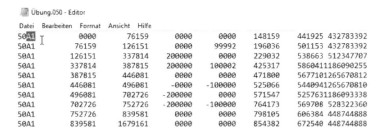

IBM KA 021 Import

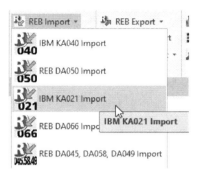

Die IBM KA 021 beschreibt eine Gradiente (Civil 3D: Längsschnitt). Für den Import bedeutet das, es muss eine Achse (Zuordnung) und eventuell ein Höhenplan (Ausschlusskriterium) vorhanden sein, als Bestandteil der Zeichnung. Im Civil 3D ist die Gradiente einer Achse zugeordnet.

Für unser Beispiel bedeutet das, wir importieren die IBM KA021 in die Zeichnung, die die IBM KA040 enthält. Damit gibt es die Achse A1.

Das testweise Öffnen erfolgt wiederholt mit dem „Editor".

Es folgt der Dateiaufruf für den Import und anschießend die Auswahl des Darstellungs- und Beschriftungs-Stils.
Ist in der Zeichnung zur Achse kein Höhenplan erstellt erscheint eine Fehlermeldung

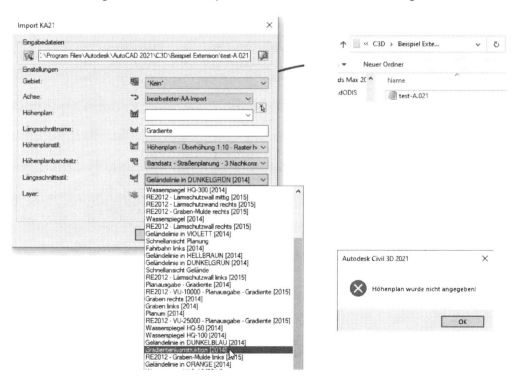

Die ergänzende Erstellung eines Höhenplans sollte möglich sein, auch wenn es kein DGM gibt. Auf eine Beschreibung der Funktion Höhenplan und die Eigenschaft „DGM" wird an dieser Stelle verzichtet.

9 DACH-Extension, ISYBAU-Translator

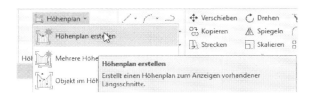

Der Höhenplan wird mit dem Bandsatz „Straßenplanung 2 Nachkommastellen" erstellt.
Das Bild zeigt den erstellten Höhenlan, einen Planrahmen mit Beschriftungsbändern ohne Längsschnitt, ohne Geländedaten.

Es folgt die Wiederholung des Import der IBM KA021. Neben der Eingabe des Namens sollte auf den Darstellungsstil geachtet werden. Voreigestellt ist „Geländelinie DUNKELGRÜN".

Wird dieser Darstellungs-Stil nicht ausgetauscht und Gradientenkonstruktion gewählt, so ensteht der Eindruck eine Geländelinie wäre imortiert worden. Alle Elemente der Gradiente (Kuppen, Wannen und Geraden) wären grün.

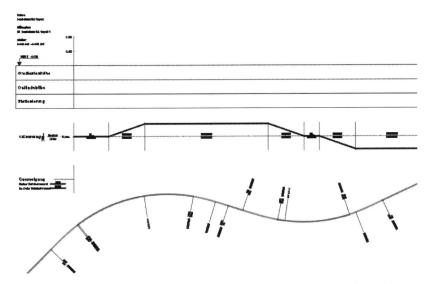

Die Gradiente ist importiert. Es fehlen die deutschen Beschriftungen im Band und an der Gradiente selbst. Diese sind als Objekteigenschaften zu bearbeiten (Längsschnitteigenschaften, konstruierter Längsschnitt) oder nachträglich aufzurufen.

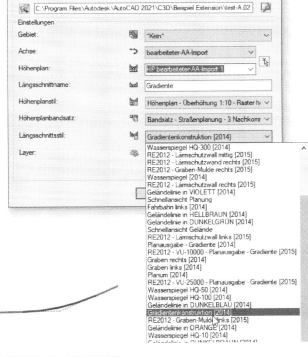

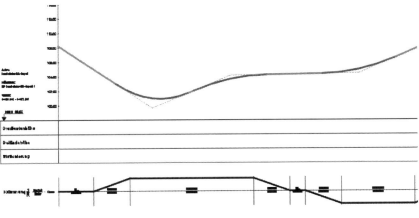

Gert Domsch, CAD-Dienstleistung

Hinweis:

Die Beschriftungs-Elemente an der Gradiente gehören zu den „Längsschnitteigenschaften". Die Beschiftung im Höhenplan-Band gehört zu den Höhenplan-Eigenschaften. Die komplette Zuweisung der Beschriftung erfolgt mit zwei unterschidlichen Funktionen.

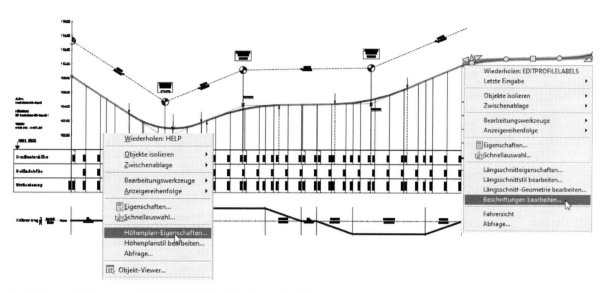

Unabhängig, ob Import der KA040, DA50, KA021 oder noch folgende, Das Verständnis der Civil 3D Darstellungs- und Beschriftungs-Stile ist sehr wichtig.

IBM KA 021 Export

Bei der Ausgabe in diesem Format gibt es eher keine Besonderheiten. Es ist der Projektpfad und die Ausgabe Datei festzulegen. Bei den Elementen ist lediglich der richtige Aufruf zu beachten. Ein Objekt-Namen wird nicht übergeben.

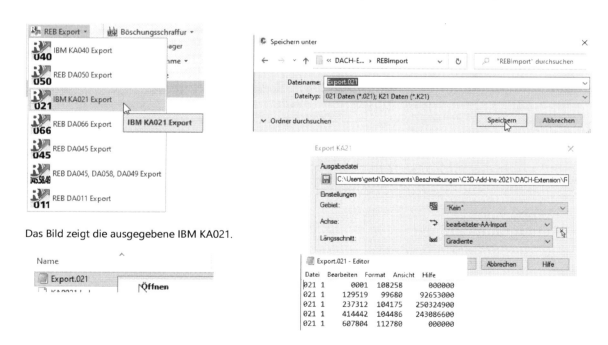

Das Bild zeigt die ausgegebene IBM KA021.

REB DA 66 Import

Die REB DA066 beschreibt Querprofillinien an einer Station. Das bedeutet für den Import. es muss eine Achse vorhanden sein, Der Import braucht den Bezug zum Stationswert der Achse. In jeder Zeile der REB DA 66 ist der erste Wert die Kennung für die DA066. Der zweite Wert „21, 31, oder 41" (Kennzahl) ist als Name oder Bezeichnung der Geländelinie zu verstehen. „21" könnte

9 DACH-Extension, ISYBAU-Translator

Bankett bedeuten. „31" Mutterboden-Unterkante und „41" Planum. Ursprünglich gab es dafür Festlegungen, diese sind jedoch mittlerweile weitgehend unbekannt. Die Kennzahl 55 war „Urgelände" und die 54 „Planung".
Danach folgen stationsbezogene Abstände (Bezug zur Achse) und Höhen in dem zuvor beschriebenen Abstand. Diese Abstände und Höhen könnte man auch als Punkte beschreiben. Jeweils vier Punkte stehen in einer Zeile. Gibt es mehr als vier Punkte pro Station, folgt eine neue Zeile.

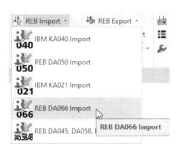

Ist keine Achse in der Zeichnung vorhanden, so ist kein Import möglich. Eine Achse muss vorliegen oder im Vorfeld importiert sein. Die Meldung zu diesem Problem lautet „Gebiet wurde nicht eingegeben".

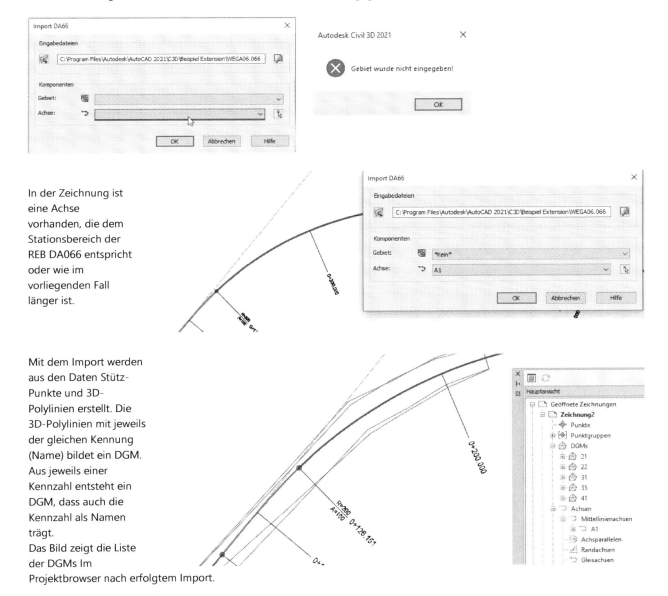

In der Zeichnung ist eine Achse vorhanden, die dem Stationsbereich der REB DA066 entspricht oder wie im vorliegenden Fall länger ist.

Mit dem Import werden aus den Daten Stütz-Punkte und 3D-Polylinien erstellt. Die 3D-Polylinien mit jeweils der gleichen Kennung (Name) bildet ein DGM. Aus jeweils einer Kennzahl entsteht ein DGM, dass auch die Kennzahl als Namen trägt.
Das Bild zeigt die Liste der DGMs Im Projektbrowser nach erfolgtem Import.

9 DACH-Extension, ISYBAU-Translator

Eine Kontrolle der Daten zeigt, die DGMs sind nur angelegt. In der Zeichnung befinden sich nur 3D Polylinien. Die Zuordnung der 3D Polylinien als „Bruchkante" zum DGM fehlt?

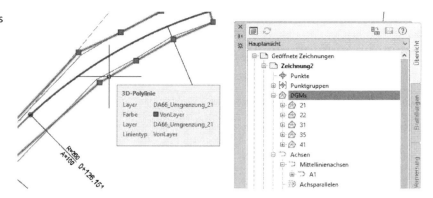

Das manuelle Zuordnen der 3D-Polylinien als „Bruchkante" und eventuell als „Grenzlinie" ist möglich, um das DGM abschließend zu erstellen.

Hinweis:

Mit dem Import einer REB DA066 werden oder sollten DGMs in der Zeichnung entstehen, die im Zusammenhang mit der Civil 3D Funktion Querprofillinien und Querprofilpläne erstellen, nutzbar sind.

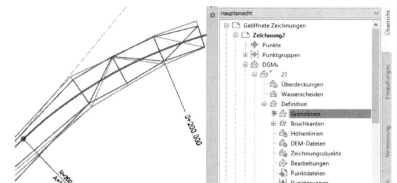

REB DA 66 Export

Der Export in diesem Format verlangt Civil 3D-Querprofillinien (eine Querprofillinien-Gruppe). Um den Export zu zeigen, wird auf eine Zeichnung zurückgegriffen, die einen 3D-Profilkörper, Querprofillinien und mehrere DGMs enthält. Das können Gelände DGMs oder 3D-Profilkörper DGMs sein. Die Herkunft der DGMs ist ohne Bedeutung.

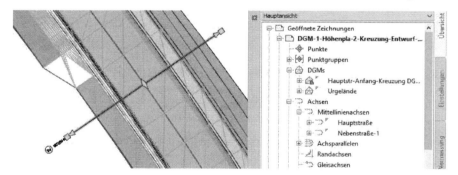

Für die Ausgabe ist nur der Aufruf der Achse und der dazugehörigen Querprofillinien-Gruppe erforderlich. Die DGMs werden als Kennzahl übergeben oder eingetragen.

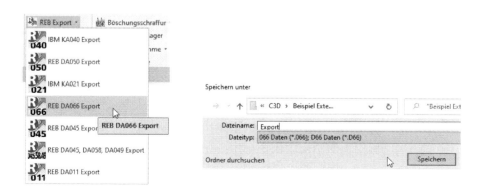

Gert Domsch, CAD-Dienstleistung

Das heißt der im Civil 3D mögliche lange Namen muss hier in eine zweistellige Zahl umbenannt werden. Diese zwei-stellige Zahl ist die Bezeichnung des DGMs in der REB DA066.

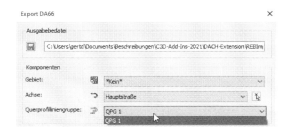
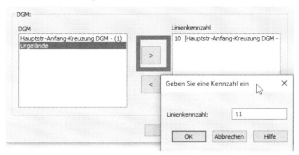

Das Bild zeigt die ausgegebene REB DA066 mit der Kennzahl 10 für das 3D-Prodfilkörper-DGM und der Kennzahl 11 für das Urgelände.

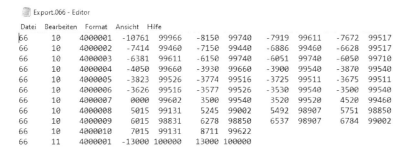

REB DA 045, DA058, DA049 Import

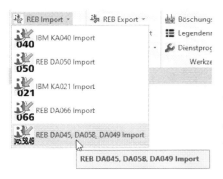

Der Funktionsaufruf nennt einzelne REB Datenarten. Bestandteil der Funktion ist noch ein drittes Format, das Format *.REB.

Das Format *.REB umfasst alle einzelnen Datenarten, beinhaltet alle Datenarten in einer Datei. Dabei bedeutet DA045 Punkte (z.B. Vermessungspunkte). Die DA058 beschreibt die Punktnummern, aus denen ein Dreieck gebildet wird. Die REB DA 049 beschreibt Bruchkanten. Hier sind die Punktnummern gelistet, die Bestandteil der DA45 sind und als Bruchkante im DGM funktionieren.

Das Bild zeigt die *.REB Daten des DGMs „Urgelände". Das DGM „Urgelände" (Höhenlinien im Abstand 1m) ist lediglich aus einem Quadrat erstellt mit der Höhe 100müNN (Darstellungs-Stil Höhenlinien „schwarz/weiß", äußere Linie „orange").

In der letzten Zeile die Ziffer „99" bedeutet „Daten-Ende". Diese „99" (Datenende) ist nicht in allen „KA"- oder „DA"-Dateien Standard.

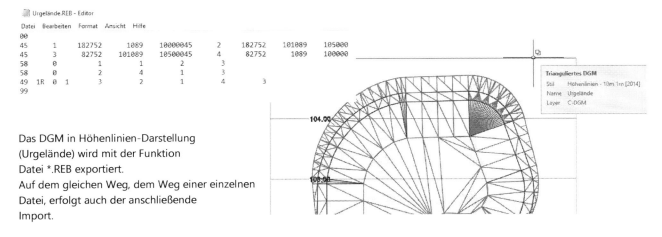

Das DGM in Höhenlinien-Darstellung (Urgelände) wird mit der Funktion Datei *.REB exportiert.
Auf dem gleichen Weg, dem Weg einer einzelnen Datei, erfolgt auch der anschließende Import.

9 DACH-Extension, ISYBAU-Translator

Das DGM mit den roten Dreiecken (Wasserbecken) wird ebenfalls exportiert aber hier in einzelne Dateien geschrieben und später erneut importiert.
Es folgt der Import der „REB" Datei.

Die Datei wird aufgerufen.

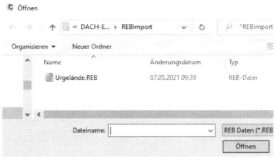

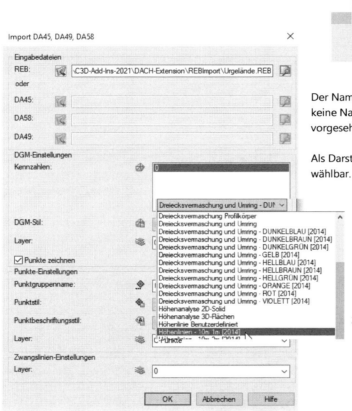

Der Name des DGM wird nicht übergeben. In dem Format sind keine Namen, sondern nur Kennzahlen (nummerische Werte) vorgesehen.

Als Darstellungs-Stil sind alle Optionen der „…Deutschland.dwt" wählbar.

Obwohl das DGM ohne „Punkte" erstellt wurde, erzeugt der Import Punkte. Diese Funktion gehört zu diesem Standard. In der Funktion kann die Erstellung von Punkten nicht umgangen werden.

Ergebnis des Imports:

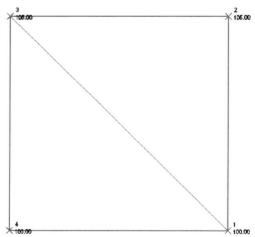

Der zweite Import wird mit einzelnen Dateien gezeigt.

Die Bilder zeigen die Besonderheiten der Dateien
Die Datei der Punkte (REB DA045) ist ein ASCII lesbares Format mit der Besonderheit, zwei Punkte in einer Zeile.

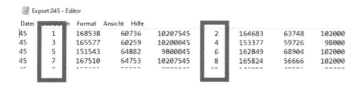

Die Datei der Dreiecke (REB DA 58) listet die Punktnummern auf, die ein Dreieck bilden.

```
Export.058 - Editor
Datei  Bearbeiten  Format  Ansicht  Hilfe
58        0           1       1       2      3
58        0           2       3       2      4
58        0           3       5       4      2
58        0           4       6       5      2
```

9 DACH-Extension, ISYBAU-Translator

Die Datei der Bruchkanten (REB DA049) zeigt die Punktnummern, die eine Bruchkante bilden.

```
Export.049 - Editor
Datei Bearbeiten Format Ansicht Hilfe
49  1R  0  1    52     77    108    2    59    110    12
49  1R  0  2    44    120    126   47    52
```

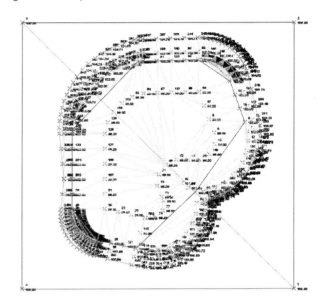

Hinweis:

Innerhalb der Liste der Punkte ist keine Übergabe-Option für Bögen.

Als Bestandteil der Funktion werden auch hier Punkte erzeugt. Das Erstellen der Punkte kann nicht deaktiviert werden.

Ergebnis des Imports:

Der Darstellungs-Stil wurde nicht geändert. Dreiecksvermaschung und Umring entspricht „Dreiecksvermaschung und Umring -DUNKELGRÜN"

REB DA 045 Export

Die REB DA045 sind Punkte (eine Liste lesbarer Koordinaten mit Punktnummer) Die Besonderheit ist hier, es werden jeweils zwei Punkte auf eine Zeile geschrieben.

Hinweis:

Jeweils nur ein Punkt (Punktnummer Koordinaten und Höhe) endspricht der REB DA001. Diese Datenart findet kaum Erwähnung, weil dieses Format überall im Datenaustausch etabliert ist.

Für den Export ist die Angabe einer Civil 3D-Punktgruppe erforderlich. Das heißt für den Nutzer, AutoCAD-Punkte oder Blöcke (klassische Vermessungspunkt-Objekte in AutoCAD-Applikationen) können ohne zusätzliche Bearbeitung mit dieser Funktion nicht ausgegeben werden.

Gert Domsch, CAD-Dienstleistung

Hinweis:

Die Punktgruppe „Alle Punkte" hat im Civil 3D eine Sonderstellung. „Alle Punkte" enthält immer alle Civil 3D Punkte, um eventuell zusätzliche Punktgruppen bilden zu können.

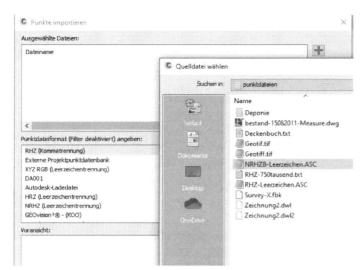

Um dieses Beispiel zu zeigen, werden in eine leere Zeichnung (erstellt mit der „...Deutschland.dwt") Punkte eingelesen und es wird eine Punktgruppe gebildet.

Es wird eine klassisch Koordinatendatei importiert, bestehend aus Punktnummer, Koordinaten, Höhe und Vermessungscode (Civil 3D: Kurzbeschreibung).

Datei geöffnet im Editor:

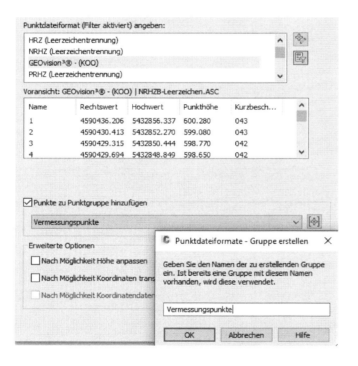

Die eingelesenen Punkte bilden eine Punktgruppe. Diese Punktgruppe kann als Bestandteil der Funktion, REB DA045 Export ausgegeben werden.

Die Funktion wird ausgeführt. Es wird ein Dateiname vergeben.

Mit dieser Ausgangssituation bietet die Funktion den Export der angegebenen Punktgruppe an.

Exportierte Datei:

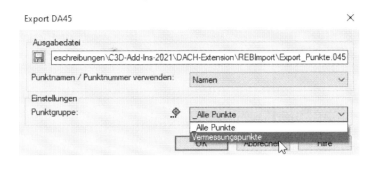

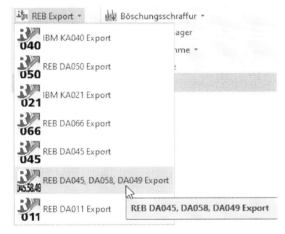

Hinweis:

Die Datei ist wie folgt beschrieben, in einer Zeile zwei Punkte, ausgegeben, mit Punktnummer, Koordinaten, Höhe und virtuellem Komma. Der Vermessungs-Code geht in diesem Format verloren.

REB DA045, DA058, DA049 Export

Der Export kann wie der Import von Daten- in zwei Varianten erfolgen, Im Format *.REB, das heißt alle Datenarten in eine Datei oder in einzelne Dateien, entsprechend der Daten-Formate. Dabei ist zu beachten, es können nur Oberflächen DGMs ausgeben werden. Die optional in der Auswahl zur Verfügung stehenden Mengenmodelle (Mengenberechnungen) sollten nicht ausgegeben werden. Die REB Berechnungsverfahren können diese DGMs nicht interpretieren oder sinnvoll verwenden.

Für das Buch werden nochmals die DGMs ausgegeben, die im Kapitel zuvor Bestandteil für den Import waren, um weitere Besonderheiten zu zeigen.

Urgelände: Urgelände (Darstellungs-Stil, Höhenlinien - 10m, 1m, schwarz/weiß)

Wasserbecken: DGM „Verschneidung1" (Darstellungs-Stil, Dreiecksmaschen und Umring – ROT),

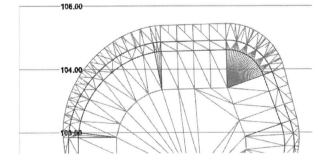

Es folg die Ausgabe des DGM „Urgelände" in die REB Datei.

9 DACH-Extension, ISYBAU-Translator

Das folgende Bild zeigt die ausgegebene Datei *.REB. Im DGM war keine Bruchkante aufgerufen. In der Datei wird der Rand (Randlinie) als Bruchkante eingetragen (Zeile: Kennung „49")

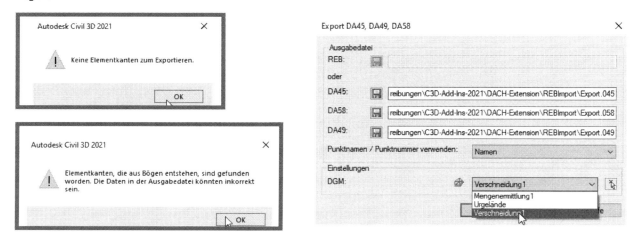

Es folg die Ausgabe in einzelne Dateien des REB-Standards.

Wenn das DGM keine Bruchkanten hat, erscheint die Meldung „Keine Elementkante zum Exportieren". Sind Bruchkanten vorhanden, die einen Bogen haben (Elementkanten), erscheint eine weitere Meldung „Elementkanten, die aus Bögen entstehen sind gefunden worden. Die Daten in der Ausgabedatei könnten inkorrekt sein", das heißt im Fall des Importes dieser Daten wird das DGM nicht korrekt dargesellt.. Der Grund für das Problem, der Standart, der hier verwendete REB Datenarten kennt keine Bögen.

Die folgenden Bilder zeigen Ausschnitte der ausgegebenen Dateien.

REB DA045 „Punkt-Koordinaten"

REB DA058 „Nummerierung der Dreiecke"

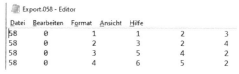

REB DA049 „Bruchkanten"

Dem DGM wurde eine Linie als Bruchkante hinzugefügt. Aus diesem Grund hat die Datenart zwei Bestandteile eine Grenzlinie und eine echte Bruchkante.

REB DA011 Export

Der REB DA011 Export fordert auf zur Auswahl von DGMs. Für diese Funktion wird wiederholt die Zeichnung geöffnet, die zwei DGMs enthält, einmal „Urgelände" (Quadrat, Darstellungs-Stil: „Höhenlinien- 10m, 1m") und zum Zweiten ein Wasserbecken (Verschneidung1, Darstellungs-Stil: „Dreiecksmaschen und Umring – ROT").

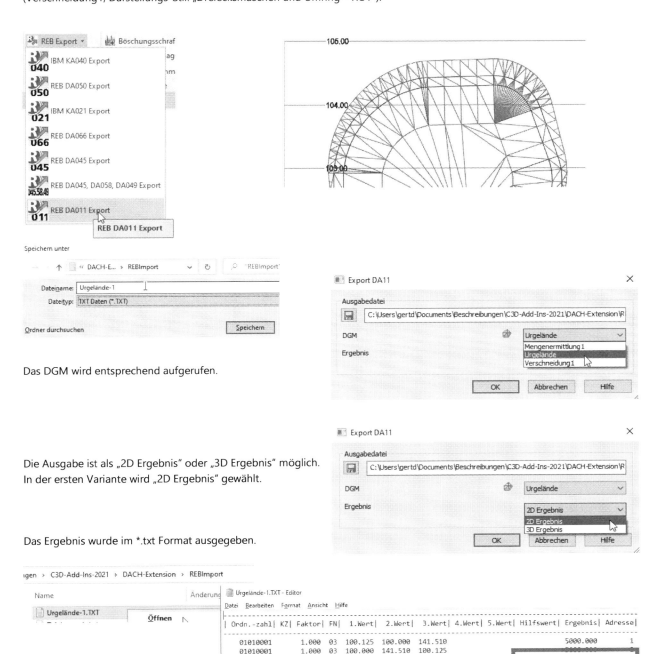

Das DGM wird entsprechend aufgerufen.

Die Ausgabe ist als „2D Ergebnis" oder „3D Ergebnis" möglich. In der ersten Variante wird „2D Ergebnis" gewählt.

Das Ergebnis wurde im *.txt Format ausgegeben.

Die Zeile „Ergebnis": beschreibt die 2D Fläche des ausgegebenen DGMs. Das nächste Bild zeigt die entsprechende Civil 3D DGM Eigenschaften.

9 DACH-Extension, ISYBAU-Translator

Der gleiche Wert ist hier als „2D Fläche" dokumentiert.

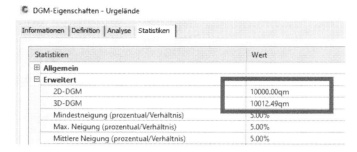

Die zweite Variante gibt das Wasserbecken-DGM aus (Verschneidung1) Hier wird die Einstellung „3D Ergebnis" gewählt.

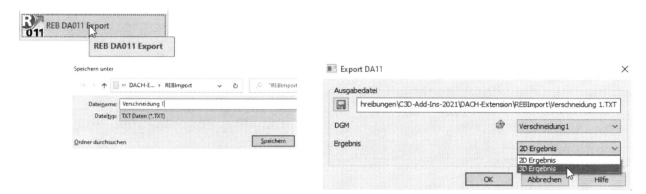

Das Ergebnis wurde im *.txt Format ausgegeben. Die Bilder zeigen nur einen oberen und einen unteren Ausschnitt.

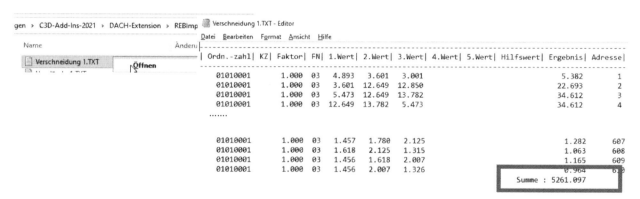

Die Zeile „Ergebnis": beschreibt die 3D Fläche des ausgegebenen DGMs.

Das nächste Bild zeigt die Civil 3D DGM Eigenschaften. Der gleiche Wert ist als „3D Fläche" dokumentiert.

9.3.20 OKSTRA Import, OKSTRA Export

OKSTRA Import

Zum Thema „OKSTRA" wird bei der DACH-Extension zuerst der Import gezeigt. Im Ordner „...\C3D\Beispiel Extension" gibt es eine

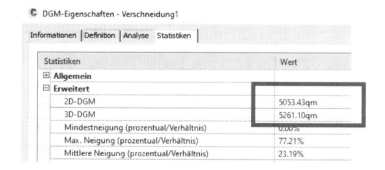

9 DACH-Extension, ISYBAU-Translator

Beispieldatei im Format *.cte. Diese Datei wird benutzt. Hier ist gut zu sehen, was das besondere an der „OSTRA-Idee" (Format) ist.

Das OKSTRA-Format unterscheidet nicht nach Objekten. In die Datei können auch gleichzeitig mehrere Objekte unterschiedlichen Typs hineingeschrieben sein) Punkte, Achsen, DGMs, usw.).

In einer solchen Datei kann sich ein ganzes Projekt befinden.

Der Import bzw. die Darstellung der Objekte kann als Bestandteil des Importes festgelegt werden.

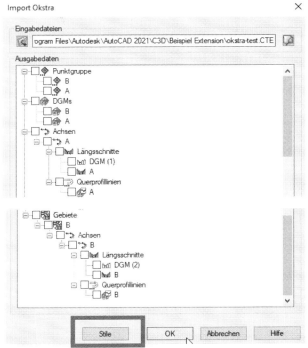

In der Beispieldatei sind zwei Punktgruppen „A" und „B". Für beide Punktgruppen kann eine abweichende Einstellung gewählt sein. Einmal im Punkt-Stil (Symbol) und einmal in der Beschriftung (PZ – Punknummer und Höhe).

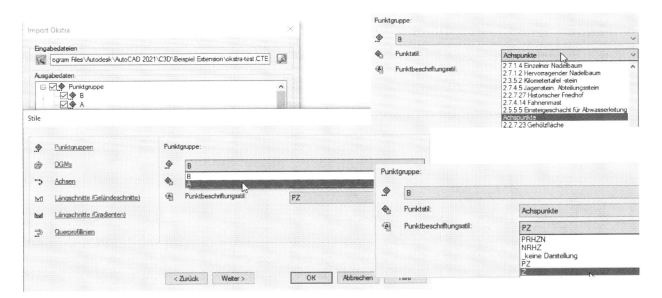

Von jedem Objekttyp können gleichzeitig mehrere Objekte importiert werden. Es macht Sinn die Civil 3D Darstellungs-Stile zu beherrschen, um die Auswahl zu verstehen und die gewünschten Projetergebnisse zu erzielen.

9 DACH-Extension, ISYBAU-Translator

Die Bilder zeigen die Auswahl von DGM-Darstellungs-Stilen für das Objekt DGM.

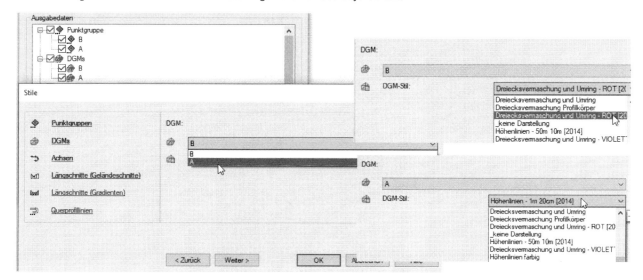

Die Achse kann mit Höhenplan (deutsch: Längsschnitt, Längs-Profil) und Längsschnitt (deutsch: Geländelinie und Gradiente) importiert sein. Für alle Objekte gibt es diverse Darstellungs- und Beschriftungs-Stile. Die Stil-Optionen für die Achse werden im Wechsel zwischen Achse „A" und „B" gezeigt. Zuerst werden Darstellungs-Stile für Achse und Höhenplan definiert.

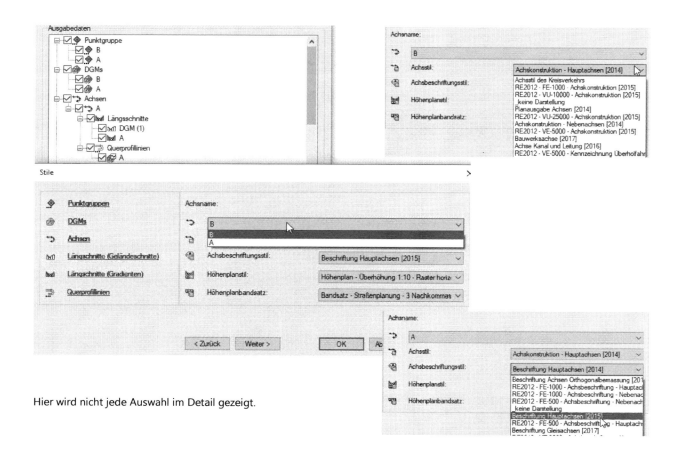

Hier wird nicht jede Auswahl im Detail gezeigt.

Im nächsten Schritt wird die Geländeline, der Darstellungs-Stil für die Geländelinie festgelegt. In dem Beispiel ist als Name für die Geländelinie (DGM (1) und DGM (2) in den Daten gewählt worden, das sollte nicht irritieren.

9 DACH-Extension, ISYBAU-Translator

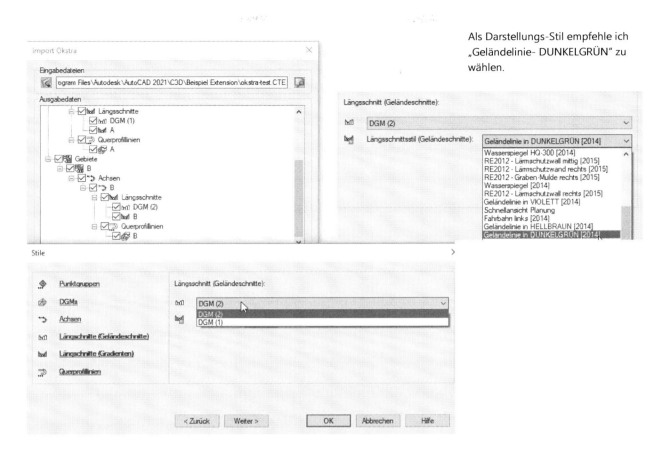

Als Darstellungs-Stil empfehle ich „Geländelinie- DUNKELGRÜN" zu wählen.

Für die Gradiente wird empfohlen „Gradienten Konstruktion" als Darstellungs-Stil zu benutzen. Dieser Darstellungs-Stil zeigt Geraden in rot und Kuppen oder Wannen in blau.

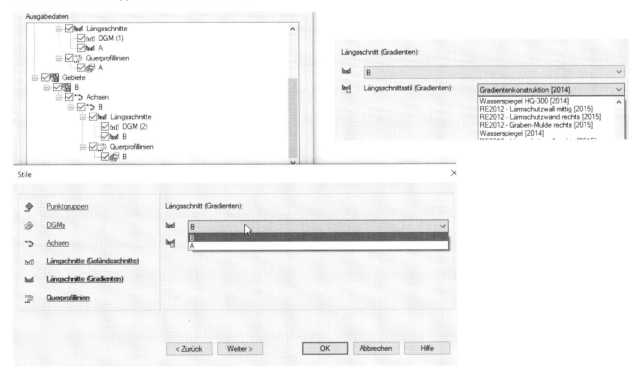

Bestandteil der Einstellungen für die Querprofillinien ist ein Stil „Querprofilplot". Dieser Stil steuert später die Anordnung der Querprofilpläne in Zeilen und Spalten. Diese Einstellungen zu verstehen und mit der Erstellung bewusst zu arbeiten, ist in der Praxis ein wichtiger Punkt.

9 DACH-Extension, ISYBAU-Translator

Der Querprofillinien-Stil definiert die Darstellung der Linie auf der Achse, die später den Bezug zu einem Querprofilplan definiert. Der ausgewählte Stil stellt die Querprofillinie schwarz/weiß dar. Die Querprofillinien-Beschriftung bleibt auf der Voreinstellung. Die Unterschiede sind hier bei der Reaktion auf den Maßstab zu finden.

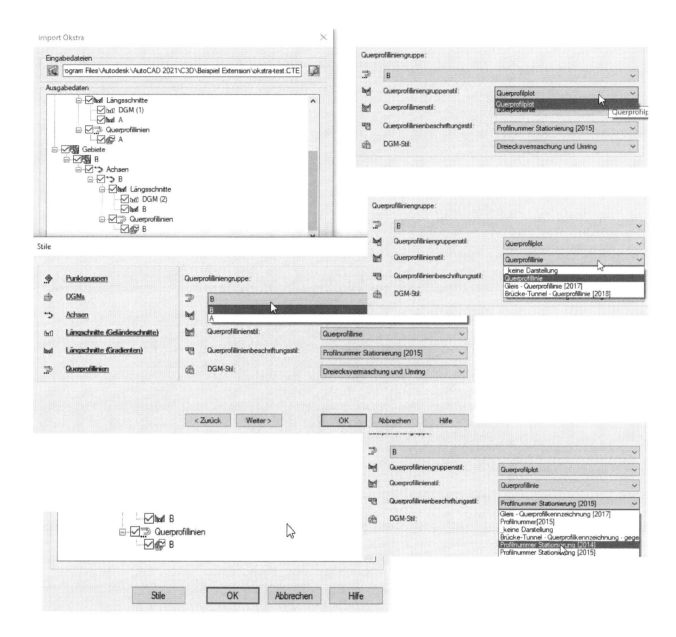

Zuletzt ist nochmals ein DGM-Darstellungs-Stil auszuwählen. Bei diesen DGM handelt es sich um die Straße oder den 3D-Profilkörper, das sollte der REB DA066 entsprechen. Hier empfehle ist grelle Farben zu wählen (im Bild Dreiecksvermaschung und Umring ROT und Dreiecksvermaschung und Umring VIOLETT), damit die Unterschiede in den Objekten mit der Farbe erkennbar ist. Die DACH-Extension erstellt aus der REB DA066 generell DGMs.

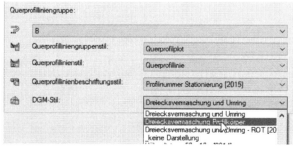

Nach Abschluss der Stilauswahl und „OK" fordert der Rechner auf, die Position der Höhenpläne zu picken. Im Beispiel wird für jede Ache ein Höhenplan eingefügt.

9 DACH-Extension, ISYBAU-Translator

 C3D_OKSTRAIMPORT Lage von Höhenplan:

Ist die Position ungünstig gepickt, kann der Höhenplan jederzeit am zentralen Griff neu positioniert werden.

Höhenplan und Gradiente erscheinen ohne Beschriftung eingefügt. Die Beschriftung ist als Höhenplaneigenschaft und als Längsschnittbeschriftung nachzuholen.

Höhenplan:

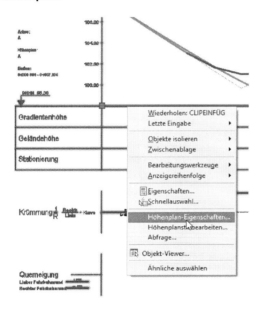

Gradiente:

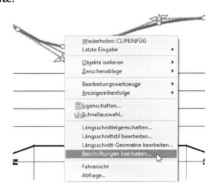

Im Höhenplan sind die Einträge im Band Satz für die Längsschnitte aufzurufen.

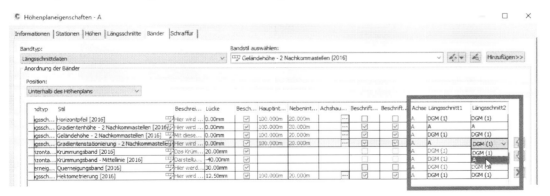

Der Gradiente ist ein Beschriftungssatz zu zuweisen.

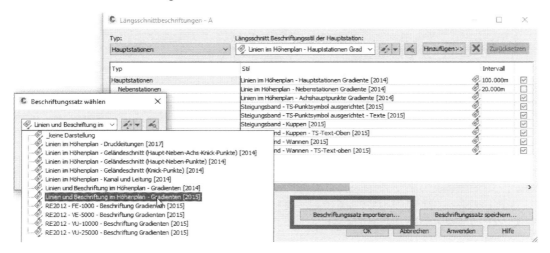

Der Höhenplan ist entsprechend nachträglich beschriftet.

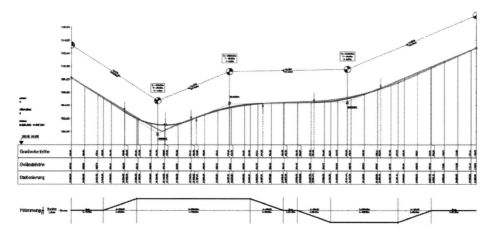

Der Lageplan besteht aus Urgelände DGM, Achse 3D-Profilkörper-DGM und Querprofillinien.

Querprofilpläne sind nicht gezeichnet. Den Querprofillinien sind die entsprechenden Daten zugewiesen. Das Zeichnen der Querprofilpläne wäre jederzeit möglich.

Der OKSTRA-Import entspricht hier eventuell dem Import der DA066.

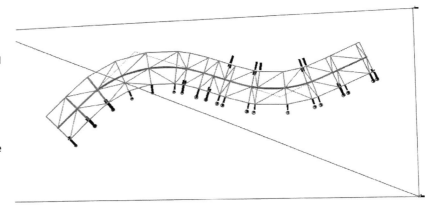

OKSTRA Export

Um die Export-Funktion zu zeigen, wird eine Zeichnung geöffnet, die ein Urgelände DGM-, einen kompletten 3D-Profilkörper mit 3D-Profilkörper DGM- und eine Rohrleitung (Regenwasser-Kanal) enthält. Ziel ist es zu zeigen, welche Möglichkeiten das OKSTRA-Format bietet, auch wenn es das ältere Format *.cte ist.

9 DACH-Extension, ISYBAU-Translator

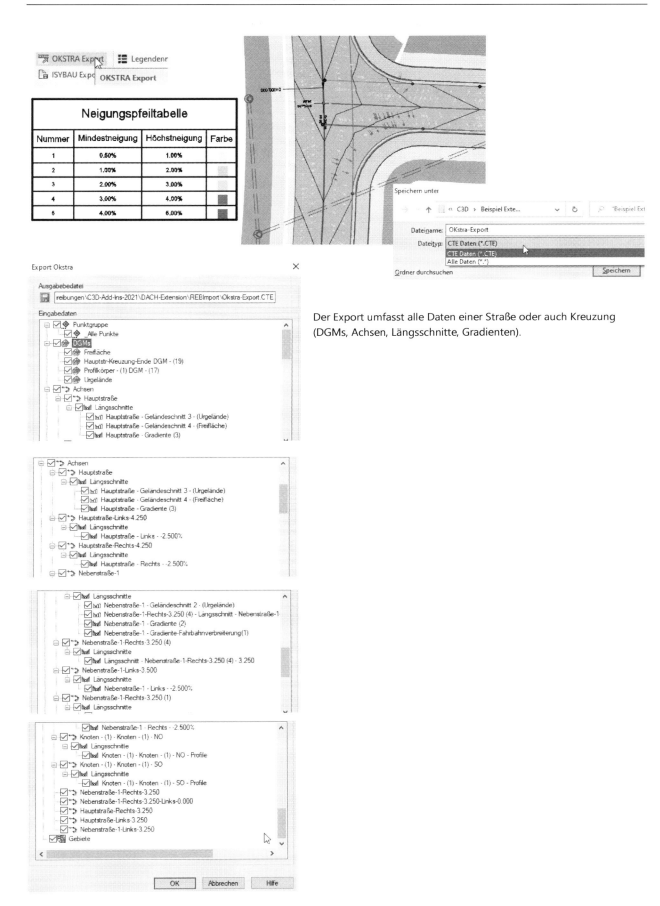

Der Export umfasst alle Daten einer Straße oder auch Kreuzung (DGMs, Achsen, Längsschnitte, Gradienten).

In der Ausgabe fehlen jedoch Optionen für Rohrleitungen bzw. Abwasser-Kanäle. Die ausgegebene Datei wird nicht gezeigt. Die Beschreibung des Exportes endet hier mit dem Zeigen der Ausgabe-Optionen.

9.3.21 ISYBAU Import, ISYBAU Export

Die DACH-Extension bietet in einem eigenen Verzeichnis „Beispiele Extension" keine Dateien für den „ISYBAU-Import" an. Mit dem installiertem „ISYBAU Translator" liegen Beispiele vor, die auch für die entsprechende Funktion der DACH-Extension nutzbar sind.

Im Verzeichnis der Beispieldaten für den „ISYBAU-Translator" gibt es Dateien im *.K Format und im *.xml Format.

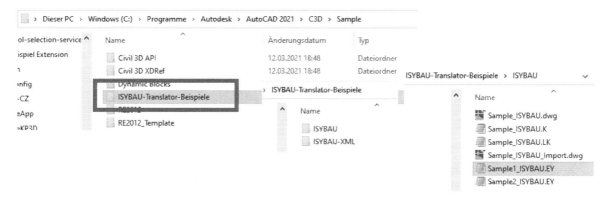

Die DACH-Extension bietet den Import im *.k, *.LK und *.H Format an.

Das *.k Format beschreibt mit der Kennung „KS" Schachtdaten (erster und zweiter Buchstabe jeder Zeile im oberen Bereich der Datei) und Rohrleitungsdaten mit der Kennung „KH" (erster und zweiter Buchstabe jeder Zeile im unteren Bereich der Datei).

Die Datei hat zwei Bereiche eine „KS" Bereich und einen „KH" Bereich.

Um die einzelnen Zeilen und Einträge zu verstehen sind die „Arbeitshilfen Abwasser" (Planung, Bau, und Betrieb von abwassertechnischen Anlagen in Liegenschaften des Bundes) hinzuzuziehen.

Die Arbeitshilfen werden in der gegenwärtigen Fassung im Internet unter www.arbeitshilfen-abwasser.de durch die Oberfinanzdirektion Hannover, Referat LA21 Psf. 2 40, 30002 Hannover im HTML- und im PDF zur Verfügung gestellt.

Das Bild zeigt Ausschnitte einer *.K Datei einmal den oberen Teil mit Schächten und den unteren Teil mit Haltungen. Ein einzelner Schacht oder eine einzelne Haltung wird in drei Zeilen beschrieben.

```
Sample_ISYBAU.K - Editor
Datei Bearbeiten Format Ansicht Hilfe
K 0196 MUSTER_KAS1234567890        G35          BAU_21    30.10.1997
K BMVg     9876543210STHBA_Celle   OFD Hannover STHBACelle84204
KS 1119001                3570496.4705829855.8503   38.4800 0
KS 2119001     R D 0.68 0.68R 1.00 1.00NR 1.00 1.00 0.60  37.5900 21979
KS 3119001     B    B    B    B    2N ZMS      NN0

.......

KH 1119001              119001    119002     37.590  37.44000 0 250 250   41.76
KH 2119001    0KR 9 B    1979 techn. Bereich          011
KH 3119001    119   0.105 0.105 0.0401        0.0 0.0 0.0 0.0 0.0 0.0 0.0
```

Das *.LK Format beschreibt Anschlussdaten, wie Hausanschlüsse oder Sinkkästen. Diese Datei unterteilt sich in „AP" für Anschlusspunkt und „AL" für Anschlussleitung.

```
Sample_ISYBAU.LK - Editor
Datei Bearbeiten Format Ansicht Hilfe
LK0196 MUSTER_KAS1234567890        G35       BAU_21    30.10.1997
LKBMVg     9876543210STHBA_Celle   OFD Hannover STHBACelle84204
AP 1211108GA01                3570574.660 5830128.200   38.830 5 2 1979
AP 2211108GA01       GA
AP 1120015RR01                3570467.250 5829951.640   38.560 5 2 1955
AP 2120015RR01       RR
```

....

9 DACH-Extension, ISYBAU-Translator

```
AL 1211108GA01    211108GA01    211108        36.880  36.800 100 5.46   0PVCU1
AL 2211108GA01
AL 1120015RR01    120015RR01    120015        37.300  37.120 10017.58   0B    4
AL 2120015RR01
```

Das Format *.H beschreibt Haltungsschäden.

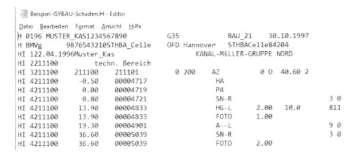

Es gibt eine Vielzahl weiterer Formate, die hier nicht näher beschrieben sind. Einen kleinen Überblick kann auch WIKIPEDIA bieten.

Die Funktion zum Import einer *.K Datei wird mit der Auswahl einer Datei gestartet. Es werden die Beispiel-Daten des ISYBAU-Translator verwendet.

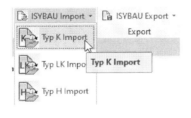
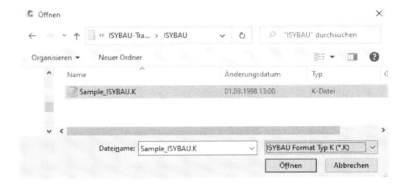

Der Import kann vorhandene Leitungssysteme erkennen und entsprechend reagieren.

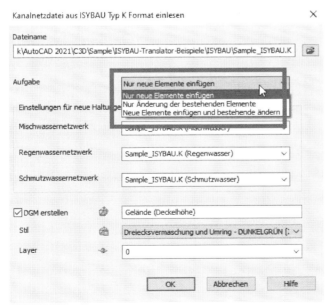

Zusätzlich kann die Funktion die Deckelhöhen der Schächte auswerten und daraus optional ein DGM erstellen.

Der Darstellungs-Stil ist frei wählbar.

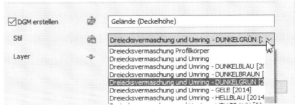

9 DACH-Extension, ISYBAU-Translator

Leider endet die Funktion im Absturz?

Um den nächsten Schritt zu zeigen, „IMPORT *-lk Daten" (Anschlussleitungen) wird der Import der *.k Datei mit der Funktion des „ISYBAU-Translator" ausgeführt.

Für den Import der *.LK Datei werden Haltungsdaten benötigt. Die Anschlussleitungen beziehen sich auf Haltungsdaten.

Die Einstellungen für den Import sind hier vielfältiger und werden den Entwicklungsphasen, die es auch beim *.k Format gab, besser gerecht.

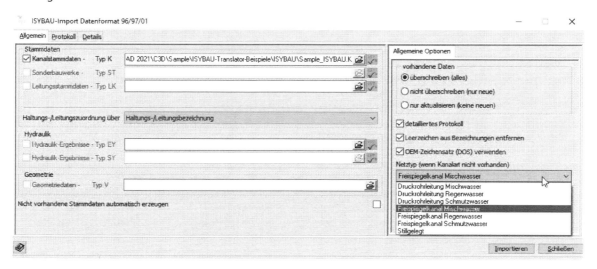

Der Import meldet Fehler, die in der Komponentenliste (Civil 3D Netzkomponentenliste) nachzuarbeiten wären.

Beschreibung

Schacht <119004SF01> Form (eckig) in Komponentenliste (MW vorhanden [2016]) nicht gefunden.
Schacht <119004B01> Form (eckig) in Komponentenliste (MW vorhanden [2016]) nicht gefunden.
Schacht <119010> Form (eckig) in Komponentenliste (MW vorhanden [2016]) nicht gefunden.

Auf diese Problematik geht dieses Kapitel nicht ein. Die Problematik wird im Kapitel „ISYBAU-Translator" näher beschrieben und es werden Lösungsansätze gezeigt.

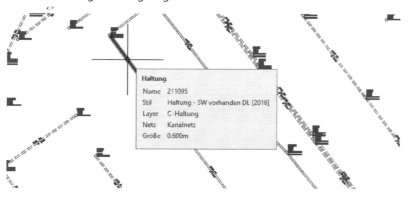

Die importierten Daten (Name: Kanalnetz) sind die Voraussetzung für den Import der *.lk Daten mit Hilfe der DACH-Extension.

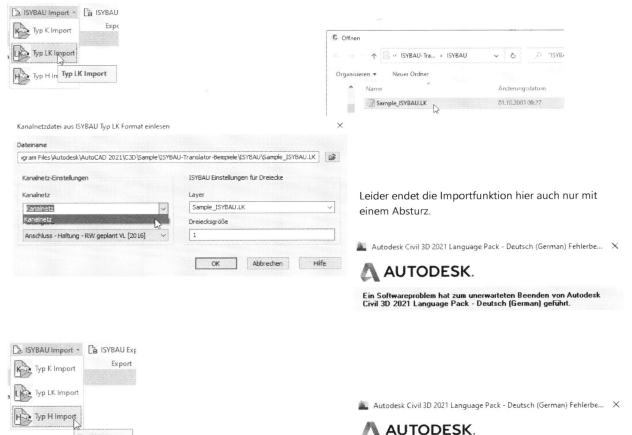

Leider führt auch die letzte Funktion „Typ H Import" nur zu einem Programmabsturz.

Der ISYBAU-Import der DACH-Extension Version 2021 ist eher nicht zu empfehlen. Die Funktionen des ISYBAU Translator sind zum Thema ISYBAU die bessere Alternative.

9.3.22 Böschungsschraffur

Im Civil 3D werden Böschungsschraffuren als Bestandteil der Konstruktion erzeugt. Diese Schraffuren sind jedoch unmittelbar an die Funktion der Objekte gekoppelt. Es gibt Böschungsschraffuren einmal als Bestandteil oder Eigenschaft der Verschneidung und zum zweiten als Bestandteil des 3D-Profilkörpers.

Eine Böschungsschraffur einfach zwischen zwei Polylinien (2D oder 3D) wird nicht als Funktion angeboten.

Wird eine Böschungsschraffur zwischen zwei Linienelementen benötigt, ist die Böschungsschraffur der DACH-Extension zu wählen. Innerhalb der AutoCAD-Funktionen gibt es die Linie (mit und ohne 3D Eigenschaften, Start Z, Ende Z), die 2D Polylinie

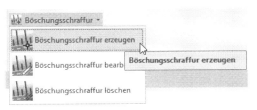

(mit und ohne 3D Eigenschaften, Erhebung) und die 3D Polylinie (mit und ohne 3D Eigenschaften, Scheitelpunkt Z). Zusätzlich zu diesen drei Linien-Typen im AutoCAD gibt es im Civil 3D die Elementkante mit optionalen 3D-Bogen und 3D-Linen-Eigenschaften.

Die Unterschiede in den Eigenschaften sind bei der Funktion „Böschungsschraffur" zu beachten

9 DACH-Extension, ISYBAU-Translator

AutoCAD:

Civil 3D:

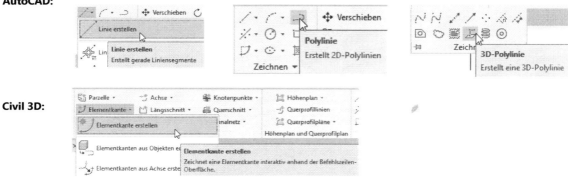

Allgemeine Hinweise zur Funktion

Ausgangssituation für die Erläuterung im Buch sind 2x4 Linien in einem Abstand von ca. 4-5m.

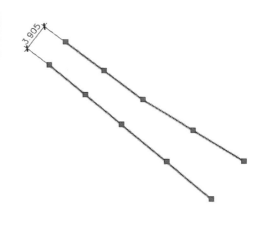

Es wird die Funktion Böschungsschraffur erzeugen gestartet.

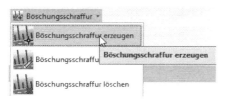

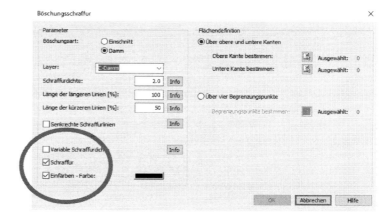

Der Schalter „Damm" oder „Einschnitt" steuert
Die Hintergrund-Farbe für den Fall die
Option Schraffur ist aktiviert.

Oberkannte und Unterkante können aus mehreren Linienbestandteilen bestehen.

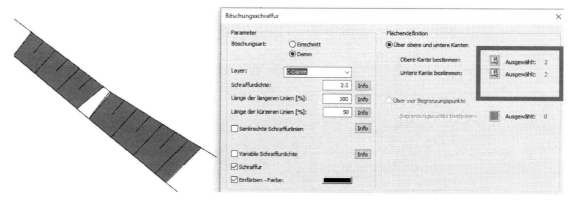

Gert Domsch, CAD-Dienstleistung

Mit der Funktion „Böschungsschraffur bearbeiten" kann beliebig oft in den Bearbeitungsmodus, in die Einstellungsmaske zurück gewechselt werden, um Darstellungen zu ändern. Diese Funktion wird nachfolgend immer wieder genutzt.
Mit der Funktion Böschungsschraffur löschen wird die Böschungsschraffur als Ganzes gelöscht, obwohl diese aus einzelnen Schraffur-Bestandteilen besteht. Die Böschungsschraffur ist als „Gruppe" angelegt.

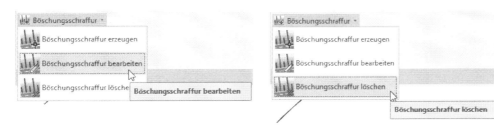

Einzelne Schraffur-Bestandteile können mit „Löschen" (AutoCAD Löschen) aus der Schraffur entfernt werden, ohne die Schraffur zu zerstören. Wird die Funktion „Böschungsschraffur bearbeiten" gewählt wird das gelöschte Element wieder erstellt.

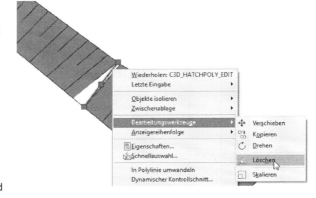

Der Layer für die Schraffur ist optional frei wählbar und werden zusätzlich durch die Funktion automatisch zwischen „-Damm" und „-Einschnitt" umgestellt.

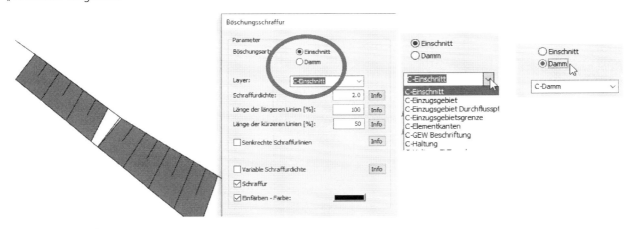

Die hinterlegte Farbe kann komplett ab geschalten sein. Optional wäre auch eine Farbe abweichend der Voreinstellung von „Damm" und „Einschnitt" (grün/braun) möglich

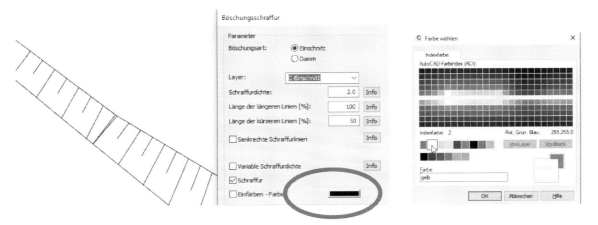

9 DACH-Extension, ISYBAU-Translator

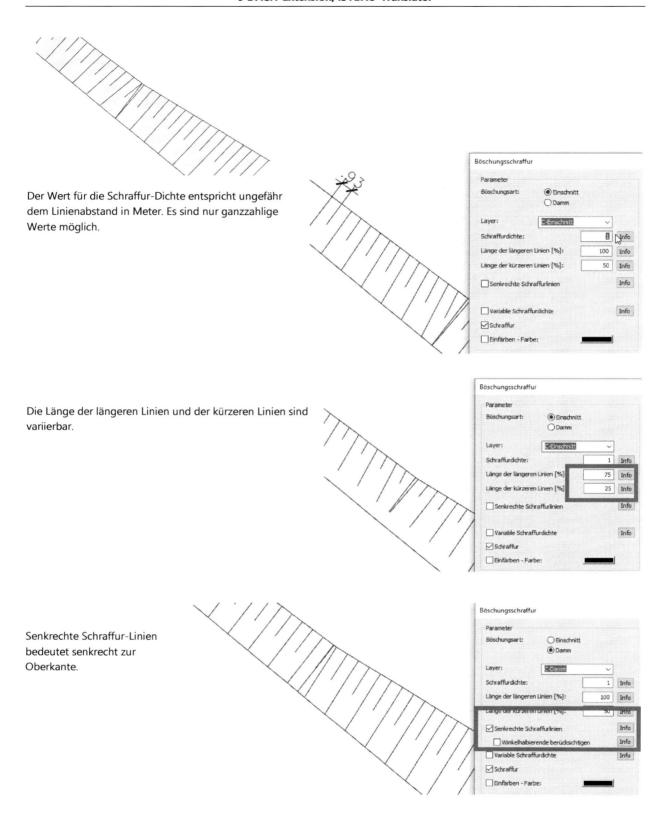

Der Wert für die Schraffur-Dichte entspricht ungefähr dem Linienabstand in Meter. Es sind nur ganzzahlige Werte möglich.

Die Länge der längeren Linien und der kürzeren Linien sind variierbar.

Senkrechte Schraffur-Linien bedeutet senkrecht zur Oberkante.

Winkelhalbierende bedeutet, wenn die Böschung im Winkel kleiner als 180° abknickt, können sich Schraffur-Linien überschneiden. Mit der Option werden diese eingekürzt. Ist die Basis der Schraffur Linien (jeweils mehrere für OK und UK), oder ist Basis der Schraffur Polylinien (Polylinien für OK und UK) reagiert die Funktion anders.

Gert Domsch, CAD-Dienstleistung

Nur bei Polylinien wird der Knick erkannt und die Funktion reagiert.

Basis: Linie   Basis: Polylinie

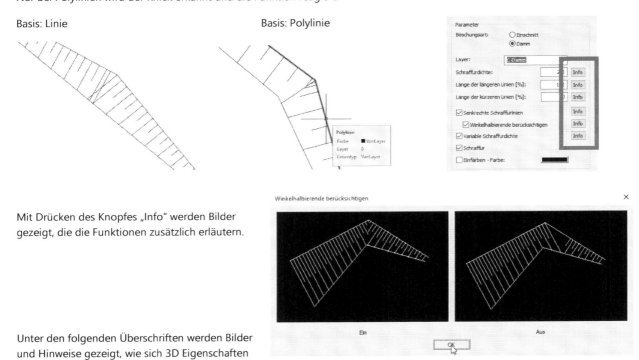

Mit Drücken des Knopfes „Info" werden Bilder gezeigt, die die Funktionen zusätzlich erläutern.

Unter den folgenden Überschriften werden Bilder und Hinweise gezeigt, wie sich 3D Eigenschaften der Zeichnungselemente auf die erstellte Böschungsschraffur auswirken. Für alle Varianten wird die gleiche Einstellung gewählt.

Linien ohne Höhe in Start Z, Ende Z

Alle Linien haben im Start Z und Ende Z die Höhe „0".

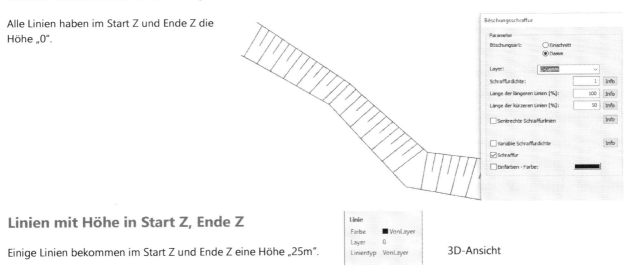

Linien mit Höhe in Start Z, Ende Z

Einige Linien bekommen im Start Z und Ende Z eine Höhe „25m".

3D-Ansicht

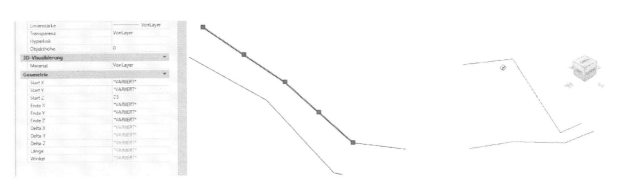

Die Böschungsschraffur mit der Ausgangssituation „Linien" mit und ohne Höhe wird in der gleichen Form ausgeführt.

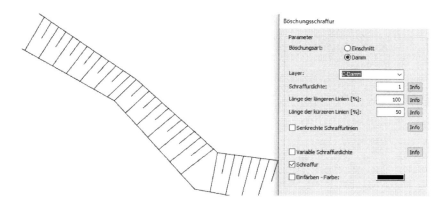

2D-Polylinie ohne Erhebung, 2D Polylinie mit Erhebung

Die untere Polylinie hat keine Erhebung (Erhebung „0")

Die obere 2D-Polylinie (Böschung OK) bekommt eine Erhebung „25m"

3D Ansicht

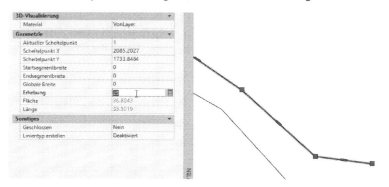

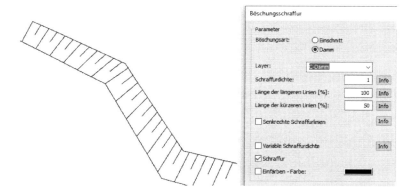

Die Böschungsschraffur mit der Ausgangssituation „Polylinien" wird mit und ohne Höhe wird in der gleichen Form ausgeführt. Es ist kein Unterschied erkennbar.

3D Polylinie ohne Scheitelpunkt Z, 3D Polylinie mit Scheitelpunkt Z

Beide 3D Polylinien haben in der OK und UK Höhen eingetragen. Die Werte variieren von 0-25m.

3D Ansicht

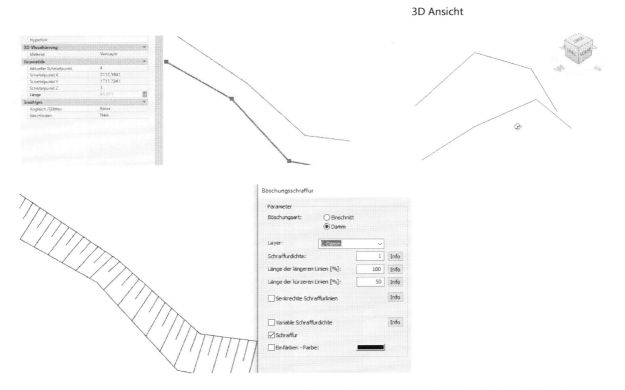

Die Böschungsschraffur mit der Ausgangssituation „3D-Polylinien" wird mit und ohne Höhe wird in der gleichen Form ausgeführt. Es ist kein Unterschied erkennbar.

Elementkanten mit Höhen (Z)

Im Civil 3D gibt es einen neuen Linientyp die „Elementkante". Dieser neue Linientyp vereinigt alle Eigenschaften und Funktionen von Linie, 2D-Polylinie und 3D-Polylinie in sich. Die Elementkante kann als einziger Linientyp einen 3D Bogen haben und kann 3D versetzt werden. Als Eigenschaft der Elementkante werden die Höhe und die Neigung in Prozent aufgelistet.

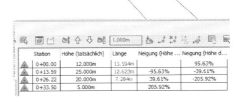

Die Elementkante wird als Ausgangssituation für die Böschungsschraffur akzeptiert. In dem Beispiel wurden Elementkanten mit Höhen aber ohne Radien benutzt.

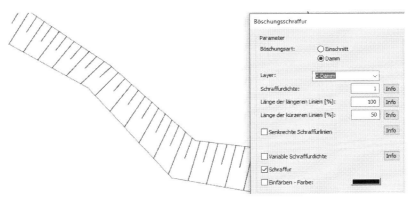

vorteilhafte-, unvorteilhafte Ausgangslinien

Aus Civil 3D Konstruktionen (DGMs, 3D-Profilkörper) können verschiedene Linientypen abgeleitet (ausgegeben) werden. Die als Voraussetzung für eine Böschungsschraffur dienen. Die Eigenschaften dieser Linien, x-Polylinien oder Elementkante kann vorteilhaft oder unvorteilhaft für die Böschungsschraffur sein.

Das Bild zeigt 2D-Polylinien mit Bögen.

Abweichend zu allen anderen Böschungsschraffuren wurde hier die Option „Senkrechte Schraffur Linien" aktiviert

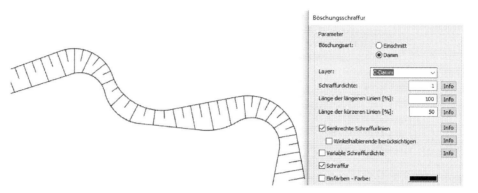

Generell von Vorteil sind 2D-Polylinien mit möglichst langen Geraden-Bestandteilen und Bögen deren Übergang zu der Geraden tangential ist. Hier sind eventuell die Funktionen der „Parametrik" (Zeichnen und Beschriften, Parametrisch, Tangente) zu beachten.

Unvorteilhaft sind Linien, 2D-, 3D-Polylinien oder Elementkanten mit vielen Knicken und ohne Bögen. Knicke, die Abstand geringer ist als der Linien-Abstand von Oberkante zu Unterkante.

Ausgangssituation (negativ):

Ergebnis:

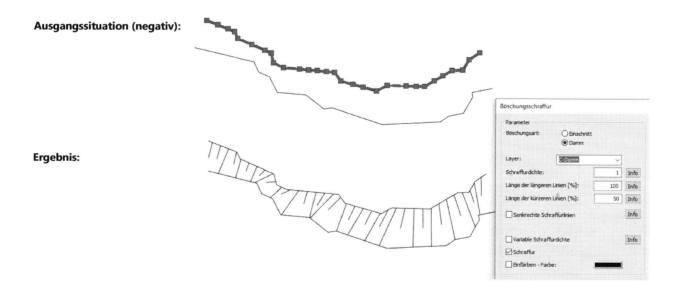

Schraffur über 4 Begrenzungs-Punkte

Im Bild wird das freie „Picken" von Punkten ohne Linien-Bestandteil gezeigt, um zu verdeutlichen, dass kein Linienelement als Ausgangssituation zwingend erforderlich ist.

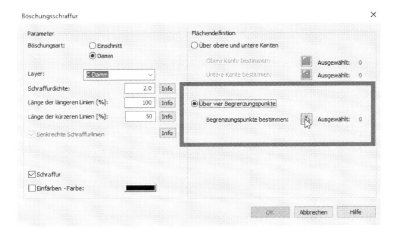

Zeichnen der 4 Begrenzungspunkte

erstellte Böschungsschraffur

Hinweis:

Beim Bearbeiten der Basislinien der Schraffur (OK und UK) kommt es mitunter zu langen Wartezeiten. Eine eindeutige Erklärung dafür konnte nicht gefunden werden.

Beim Test der Funktion gab es nach meiner Erfahrung Unterschiede bei der Ausführung der Funktion, wenn auf Basis der „...Deutschland.dwt" gearbeitet wurde oder auf der Basis der einfachen „acadiso.dwt". Bei Verwendung der „acadiso.dwt" erscheint es so, als ob die Funktion schneller und unproblematischer ausgeführt wird als mit geladener „...Deutschland.dwt".

Die nächsten Bilder zeigen eine optionale Bearbeitung von Zeichnungselementen. Bearbeitung der Böschungsunterkante. In der Regel wird jede Änderung nahezu ohne Zeitverzögerung ausgeführt und die Schraffur angepasst.

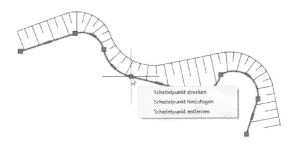
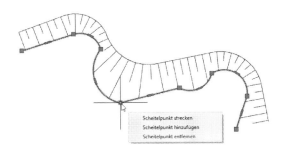

9.3.23 Legendenmanager

Die Funktion Legendenmanager ist an die Civil 3D Vorlage „... Deutschland.dwt" gebunden. Die Funktion ist nur mit dieser Vorlage verwendbar.

Der Legendenmanager ruft Blöcke auf, die in der Zeichnung bzw. Vorlage geladen sind oder geladen sein müssen.

9 DACH-Extension, ISYBAU-Translator

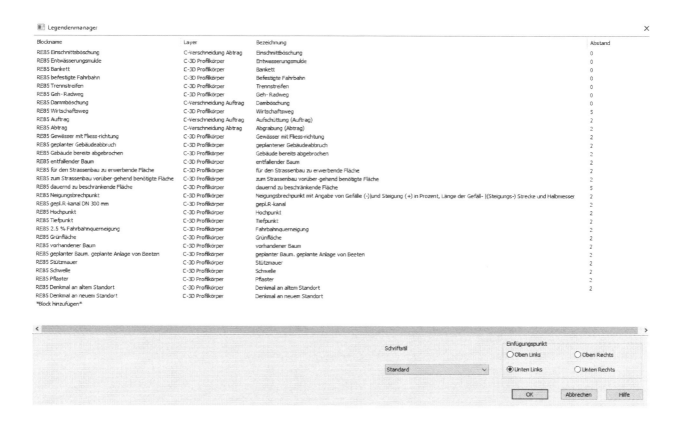

Das nächste Bild zeigt Blöcke als Bestandteil der geladenen Blöcke in der Zeichnung (Civil 3D-Vorlage, -Template, ...Deutschland.dwt) und daneben die erstellt Legende mit der Funktion „Legendenmanager".

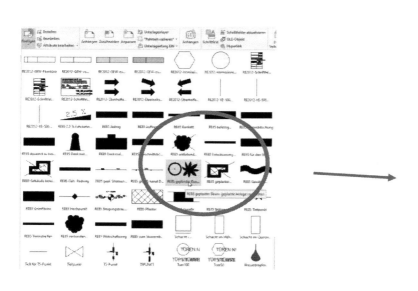

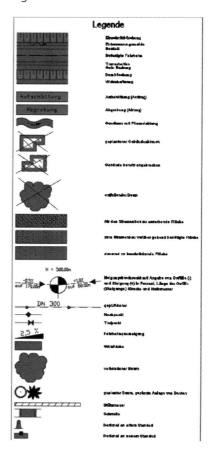

Im Legendenmanager können die Blöcke gelöscht oder neu aufgerufen werden. Die Funktion ist damit auf alle Bedürfnisse anpassbar.

Eine Funktion für die Festlegung der Reihenfolge ich nicht erkennbar. Eventuell richtet sich die Reihenfolge nach dem Aufruf der Blöcke.

9 DACH-Extension, ISYBAU-Translator

Um die Reihenfolge zu ändern sind eventuell Blöcke vorübergehend aus der Liste zu löschen und am Ende neu aufzurufen.

Der Layer, der Text und der Abstand zum nächsten Symbol sind frei wählbar.

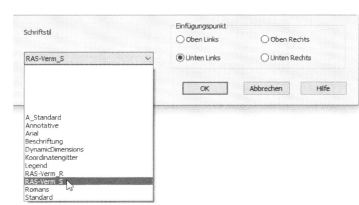

Die Schriftart und der Einfüge Punkt sind frei bestimmbar. Es wird empfohlen den Schriftstil „RAS-Verm_S" zu wählen. Diesem Stil ist im AutoCAD die Schriftart Arial hinterlegt.

Die eingefügte Legende selbst ist kein Block, sondern eine AutoCAD-Gruppe. Damit stehen Blockbearbeitungs-Funktion für eine Nachbearbeitung nicht zur Verfügung.

Im Arbeitsbereich „Zeichnen und Beschriften" gibt es die Bearbeitungsfunktionen für Gruppen.

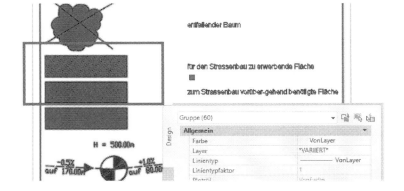

Mit dem Aufheben der Gruppierung sind die Böcke (Symbole) und Texte bearbeitbar.

9 DACH-Extension, ISYBAU-Translator

Hinweis 1: Der Befehl Ursprung ist auf Gruppen nicht anwendbar.

Hinweis 2: Für diese Legenden-Funktion (erstellen einer Legende) gibt es im Civil 3D keine Alternative. Nur die DACH-Extension bietet diesen Befehl.

Hinweis 3: Es können im Legendenmanager eigene, selbsterstellte Blöcke aufgerufen sein. Hier ist die Blockbezeichnung zu beachten. Die Bezeichnung sollten folgender Konvention entsprechen RE85 „Leerzeichen", „Blockbezeichnung".

Autodesk-Hilfe (originaler Text):

Legendenmanager

Um einen benutzerdefinierten Block für die Legende zu erstellen, muss der Blockname mit „RE85" beginnen. Dann wird er automatisch der Legendenmanager-Liste hinzugefügt. Wenn Sie diesen Block für weitere Zeichnungen nutzen wollen, muss er der Vorlage _C3D_DACH_Legendenmanager.dwt hinzugefügt werden, die mit der AutoCAD Civil 3D 2012-Extension in [Laufwerk]:\Programme\AutoCAD Civil 3D 2012\Civil installiert wurde.

Es wird ein Block „Test" erstellt. Der Block wird im Legendenmanager aufgerufen und mit Abstand (vorheriger Block im Legendenmanager) eingefügt.

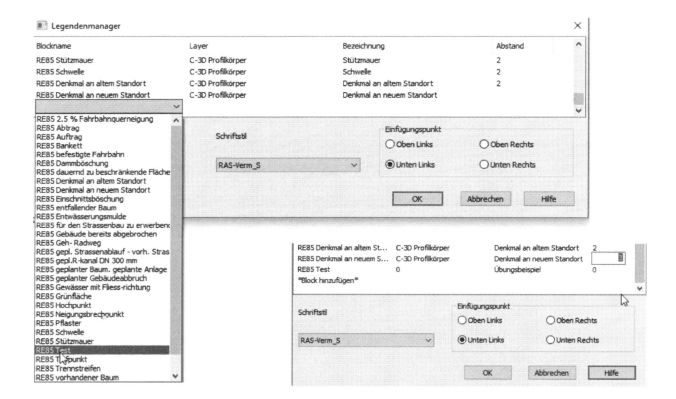

Das Bild zeigt einen Ausschnitt der eingefügten Legende mit dem neuen Block „Test"

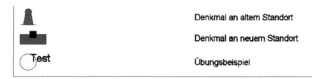

9.3.24 Dienstprogramme

Koordinatenbeschriftung im Ansichtsfenster

Um die Funktion der „Koordinatenbeschriftung im Ansichtsfenster" zu zeigen, wird auf das Beispiel der Konstruktion „kleiner Tropfen" zurückgegriffen.

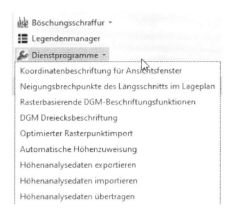

Als Ausgangssituation war eine Vermessungsunterlage als X-Ref geladen, die zwei Straßen in einer Kreuzungssituation zeigt. In der Zeichnung liegen folgende lokale Koordinaten vor (Bild).

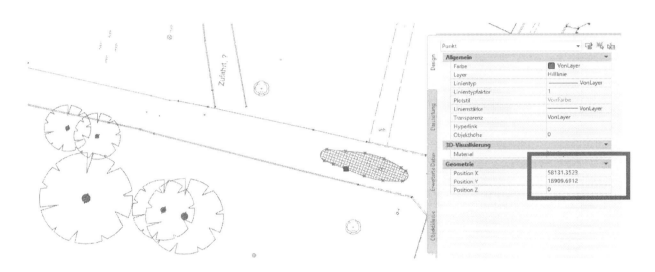

Für die Funktion ist das Layout zu öffnen bzw. einzurichten (AutoCAD Plotten) die Funktion wird am „Ansichtsfenster" ausgeführt. Es ist von Vorteil, wenn das Ansichtsfenster einen eigenen Layer hat und damit klar erkennbar ist.

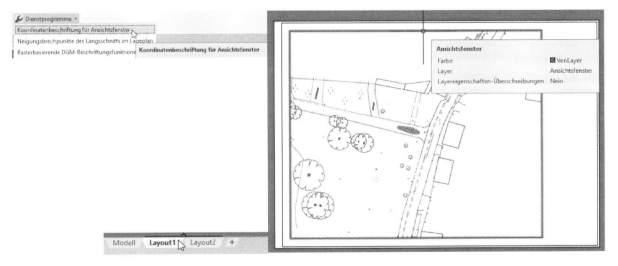

9 DACH-Extension, ISYBAU-Translator

Die Funktion wird ausgeführt.

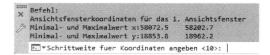

Der Dialog für die Parametereingabe erfolgt in der Befehlszeile. Bei eingeschalteter „Dynamischer Eingabe" können die Werte auch an der Maus eingegeben werden. Es wird die Schrittweite von 10m gewählt.

```
Befehl:
Ansichtsfensterkoordinaten für das 1. Ansichtsfenster
Minimal- und Maximalwert x:58072.5    58202.7
Minimal- und Maximalwert y:18853.8    18962.2
Schrittweite fuer Koordinaten angeben <10>:
```

Die Vorgabewerte bleiben beibehalten.

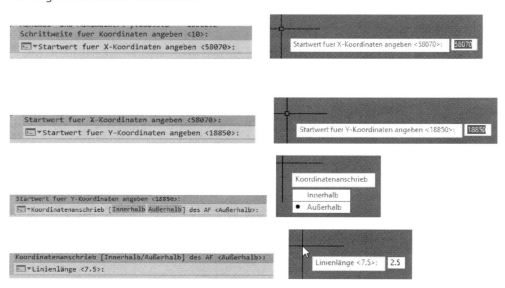

Die Beschriftung erfolgt als „Gruppe" oder „Gruppierung" am Ansichtsfenster.

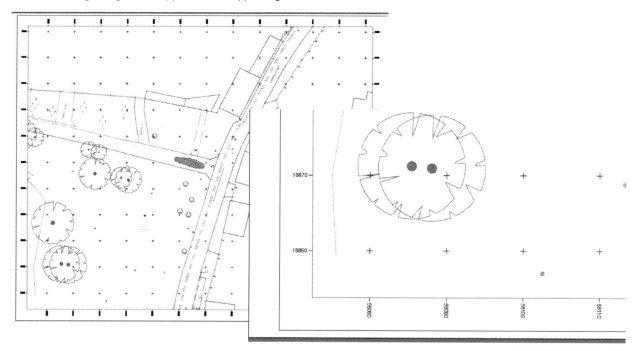

Gert Domsch, CAD-Dienstleistung

9 DACH-Extension, ISYBAU-Translator

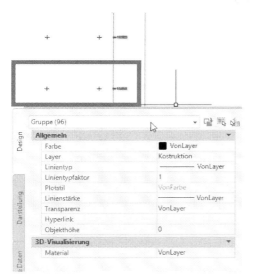

Mit Gruppierung aufheben kann die Gruppe aufgelöst werden, um eventuell die Texte zu bearbeiten.

Hinweis:

Der Befehl Ursprung ist auf Gruppen nicht anwendbar.

Der Befehl „Ähnliche auswählen" ermöglicht die Textauswahl und eine Änderung von Eigenschaften, zum Beispiel die Textgröße.

Hinweis:

Für diese Funktion gibt es im Civil 3D keine Alternative. Nur die DACH-Extension bietet diesen Befehl.

Neigungsbrechpunkte des Längsschnittes im Lageplan

Um die Funktion „Neigungsbrechpunkte des Längsschnittes im Lageplan" zu zeigen, muss zuerst erklärt werden, im Civil 3D wird die „deutsch: Gradiente" als „Längsschnitt" bezeichnet. Im Civil 3D ist die deutsche „Geländelinie" der „DGM Längsschnitt" (mit dem DGM dynamisch verknüpfter Längsschnitt) und die deutsche Gradiente ist der gezeichnete- oder konstruierte Längsschnitt.

Für Bearbeiter, die ausschließlich mit Straßenbau beschäftigt sind, ist das etwas unverständlich. Für Bearbeiter anderer Sparten der Infrastruktur-Planung eröffnen sich hier neue Möglichkeiten. Der konstruierte Längsschnitt kann auch ohne Kuppen und Wannen gezeichnet sein (spezielles Straßenbau-Thema) und so auch als Grabensohle für Rohrgräben oder Flussläufe dienen. Mit diesem Konzept ist Civil 3D vielseitiger einsetzbar als reine Straßenbauprogramme.

Für die Praxis bedeutet das die Funktion „Neigungsbrechpunkte des Längsschnittes im Lageplan" ist eigentlich das Zeichnen von „Hoch- und Tiefpunkten" der deutschen Gradiente in den Lageplan (Civil 3D: konstruierter Längsschnitt), unabhängig, ob es sich um eine Straße, ein Rohr (Grabensohle) oder einen Damm handelt. Die Funktion ist ein Übertragen spezifischer Konstruktions-Punkte aus dem Höhenplan in den Lageplan.

9 DACH-Extension, ISYBAU-Translator

Um die Funktion zu zeigen, wird ein einfaches DGM (Quadrat 500x500m) mit Erhebung 100m erstellt. Innerhalb dieses DGMs gibt es eine Achse, einen Höhenplan mit Gelände-Längsschnitte (DGM-Längsschnitt) und zwei Gradienten (konstruierte Längsschnitte). Einmal mit Kuppen- und Wannen-Ausrundung und einmal ohne -. Einmal als Straßengradiente und einmal als Grabensohle.

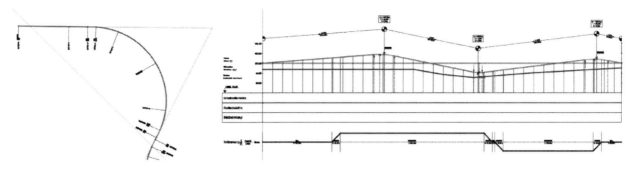

Für die „Gradiente" wird der Darstellungs-Stil „Gradienten Konstruktion" gewählt (Geraden rot, Kuppen-Wannen blau) Die Beschriftung erfolgt mit dem Beschriftungs-Stil „Linien und Beschriftung im Höhenplan - Gradienten [2014]".

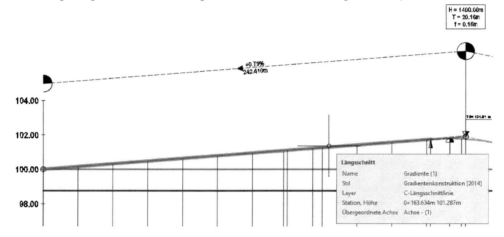

Für die „Grabensohle" (zweite Gradiente, ohne Kuppen und Wannen) wird der Darstellungs-Stil „Planausgabe - Gradienten" gewählt (Geraden schwarz/weiß) Auf eine Beschriftung wird verzichtet.

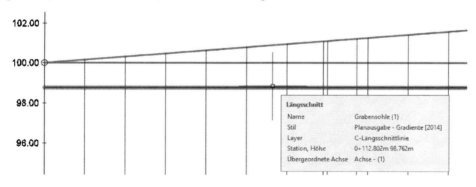

Die Funktion wird ausgeführt.

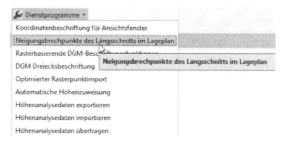

9 DACH-Extension, ISYBAU-Translator

Die Funktion endet mit folgender Fehlermeldung in der Befehlszeile:

```
Neigungsbrechpunkte des Längsschnitts für AutoCAD Civil 3D - V3.2 geladen.
Befehl:
Neigungsbrechpunkte des Längsschnitts V3.2Civil 3D 2018 oder höher wird benötigt!; Fehler: quit / beenden abbrechen
Befehl:
```

Das Problem wurde am 15.05.21 an Autodesk gemeldet.

Civil 3D bietet hier folgende Alternative:

Die Achse im Lageplan hat einen Beschriftungssatz geladen, zum Beispiel „Beschriftung Hauptachsen [20xx]". Bestandteil dieses Beschriftungs-Satzes sind bereits Aufrufe für Längsschnitte, die im Lageplan Hoch- und Tiefpunkte zeigen können. Diese Eigenschaften sind nach dem Erstellen der Gradiente an der Achse aufzurufen und hier ist die Gradiente (konstruierter Längsschnitt) zu zuordnen.

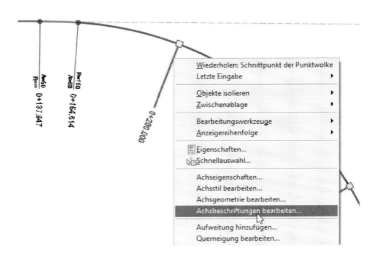

Jede Zeile „Längsschnitthauptpunkte" ruft Beschriftungselemente auf, die eine spezielle Aufgabe übernehmen. Aus diesem Grund ist der Aufruf der Gradiente mehrfach auszuführen.

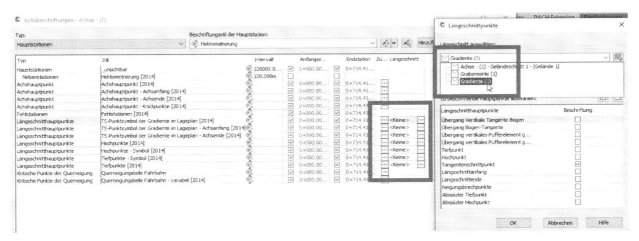

In der Maske des Aufrufes ist jedoch keine Einstellung zu verändern!

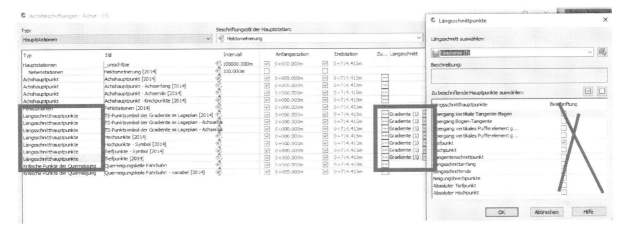

9 DACH-Extension, ISYBAU-Translator

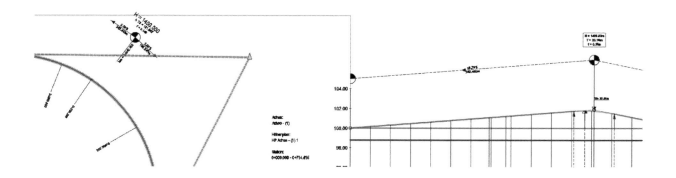

Tangenten-Beschriftung im Höhenplan und Lageplan sind dynamisch miteinander verknüpft. Jede Änderung im Höhenplan führt unmittelbar zu einer Aktualisierung der Beschriftung im Lageplan.

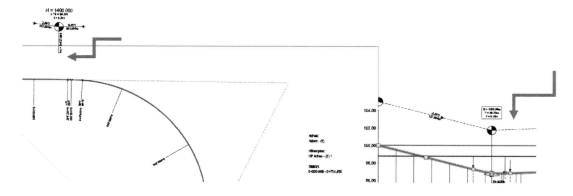

Die Beschriftung kann jederzeit geändert werden auf eine zweite Gradiente oder hier im Bild auf die Grabensohle umgestellt sein. In diesem fall kommt es zu Fragezeichen in der Position der „Halbmesserbeschriftung" (Radius) weil es keinen Radius gibt.

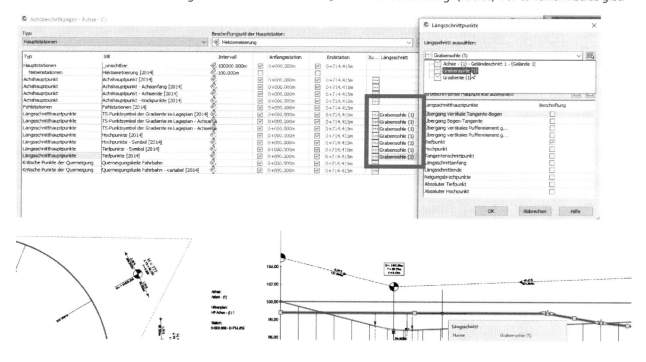

In dem Fall es gibt keine Kuppen- und Wannenausrundung. kann das Beschriftungselement für diese Situation bearbeitet werden, damit keine Fragezeichen im Lageplan zu sehen sind.

Die Erläuterung der Bearbeitung ist nicht Bestandteil des Buches.

Hinweis:

Es besteht auch die Möglichkeit Beschriftungs-Eigenschaften an der Achse nachzuladen, um zwei Gradienten gleichzeitig zu beschriften oder unterschiedliche Beschriftungs-Eigenschaften zu führen, um die Beschriftung unterschiedlicher Gradienten an der Achse farblich zu unterscheiden.

Rasterbasierende DGM-Beschriftungsfunktion

Für die nächste Funktion „Rasterbasierende DGM-Beschriftungsfunktionen" wird das DGM der vorherigen Funktion (Neigungsbrechpunkte des Längsschnittes im Lageplan) auf die Eigenschaft „Raster" umgestellt. Es ist davon auszugehen, dass diese Darstellungs-Eigenschaft benötigt wird. Innerhalb der „... Deutschland.dwt" ist kein solcher Darstellungs-Stil vorbereitet.

Die Raster-Darstellung wird in den DGM-Eigenschaften, Karte Anzeige aktiviert.

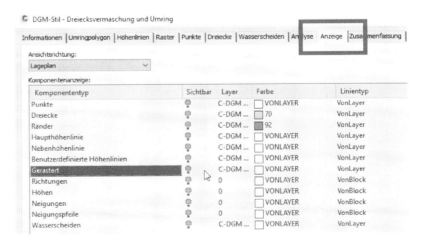

9 DACH-Extension, ISYBAU-Translator

Dazu gehört eine untergeordnete Karte „Raster", die den Raster-Abstand steuert.

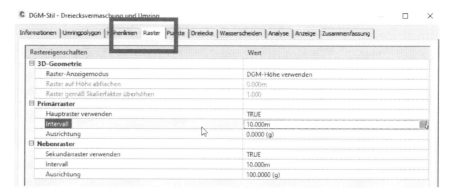

Die Raster-Anzeige ist im 10m Raster für Haupt- und Nebenintervall aktiviert.

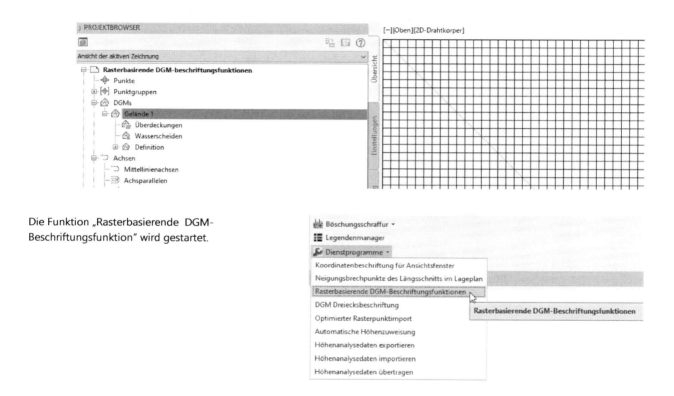

Die Funktion „Rasterbasierende DGM-Beschriftungsfunktion" wird gestartet.

Leider endet die Funktion mit folgender Meldung. Es entsteht der Eindruck, als wäre der Befehl ab geschalten.

```
Befehl:
; Fehler: Fehler bei ARXLOAD
Befehl: Unbekannter Befehl "DGMTIEFEN". Drücken Sie F1-Taste für Hilfe.
Befehl: Entgegengesetzte Ecke angeben oder [Zaun/FPolygon/KPolygon]:
```

DGM-Dreiecksbeschriftung

Die Funktion „DGM-Dreiecksbeschriftung" wird am gleichen DGM wie bei der Funktion zuvor erläutert gestartet (Neigungsbrechpunkte des Längsschnittes im Lageplan). Die Eigenschaft „Raster" wird als Bestandteil der DGM-Eigenschaften wieder ab geschalten. Ergänzend wird die Ausgangs-Polylinie viermal um 50m nach innen versetzt. Die versetzten Polylinien werden als „Bruchkanten" dem DGM hinzugefügt.

9 DACH-Extension, ISYBAU-Translator

Damit entsteht eine überschaubare Anzahl von Dreiecksflächen.

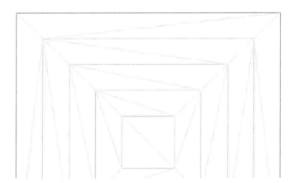

Die Funktion wird ausgeführt.

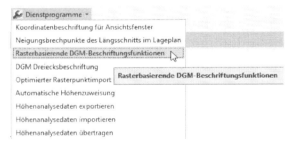

Leider endet die Funktion mit folgender Meldung. Es entsteht der Eindruck, als wäre der Befehl ab geschalten.

```
Befehl:
; Fehler: Fehler bei ARXLOAD
Befehl: Unbekannter Befehl "DGMTIEFEN". Drücken Sie F1-Taste für Hilfe.
```

Optimierter Rasterpunktimport

Diese Funktion kann dazu dienen Koordinaten-Dateien mit großer Datenmenge auf eine akzeptable Größe zu reduzieren, auf eine Größe, die zur verwendeten Hardware passt. Das ist zu berücksichtigen oder bewusst zu nutzen, weil nicht jeder Computer (mit einer definierten Hardware) jede Datenmenge bewältigen kann.

Die Landesvermessungsämter bieten unter dem Begriff DGM-1, DGM-5 oder DGM-10 Koordinatendateien, die zum Erstellen eines DGMs dienen. Die mir vorliegende DGM-1 Datei hat ca. 750.000 Koordinaten (Punkte).

Ansicht der Datei, Datei-Ende

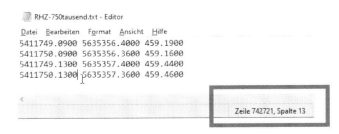

9 DACH-Extension, ISYBAU-Translator

Ein DGM aus dieser Datei, wird nachfolgend erstellt und als *.DWG gespeichert. Die Datenmenge der DWG-Datei wird später gezeigt.

Um das DGM zu erstellen, wird die „... Deutschland.dwt" benutzt. Die Datenmenge dieser noch leeren Zeichnung (Vorlage) beträgt bereits 4 MB (Version 2021).

Das DGM wird erstellt (Objektdefinition)

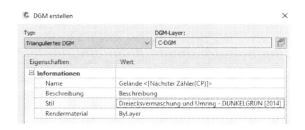

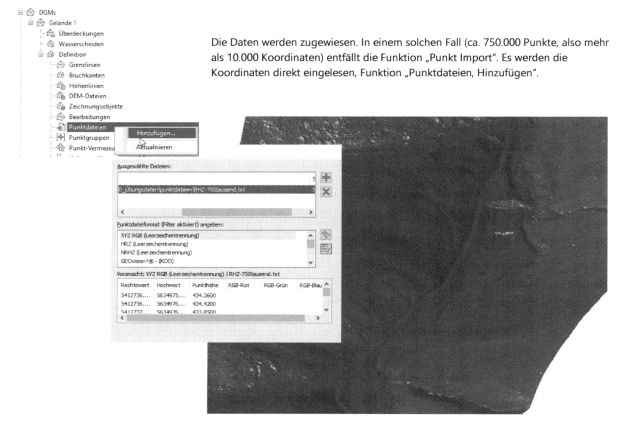

Die Daten werden zugewiesen. In einem solchen Fall (ca. 750.000 Punkte, also mehr als 10.000 Koordinaten) entfällt die Funktion „Punkt Import". Es werden die Koordinaten direkt eingelesen, Funktion „Punktdateien, Hinzufügen".

Die Datenmenge der Datei, die das DGM enthält, Darstellungs-Stil „Dreiecksvermaschung und Umring DUNKELGRÜN [2014], beträgt 45MB.

Das DGM ist erst der Anfang im Projekt. Das Projekt-Ende hat verschiedene Konstruktion in unterschiedlichen Varianten, weitere geladene Daten, Bilder, diverse Layouts. Das Ende des Projektes kann die doppelte - oder dreifache Datenmenge bedeuten.

Folgende Hardware ist geeignet mit 1Mio. Punkte umzugehen, DGMs zu erstellen, einschließlich aller Projektanforderungen.

9 DACH-Extension, ISYBAU-Translator

Für größere Punktmengen sollte entweder bessere Hardware oder der Weg einer Punktreduktion (Reduktion der Punktmenge) gewählt werden.

Gerätespezifikationen

Gerätename	XMG-MININT-O51CHJO
Prozessor	Intel(R) Core(TM) i7-8700 CPU @ 3.20GHz 3.19 GHz
Installierter RAM	32.0 GB
Geräte-ID	EFC36CE4-7370-4E05-8CBE-B6AFF025BDED
Produkt-ID	00325-95818-77273-AAOEM
Systemtyp	64-Bit-Betriebssystem, x64-basierter Prozessor
Stift- und Toucheingabe	Für diese Anzeige ist keine Stift- oder Toucheingabe verfügbar.

Ein Weg der Reduktion kann der optimierte Rasterpunktimport sein.

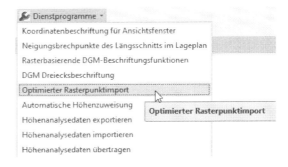

Die Funktion wird gestartet.

Die Funktion fordert zur Dateiauswahl auf. Die vorliegende Funktion kann nur ASCII codierte Dateien lesen. Die Formatbezeichnung ist zweitrangig.

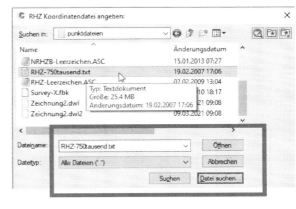

Die Funktion fordert auf zu einer Höhen-Toleranz-Eingabe. Die Höhen-Toleranz-Eingabe bedeutet, es werden alle Punkte aus der Datei gelöscht, die unterhalb der angegebenen Toleranz liegen. Die Datenmenge wird also vorrangig in der Ebene reduziert.

Es wird der Wert 0.1 eingegeben.

Die Funktion schlägt eine zweimalige Suche in der Datei vor. Der Vorschlag wird bestätigt.

Das Resultat der Funktion kann sofort eingelesen werden. Das ist nicht zu empfehlen. Zu empfehlen ist das Resultat in eine separate Datei auszugeben. Hier ist das Berechnungsergebnis besser zu kontrollieren. Eventuell ist die Punktmenge immer noch zu groß und es empfiehlt sich die Funktion nochmals anzuwenden.

Es wird die Ausgabe ich eine neue Datei empfohlen.

Die Funktion fordert nicht auf, einen Dateinamen oder ähnliches einzugeben.

9 DACH-Extension, ISYBAU-Translator

Die Befehlszeile zeigt die Reaktion des Programms.

```
Punktdatei enthält 742721 Punkte...
Punktliste ausgedünnt auf 443032 Punkte...
Datei <C:\Users\gertd\Documents\_CIVIL3D_Übungsdaten\punktdateien
\RHZ-750tausend.txt.neu> wurde erzeugt.
Datei könnte nun importiert werden.
fertig.
Befehl:
```

Das Filtern der Datei dauert mehrere Minuten (im Beispiel 15min). Die neue Datei wird in das gleiche Verzeichnis mit dem gleichen Namen und der Formatergänzung „NEU" geschrieben. Nach der ersten Reduktion wären weitere Reduzierungen möglich.

Die Datei wird im Editor geöffnet, die Punktanzahl ist im Editor Bestandteil der Statuszeile.

Ein erstelltes DGM aus dieser Datei hat im *.dwg-Format folgende Datenmenge.

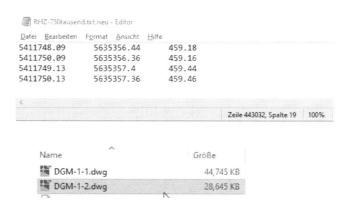

Qualitätsunterschiede sind da, jedoch in dem gedruckten Buch nicht oder kaum erkennbar.

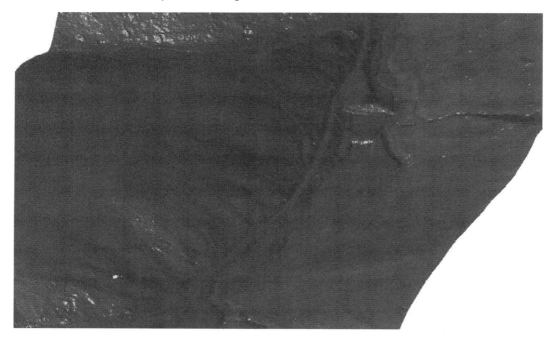

Technisch ist Civil 3D in der Lage aus beiden DGMs einen übereinander gelegten Schnitt zu erstellen (Höhenplan) und zusätzlich zur regulären Höhe die Höhendifferenz zu beschriften.

Im Bild wird nur die Höhendifferenz gezeigt. Beide Geländelinien sind nicht identisch, die Höhendifferenz ist jedoch nicht größer als 10cm.

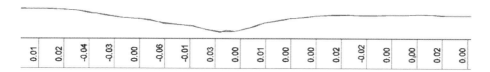

9 DACH-Extension, ISYBAU-Translator

Automatische Höhenzuweisung

Um diese Funktion zu verstehen, macht es Sinn, die originale Autodesk-Hilfe zu lesen. Hier ist die Anwendung und sind die technische Voraussetzung für diese Funktion beschrieben.

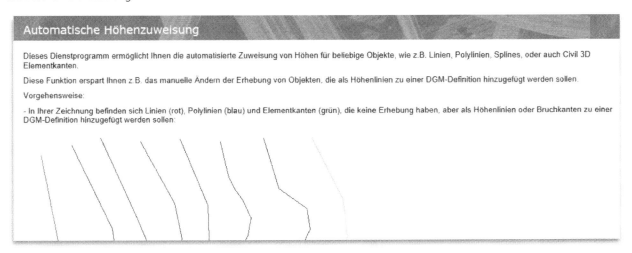

Das Beispiel, das im Buch gezeigt wird, wird nachgestellt, und um eine 3D-Polylinie (schwarz), Spline (Magenta) und eine Elementkante (grün, besitzt Bögen) ergänzt.

Die Funktion wird gestartet.

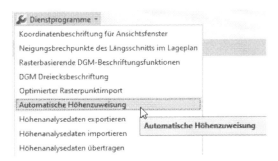

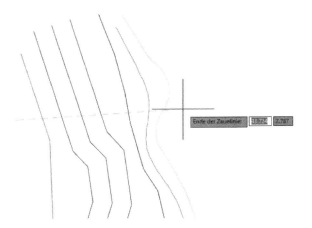

Die Funktion fordert auf eine Zaunlinie „z" zeichnen.

Anschließend ist eine Anfangshöhe einzugeben. Es wird „100" gewählt und als Intervall „10".

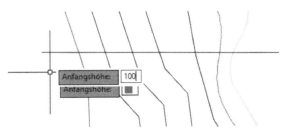

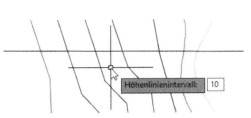

Für die einzelnen Zeichnungselemente die die Zaunlinie kreuzt, sind die Höhen als Eigenschaft nachweisbar. Das vierte Zeichnungselement eine 2D-Polylinie hat die Erhebung 130.

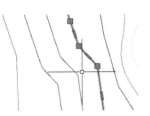

9 DACH-Extension, ISYBAU-Translator

Das fünfte Zeichnungselement eine 3D-Polylinie hat als Eigenschaft im „Stützpunkt Z" keine Höhe übernommen? Die Kontrolle aller Scheitelpunkte zeigt auch keine Höhe an? Der Spline hat als „Anpassungspunkt Z" die erwartete Höhe 150 eingetragen.

Hinweis:

3D-Polylinien sind in dieser Funktion nicht vorgesehen. Civil 3D kann mit dem Befehl „3D- in 2D-Polylinien umwandeln" so eventuell das Problem umgehen.

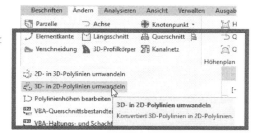

Das letzte Zeichnungselement „Elementkante" besitzt wiederum die erwartete Höhe von 160. Zur Höhenkontrolle der Elementkante wird zusätzlich der „Höheneditor gezeigt.

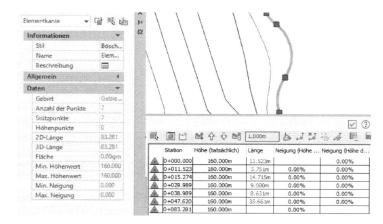

Linien-Elemente, welche nicht durch den Zaun berührt wurden, haben keine Höhe.

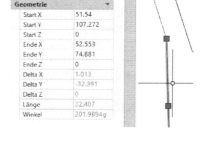

Abschließend wird aus allen Zeichnungselementen ein DGM erstellt. Die Zuweisung zum DGM erfolgt als „Bruchkanten".

Weil einige Elemente Bögen haben, wird der Sekantenabstand auf 0.01 gesetzt, damit nähert sich das DGM den Bögen an.

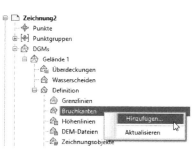

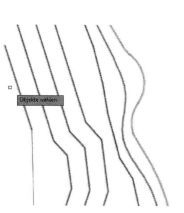

Gert Domsch, CAD-Dienstleistung

Alle Linien-Elemente mit Höhen (größer „Null") sind Bestandteil des DGM.

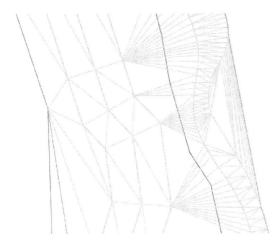

Hinweis:

Linien-Elemente, Vermessungspunkte, usw. mit der Höhe „NULL" können im Civil 3D auch Bestandteil eines DGMs sein!

Das Elemente mit Höhe „NULL" aus dem DGM ausgeschlossen sind, ist eine Besonderheit der „.... Deutschland.dwt".

In der „.... Deutschland.dwt" ist in den DGM-Eigenschaften eine Funktion aktiviert, die Höhen kleiner als 0.001 aus DGMs ausschließt.

Im gesamten norddeutschen- oder küstennahen Bereich Deutschlands ist diese Funktion eventuell zu deaktivieren!

Das Bild zeigt die DGM-Eigenschaft, Karte „Definition" mit der die Höhen kleine als „0.001" aus dem DGM ausgeschossen werden. Sollen Höhen mit „Null-„ oder „MINUS-Höhe" im DGM berücksichtigt werden, so ist hier von „Ja" auf „nein" zu wechseln!

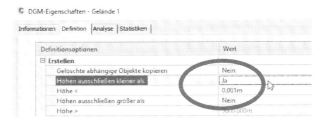

Höhenanalyse exportieren

Um die Funktion „Höhenanalyse exportieren" zu erläutern oder zu verstehen, sollte der Leser eine Höhenanalyse ausführen können. Höhenanalyse ist die farblich abgestuften Darstellungen eines DGMs in Abhängigkeit von der Höhe.

Topographische Karten deren Farbe nach Höhe von Grün (Tiefland) Blau (Wasser) auf Braun oder Weiß (Hochgebirge) wechselt sind hier klassische Beispiele. Als Ausgangssituation wird die Zeichnung „DGM-1-1.dwg" vom Kapitel „Optimierter Rasterpunktimport" benutzt.

Tiefste Stelle dieses DGMs ist ungefähr die Höhe 375m.

Es wird angenommen bis zur Höhe 380m befindet sich ein See (Wasser, blau), anschließend geht es weiter mit Vegetation (Vegetation, bewachsen, hellgrün bis dunkelgrün).

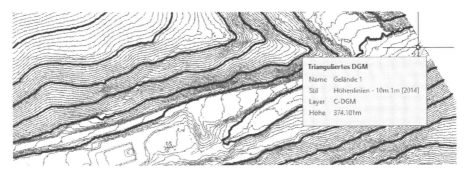

Die Funktion Höhenanalyse ist Bestandteil der DGM-Eigenschaften. Der schnelle Zugang kann auch über die Funktion „DGM-Stil bearbeiten" erfolgen (Darstellungs-Stil). Hier ist zuerst die DGM-Eigenschaft „Höhen" sichtbar zu schalten (Karte „Anzeige") und danach werden auf der Karte „Analyse" Höhen und Farben festgelegt.

9 DACH-Extension, ISYBAU-Translator

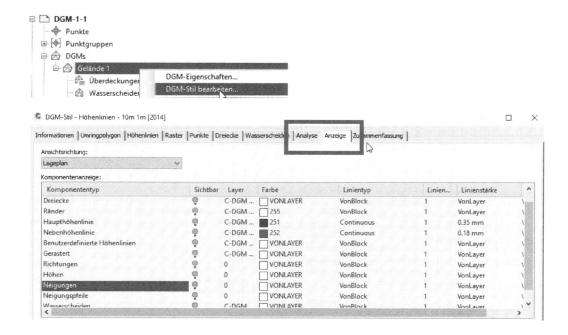

Auf der Karte „Analyse" können weitere Einstellungen aktiviert werden, die später die Höhenanalyse unterstützen.

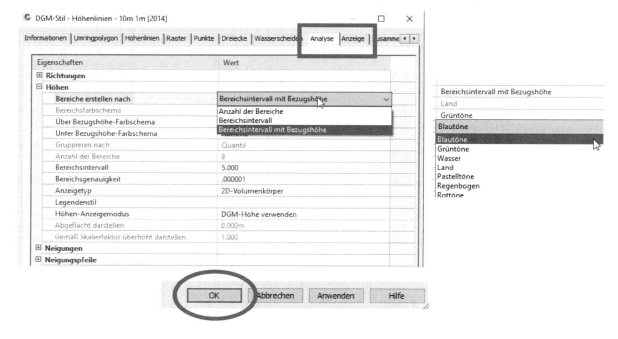

Die eigentliche Höhen-Analyse ist dann Bestandteil der DGM-Eigenschaften, die nach dem Schließen des Darstellungs-Stils bleibt. Die Einstellung ist auf „Bereichsintervall und Bezugshöhe" zu ändern. Die vereinbarten Intervalle und die Höhe sind einzugeben. Mit dem grauen Pfeil nach unten ist die Analyse auszuführen.

9 DACH-Extension, ISYBAU-Translator

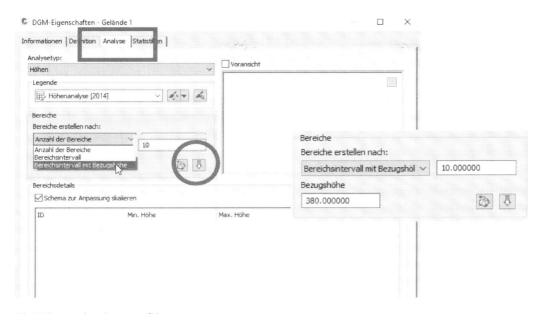

Die Höhenanalyse ist ausgeführt.

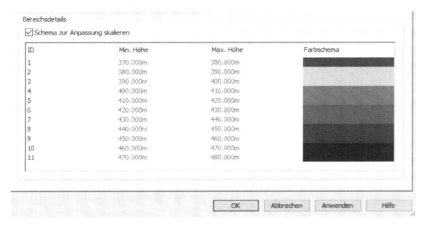

Die Funktion der DACH-Extension „Höhenanalyse exportieren" bietet die Möglichkeit das erarbeitete Farbschema zu exportieren und bei anderen DGMs zu importieren.

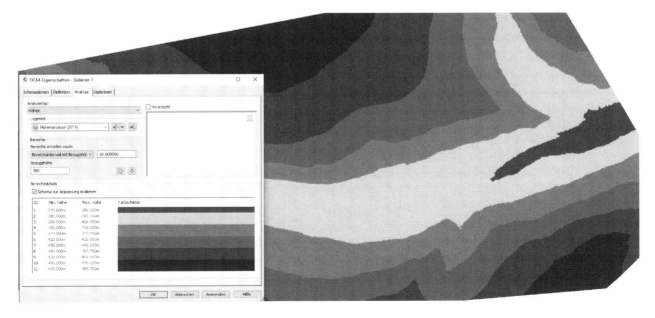

Die Funktion wird ausgeführt.

Das DGM ist auszuwählen.

Die Daten werden in eine Datei (Format *.txt) geschrieben. Die Datei sollte lesbar sein. Der Inhalt sind die angegebenen Höhen und AutoCAD-Farbnummern.

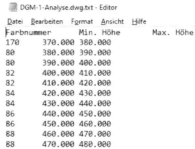

Höhenanalysedaten importieren

Die im vorherigen Kapitel erläuterte Exportfunktion sollte zu der jetzt vorgestellten Funktion „Höhenanalysedaten importieren" passen. Für den Import wird ein neues DGM erstellt. Für das neue DGM wird die Koordinaten-Datei benutzt, die mit der Funktion optimierter Rasterpunktimport erstellt wurde.

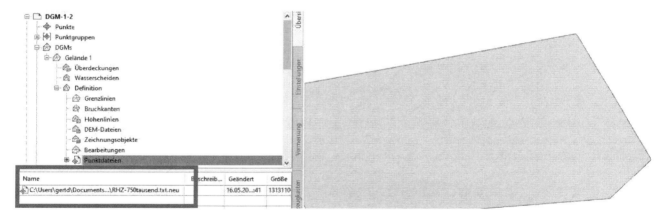

Die Funktion wird ausgeführt.

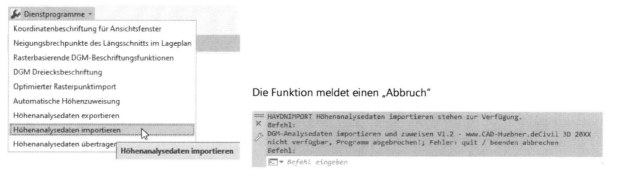

Die Funktion meldet einen „Abbruch"

Die Funktion scheint nicht ausführbar zu sein?

9 DACH-Extension, ISYBAU-Translator

Höhenanalysedaten übertragen

Alternativ wird die folgende Funktion getestet „Höhenanalysedaten übertragen".

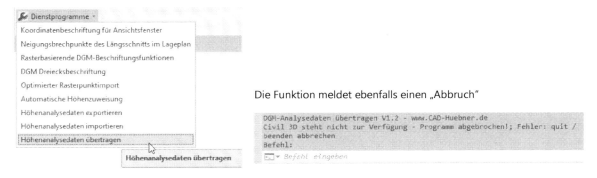

Die Funktion meldet ebenfalls einen „Abbruch"

Leider hilft die Autodesk „Hilfe" hier wenig weiter.

HöhenAnalysedatenübertragen dient zum Übertragen der Höhenanalysetabelle von einem DGM auf andere DGMs.
HöhenAnalysedatenexportieren dient zum Exportieren der Höhenanalysetabelle von einem DGM in eine CSV Textdatei.
HöhenAnalysedatenimportieren dient zum Importieren der Höhenanalysetabelle aus einem CSV Textdatei zu einem DGM.

Der erneute Test der „Höhenanalysedaten exportieren" zeigt, es gibt nur das *.txt Format. Ein Speichern im *.csv Format ist nicht möglich?

9.4 ISYBAU-Translator

Civil 3D gibt es in jedem Jahr in einer neuen Version. Das Neue sind kaum sichtbaren Weiterentwicklungen in der Datenbank, bei den Datenbankadressen. Es besteht bei Autodesk das Ziel weitere Funktionen intelligent miteinander zu verknüpfen, um die Dynamik der Objekte weiter voranzutreiben.

Für Anbieter ergänzender Funktionen bedeutet das die Funktionen in jeder neuen Version und bei jedem Update zu testen, zu testen und nochmals zu testen. Vielen Datenbankerweiterungen haben indirekte Auswirkungen auf die Folgeanwendungen, auf Produkte, die zusätzlich installiert werden.

In der ersten Version Civil 3D 2021 gab es Probleme mit dem ISYBAU-Translator. Alle importierten Rohre hatten in jeder Situation den Durchmesser DN 600. Es wird empfohlen die neueste Version herunterzuladen und zu installieren.

Das Bild zeigt den Download-Bereich der Civil 3D Add-Ons.

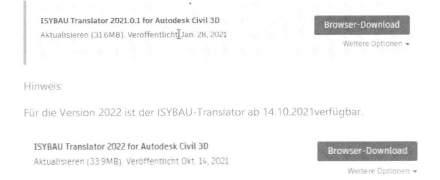

Für den ISYBAU-Translator sind in folgenden Pfad Beispieldaten abgelegt. Die Beschreibung benutzt diese Beispiel-Daten, um die Funktionen des ISYBAU-Translator zu zeigen.

9 DACH-Extension, ISYBAU-Translator

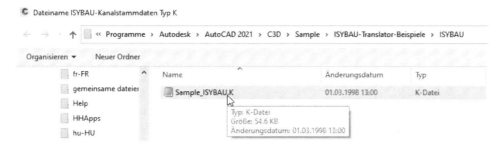

Die Importfunktion für ISYBAU-Daten ist im Funktionsumfang des ISYBAU-Translator auf zwei Wegen zu finden, einmal im Menü Register „Import" und zum Zweiten in der Palette „Autodesk ISYBAU-Translator".

Die Beschreibung benutzt das Menü. Auf die Palette „Autodesk ISYBAU-Translator" geht die Beschreibung am Ende des Kapitels nochmals ein. Zum Funktionsumfang gehört die Option Schächte und Haltungen zu bearbeiten oder die Import- und Export-Funktion aus der Palette heraus zu starten.

Menü:

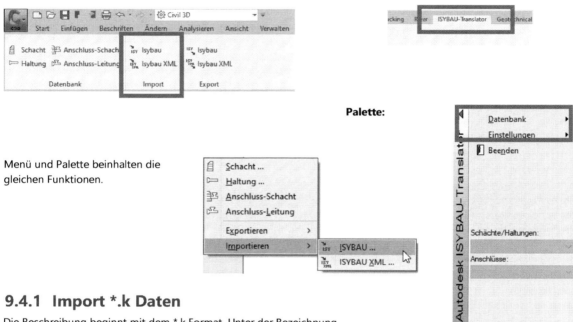

Menü und Palette beinhalten die gleichen Funktionen.

Palette:

9.4.1 Import *.k Daten

Die Beschreibung beginnt mit dem *.k Format. Unter der Bezeichnung „Import", „ISYBAU" bietet der „ISYBAU-Translator" den Import für das ISYBAU- K-Format an.
Die Importfunktion ist sehr umfangreich.

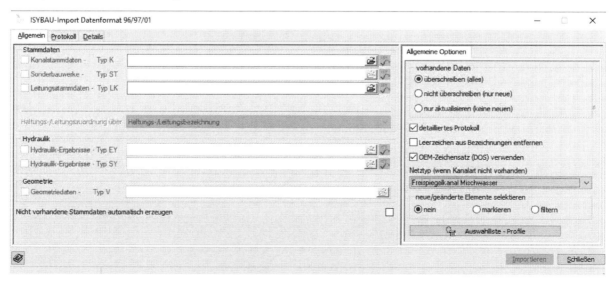

9 DACH-Extension, ISYBAU-Translator

Gleichzeitig können folgende Daten eingelesen werden.

- Typ K   - Kanalstammdaten
- Typ ST - Sonderbauwerke
- TYP LK – Leitungsstammdaten

- Typ EY - Hydraulische Berechnungen
- Typ SY – Hydraulik Sonderbauwerke

- Typ V   - Geometriedaten

Weitere verschieden Einstellungen sind möglich. Die Einstellung „detailliertes Protokoll" wird für den Import empfohlen, „Leerzeichen aus Bezeichnung" entfernen ist nicht erforderlich, „OEM-Zeichensatz (DOS) verwenden" auch nicht. Civil 3D hat kaum Einschränkungen im Zeichensatz.

Weiterhin ist die Einstellung „Freispiegelkanal Mischwasser" bewusst wahrzunehmen und die Einstellung „neu/geänderte Elemente selektieren" kann auf „nein" bleiben, weil zuerst in eine leere Zeichnung eingelesen wird. Diese Einstellung wird erst interessant, wenn ISYBAU-Daten in Zeichnungen eingelesen werden, die bereits Bestandsdaten enthalten.

Die Beispieldatei wird aufgerufen und die Funktion gestartet.

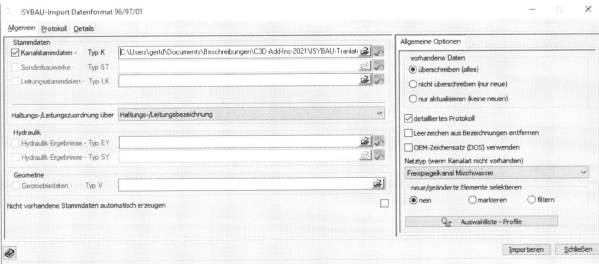

9 DACH-Extension, ISYBAU-Translator

Die Importfunktion des ISYBAU-Translator zeigt folgende Meldung.

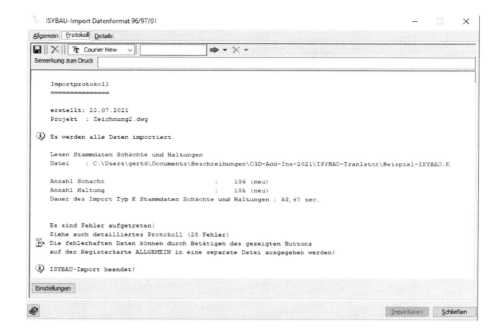

Civil 3D hat in der Ereignisanzeige folgende ca. 34 „Informationen" („i"), von denen das folgende Bild nur die letzten 8 zeigt. Die nächsten Schritte sollen am Beispiel von zwei Meldungen zeigen, wie mit diesen Meldungen umzugehen ist (blau markiert).

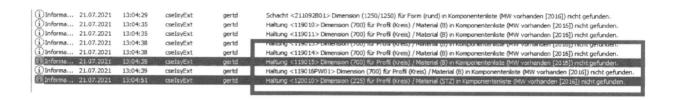

Mit der Einstellung „Freispiegelleitung Mischwasser" werden die Bestandteile der Datei auf der Basis der Netzkomponentenliste „MW vorhanden" importiert. Die hier als „nicht gefundenen" Haltungs-DN (Rohre) sind in der Netzkomponentenliste „MW vorhanden" nicht vorhanden. Die Beseitigung der Fehler wird nachfolgend als „Fehler 1, Beton DN700" und „Fehler 2, Steinzeug DN225" gezeigt.

Hinweis:

Die Netzkomponentenliste (Basis Pipes Catalog) ist deshalb erforderlich, weil die Bestandteile der Rohre und Schächte im Civil 3D nicht nur gezeichnet werden, sondern auch 3D dargestellt sind. Die Kataloge oder Listen enthalten 2D- und 3D Darstellungen (parametrische 3D-Objekte). Sind Bestandteile im „Pipes Catalog" nicht vorhanden (angelegt) so erscheint die Meldung.

2D Ausschnitt vom Import   **3D Ausschnitt vom Import**

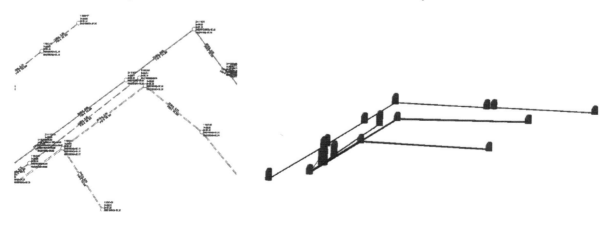

9 DACH-Extension, ISYBAU-Translator

Fehler 1, Beton DN700

Die Netzkomponentenliste ist zu bearbeiten. Offensichtlich fehlen hier die Bestandteile, die in der Meldung ausgewiesen sind.

In der Komponentenliste fehlt das Material „Beton".
Das Material „Beton" ist hinzuzufügen.

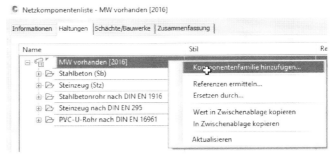

Durch das Setzten des „Hakens" ist das Material ausgewählt.

Die Auswahl allein ist nicht ausreichend. Dem Material sind oder können bewusst bestimmte Durchmesser (Querschnitte) zugewiesen sein.

Man kann bewusst einzelne wählen oder mit dem „Haken" die Auswahl aller Querschnitte bestätigen.
Es werden alle ausgewählt.

Mit „OK" ist in der Netzkomponentenliste ein Fehler beseitigt.

Den Nachweis wird erst das nochmalige Einlesen der Daten bringen.

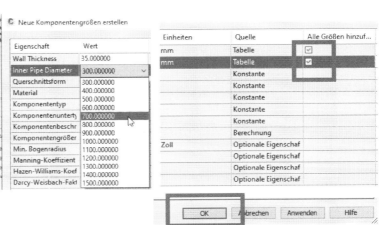

Gert Domsch, CAD-Dienstleistung

9 DACH-Extension, ISYBAU-Translator

Bearbeitete Netzkomponentenliste, Karte „Haltungen" für Fehler 1:

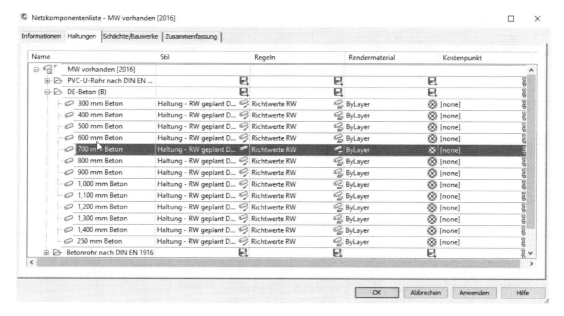

Fehler 2, Steinzeug DN225

In der Netzkomponentenliste ist das Material „Steinzeug" (Stz) vorhanden. Die versuchte Auswahl der Rohrdimension zeigt, der Rohrdurchmesser „DN 225", Material Steinzeug, wird in der Netzkomponentenliste nicht bereitgestellt.

Diese Rohrdimension ist im „Pipes Catalog" anzulegen (Datenbank) und anschließend in die Netzkomponentenliste zu laden.

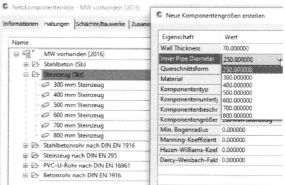

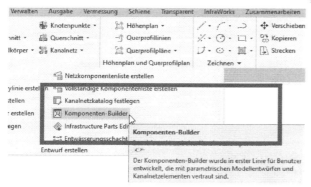

Der Zugang zum „Pipes Catalog" erfolgt mit der Funktion „Komponenten Builder".

Das Anlegen erfolgt im „Komponenten Builder (Datenbank), Kategorie Haltungen, Material „Steinzeug (Stz)".

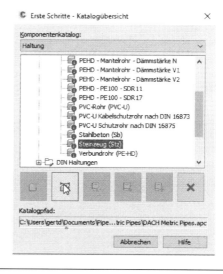

9 DACH-Extension, ISYBAU-Translator

Hier ist im Bereich „Größenparameter" der zusätzliche Durchmesser anzulegen.

Für kreisrunde Rohre ist der Durchmesser (PID) und die Wandstärke (WTh) als Rohreigenschaft vorgesehen. Hier wurden die neuen Parameter eingetragen

Die Bearbeitung ist zu speichern. Das Speichern erfolgt an der Parameter-Palette, „Komponentenfamilie speichern".

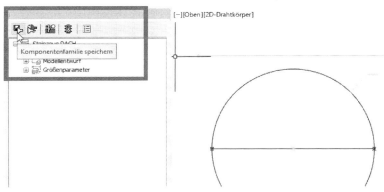

Anschließend ist der neue Querschnitt in die Netzkomponentenliste zu laden. Erst dann steht er auch für die Konstruktion oder den ISYBAU-Import zur Verfügung.

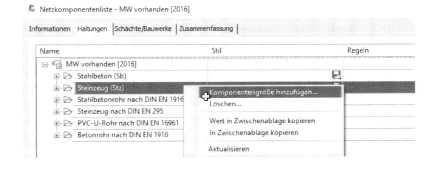

9 DACH-Extension, ISYBAU-Translator

Hinweis:

Die Tabelle der Querschnitte im „Pipes Catalog" kann nicht neu nach Durchmesser sortiert sein. Das bedeutet der neue „DN" ist in der letzten Zeile angelegt und damit auch in der letzten Zeile zu finden.

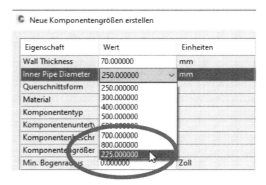

Das erneute Ausführen der Funktion ISYBAU-Import „*.k" kann innerhalb der bisher importierten Daten erfolgen. Die Option „überschreiben (alles)" wird die Daten komplett austauschen.

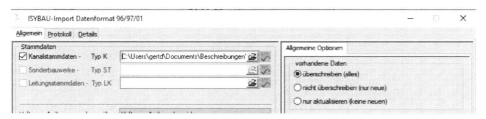

Hinweis:

Eventuell ist vorher das bisherige Civil 3D Protokoll zu löschen, um nur aktuelle Meldungen zu sehen, kontrollieren zu können und auf dem gleichen Weg, wie beschrieben, abzuarbeiten.

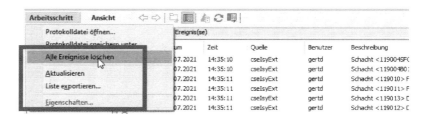

Der erneute Import listet die Haltungen nicht mehr als fehlerhaft auf.

9.4.2 ISYBAU-Export

Die Funktion ISYBAU-Export bezeichnet den Export von Rohr- oder Leitungsdaten in das *.K Format.

Beim Export wird ersichtlich, dass es für das *.K Format nicht nur eine Version gibt, sondern mehrere. Der Import erkennt die jeweilige Version und stellt sich darauf ein.

Für den Export sollte mit dem Auftraggeber oder mit den Projektverantwortlichen die jeweilige Version vereinbart sein. Neben der Version ist der Zeichensatz zu beachten.

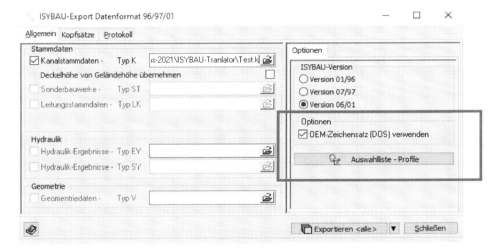

Die Übergabe bestimmter Rohrquerschnitte oder Besonderheiten erfolgt mit Kennzahlen oder festgelegten Abkürzungen.

Für diese Festlegungen gibt es hier eine offengelegte Tabelle oder Festlegungs-Funktion.

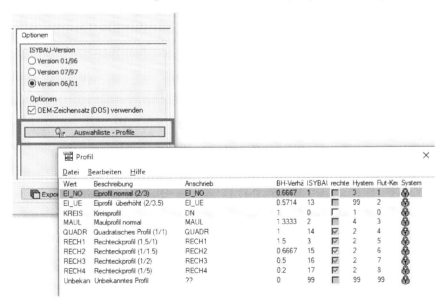

Die Ausgabe der Anzahl der Kanal-Bestandteile selbst lässt sich über eine Ausgabe-Option steuern.

9 DACH-Extension, ISYBAU-Translator

Zusätzlich bietet der Export Optionen den Kopf der Ausgabedatei zu vervollständigen.

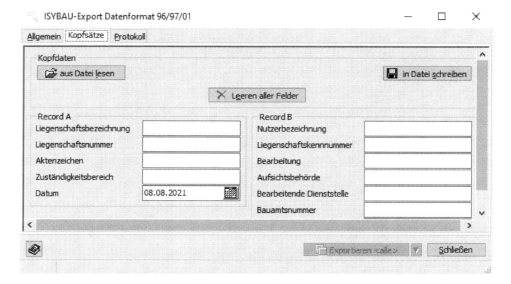

Abgeschlossen wird die Funktion mit einem Ausgabe-Protokoll.

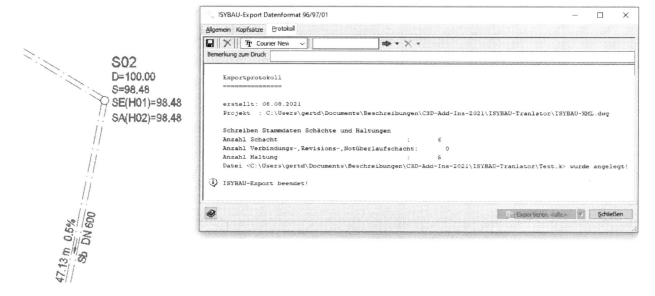

9.4.3 Import *.xml Daten

Der Import der Daten wird gestartet. Im Verzeichnis der Beispieldaten gibt es ein Unterverzeichnis mit einer *.xml Datei.

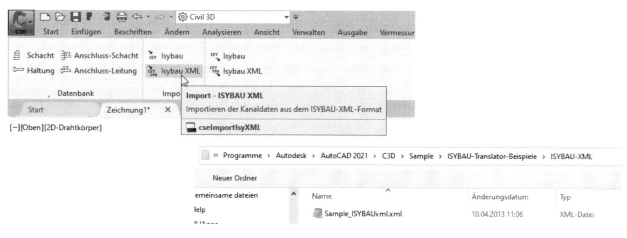

9 DACH-Extension, ISYBAU-Translator

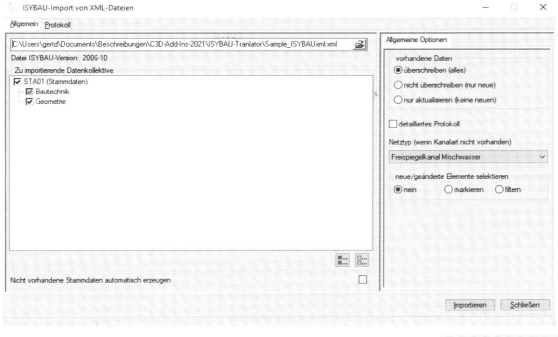

Die Einstellung „Netztyp" ist wahrzunehmen. Das ist der Hinweis auf die verwendete „Netzkomponentenliste" (MW vorhanden).

„Detailliertes Protokoll" empfehle ich zu aktivieren.

Das Selektieren neuer oder geänderter „Elemente" ist hier ebenfalls nicht erforderlich.

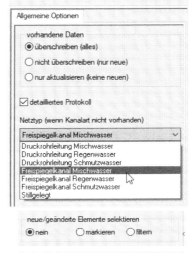

Die Daten sind eingelesen.

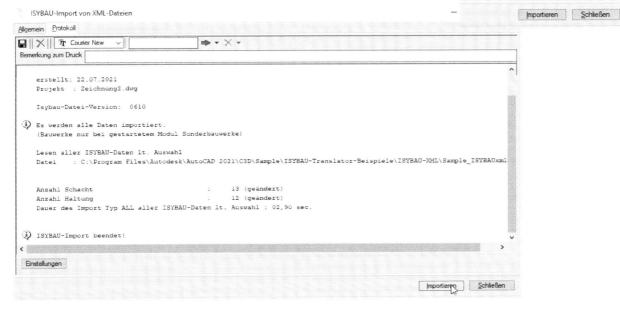

Eigenartigerweise meldet das „ISYBAU-Translator-Protokoll" keine Fehler, währen Civil 3D fehlende Rohr DN ausweist?

Gert Domsch, CAD-Dienstleistung

9 DACH-Extension, ISYBAU-Translator

ⓘ Informa...	22.07.2021	15:55:51	cseIsyExt	gertd	Schacht <mw130> Dimension (0/0) in Komponente (Exzentrische Schachtform) nicht gefunden.
ⓘ Informa...	22.07.2021	15:55:51	cseIsyExt	gertd	Schacht <mw130> Dimension (1000/0) in Komponente (Exzentrische Schachtform) nicht gefunden.
ⓘ Informa...	22.07.2021	15:55:51	cseIsyExt	gertd	Haltung <mw125> Dimension (350) in Komponentenliste (Steinzeug (Stz)) nicht gefunden.

Die fehlenden Rohr DN sind in der gleichen Art und Weise abzuarbeiten, wie bereits für den *.k Import beschrieben. Es ist die Netzkomponentenliste „MW vorhanden (20xx) um erforderliche Komponenten zu erweitern. Sind die fehlenden Rohr-DN im Katalog nicht direkt auswählbar, so sind diese zuerst im „Komponenten-Builder" anzulegen.

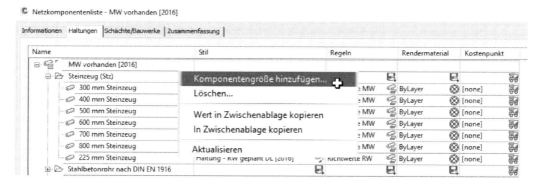

9.4.4 ISYBAU XML Export

Die Funktion ISYBAU-XML-Export bezeichnet den Export von Rohr- oder Leitungsdaten in das *.XML Format.

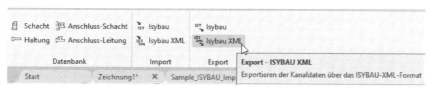

Beim Export wird ersichtlich, dass es für das *.xml Format nicht nur eine Version gibt, sondern mehrere. Der Import hingegen erkennt die jeweilige Version und stellt sich darauf ein.

Für den Export sollte mit dem Auftraggeber oder mit den Projektverantwortlichen die jeweilige Version vereinbart sein.

Für das Gestalten der Ausgabe gibt es eine ganze Reihe zusätzlicher Optionen. Kopfdaten der Ausgabe hinzuzufügen, gehört hier zur Funktion „Aus Datei lesen".

9 DACH-Extension, ISYBAU-Translator

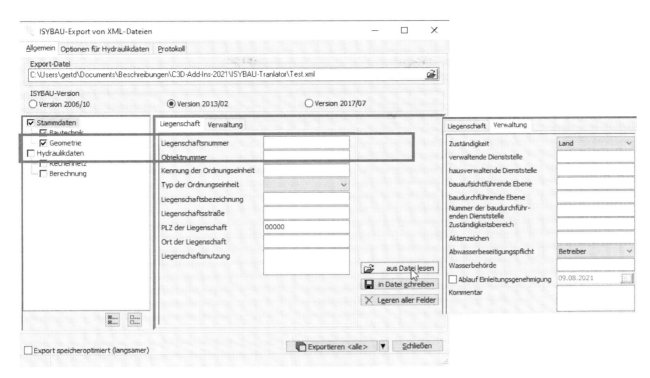

Bestandteil der *.XML Ausgabe können auch Hydraulik-Daten" sein.

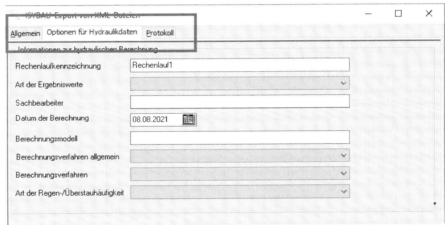

Abgeschlossen wird die Funktion mit einem Ausgabe-Protokoll.

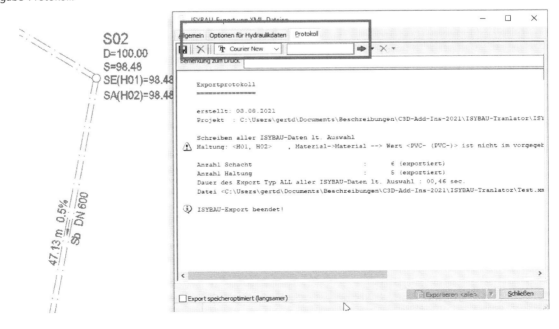

9.4.5 Weitere Funktionen des ISYBAU-Translator (Datenbank)

Mit den Funktionen des übergeordneten Begriffes „Datenbank" kann der ISYBAU-Translator Schacht- und Haltungsinformationen verwalten.

Mit der Funktion des ISYBAU-Translator „Datenbank" kann zum Beispiel die bisherige Schachtbezeichnung kann durch eine neue Bezeichnung überschrieben werden. Eine derartige Funktion gibt es auch im Civil 3D.
Was technisch im Civil 3D nicht möglich ist, die alte Bezeichnung bleibt als „hist. Bezeichnung" am Schacht erhalten.

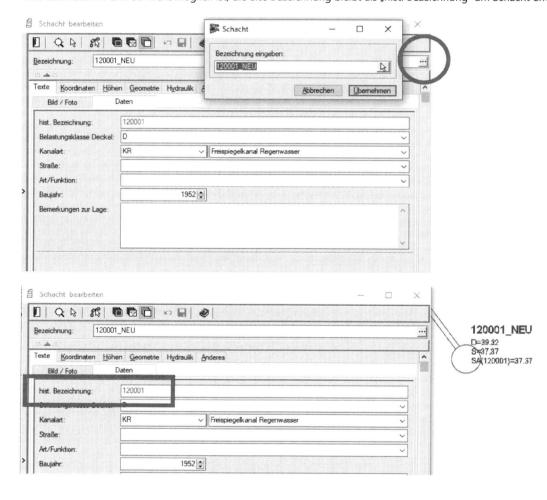

Die Änderung der Daten ist gleichzeitig Bestandteil der Civil 3D Daten. Viele Funktionen sind auch Bestandteil von Civil 3D. Lediglich eine „historische Bezeichnung" kann Civil 3D nicht automatisch führen.
Im Civil 3D kann man eine solche Information nur manuell als Bestandteil der Beschreibung eintragen.

Eventuell ist die gesamte Datenbank der Funktion „ISYBAU-Translator" besser auf die deutschen Anforderungen angepasst.

9 DACH-Extension, ISYBAU-Translator

Registerkarte „Text"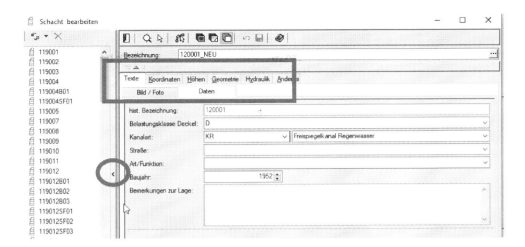

Register/untergeordnet, Bild/Foto, Daten

Registerkarte „Koordinaten"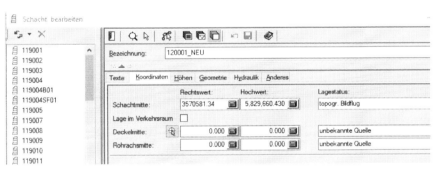

Registerkarte „Höhen"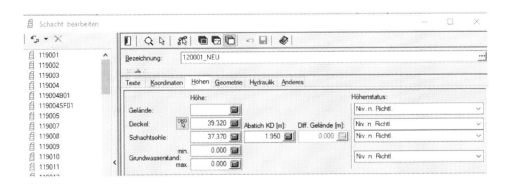

Registerkarte „Geometrie"

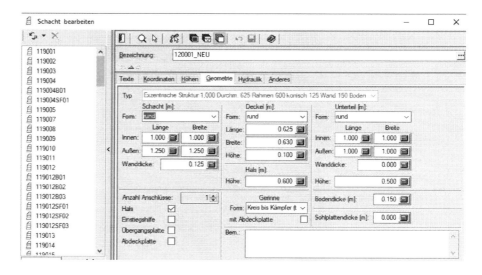

Registerkarte „Hydraulik"

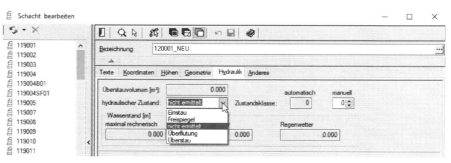

Registerkarte „Anderes"

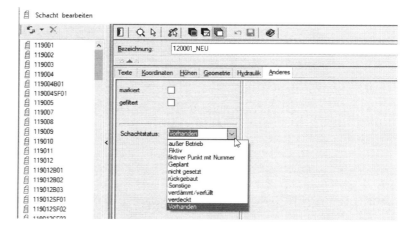

Ähnlich umfangreich ist die Daten-Optionen für Haltungen, Anschluss-Schacht und -Leitung. Zu diesen Themen wird in der Unterlage nur die erste Maske gezeigt, die die Funktion nach dem Start öffnet.
Hier gibt es ebenfalls die Option „historische Bezeichnungen".

9 DACH-Extension, ISYBAU-Translator

Start-Maske „Haltung"

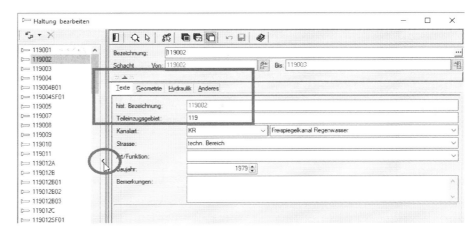

Start-Maske „Anschluss-Schacht"

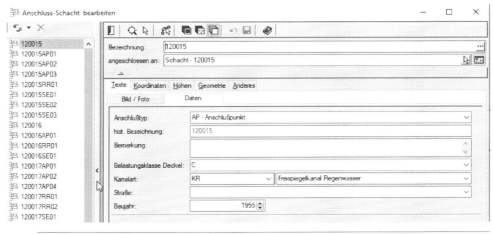

Start-Maske „Anschluss-Leitung"

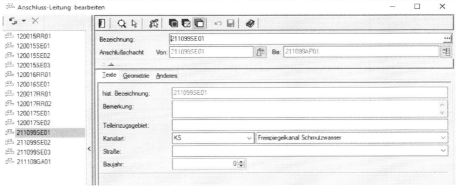

Die Bedienung oder
Menüführung ist ISYBAU-Translator etwas gewöhnungsbedürftig.

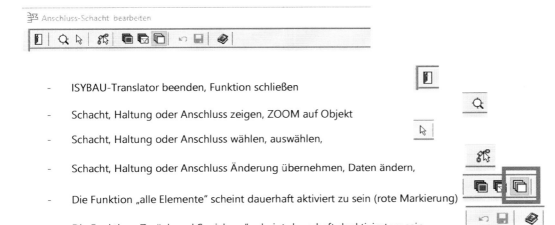

- ISYBAU-Translator beenden, Funktion schließen

- Schacht, Haltung oder Anschluss zeigen, ZOOM auf Objekt

- Schacht, Haltung oder Anschluss wählen, auswählen,

- Schacht, Haltung oder Anschluss Änderung übernehmen, Daten ändern,

- Die Funktion „alle Elemente" scheint dauerhaft aktiviert zu sein (rote Markierung)

- Die Funktion „Zurück und Speichern" scheint dauerhaft deaktiviert zu sein.

10 DBD-BIM

Mit dem ersten Start der Funktion im Civil 3D „Fenster öffnen" erscheint eine Meldung zum erstmaligen Einrichten von DBD-BIM.

Weil AutoCAD, MAP (Planung und Analyse) und CIVIL 3D ein Programmpaket darstellen aber unter der „Hoheit" von AutoCAD eingerichtet sind, ist dieses Paket über AutoCAD mit dem Webbrowser zu verbinden. Die Verbindung wird unter AutoCAD eingerichtet und gilt dann für alle drei Bereiche des Civil 3D.

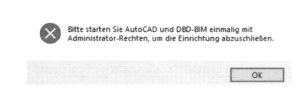

Auszug aus der Autodesk Hilfe (Seite 3)

1.3 Installation

Nach der Installation von DBD-BIM muss AutoCAD einmalig mit Administrator-Rechten gestartet und der Befehl *Fenster öffnen* ausgeführt werden. Dies registriert im Hintergrund den Webbrowser innerhalb AutoCADs.

Das Bild zeigt die entsprechende Windows-Funktion „Als Administrator ausführen".

Anschließend starte ich die Funktion im AutoCAD.

Es öffnet sich eine Palette mit der Registerkarte „Bemustern".

Gert Domsch, CAD-Dienstleistung

10 DBD-BIM

Auf der zweiten Registerkarte „Baukosten" sollten Objekte der Zeichnung dem Katalog zuordenbar sein.

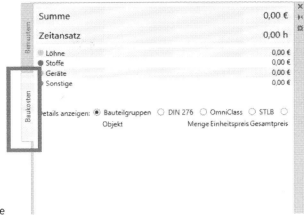

Für die Nutzung dieser Funktion „DBD-BIM" ist die Autodesk Hilfe zu lesen, denn es gibt Einschränkungen für die Funktionalität.

Auszug aus der Autodesk Hilfe (Seite 3)

1.0 Überblick

1.1 Unterstützte Versionen

DBD-BIM für AutoCAD funktioniert mit allen AutoCAD®-Anwendungen, ist aber optimiert für Civil 3D®. Unterstützt werden die Versionen 2020/2021.

1.2 Grundlagen DBD-BIM

DBD-BIM liefert Daten für Bauteile im BIM-Prozess und kann vielseitig in verschiedener Software eingesetzt werden. Die anwendungsübergreifende Nutzung ermöglicht einen flexiblen Einsatz während des gesamten Planungsprozesses. In frühen Leistungsphasen kann beispielsweise die Kostenschätzung modellbasiert in CAD oder AVA durchgeführt werden. Wenn Bauwerksmodelle für BIM 5D genutzt werden, stehen neben Kosten und Leistungen auch Zeitansätze zur Verfügung. Mit diesen BIM-Daten kann auf Variantenuntersuchungen und Planungsänderungen mit konkreten Kosten reagiert werden. Die einmal definierten Informationen sind Grundlage für bauteilorientierte Kostenermittlung und Leistungsverzeichnisse – konform zu STLB-Bau und VOB-gerecht. Der immense Datenumfang umfasst BIM-Bauteile für Baukonstruktion, Technische Anlagen, Infrastruktur und Außenanlagen. Damit kann die gleiche Plattform für die Kostengruppen 300, 400 und 500 nach DIN 276 genutzt werden.

Dazu speichert DBD-BIM einen sogenannten BIM-Schlüssel direkt in den Bauteilen in Erweiterten Daten der AutoCAD-Elemente. Dieser BIM-Schlüssel enthält alle statischen Eigenschaften, mit denen die Bauteile bemustert wurden. Zur Auswertung werden die Informationen aus dem BIM-Schlüssel durch den DBD-BIM-Onlineservice um dynamische Prozessdaten ergänzt.

Hinweis:

In der Version 2021 versuche ich den Test der „Demo-Daten". In der Version 2021 ist für mich eine Anmeldung nicht möglich, bei mir scheitert es an der Branchen-Auswahl?

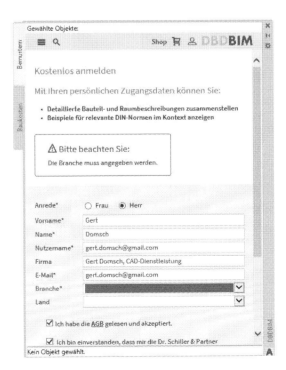

10 DBD-BIM

Nach Rücksprache bei Autodesk bekomme ich den Hinweis, zuerst muss man sich im Portal von „DBD-BIM" anmelden, hier ein Log-In erstellen und dann ist ein Anmelden im Civil 3D möglich. Es wird dann auch der Bezug von Testdaten bereitgestellt.

Nach erfolgter Anmeldung auf der Internetseite wird die Funktion erneut gestartet, es gelingt eine Anmeldung.

Parallel wird eine Zeichnung geöffnet, die Straßen (3D-Profilkörper, DGMs) Haltungen und Schächte enthält. Für Haltungen und Schächte wird nachträglich ein Rohrgraben mit Sandschicht hinzugefügt. Das Aushubvolumen wird berechnet um Daten für die Funktion DBD-BIM zu haben.

Hinweis:

Die Volumenberechnung für einen Rohrgraben erfolgt im Civil 3D als 3D-Profilkörper. Der 3D-Profilkörper kann Aufbruch Fläche, Mutterbodenvolumen, Aushubvolumen, Sandschicht und Einbauvolumen nach Füllmaterial, Mutterboden oder Fahrbahnschichten ausweisen oder bestimmen.

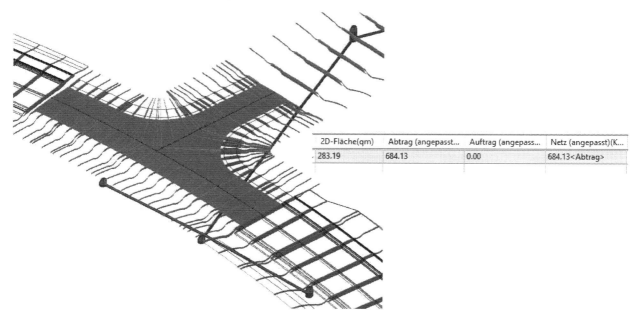

Nächster Schritt ist die Funktion „Demo-Daten testen".

10 DBD-BIM

Die Demodaten bieten eine Kategorie „Bauteile"

Die Kategorie „Bauteile" bietet untergeordnete Kategorien. Ich wähle „Abwasserkanäle".

In einem Konfigurator sind „Muster" (Mustervorlagen) für Details zum Bauablauf, Zeit- und Kostenplanung verfügbar.

Hinweis:

Es handelt sich um „Muster" (Mustervorlagen), die zeigen sollen, was möglich ist. Das heißt an der Stelle sind Korrekturen in jede Richtung möglich.

Der jeweiligen Leistungs-Kategorie werden Leistungen zugeordnet, Funktion „Neues Detail hinzufügen".

Hinweis:

Die Funktionen sind sehr gewöhnungsbedürftig, sehr klein und folgen einer eigenen Zeichensprache.

Aufgrund der Kompaktheit und der Dichte der Funktionen bereitet es Probleme ansprechend und sichtbar die logischen Funktionen zu finden und anschließend zu beschreiben.

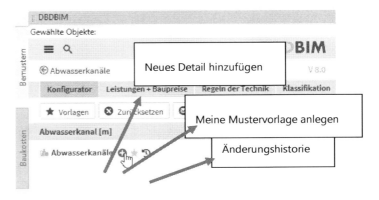

Als neue Kategorie wird Aushub Graben hinzugefügt.

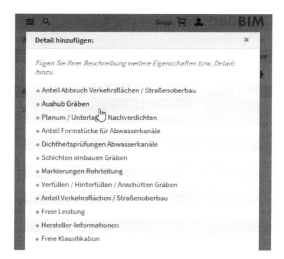

In der Zeichnung wurde ein Graben für den Kanal (Regenwasser) erstellt und der Grabenaushub berechnet (Mengenmodell) Aushub (Abtrag) 684.13m³.

Mit der Funktion „Daten übernehmen" sollte es möglich sein Daten zu übernehmen.

Die Software reagiert nicht, es können Haltungen oder Schächte angepickt sein, es erfolgt kein Eintrag in die Kategorien.

Bei näherem Hinsehen wird klar, die Kategorie, die abgefragt wird, muss es in der Zeichnung geben (nächstes Bild).

- Arbeitsbereich Aushub
- Aushubarbeiten Boden
- ....
- Tiefe (m) Aushub
- Breitenbereich (m) Sohle
- ....

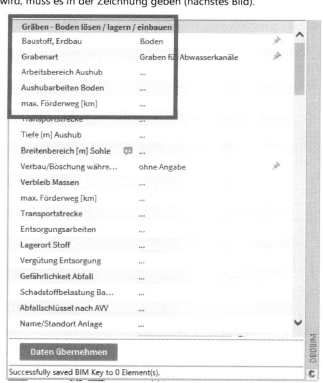

Für die Zuweisung der Kategorien gibt es in der Funktion das „Mapping" (DIN BIM Cloud Mapping, Quantity Mapping).

10 DBD-BIM

In der Verknüpfungsfunktion ist der 3D-Profilkörper noch nicht vorgesehen.

Auszug aus der Autodesk Hilfe (Seite 8)

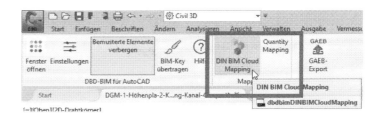

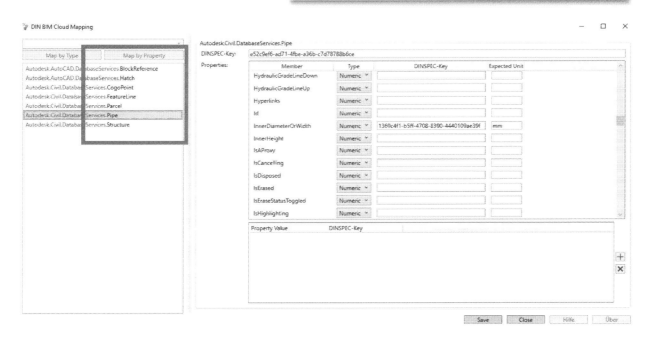

Die bisher verknüpfbaren Objekte sind begrenzt auf Blöcke, Schraffuren, Civil 3D-Punkte (COGO-Punkte), Elementkanten, Parzellen, Haltungen und Schächte. Automatisch werden davon nur wenige verknüpft. Das folgende Bild zeigt für ein Rohr den Rohrdurchmesser (innen).

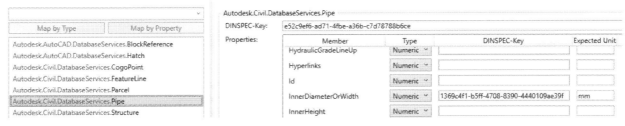

Für einen Schacht sind es die Höhe und der Zylinder-Durchmesser verknüpft mit einem Schlüssel (Key).

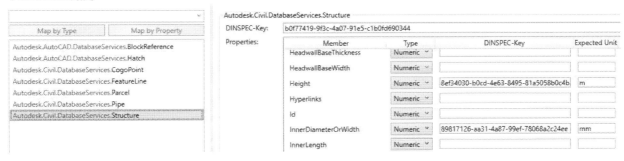

Um mit diesen Daten weiterarbeiten zu können fehlen zum jetzigen Zeitpunkt geeignete Demodaten zum Testen und die entsprechenden Verknüpfungsfunktion zum 3D-Profilkörper.

Hier ist davon auszugehen, dass die Schichten des Rohrgrabens entsprechend dem DBD-BIM Katalog zu codieren sind, damit die Mapping-Funktion die Verbindung zu den Leistungsangeben herstellen kann.

Wenn diese Daten einmal vorliegen, ist der nächste Schritt den Daten Arbeitszeit, Arbeitskräfte Löhne usw. zu zuordnen.

Ziel ist es in Zukunft ein Projekt nicht nur hinsichtlich der baulichen Umsetzung zu planen. Aus der baulichen Umsetzung wird man gleichzeitig Zeit und Kosten ableiten können.

Wie man es dreht und wendet, Civil 3D ist in der gesamten Tiefe zu verstehen, um diesen nächsten großen Schritt, den Schritt in das BIM-Zeitalter gehen zu können.

10.1 Civil 3D Alternative

Im Civil 3D gibt es unter dem Begriff „Kostenpunkte" eine Funktion, die in eine ähnliche Richtung zielt und unabhängig von der Palette DBD-BIM funktioniert.

Mit ähnlicher Richtung meine ich die Verknüpfung von Planungs-Details mit Mengenpositionen (Nummern, Datenbankadressen) die eine Mengenberechnung (Menge hinsichtlich „m²", „m", „Stück", Zeit oder Kosten) zulassen. Das Ziel der Daten-Verknüpfung bleibt dabei offen, es kann sich um eine reine Mengenerfassung, um eine Kostenermittlung, Arbeitszeit oder um die Vorbereitung einer Ausschreibung handeln.

Um diese Alternative zu zeigen, wird auf das Beispiel zurückgegriffen, das wiederholt einen 3D-Profilkörper, Haltungen und Schächte enthält.

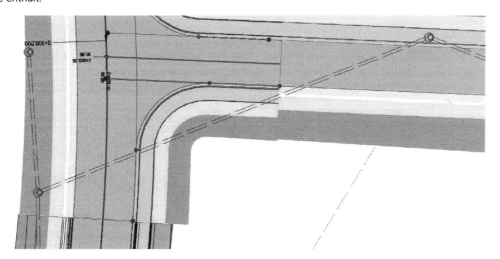

Civil 3D bietet im Bereich „Analysieren" und Mengenermittlungs-Manager Funktionen an, die als Schnittstelle zur erweiterten Mengen-Ermittlung dienen können.

Der Begriff „erweiterte Mengenermittlung" ist eine Formulierung von mir, um zwischen Mengenermittlung im Sinne von „Volumenberechnung" (zum Beispiel Auf- und Abtrag) und Mengenermittlung im Sinne von Ausschreibung unterscheiden zu können. Zu einer Ausschreibung gehören auch „Quadratmeter" (Flächen) „Meter" (Längen) oder Anzahl (Stück).

Diese erweiterte Mengenermittlung kann zusätzlich durch eine Formel begleitet sein, um die ausgegebene Menge, zum Beispiel Länge eines Rohrs mit der Verlege-Tiefe und einer Standard-Graben-Breite zu multiplizieren.

10 DBD-BIM

So könnte man ein pauschales Aushub-Volumen ermitteln oder wenn man auf die Graben-Tiefe verzichtet die Straßen-Aufbruch-Fläche ermitteln.

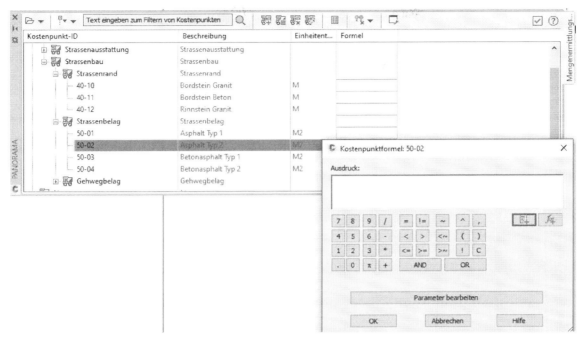

Alternativ kann man die ermittelten Werte auch mit Kosten multiplizieren, um einen Projektpreis zu erhalten oder für bestimmte Leistungen eine Arbeits-Zeit eingeben, um Zeitablaufpläne zu erstellen.

10.1.1 Voraussetzung

Die Voraussetzung für die Funktionalität ist die Liste der Mengenpositionen (Civil 3D: Kostenpunkte). Weil die Begrifflichkeit im Civil 3D als „Kostenpunkte" übersetzt wurde, wird diese Liste leider vielfach falsch verstanden. Bei dieser Liste handelt es sich zuerst nur um Adressen, Datenbankadressen oder Mengen-Positionsnummern (vergleichbar mit Ausschreibungspositionen), die in beliebiger Form weiterverwendet werden können, auch zur Berechnung von Kosten.

Diese Liste ist eine Datei, in folgendem Verzeichnis:

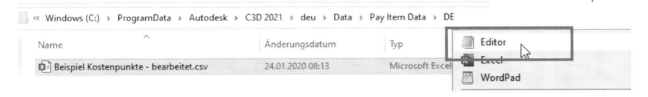

Hinweis:

Die Datei ist vorzugsweise im „Editor" zu öffnen. Das Format *.csv sollte beibehalten bleiben.

In der Datei können beliebig viele eigene Mengen Positionen eingetragen sein. Es ist lediglich darauf zu achten, der erste Wert ist die Nummer (keine Begrenzung für die Anzahl der Zeichen) der zweite Wert beinhaltet einen Text für die Bezeichnung der Menge und der dritte Wert zeigt die Einheit. Alle Werte sind in der deutschen Version durch Semikolon getrennt.

```
Beispiel Kostenpunkte - bearbeitet.csv - Editor
Datei  Bearbeiten  Format  Ansicht  Hilfe
Pay Item;Description;Unit
40-11;Bordstein Beton;M
41-12;Bordstein-Beton-Verlegepreis;€
42-12;Rinnstein Granit;M
50-11;Asphalt Typ1;M2
51-12;Asphalt Typ1 Einbaupreis;€
52-13;Asphalt Typ1 Fläche;M2
53-02;Asphalt Typ2;M2
```

Diese Werte können dem Profilkörper (zum Beispiel Straße) oder dem Leitungsnetz (zum Beispiel: RW-Kanal) zugewiesen sein

10 DBD-BIM

```
......
60-03;Kanalhaltung;M                              71-01;Kiefer;ST
61-10;Kanalhaltung DN 300;m                       72-02;Linde;ST
62-20;Kanalhaltung DN 300 Grabenaushub;m³         73-03;Eiche;ST
63-30;Kanalhaltung DN 300 Aufbruchfläche (B-1m);m²  74-04;Buche;ST
                                                  75-01;Rasen;M2
                                                  80-01;Zaun;M
```

Mit dem Laden der bearbeiteten Mengenpositionen (Kostenpunkt-Datei) zur Zeichnung, einschließlich Formeln zur Berechnung weiterer Positionen, kann die Zuweisung der Datei zum Projekt erfolgen.

Die Zuweisung zu den Objekten kann mittels „Picken" in der Zeichnung ergänzt werden, wenn einzelne Objekte (z.B.: Blöcke, AutoCAD-Zeichnungselemente) keine „Kostenpunkte" von Haus aus zugeordnet haben.

Die Zuweisung kann auch in Teilen automatisiert sein. Die Mengenpositionen können im 3D-Profilkörper (Eigenschaften, Code-Stil-Satz) und in der Komponenten-Liste (Kanal, RW) aufgerufen sein. Ist ein Objekt mit bereits zugewiesenem Kostenpunkt in der Zeichnung, erfolgt die Auswertung automatisch. Mit der Zuweisung ist eine entsprechende Auswertung, oder wenn Formeln zugewiesen sind, auch eine Berechnung möglich. Das Bild zeigt die Eigenschaften des 3D-Profilkörpers und die beispielhafte Zuweisung der Mengenpositionen (Kostenpunkte). Die Zuweisung erfolgt hier nur an der Kreuzung.

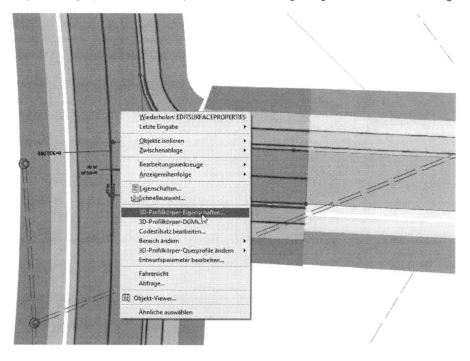

Einer 3D-Profilkörper-Linie (Elementkante, die die Position des Bordsteins beschreibt, wird die Mengenposition (Bordstein-Beton) zugewiesen (Kostenpunkt).

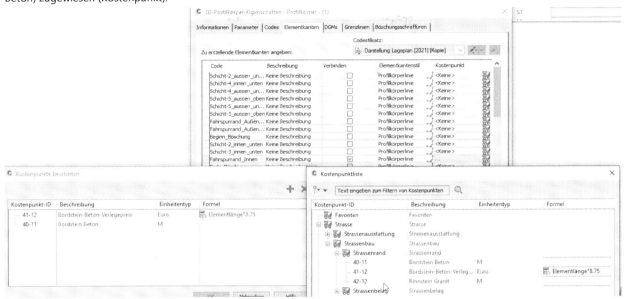

Das Bild zeigt die Eigenschaften des Rohrleitungs-Netzes und die beispielhafte Zuweisung der Mengenpositionen (Kostenpunkte) in der Netzkomponenten-Liste.

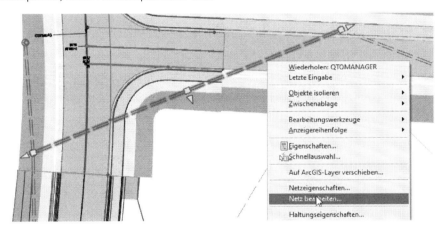

Beispielhaft werden dem Rohr „Stahlbeton DN 300" Mengenpositionen (Kostenpunkte) zugewiesen. Durch die Eingabe-Möglichkeit von Formeln sind auch kleinere Berechnungen möglich.

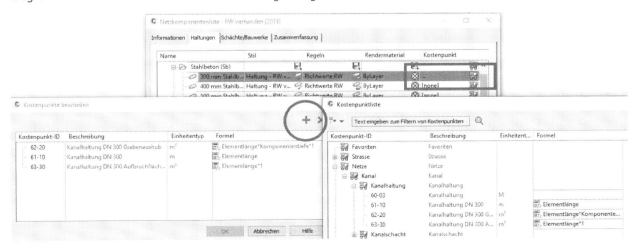

10 DBD-BIM

Die Berechnung, die Ausgabe der Daten erfolgt mit dem Befehl „Ermittlung".
Der Befehl steht in der Palette aber auch in der Multifunktionsleiste zur Verfügung.

Die anschließende Ausgabe kann in verschiedenen Formaten erfolgen.

Es stehen „ASCII"-lesbare Formate, *xsl und *.xml zur Verfügung.

Gert Domsch, CAD-Dienstleistung

Hinweis:

Um in das Thema BIM einzusteigen ist das komplette Verständnis der neuen 64bit Software erforderlich. 64bit Software (hier Civil 3D) stellt an den Objekten Datenbank-Adressen zur Verfügung, die der BIM Gedanke nutzt, um weiterführende Berechnungen wie Kosten oder Arbeitszeit auszuführen.

Literaturverzeichnis

Autodesk Hilfe zu den entsprechenden Funktionen

Richtlinie für die Anlage von Stadtstraßen RASt 06 (Ausgabe 2006), FGSV Verlag GmbH, Köln, Wesselinger Str. 17

Richtlinie für die Anlage von Landstraßen RAL (Ausgabe 2012), FGSV Verlag GmbH, Köln, Wesselinger Str. 17

Sammlung REB, Regelung für die Elektronische Bauabrechnung, Forschungsgesellschaft für Straßen- und Verkehrswesen, Köln (FGSV, Ausgabe 1997, Stand 09/2003)

Wilhelm Veenhuis, „Das free GAEB-Buch"

Arbeitshilfen Abwasser, Oberfinanzdirektion Hannover, Referat LA21 Psf. 2 40, 30002 Hannover

Ende

Druck:
Customized Business Services GmbH
im Auftrag der
KNV Zeitfracht GmbH
Ein Unternehmen der Zeitfracht - Gruppe
Ferdinand-Jühlke-Str. 7
99095 Erfurt